国家科学技术学术著作出版基金资助出版

遥感蒸散发理论与应用

张永强　田　静　马　宁　张选泽　李晓婕　著

科学出版社

北　京

内 容 简 介

本书从地表蒸散发的观测和遥感观测原理入手，全面总结了遥感蒸散发的估算方法，并重点阐述了作者团队自主开发的 PML 遥感蒸散发模型及其相关应用的研究成果。本书分为两个部分，第一部分主要介绍了蒸散发的基础理论和遥感蒸散发的主要估算方法，核心内容是 PML 遥感蒸散发模型的基础理论、原理、模型方法和参数化方案。第二部分以遥感蒸散发的应用为主题，阐述了基于 PML 遥感蒸散发模型进行区域和全球蒸散发产品的生产、产品精度评价及与其他产品的对比、区域与全球蒸散发变化规律和归因、PML 模型与水文模型的耦合、遥感蒸散发在水文过程模拟和预测中的应用、遥感蒸散发在干旱监测中的应用以及蒸散发的生态水文效应。

本书可供地理学、水文学、遥感科学与技术等专业的研究生和本科生阅读，也可供相关学科的研究人员参考。

审图号：GS 京〔2025〕0241 号

图书在版编目（CIP）数据

遥感蒸散发理论与应用 / 张永强等著. -- 北京：科学出版社，2025.6.
ISBN 978-7-03-081637-5

Ⅰ. P426.2

中国国家版本馆 CIP 数据核字第 2025L0J117 号

责任编辑：石　珺　赵晶雪 / 责任校对：郝甜甜
责任印制：徐晓晨 / 封面设计：蓝正设计

科学出版社 出版
北京东黄城根北街 16 号
邮政编码：100717
http://www.sciencep.com
北京建宏印刷有限公司印刷
科学出版社发行　各地新华书店经销
*
2025 年 6 月第　一　版　　开本：787×1092　1/16
2025 年 6 月第一次印刷　印张：18
字数：409 000
定价：198.00 元
（如有印装质量问题，我社负责调换）

序 一

早在新中国成立之初，竺可桢先生与黄秉维先生就高瞻远瞩地指明自然地理学的主要研究是"大搞水平衡，攻破蒸发关"。这里的蒸发包括蒸发与蒸腾，称之为蒸散发。蒸散发在全球水循环物质与能量交换中至关重要，是连接地表和大气之间的水分与能量交换的关键环节，在地球系统各圈层中直接影响水分输送、植被生长及气候调节。随着气候变化的加剧，水资源分布的不确定性也在增加，使得准确观测、模拟和预测蒸散发变得尤为重要。然而，蒸散发过程极其复杂，受气候、地形、植被等多种因素影响，传统的地面观测方法受限于局部测量范围，难以满足大尺度的需求。

遥感技术的兴起为蒸散发的研究开辟了全新路径。通过卫星获取的全球地表温度、植被动态等数据，结合地表能量平衡模型，能够在大尺度范围内进行蒸散发估算。在地形复杂、数据匮乏的区域，遥感技术的优势更为明显。近年来，基于遥感的蒸散发估算在农业、生态和气候领域得到广泛应用，尤其在干旱监测、农业节水灌溉管理和水文模型优化等方面展现出巨大潜力。这不仅为科研提供了新的手段，还为应对气候变化、制定水资源管理决策提供了强有力的工具。

随着技术进步，遥感蒸散发研究正朝着精细化和集成化的方向发展。多源遥感数据的融合显著提升了模型精度，不同时间和空间尺度的遥感数据互为补充，克服了单一数据源的局限性。此外，机器学习等新技术的引入，使模型的预测能力显著提高，更加精确地模拟了区域水文过程。然而，当前的研究仍面临挑战，包括模型结构复杂性与计算效率之间的权衡，跨尺度蒸散发模拟的精度问题，尤其是在极端气候条件下的适用性。为应对全球变暖带来的极端气候，科学家们正在积极地探索新方法，以期更好地理解、模拟并预测蒸散发的变化趋势。

在这一领域，张永强研究团队的贡献尤为突出。他们自主研发的 PML（Penman-Monteith-Leuning）遥感蒸散发模型，针对传统模型无法准确分解蒸散发组分及无法模拟蒸散发对大气 CO_2 浓度响应的局限，提出了以冠层和裸土能量分配原理为基础的新算法。张永强研究团队在经典的 Penman-Monteith 公式基础上，结合 Leuning 气孔导度理论，建立了第一代 PML 模型，通过分源估算土壤蒸发、植被蒸腾及截留蒸发。继而，团队发展了基于光合作用和冠层 CO_2 浓度的植被导度耦合算法，构建了第二代 PML 模型，使蒸散发估算更加精准，且与碳循环过程相结合。此外，张永强团队还成功将 PML 与经典水文模型耦合提升了植被变化对径流过程影响的模拟能力。他们的研究成果不仅在理论上取得了重大突破，还在全球和中国成功应用于蒸散发产品生产与验证，系统评估了模型的精度与实际应用效果，为未来的蒸散发监测、碳中和和水资源管理等提供了宝贵的工具和方法。

　　该书凝聚了张永强团队多年研究的精华，系统总结了遥感蒸散发领域的发展历程、研究现状及未来发展方向。书中详细阐述了 PML 模型的理论框架与参数化方法，并介绍了该模型在全球和区域尺度上的应用，深入探讨了蒸散发的时空变化规律及其在水文学中的作用。该书的出版不仅为地理学、水文学、生态学和遥感科学领域的研究者提供了详实的理论基础，也为解决全球水资源与粮食安全问题提供了科学支持。

中国科学院院士

2024 年 10 月 16 日

序 二

　　蒸散发是水循环与气候调节的核心变量，直接影响水资源利用和生态系统健康。面对全球气候变化，准确监测和模拟蒸散发成为水文学与气候科学的关键挑战之一。传统地面观测已难以满足广域动态环境的需求，遥感技术的崛起则为大范围高时空分辨率的蒸散发估算提供了突破性解决方案，尤其在干旱监测与农业灌溉中展现出巨大潜力。然而，遥感应用仍面临多源数据融合、环境适应性等挑战。

　　张永强研究团队在这一领域取得了突出的成果。他们开发的 PML（Penman-Monteith-Leuning）遥感蒸散发模型，在传统遥感蒸散发模型基础上进行了重大改进，提出了土壤蒸发、植被蒸腾及截留蒸发的分源估算方法，使得蒸散发估算更加精准，并成功解决了模型与碳循环耦合的难题。基于光合作用过程的冠层导度耦合算法的引入，使得第二代 PML 模型具备了更强的适应性与预测能力。通过这一模型，团队不仅在理论上取得了突破，还成功将其应用于全球和中国的高时空分辨率蒸散发估算，极大地提升了遥感蒸散发产品的生产效率和精度。

　　该书全面总结了张永强团队多年来在遥感蒸散发领域的研究成果，展示了从理论到实践的创新与进展。书中详细阐述了 PML 模型的理论基础、参数化过程，以及模型在全球不同环境下的应用实例，特别是对蒸散发的时空变化及其生态水文学效应的分析与解读。这本书不仅为水文学、地理学和生态学领域的研究者提供了丰富的理论和技术参考，也为全球水资源管理提供了重要的科学支持。

武汉大学教授，中国科学院院士

2024 年 10 月 16 日

前　　言

蒸散发是水分从液态转化为气态的过程，是地球系统多圈层中物质循环和能量转换过程的重要载体，也是理解气候变化、生态效应和水文响应的关键环节，同时也是相关科学研究中的一个难题。早在 20 世纪 60 年代，黄秉维先生指出水热平衡是自然地理学的三大发展方向之一，核心是突破蒸散发关。时至今日，蒸散发研究仍然存在诸多难点，包括非均一下垫面参数化、点面尺度扩展、复杂的空间格局和动态变化以及由蒸散发引起的生态和环境效应等。蒸散发的研究涉及水文学、自然地理学、生态学、气象学、遥感科学与技术等学科的理论和方法。本书作者团队长期致力于突破陆地蒸散发过程和机理研究中的难点，以模型、遥感、野外水文和通量观测相结合的手段开展了系统性研究。本书内容是作者团队多年研究成果的总结，也是对蒸散发理解的一次全面梳理和深化。

本书分为两个部分，第一部分主要介绍了蒸散发的基础理论和遥感蒸散发的主要估算方法，核心内容是作者研究的 PML 遥感蒸散发模型的基础理论、原理、模型方法和参数化方案。其具体包括第 1 章地表蒸散发的观测与估算原理概述；第 2 章蒸散发的遥感估算方法；第 3 章 PML 遥感蒸散发模型；第 4 章遥感蒸散发估算方法的主要挑战。第二部分以遥感蒸散发的应用为主题，阐述了基于 PML 遥感蒸散发模型进行区域和全球蒸散发产品的生产及精度评价、区域和全球蒸散发变化规律和归因、PML 模型与水文模型的耦合、遥感蒸散发在水文过程模拟和预测中的应用，以及蒸散发的生态水文效应。其具体包括第 5 章遥感蒸散发数据产品；第 6 章陆地蒸散发的时空变化及归因；第 7 章基于遥感蒸散发的径流模拟和预测；第 8 章基于遥感蒸散发的水文效应研究；第 9 章基于遥感蒸散发的干旱研究；第 10 章基于遥感蒸散发的作物耗水规律研究；第 11 章遥感蒸散发的应用前瞻。

本书由中国科学院地理科学与资源研究所张永强研究员统筹撰稿，中国科学院地理科学与资源研究所田静副研究员、马宁副研究员、张选泽副研究员、李晓婕助理研究员，博士后曹一晶、李聪聪、许振武、Faiz Muhammad Abrar 和 Shahid Naeem，以及中国科学院地理科学与资源研究所研究生何韶阳、邵杏敏和黄琦参与了本书的撰写工作。第 1 章由马宁主要撰写，第 2 章由田静主要撰写，第 3 章和第 4 章由张永强主要撰写，第 5 章由何韶阳主要撰写，第 6 章由邵杏敏主要撰写，第 7 章由张永强主要撰写，第 8 章由李晓婕主要撰写，第 9 章由曹一晶主要撰写，第 10 章由李晓婕主要撰写，第 11 章由张永强主要撰写。

本书出版获得国家科学技术学术著作出版基金的支持（2022 年）。本书的主要研究成果是在中国科学院国际伙伴计划项目（131A11KYSB20200033）、国家重点研发计划项目（2022YFC3002800）、国家自然科学基金重点项目（42330506）和国家自然科学基金面上项目（41971032）的资助下完成的。本书在撰写过程中得到了傅伯杰院士、周成虎院士、崔鹏院士、邵明安院士、于贵瑞院士、朴世龙院士等专家的指导，在此一并表示感谢。感谢 Ray Leuning 博士（已故）、孔冬冬博士、甘蓉博士对 PML 蒸散发模型研发做出的贡献。

　　限于作者水平，书中难免有不足和疏漏之处，敬请读者批评指正。

作　者

2024 年 9 月

目　　录

第0章 绪　　论

200 多年以前，Dalton（1802）综合了风、空气温度和湿度对蒸散发的影响，提出了道尔顿蒸发定律，奠定了近代蒸散发研究的理论基础。随着相关学科的发展，许多学者开展了诸多蒸散发的观测和理论估算研究，为进一步理解蒸散发过程及其物理机制提供了基础。然而，关于蒸散发，初学者常混淆实际蒸散发、土壤蒸发（soil evaporation）、植被蒸腾（plant transpiration）、潜在蒸散发（potential evapotranspiration）、参考蒸散发、蒸发皿蒸发、水面蒸发等概念。所以，在此有必要先厘清有关蒸散发的若干概念。

1. 地表蒸散发

一般而言，除了研究对象为水体或者裸土以外，地表蒸散发由土壤蒸发、植被蒸腾和植被叶片蒸发构成。其中，植被叶片蒸发是指植被叶片或根茎上的降水截留水分直接从液态变为气态的过程，也被称为植被叶片截留蒸发，其量级一般小于土壤蒸发和植被蒸腾，且持续时间较短，故在植被覆盖度较低的生态系统，植被叶片蒸发甚小。需要特别指出的是，Miralles 等（2020）提出植被蒸腾的本质也是在植物光合作用中，水分通过气孔而汽化的过程，故其亦属于"蒸发"过程，并建议将传统的地表蒸散发改为"地表蒸发"。然而，为了避免混淆，本书仍然采用现今大多数文献中的用词，即用"蒸散发"来表达包括土壤蒸发、植被蒸腾、植被叶片蒸发等系列过程的整体。

1）土壤蒸发

土壤蒸发是指土壤中的水分沿土壤孔隙以水汽的形式逸入大气的过程。在太阳辐射、风、湿度等因素的作用下，表层土壤的水分得到超过分子间内聚力和土壤对水分子吸力的能量时，水分子开始进入大气。土壤表面水分逸出后，下层水分必须通过土壤输送到蒸发面，蒸发才能继续进行。根据土壤含水量的变化，土壤蒸发过程可分为三个阶段：①当土壤含水量饱和或趋近饱和时，土壤表层的蒸发消耗能得到充分补给，蒸发率达到最大，土壤水分的蒸发量趋近于相同气象条件下的蒸发力，但是这一阶段持续时间短暂，主要发生在土壤含水量接近田间持水量时；②随着土壤蒸发对土壤水分的不断消耗，土壤含水量降低，土壤的蒸发率也逐渐减小，这种情况下的土壤蒸发常见于降水结束后的一两天内；③当土壤表层干化时，土壤中的液态水无法输送到土壤表层，土壤蒸发基本不能在土壤表面进行，此时土壤中水分发生汽化，经分子扩散作用通过土壤表面进入大气中，随着水分散失逐步加深，水分子向外扩散速度逐渐变慢，土壤蒸发也逐渐变弱，这一阶段是土壤蒸发的主要阶段，也是持续时间最长的阶段，蒸发率小且稳定。除了气象因素，土壤含水量变化还受到植被根系吸水的影响，因此随着植被的变化，土壤蒸发也发生变化。

2）植被蒸腾

植被蒸腾是水分从活的植物体表面（以叶片为主）以水蒸气状态散失到大气中的过

程。其主要作用方式有两种，一是通过角质层的蒸腾，即角质层蒸腾；二是通过植被气孔的蒸腾，即气孔蒸腾。与土壤蒸发不同，蒸腾作用不仅受外界环境条件的影响，还受植物本身的调节和控制，因此它是一个复杂的生理过程。从植物生理学角度而言，蒸腾作用是植物对水分进行吸收和运输的主要动力，特别是高大的植物。与此同时，因为矿物质要溶于水中才能被植物吸收和在体内运转，故蒸腾作用可使得矿物质随水分的吸收和流动而被吸入并分布到植物体各个部分中。除此之外，蒸腾作用能够降低叶片的温度，太阳光照射到叶片上时，大部分能量转变为热能，如果叶子不能降温，叶温过高，叶片会被灼伤。从更大的空间尺度来看，植被的蒸腾作用是下垫面影响局地气候的一个重要途径。因此，探讨植被蒸腾在地表总蒸散发中的比例不仅有助于理解不同地区水循环特征与机理，还对理解植被变化与全球气候变化的贡献有关键作用。

2. 潜在蒸散发

潜在蒸散发的概念最早由 Thornthwaite（1948）在其经典的气候学分类研究中提出，是指空间尺度无限大、植被生长旺盛、供水充足的下垫面的蒸散发。其中，"空间无限大"是为了避免平流作用。但是，Thornthwaite（1948）并未给出具体的空间尺度大小。因此，潜在蒸散发的定义自从被提出以来一直较为"含糊"，特别是在以下两个方面：第一，由下垫面热力性质的差异引起的"绿洲效应"局地平流会影响下垫面的能量平衡，故任何通过仪器观测的地表足够湿润但空间上不足够大的下垫面蒸散发并非真正意义的潜在蒸散发，因此，Brutsaert（2005）建议使用"表观潜在蒸散发"（apparent potential evapotranspiration）来表示这一现象。这一概念在干旱地区（如沙漠）尤为典型，即利用干旱地区的气象观测数据所计算的潜在蒸散发或蒸发皿观测的蒸发实际皆属于"表观潜在蒸散发"。第二，即便是供水足够充分的植被下垫面，其蒸散发亦不同于水面，即前者的气孔开闭过程会影响地气间的水汽传输。但二者的量级应极为接近，因为植被下垫面的粗糙度略大于水面，同等风速条件下前者的水汽传输系数大于后者，在一定程度上弥补了因气孔阻抗作用而减小的足够湿润的植被下垫面的蒸散能力。

潜在蒸散发估算方法的不统一亦是导致不同学者对潜在蒸散发的描述存在差异的原因之一。目前，最为普遍使用的是 Penman（1948）法或 Priestley 和 Taylor（1972）法，但方法中的参数存在较大的区域变异，通常需结合实际的观测数据进行校验方可使用。例如，不同学者对 Penman（1948）法中的风速函数进行了广泛研究，指出其原始参数在不同下垫面条件下的适用性有显著差异（Ma et al.，2015）。

为了克服上述问题，1998 年，联合国粮食及农业组织（简称联合国粮农组织，FAO）基于一个"假想下垫面"（供水充足、反照率为 0.23、植被高 12 cm），并根据叶面积指数（LAI）的经验关系预设了 70 s/m 的表面阻抗，提出了参考蒸散发（reference evapotranspiration）的概念（Allen et al.，1998）。可见，参考蒸散发是潜在蒸散发的一个特例，其真正的意义是上述"假想下垫面"的实际蒸散发。严格而言，参考蒸散发难以通过实际观测来验证（因为满足上述"假想下垫面"条件的观测场几乎不存在），但其概念使得不同地区的潜在蒸散发得以标准化，进而可以探讨气候要素对不同地区蒸发力的影响，为研究不同地区的水循环对气候变化的响应提供了合适的手段。

3. 蒸发皿蒸发

蒸发皿蒸发量的观测主要是基于给定时间内蒸发皿中水位的变化，并结合降水资料，推算蒸发量。然而，不同国家或地区的蒸发皿类型有所差异。中国蒸发皿主要分为两类，即 D20 蒸发皿和 E601B 蒸发皿，前者自 20 世纪 50 年代以来在中国气象局下属气象站被广泛使用。21 世纪以来，中国的 D20 蒸发皿逐渐被 E601B 蒸发皿替代。D20 蒸发皿的口径为 20 cm，深度为 10 cm，观测时其被置于距离地面 70 cm 高的平台；E601B 蒸发皿口径为 61.8 cm，深度为 68.7 cm，观测时蒸发皿的一部分被埋于土壤中，蒸发皿口高于地面约 30 cm。按照世界气象组织（WMO）的分类，D20 蒸发皿属于地上蒸发皿，E601B 蒸发皿属于埋藏蒸发皿。除了中国常使用的这两种蒸发皿外，美国、澳大利亚等地多利用 A 型蒸发皿，其口径为 121 cm，深度为 25.5 cm，观测时被置于 15 cm 高且底部镂空的木质平台上。就地上蒸发皿而言，由于局地平流作用和侧壁辐射导致的蒸发皿内水体热储作用，其观测到的蒸发量远大于周围陆地环境的潜在蒸散量；就埋藏蒸发皿而言，尽管其侧壁辐射作用较为微弱，但是由于局地平流作用仍然存在，所以其蒸发量亦大于周围陆地环境的潜在蒸散量。

按克劳修斯-克拉珀龙（Clausius-Clapeyron）方程推算，全球变暖将使得水循环过程加剧（Huntington，2006），降水也将增加。Allen 和 Ingram（2002）的模拟结果显示，随着气温每升高 1℃，降水会增加大约 3.4%。观测显示，过去 100 年全球大部分地区的降水确实在增加（Ren et al.，2013），从而印证了水循环加剧的预测。然而，20 世纪后半叶以来，全球许多地区的蒸发皿蒸发量在显著减小，这一现象首先被 Peterson 等（1995）报道，其指出美国和苏联的蒸发皿观测值在 20 世纪下半叶呈显著下降趋势。这种升温背景下蒸发皿蒸发量减小的现象又被称为"蒸发悖论"。McVicar 等（2012）等系统综述了蒸发皿蒸发量减小的现象，提出风速减弱对该现象的贡献较大。然而，由于气候资料的一致性以及不同蒸发皿类型的观测结果转换还存在不确定性，气候变化背景下蒸发皿蒸发的变化机理还需要进一步深入研究。

4. 水面蒸发

广义而言，水面蒸发即指自然水体由液态向气态的转变过程，传统的水体如海洋、水库、湖泊等的蒸发过程皆可归结为水面蒸发。水面蒸发与地表实际蒸散发最大的区别在于前者下垫面供水充足，蒸发的速率大小与空气动力学过程和辐射过程尤为相关。此外，水面蒸发还与水体的性质（如深度、面积、盐度等）有密切关系，加之地球不同水体存在不同的冰冻期，水面蒸发的观测与模拟一直是蒸散发领域的研究难点，尤以湖泊蒸发为甚。尽管不同湖泊蒸发模型被广泛应用（Rosenberry et al.，2007；Ma et al.，2016），但其输入数据大多源自湖泊周围的陆地环境下的观测资料，难以代表水体的真实情况，而且不同蒸发模型的适用性差异较大。因此，近年来利用涡度相关系统或大孔径闪烁仪对湖泊蒸发进行观测研究成为学术界的热点，如美国明尼苏达州的 White Bear Lake（Xiao et al.，2018），法国南部的托湖（Bouin et al.，2012）、中国的太湖（Lee et al.，2014）、纳木错（Wang et al.，2017）、青海湖（Li et al.，2016）、色林错（Guo et al.，2019）、洱海（Liu et al.，2015）、鄂陵湖（Li et al.，2015）、鄱阳湖（Zhao and Liu，2018）等地皆有重要进展。这些研究不仅有助于揭示不同性质的湖泊蒸发特征及其机理，还为未来发展适合于湖泊环境的蒸发模型提供了有效的基础数据。

参 考 文 献

Allen M R，Ingram W J. 2002. Constraints on future changes in climate and the hydrologic cycle. Nature，419：228-232.

Allen R G，Pereira L S，Raes D，et al. 1998. Crop Evapotranspiration：Guidelines for Computing Crop Water Requirements. Rome：Food and Agriculture Organization of the United Nations.

Bouin M N，Caniaux G，Traullé O，et al. 2012. Long-term heat exchanges over a Mediterranean lagoon. Journal of Geophysical Research：Atmospheres，117（D23）：D23104.

Brutsaert W. 2005. Hydrology：An Introduction. Cambridge：Cambridge University Press.

Dalton J. 1802. Experimental essays on the constitution of mixed gases，on the force of steam or vapor from waters and other liquids，both in the Torricellean vacuum and in air，on evaporation，and on the expansion of gases by heat. Proceedings of the Manchester Literary & Philosophical Society，5：535-602.

Guo Y，Zhang Y，Ma N，et al. 2019. Long-term changes in evaporation over Siling Co Lake on the Tibetan Plateau and its impact on recent rapid lake expansion. Atmospheric Research，216：141-150.

Huntington T G. 2006. Evidence for intensification of the global water cycle：review and synthesis. Journal of Hydrology，319（1-4）：83-95.

Lee X，Liu S，Xiao W，et al. 2014. The taihu eddy flux network：an observational program on energy，water，and greenhouse gas fluxes of a large freshwater lake. Bulletin of the American Meteorological Society，95（10）：1583-1594.

Li X Y，Ma Y J，Huang Y M，et al. 2016. Evaporation and surface energy budget over the largest high altitude saline lake on the Qinghai Tibet Plateau. Journal of Geophysical Research：Atmospheres，121：10470-10485.

Li Z，Lyu S，Ao Y，et al. 2015. Long-term energy flux and radiation balance observations over Lake Ngoring，Tibetan Plateau. Atmospheric Research，155：13-25.

Liu H，Feng J，Sun J，et al. 2015. Eddy covariance measurements of water vapor and CO_2 fluxes above the Erhai Lake. Science China Earth Sciences，58（3）：317-328.

Ma N，Szilagyi J，Niu G Y，et al. 2016. Evaporation variability of Nam Co Lake in the Tibetan Plateau and its role in recent rapid lake expansion. Journal of Hydrology，537：27-35.

Ma N，Zhang Y，Szilagyi J，et al. 2015. Evaluating the complementary relationship of evapotranspiration in the alpine steppe of the Tibetan Plateau. Water Resources Research，51（2）：1069-1083.

McVicar T R，Roderick M L，Donohue R J，et al. 2012. Global review and synthesis of trends in observed terrestrial near-surface wind speeds：implications for evaporation. Journal of Hydrology，416：182-205.

Miralles D G，Brutsaert W，Dolman A J，et al. 2020. On the use of the term "evapotranspiration". Water Resources Research，56：e2020WR028055.

Penman H L. 1948. Natural evaporation from open water，bare soil and grass. Proceedings of the Royal Society A：Mathematical，Physical and Engineering Sciences，193：120-145.

Peterson T，Golubev V，Groisman P Y. 1995. Evaporation losing its strength. Nature，377：687-688.

Priestley C H B，Taylor R J. 1972. On the assessment of surface heat flux and evaporation using large-scale parameters. Monthly Weather Review，100（2）：81-92.

Ren L，Arkin P，Smith T M，et al. 2013. Global precipitation trends in 1900-2005 from a reconstruction and coupled model simulations. Journal of Geophysical Research：Atmospheres，118（4）：1679-1689.

Rosenberry D O，Winter T C，Buso D C，et al. 2007. Comparison of 15 evaporation methods applied to a small mountain lake in the northeastern USA. Journal of Hydrology，340（3-4）：149-166.

Thornthwaite C W. 1948. An approach toward a rational classification of climate. Geographical Review，38（1）：55-94.

Wang B，Ma Y，Ma W，et al. 2017. Physical controls on half-hourly，daily，and monthly turbulent flux and energy budget over a high-altitude small lake on the Tibetan Plateau. Journal of Geophysical Research：Atmospheres，122（4）：2289-2303.

Xiao K，Griffis T J，Baker J M，et al. 2018. Evaporation from a temperate closed-basin lake and its impact on present，past，and future water level. Journal of Hydrology，561：59-75.

Zhao X，Liu Y. 2018. Variability of surface heat fluxes and its driving forces at different time scales over a large ephemeral lake in China. Journal of Geophysical Research：Atmospheres，123（10）：4939-4957.

第1章　地表蒸散发的观测与估算原理概述

一般而言，蒸发和蒸腾的决定因素是不同的，蒸发取决于地表的水分分布及干湿部分的能量交换；而蒸腾取决于水汽传输的冠层阻力。因此，蒸散发的测定与计算涉及对土壤水分运动、植物水分传输、蒸发面与大气间的水汽和热量交换等各个环节的系统认识，是水文学和生态学领域尚未完全解决的难题之一。目前，针对蒸散发的测定和估算较常见的方法主要分为水文学法、微气象学法、植物生理学法、遥感方法以及土壤–植物–大气连续体（soil-plant-atmosphere continuum，SPAC）综合模拟法。各类方法的适用对象和精度不同，对仪器设备的要求和参数选取等方面也存在较大差别，在实际应用中，需要根据具体要求和条件选用合适的手段（Liu et al.，2022）。本章主要介绍现阶段最为常用且精度较高的典型方法。

1.1　地表蒸散发的主要观测方法

1.1.1　蒸渗仪法

蒸渗仪是一种设在野外或在有控制降雨设施的试验场内装满土壤的大型仪器，通过蒸渗仪内布设的仪器测定或计算出蒸渗仪内的蒸散发量。蒸渗仪可分为大型称重式蒸渗仪和微型蒸渗仪。微型蒸渗仪往往采用简单的塑料管即可制作完成，但口径较小，且需要人工不间断称重，较为费时费力。大型称重式蒸渗仪需要在地面建造专用的房屋以及地下室用于安装，可实现自动观测，且精度较高，可达 0.01 mm。相比之下，通过建造大尺寸蒸渗仪以减小尺寸影响与边界效应、增加多种现代化测量设备等措施，大型蒸渗仪的测量将更加精确。蒸渗仪还有一个优点是它为研究蒸散发与植被关系提供了有效手段，通过设置不同植被盖度的下垫面样方，可直接观测植被对蒸散发的影响，当蒸渗仪观测样方无植被覆盖时，即为土壤蒸发。理论上，蒸渗仪法是地表蒸散发观测中最准确的方法，避开了微气象学领域的所有假设，应当视为地表蒸散发观测中的标准。然而，蒸渗仪的时间分辨率较粗糙（难以精确到小时甚至分钟），空间代表性往往仅数米，使得其与涡度相关法的观测范围有较大区别，限制了其使用的广泛性。

1.1.2　波文比能量平衡法

1926 年，Bowen 提出了波文比的概念，波文比即感热通量与潜热通量之比。波文比能量平衡法要求测量地面以上两个高度之间的空气温差以及同样高度间水汽压差，其估算潜热通量（即蒸发或凝结）与感热通量的理论基础是地面能量平衡方程与近地层梯度扩散理论，其中最重要的假设是热量和水汽的扩散系数相等。关于波文比能量平衡法的具体计算方案可参阅 Allen 等（2011）的研究。

简单而言，波文比能量平衡法有两点关键要求：一是由于波文比能量平衡法是基于能量平衡原理，故其观测场地局地平流作用要小；二是温度和湿度的仪器测量精度必须较高，否则难以确定仪器自身的系统误差对两层温湿度之差的影响。事实上，2000 年以后的波文比系统大多采用自动（一般每隔 15 min）换臂装置来减小仪器所测量的误差（Irmak et al.，2008），但这种波文比在中国的应用相对少于西方发达国家。

1.1.3　涡度相关法

涡度相关法提供了一种直接测定植被与大气间 CO_2、水、热通量的方法。涡度相关是指某种物质的垂直通量，即这种物质的浓度与其垂直速度的协方差，通过高频的水汽浓度和风速观测，即可直接测算出地表蒸散发速率。具体方法原理与应用案例可参考美国 LI-COR 公司出版的最新专著 *Eddy Covariance Method for Scientific，Regulatory，and Commercial Applications*。涡度相关法始于 20 世纪 50～60 年代，1980 年以来，超声风速仪和红外线气体分析仪开始广泛使用，常规的涡度相关观测随之步入正轨，并在农田（Anderson et al.，1984）、森林（Verma et al.，1986）和草原（Verma et al.，1989）等各类生态系统的短期（一般为生长季）能量和物质交换特征研究中取得初步成果。为深入研究各种气候条件下地-气系统能量和物质交换，并提供基础、准确、权威的数据，发展全球范围内的通量观测网络被提上了学界议程。1995 年，全球气象、水文、地理、生态等领域的专家云集意大利拉蒂勒，针对成立全球通量观测研究网络的可能性及其所存在的困难进行了深入讨论。1998 年，美国航空航天局决定支持建立全球尺度的通量观测网络，即 FLUXNET（Baldocchi et al.，2001）。作为一个利用涡度相关法测量生态系统与大气之间的碳、水汽和能量交换的全球观测网络，FLUXNET 的建立将之前分散的区域尺度、特殊时期的观测，集合为具有长期连续、质量控制、数据共享等一系列特点的全球各种生态系统的物质与能量交换观测网络（Baldocchi et al.，2001）。目前，FLUXNET 汇集了来自 5 个大洲逾 800 座通量塔，其研究区域囊括了森林、草原、农田、湿地、湖泊、海洋等多种生态系统，并在生态系统的净生产力、蒸散发、能量分配、地-气相互作用等方面取得了诸多进展（Baldocchi，2020）。涡度相关法的优点是能通过测量各种属性的湍流脉动值来直接测量地气间物质与能量交换的通量，不受平流条件限制。但是，涡度相关法也有一系列不足，最为显著的当属"能量不闭合"现象（Foken，2008）。涡度相关数据的处理也较为复杂，湍流通量数据的插值亦是学界研究的难点（Lucas-Moffat et al.，2022），插值方法的准确性对理解生态系统长期地气间水热交换特征尤为关键（Baldocchi，2014；Falge et al.，2001）。

作为 FLUXNET 的重要组成部分，中国通量观测研究网络（ChinaFlux）于 2002 年建成，主要基于我国东北、华北、西南、内蒙古等地的森林、草原及农田生态系统，结合土壤生理生态学实验及野外植被调查，是研究我国不同生态系统蒸散发过程与机理的基石。ChinaFlux 的主要科学目标（Yu et al.，2006）包括：①针对生态系统的碳、水和能量通量的长期观测而建立标准的研究方法；②获取不同生态系统的土壤-植被-大气之间的 CO_2、

CH_4、H_2O 等物质交换的长期、连续的基础数据；③陆地生态系统碳循环、水循环的特征、机制及数值模拟，同时结合遥感技术，验证模型模拟效果，进而揭示更大、更长尺度的植被净生产力、水汽与能量分配特征。

1.1.4　闪烁通量仪法

闪烁通量仪种类较多，但它们的原理基本相同，仅在孔径或电磁波波长方面有所区别。闪烁通量仪包含一个发射器和一个接收器，两者之间有一定路径，由发射器发射辐射电磁波，由接收器接收。与涡度相关法直接测量湍流通量不同的是，闪烁通量仪是建立在莫宁–奥布霍夫（Monin-Obukhov）的半经验相似理论的基础上发展而来的，其最大的优点是所测空间尺度可以达到 5 km，这对像元尺度蒸散发的研究尤为重要。目前大多研究中使用的都是大孔径闪烁通量仪，如 2012 年在黑河开展的"黑河流域生态–水文过程综合遥感观测联合试验"的专题试验"非均匀下垫面地表蒸散发的多尺度观测试验：通量观测矩阵"就使用的此类闪烁仪（Li et al., 2013；Liu et al., 2016）。近年来，微波闪烁通量仪开始逐渐发展，与大孔径闪烁通量仪联合应用，组成双波长闪烁通量仪，可同时观测感热通量和潜热通量，这一技术为更全面地认识非均质下垫面、中尺度的蒸散发过程提供了良好契机。

1.1.5　热脉冲法

对于高大木本植物而言，蒸腾是蒸散发的重要部分，而这些水分主要是通过树干茎流从根系传到叶片，因此树干茎流的观测是获取植被蒸腾的关键内容。热脉冲法的原理是通过对径向插入树干边材的线性热源施加短时热脉冲，测量加热前后热源周围温度变化进而获取树干液流。热脉冲技术由 Huber（1932）最先提出，Huber 使用一根电阻线作为热脉冲源，通过安装在电阻线下方的单个热电偶感知热脉冲到达的时间，这就是植被茎流计的雏形。之后，Marshall（1958）系统地提出了热对流扩散方程以及温度场分布解析方程，Burgess 等（2001）利用上下对称探针增温之比计算液流。在具体使用过程中，热脉冲法将两个传感器探针纵向插入被测植物的木质部或茎部中，插入深度相同，探针之间插入一个加热元件，加热器距离上部温度探头 50mm，距离下部温度探头 10mm。当加热器释放热脉冲时开始计时，上下探针温度相同时记录下所用的时间，由此求出热脉冲的速度。但是对于低速茎流植物，即茎流速度较慢，两端探针达到相同温度时所需时间长，热损耗大，这种情况下测量结果误差较大。树干茎流观测的另外一个难点是升尺度，热脉冲法仅能在有限数量的植被上实施，而如何从单株植物的观测结果转换成更大空间尺度的植被蒸腾仍然是学术界的研究难点。

1.2　地表蒸散发的主要估算原理

1.2.1　水量平衡法

水量平衡法是通过水文监测确定降水、径流、地下水补给以及土壤水存储等水循环要素，用余项法推求流域尺度的地表蒸散发量。

$$\mathrm{ET} = P - Q - \Delta S \tag{1-1}$$

式中，ET 为地表蒸散发；P 为降水；Q 为流域出口径流；ΔS 为流域水储量变化。流域尺度的水量平衡法不受下垫面和气象条件限制，可以计算较大流域尺度的蒸散发量，并往往被当作评估大尺度蒸散发模型的基准（Ma et al.，2021）。然而，该方法的不足主要体现在：①不能有效区分流域尺度蒸散发的组分变化；②由于流域尺度下垫面极其复杂，流域水量平衡法难以得到详细的蒸散发量空间分布；③由于 ΔS 只能在大流域尺度（>10000 km²）上通过 GRACE 卫星的遥感数据获得，该方法很难在小流域尺度上进行应用，此外 GRACE 遥感数据始于 2002 年，在此之前无法通过 ΔS 反推 ET；④在跨流域调水条件下，式（1-1）需要加入调水项，增加了应用的难度（Liu et al.，2019）。在最新的研究中，Ma 等（2024）公开发布了基于观测的全球 56 个大河流域水量平衡蒸散发数据产品，对全球蒸散发模型的校正和验证起到了积极作用。

1.2.2　彭曼综合法

基于能量平衡和物质传输理论，Penman（1948）首次提出利用标准气象观测数据（包括辐射、温度、湿度和风速）计算开阔水面的蒸发量。自彭曼公式发表以来，许多科研人员对其进行了大量的修订及改进工作，形成了多种形式的改进版彭曼公式。最为经典的是 Monteith（1965）提出的考虑边界层阻力的植被蒸散量计算模型，即彭曼（Penman-Monteith，PM）公式。整体而言，Penman-Monteith 方法假定植被冠层为一片“大叶”，植被潜热交换发生在“大叶”面上，得出计算植被覆盖地表实际蒸散量的“自上而下”的模型。该模型既考虑了空气动力学和辐射项的作用，又涉及植被生理特征，具有很好的物理基础和较高的计算精度，能清楚地表达蒸散的变化过程及其影响机制，为非饱和下垫面蒸散发计算开辟了新途径，计算公式如式（1-2）所示：

$$\mathrm{LE} = \frac{\varepsilon A + (\rho C_\mathrm{p} / \gamma) D_\mathrm{a} G_\mathrm{a}}{\varepsilon + 1 + G_\mathrm{a} / G_\mathrm{s}} \tag{1-2}$$

式中，LE 为潜热通量，W/m²；$\varepsilon = \Delta / \gamma$，$\gamma$ 为干湿球常数，kPa/℃；$\Delta = \mathrm{d}e^* / \mathrm{d}T$，为饱和水汽压–温度的斜率，kPa/℃；$A$ 为地表可利用能量（净辐射减去土壤热通量），W/m²；ρ 为空气密度，kg/m³；C_p 为空气定压比热，J/（kg·℃）；$D_\mathrm{a} = e_\mathrm{a}^* - e_\mathrm{a}$，为水汽压差，kPa；$e_\mathrm{a}^*$ 为空气温度下的饱和水汽压，kPa；e_a 为实际水汽压，kPa；G_a 为空气动力学导度，m/s；G_s 为同时考虑土壤蒸发和植被蒸腾的地表导度，m/s。

采用 Penman-Monteith 模型计算地表蒸散量时，不仅需要收集相关气象数据，还需考虑地表导度的取值。地表导度受作物高度、地面覆盖度、叶面积指数和土壤水分状况等多种因素影响，估算具有较大的不确定性。为了避免这个问题，同时也为了加强不同下垫面蒸散发之间的比较，Penman-Monteith 模型被联合国粮农组织进行了标准化处理，用于估算作物参考蒸散发，而被广泛应用。联合国粮农组织提出利用一个预设的地表导度（1/70 m/s）先计算参考作物蒸散发（Allen et al.，1998），再利用作物系数进行修正。事实上，这种通过先计算潜在蒸散发，然后再借助某种折算系数（如作物系数法中的作物系数）推算地表实际蒸散发的方法被学界称为"两步法"（Shuttleworth，2007）。类似的方法还有广泛应用于第一代陆面过程模型中的水桶模式。但是必须指出，任何一种所谓的"折算系数"其实均不具有物理意义，因此，尽管"两步法"得到了较好的推广，部分学者仍认为其物理基础甚微而不被提倡（Shuttleworth，2007）。

基于 Penman-Monteith 模型的另外一个重要发展是 Shuttleworth-Wallace 模型（简称 S-W 模型），该模型是 Shuttleworth 和 Wallace（1985）对 Penman-Monteith 模型进行扩展以估算稀疏植被和土壤蒸散发的双源模型。S-W 模型的理论基础非常完善，其将土壤和植被冠层看作上下叠加的两层，各层之间有连续的湍流源。模型运行时，将植被冠层和土壤分别进行能量平衡计算，并将叶面积指数和土壤水分状况对蒸散发的影响考虑其中。然而，S-W 模型所需参数远多于 Penman-Monteith 模型中的参数，特别是冠层内部阻抗的估算尤为困难，在资料稀缺区难以获得较为准确的输入，在一定程度上限制了 S-W 模型的广泛应用。

1.2.3　蒸散发互补法

基于蒸散发互补理论的蒸散互补法无须降水、植被、土壤资料作为输入，是估算缺资料区蒸散发的常用方法。蒸散发互补理论（complementary relationship，CR）最早由 Bouchet（1963）提出，核心点为受平流影响较小的均匀下垫面的实际蒸散发 ET 和潜在蒸散发 ET_p 之间的互馈机制。具体而言，当一定空间尺度上的可利用能量为常数时，在地表水分供给充足条件下，$ET \approx ET_p \approx ET_w$，其中 ET_w 为湿润环境蒸散发。这里需特别注意，ET_w 的定义不同于 ET_p，它是指一个充分大（尺寸大到不会受周边平流的影响）的湿润下垫面的蒸散发。随着蒸发的进行，地表水分供给逐渐减小，ET 逐渐减小，从而释放出更多的能量成为感热，大气对陆面的反馈作用使地表上空湍流加强、温度升高、湿度降低，从而导致潜在蒸散发增加。所以，原本由潜热消耗的能量转为被感热消耗，进而使得 ET_p 增大，即有

$$ET_p - ET_w = \varepsilon(ET_w - ET) \tag{1-3}$$

式中，系数 ε 为用于表述感热使得 ET_p 增大的程度。当 ET 的减小量等于 ET_p 的增大量时（即 $\varepsilon=1$），此时 CR 表现为对称。经典的 Advection-Aridity 模型（Brutsaert and Stricker，1979）即是基于对称的蒸散发互补理论发展而来的，亦即 $ET=2ET_w-ET_p$。但是，如果实际的蒸发面太小或者此蒸发面受显著的平流作用影响，ET 的减小量不等于 ET_p 的增大量（即 $\varepsilon \neq 1$），此时 CR 呈不对称。蒸散发互补理论的最大贡献是对经典的"蒸发悖论"的解释。Brutsaert 和 Parlange（1998）运用蒸散发互补理论解释了 20 世纪 90 年代广泛报道的"蒸发悖论"现象，并且后来得到了基于全球通量观测研究网络数据研究结果的支持（Jung et al.，2010）。Brutsaert（2015）最近通过引入 4 个边界条件，提出了经典的非线性互补模型。与此同时，Han 和 Tian（2018）提出了广义互补的"S"形函数模型。Szilagyi 等（2017）又通过修订其中的边界条件，改进了非线性互补模型。整体而言，蒸散发互补模型在模拟大尺度蒸散发时的效果与陆面模型、遥感蒸散发模型等的效果相当（Ma and Szilagyi，2019；Ma et al.，2019）。

1.3 本章小结

本章首先介绍了地表蒸散发的主要观测方法，如蒸渗仪法、波文比能量平衡法、涡度相关法、闪烁通量仪法以及热脉冲法等，简要回顾了不同方法的发展历史，并分析了不同方法的优缺点以及应用范围。其次，介绍了地表蒸散发的几种常用的估算原理，包括水量平衡法、彭曼综合法以及蒸散发互补法，摸清这些基础方法的原理对理解和应用现阶段不同的蒸散发数值模型有重要帮助。

参 考 文 献

Allen R G，Pereira L S，Howell T A，et al. 2011. Evapotranspiration information reporting：Ⅰ. Factors governing measurement accuracy. Agricultural Water Management，98：899-920.

Allen R G，Pereira L S，Raes D，et al. 1998. Crop Evapotranspiration：Guidelines for Computing Crop Water Requirements，FAO Irrigation and Drainage Paper 56. Rome：Food and Agriculture Organization of the United Nations.

Anderson D E，Verma S B，Rosenberg N J. 1984. Eddy correlation measurements of CO_2，latent heat，and sensible heat fluxes over a crop surface. Boundary-Layer Meteorology，29：263-272.

Baldocchi D D. 2014. Measuring fluxes of trace gases and energy between ecosystems and the atmosphere-the state and future of the eddy covariance method. Global Change Biology，20：3600-3609.

Baldocchi D D. 2020. How eddy covariance flux measurements have contributed to our understanding of global change biology. Global Change Biology，26：242-260.

Baldocchi D D，Falge E，Gu L H，et al. 2001. FLUXNET：a new tool to study the temporal and spatial variability of ecosystem-scale carbon dioxide，water vapor，and energy flux densities. Bulletin of the American Meteorological Society，82：2415-2434.

Bouchet R J. 1963. Evapotranspiration réelle et potentielle，signification climatique. International Association of Scientific Hydrology，62：134-142.

Bowen I S.1926. The ratio of heat losses by conduction and by evaporation from any water surface. Physical Review，27：779-787.

Brutsaert W. 2005. Hydrology：An Introduction. New York：Cambridge University Press.

Brutsaert W. 2015. A generalized complementary principle with physical constraints for land-surface evaporation. Water Resources Research，51：8087-8093.

Brutsaert W，Parlange M B. 1998. Hydrologic cycle explains the evaporation paradox. Nature，396：30.

Brutsaert W，Stricker H. 1979. An advection-aridity approach to estimate actual regional evapotranspiration. Water Resources Research，15：443-450.

Burgess S S，Adams M A，Turner N C，et al. 2001. An improved heat pulse method to measure low and reverse rates of sap flow in woody plants. Tree Physiology，21：589-598.

Falge E，Baldocchi D，Olson R，et al. 2001. Gap filling strategies for long term energy flux data sets. Agricultural and Forest Meteorology，107：71-77.

Foken T. 2008. The energy balance closure problem：an overview. Ecological Applications，18：1351-1367.

Han S J，Tian F Q. 2018. Derivation of a sigmoid generalized complementary function for evaporation with physical constraints. Water Resources Research，54：5050-5068.

Huber B. 1932. Observation and measurements of sap flow in plant. Reports of German Botanical Society，50：89-109.

Irmak S，Istanbulluoglu E，Irmak A. 2008. An evaluation of evapotranspiration model complexity against performance in comparison with Bowen ratio energy balance measurements. Transactions of the ASABE，51：1295-1310.

Jung M，Reichstein M，Ciais P，et al. 2010. Recent decline in the global land evapotranspiration trend due to limited moisture supply. Nature，467：951-954.

Li X，Cheng G D，Liu S M，et al. 2013. Heihe watershed allied telemetry experimental research（HiWATER）：scientific objectives and experimental design. Bulletin of the American Meteorological Society，94：1145-1160.

Liu S M，Xu Z W，Song L S，et al. 2016. Upscaling evapotranspiration measurements from multi-site to the satellite pixel scale over heterogeneous land surfaces. Agricultural and Forest Meteorology，230：97-113.

Liu K L，Wang Z Z，Cheng L，et al. 2019. Optimal operation of interbasin water transfer multireservoir systems：an empirical analysis from China. Environmental Earth Sciences，78：238.

Liu Y B，Qiu G Y，Zhang H S，et al. 2022. Shifting from homogeneous to heterogeneous surfaces in estimating terrestrial evapotranspiration：review and perspectives. Science China Earth Sciences，65：197-214.

Lucas-Moffat A M，Schrader F，Herbst M，et al. 2022. Multiple gap-filling for eddy covariance datasets. Agricultural and Forest Meteorology，325：109114.

Ma N，Szilagyi J. 2019. The CR of evaporation：a calibration-free diagnostic and benchmarking tool for large-scale terrestrial evapotranspiration modeling. Water Resources Research，55：7246-7274.

Ma N，Szilagyi J，Zhang Y. 2021. Calibration-free complementary relationship estimates terrestrial evapotranspiration globally. Water Resources Research，57：e2021WR029691.

Ma N，Szilagyi J，Zhang Y，et al. 2019. Complementary-relationship-based modeling of terrestrial evapotranspiration across China during 1982-2012：Validations and spatiotemporal analyses. Journal of Geophysical Research：Atmospheres，124：4326-4351.

Ma N，Zhang Y，Szilagyi J. 2024. Water-balance-based evapotranspiration for 56 large river basins：a benchmarking dataset for global terrestrial evapotranspiration modeling. Journal of Hydrology，630：10607.

Ma N，Zhang Y，Szilagyi J，et al. 2015. Evaluating the complementary relationship of evapotranspiration in the Alpine steppe of the Tibetan Plateau. Water Resources Research，51：1069-1083.

Marshall D C. 1958. Measurement of sap flow in conifers by heat transport. Plant Physiology，33：385-396.

Monteith J L. 1965. Evaporation and environment//Symposia of the Society for Experimental Biology. Cambridge：Cambridge University Press：205-234.

Penman H L. 1948. Natural evaporation from open water，hare soil and grass. Proceedings of the Royal Society of London Series A：Mathematical，Physical and Engineering Sciences，193：120-145.

Shuttleworth W J. 2007. Putting the "vap" into evaporation. Hydrology and Earth System Sciences，11：210-244.

Shuttleworth W J，Wallace J S. 1985. Evaporation from sparse crops-an energy combination theory. Quarterly Journal of the Royal Meteorological Society，111：839-855.

Szilagyi J，Crago R，Qualls R. 2017. A calibration-free formulation of the complementary relationship of evaporation for continental-scale hydrology. Journal of Geophysical Research：Atmospheres，122：264-278.

Verma S B，Baldocchi D D，Anderson D E，et al. 1986. Eddy fluxes of CO_2，water vapor，and sensible heat over a deciduous forest. Boundary-Layer Meteorology，36：71-91.

Verma S B，Kim J，Clement R J. 1989. Carbon dioxide，water vapor and sensible heat fluxes over a tallgrass prairie. Boundary-Layer Meteorology，46：53-67.

Yu G R，Wen X F，Sun X M，et al. 2006. Overview of ChinaFLUX and evaluation of its eddy covariance measurement. Agricultural and Forest Meteorology，137：125-137.

第 2 章　蒸散发的遥感估算方法

随着近 30 年来遥感观测能力的显著提高，遥感观测展现出传统方法不可比拟的大面积动态监测能力，目前利用遥感技术进行地表水、热和碳通量的研究已经成为重要的方法和手段。在遥感对地表蒸散发（ET）的研究方面，遥感模型从简单的经验公式发展到具有机理性的一源模型，再到将土壤表面和植被冠层作为两个边界层的二源模型。利用这些模型目前已经产出并发布了多套全球尺度的地表蒸散发数据产品，其中 MOD16 产品（Mu et al.，2011）、PML 产品（Zhang et al.，2019）在全球范围得到了非常广泛的应用。按照蒸散发的估算原理，遥感蒸散发模型可以分成四类，即基于地表能量平衡的蒸散发估算方法、植被指数–地表温度三角/梯形空间法、基于 Priestley-Taylor（P-T）公式的蒸散发估算方法和基于气孔导度的蒸散发估算方法。

2.1　基于地表能量平衡的蒸散发估算方法

基于地表能量平衡的遥感蒸散发模型主要包括一源模型和二源模型，模型的核心基础是地表能量平衡方程，见式（2-1）：

$$LE = R_n - H - G \tag{2-1}$$

式中，LE 为潜热通量，W/m²；R_n 为地表净辐射，W/m²；G 为土壤热通量，W/m²；H 为感热通量，W/m²。当地表净辐射、土壤热通量和感热通量已知时，潜热通量便可通过这三部分的能量之差求得。这种方法因为依赖于地表能量平衡方程，因此也被称为地表能量平衡法或地表能量平衡余项法，是目前估算不同时间和空间尺度区域蒸散发的最广泛方法之一。

2.1.1　一源模型

在土壤–植被–大气系统中，一源模型把地表能量界面当作一个整体，即一个边界层来研究其传输过程，是一种对地表的最简单的近似处理，对土壤和植被不作区分（Kalluri et al.，1998；Dickinson et al.，1986）。热红外遥感反演的地表温度（T_s）用于估算感热通量。根据莫宁–奥布霍夫相似理论（Monin and Obukhov，1954），感热通量的计算如式（2-2）所示：

$$H = \frac{\rho C_p (T_{aero} - T_a)}{r_a} = \frac{\rho C_p (T_s - T_a)}{r_a + r_{ex}} \tag{2-2}$$

式中，ρ 为空气密度，kg/m³；C_p 为空气定压比热，J/（kg·K）；T_{aero} 为空气动力学温度，

K；T_a 为空气温度，K；r_a 为空气动力学阻抗，s/m；r_{ex} 为考虑空气动力学温度与地表温度差异的剩余阻抗，s/m。由于近地表的空气动力学温度难以获得，通常采用遥感地表温度代替，为了考虑空气动力学温度和地表温度之间的差异，引入了剩余阻抗的概念（Stewart et al.，1994；Kustas，1990）。利用式（2-2）计算感热通量的不确定性主要来源于 r_a 和 r_{ex} 的计算，其为无法直接观测的变量，且计算较为复杂。

空气动力学阻抗主要受地表粗糙度（植被高度、植被结构等）、风速和大气稳定度等因素影响。最为常见的 r_a 估算方程如式（2-3）所示（Brutsaert，1982）：

$$r_a = \frac{\ln\left(\dfrac{z_u - d}{z_{om}} - \psi_m\right) \cdot \ln\left(\dfrac{z_t - d}{z_{oh}} - \psi_h\right)}{k^2 u} \tag{2-3}$$

式中，z_u 和 z_t 分别为风速和气温的观测高度，m；d 为零平面位移，m；z_{om} 和 z_{oh} 分别为动量传输和能量传输的粗糙度长度，m；k 为冯·卡门常数（0.41）；u 为 z_u 高度处的风速，m/s；ψ_m 和 ψ_h 分别为动量传输和能量传输的大气稳定度函数，当大气处于中性稳定度时，$\psi_m = \psi_h = 0$，通常采用莫宁-奥布霍夫长度（L）来衡量大气是否稳定。d 值约为平均植被高度的 2/3（Monteith，1973），但也取决于植被密度（Raupach，1995）。Brutsaert（1982）的研究表明，地表能量传输主要受分子扩散控制，而动量传输则受地面黏性切应力控制。z_{oh} 值小于 z_{om}，约为平均植被高度的 0.13 倍（Monteith，1973）。

剩余阻抗的计算方法如式（2-4）所示，其中，u^* 为摩擦风速（m/s），并且通常将其表达为 $kB^{-1} = \ln(z_{om}/z_{oh})$ 的函数：

$$r_{ex} = \frac{\ln\left(\dfrac{z_{om}}{z_{oh}}\right)}{ku^*} = \frac{kB^{-1}}{ku^*} \tag{2-4}$$

Stewart 等（1994）假定在均匀的地表 kB^{-1} 为一个常数。而 Troufleau 等（1997）的研究表明 kB^{-1} 在一天内存在着较大的变异性。Su（2002）提出，为了考虑裸土和全植被覆盖之间的任何地表覆被情况，可以利用裸土的 kB^{-1} 和全植被覆盖的 kB^{-1}，并根据植被覆盖度的二项式权重变化来估算一定植被覆盖度情况下的值。

一源模型的典型代表包括以下三个。

1）SEBAL（surface energy balance algorithm for land）模型

SEBAL 模型由 Bastiaanssen（1998a，1998b）提出，在全球得到了广泛应用。该模型的关键点主要是：①假设地气温差（dT）和地表温度有很好的线性关系，即 d$T = a + bT_s$。根据研究区内干点和湿点的地气温差与地表温度的关系拟合出系数 a 和 b，在假定系数不变的情况下，便可根据研究区内每个像元的地表温度获得地气温差。②基于遥感地表温度和短波辐射建立了一种半经验的土壤热通量计算方法和动量通量计算方法，后者用于计算面积平均的 z_{om}，再进一步根据遥感植被指数（NDVI）计算每个像元的 z_{om}。③取 $kB^{-1} = 2.3$ 不变，根据 z_{om} 计算 z_{oh}。④在考虑大气稳定度的情况下，通过迭代求解整体传输空气动力学方程计算感热通量。

2）SEBS（surface energy budget system）模型

SEBS 模型由 Su（2002）提出，该模型的关键点主要是：①通过考虑极限状态下（干限和湿限）的能量平衡，控制了由地表温度和气象变量带来的不确定性。干限的潜热通量假定为 0，而感热通量达到最大（R_n-G）。湿限的蒸散发（LE_{wet}）假定以潜在速率进行，感热通量则达到最小值，由此计算相对蒸发比和蒸发比。②发展了新的能量传输粗糙度长度估算方法，而不是用固定值表达。③分别考虑植被和土壤，发展了剩余阻抗的计算方法。Gokmen 等（2012）进一步开发了该模型，以纳入卫星土壤湿度信息提高估算精度。

3）METRIC（mapping evapotranspiration at high resolution with internalized calibration）模型

METRIC 模型是在 SEBAL 模型的基础上进行改进而来（Allen et al.，2007）。相较于 SEBAL 模型，主要改进的内容为：①考虑了海拔和地形变化对地气温差的影响；②同时使用干点和湿点的信息建立地气温差与地表温度的关系；③不再假设湿点的感热通量等于 0，潜热等于地表可利用能量（R_n-G），而采用湿点的潜热通量=1.05ET_0（ET_0 为参考蒸散发）；④利用参考作物蒸发比将瞬时 ET 扩展为日尺度 ET，这种做法更有效地考虑了平流效应以及风速变化、湿度变化等因素对蒸散发的影响。

2.1.2 二源模型

在自然界，大多数地表均比一源模型描述得要复杂。为了更精确地计算地表蒸散发，应该把地表的状态定量表达得更确切，二源模型是向前迈进的第一步。它与一源模型的区别就在于将地表中的土壤和植被分开来看，分别考虑它们各自与大气界面的交换，而整个地表的感热通量或潜热通量则是土壤和植被感热通量或潜热通量之和，见式（2-5）：

$$H = H_c + H_s = \rho C_p \left(\frac{T_c - T_a}{r_a} + \frac{T_{soil} - T_a}{r_a + r_{soil}} \right) \tag{2-5}$$

式中，H 为地表感热通量；H_c 和 H_s 分别为植被和土壤的感热通量；T_a 为冠层的空气动力学温度；T_c 和 T_{soil} 分别为植被和土壤的表面温度；r_{soil} 为土壤表面阻抗。T_c 和 T_{soil} 与 T_s 之间符合如式（2-6）所示的关系：

$$T_s = \left[f_c T_c^4 + (1-f) T_{soil}^4 \right]^{1/4} \tag{2-6}$$

式中，f_c 为植被覆盖度，可以通过植被指数或叶面积指数估算得到。在估算出 H_c 和 H_s 的基础上，进一步利用土壤表面能量平衡方程 [式（2-7）] 和植被表面能量平衡方程 [式（2-8）]，即可估算出土壤潜热通量（LE_s）和植被冠层潜热通量（LE_c）：

$$LE_s = R_{ns} - H_s - G \tag{2-7}$$

$$LE_c = R_{nc} - H_c \tag{2-8}$$

二源模型的典型代表包括以下两个。

1）TSEB（two source energy balance）模型

TSEB 模型由 Norman 等（1995）提出，模型基于多角度或单角度卫星观测数据反演或迭代估算植被表面温度和土壤表面温度，使用 Priestley-Taylor（P-T）公式估算植被蒸腾，剩余的能量部分被用于土壤的蒸发和感热消耗，土壤表面阻抗 r_{soil} 基于一个关于土壤表面风速的半经验公式计算。模型通过调整 P-T 系数和迭代计算实现求解。

2）ALEXI（atmosphere-land exchange inverse）模型

基于 TSEB 模型，Anderson 等（1997）根据上午太阳升起后 1.5～5.5 h 的地表温度上升速率和大气边界层增长模型对地表感热通量进行约束，以提高蒸散发的估算精度，发展的模型命名为 ALEXI。该模型不需要地面气温观测数据的辅助，而且对地表发射率和大气校正造成的地表温度反演误差也不敏感。为了提高地表蒸散发在更小空间尺度的估算精度（如 30 m），又进一步发展了 DisALEXI 模型（disaggregated ALEXI model）。

2.2　植被指数−地表温度三角/梯形空间法

三角/梯形空间法是基于植被指数或地表反照率和地表温度所构成的散点空间，确定极端状况的"干边"和"湿边"，进而实现区域蒸散发估算的办法。Goward 等（1985）第一次提出了基于空间背景信息的遥感植被指数−地表温度（VI-T_s）特征空间。Moran 等（1994）在对不同覆盖度并具有不同胁迫状态的 18 块苜蓿地开展整个生长期长达 90 天的野外试验时发现，所有不同覆盖度的地表温度均在"VI-T_s"所构成的散点梯形框架中，再次证明 VI 和地表温度之间确实存在三角/梯形空间关系，且散点在梯形中的排列位置与地表湿润状况紧密相关。VI-T_s 三角/梯形空间因为相对简单的模型输入和较高的可操作性已被广泛应用于区域地表蒸散发的估算。

图 2-1 中，对应植被指数变化得到的地表温度理论最高值组成的上边界线称为"理论干边"，表示土壤水分极干的情况。"理论干边"上的点所在像元地表蒸散值为 0，地表阻抗达到最大值。现实条件下，由于研究区地理条件和范围的限制，这种"最干"的地表在多数情况下都会缺失，因此应用现实资料往往无法准确地判断"理论干边"的位置，通常只能用"实际干边"来代替，即对应植被变化得到的地表温度实际最高值组成的上边界线，用短划线表示。这种近似代替法无疑存在一定的误差。与此类似，对应植被指数变化得到的地表温度理论最低值组成的下边界线称为"理论湿边"，表示土壤水分接近饱和的情况，在应用中通常用"实际湿边"代替。"理论湿边"上的点所在像元地表蒸散值可认为等于潜在蒸发，地表阻抗达到最小值为 0。从"理论干边"到"理论湿边"中间的过渡线则表示土壤水分从干到湿的变化情况，在图 2-1 中用虚线表示。"理论干边""理论湿边"和过渡线均近似为直线，且同一条线上的点具有相同的土壤湿度状况。点 $T_\mathrm{soil,d}$ 和 $T_\mathrm{c,d}$ 分别表示植被覆盖度为 0 时裸土表面的最高温度和全植被覆盖时植被表面的最高温度，位于"理论干边"上；$T_\mathrm{soil,w}$ 和 $T_\mathrm{c,w}$ 分别表示植被覆盖度为 0 时裸土表面的最低温度和全植被覆盖时植被表面的最低温度，位于"理论湿边"上。这四个点决定了"理论干边"和"理论湿边"的位置，因此也就决定了整个梯形的形状和位置，可见它们位置确定的重要性。确定了梯形的上边界线和下边界线，中间等土壤湿度线的位置通常采用线性内插方法获得。图 2-1 中 $T_\mathrm{si,max}$ 和 $T_\mathrm{si,min}$ 用于表示相同覆盖度时研究区内所有像元的最高温度和最低温度，理论上，分别位于"理论干边"和"理论湿边"上。上述梯形结构的建立主要基于两点假设：①地表温度与植被指数的散点分布关系主要受土壤水分的控制，而与周围气象条件的影响无关；②研究区范围内存在足够多的土壤湿度和植被覆盖度变化，从而确保"干边"

和"湿边"的存在。在应用中，通常用 VI-T_s 组成的散点图的上边界线代表"实际干边"，用水体的温度代表"实际湿边"。

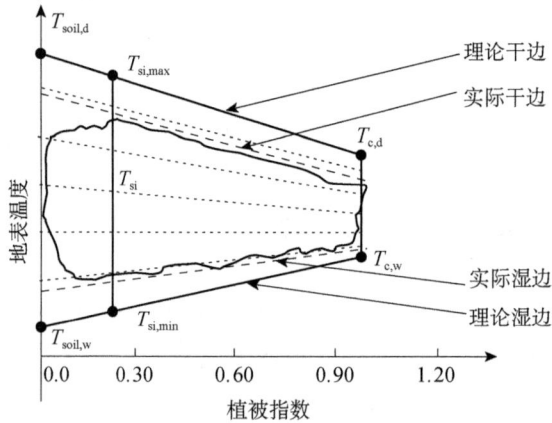

图 2-1 VI-T_s 梯形空间示意图

基于 VI-T_s 三角空间，Jiang 和 Islam（1999）利用改进的 Priestley-Taylor（1972）方程进行了区域 ET 的估算：

$$LE = \phi \left[(R_n - G) \frac{\Delta}{\Delta + \gamma} \right] \tag{2-9}$$

式中，ϕ 为考虑空气动力学阻抗作用的综合参数；Δ 为饱和水汽压与气温的斜率；γ 为干湿表常数。式（2-9）中的关键参数 ϕ 由 VI-T_s 三角特征空间确定，见公式（2-10）：①设置最干燥裸土像元的 ϕ 为全局最小值（ϕ_{min} =0），最大 VI 和最低 T_s 像元的 ϕ 为全局最大值（ϕ_{max} =1.26）；②确定 ϕ 在一定 VI 条件下的最小值和最大值，即在干边和湿边上对应的 ϕ（$\phi_{min,i}$ 和 $\phi_{max,i}$）值，并假定在干边上 ϕ 值随着 VI 的增加而呈线性增加（$\phi_{min,i}$ =1.26VI），在湿边上 ϕ 值随着 VI 的变化而保持不变（$\phi_{max,i}$ =1.26）；③在 VI 一定的情况下，假定 ϕ 值由 $\phi_{max,i}$ 到 $\phi_{min,i}$ 随着地表温度的增加而呈线性减小。

$$\phi = \frac{T_{s,max} - T_s}{T_{s,max} - T_{s,min}} (\phi_{max} - \phi_{min}) + \phi_{min} \tag{2-10}$$

式中，$T_{s,min}$ 和 $T_{s,max}$ 分别为地表湿度最小值和最大值。

基于 VI-T_s 梯形空间，张仁华等（2004）提出了像元排序对比法进行土壤温度和冠层温度、土壤反照率和冠层反照率的分解，提出了分层能量切割法计算土壤表面波文比和冠层表面波文比，进而再基于能量平衡法计算植被蒸腾和土壤蒸发。

三角/梯形空间法应用的关键步骤之一是确定三角形或梯形的干边和湿边，因为这决定了三角/梯形空间中所有点相对于干边和湿边的位置，也就决定了地表通量的估算结果。干边和湿边的确定可以通过自动检测回归法（Tang et al.，2010）。这种方法要求在研究区内存在极端干点和极端湿点，以确保三角/梯形空间法中干边和湿边的准确性。但有时这一要求在现实中不能满足，如对于降雨后不久的潮湿地区或干燥地区，极端干燥像素不一定存在。相反，对于干燥的沙漠，寒冷的像素通常会不存在。为了克服确定极限边界的这种困难，研究者们提出了基于梯形四个顶点的理论公式计算干边和湿边的方法（Zhang et al.，

2008；张仁华等，2004）。

相比于地表能量平衡余项法，VI-T_s 三角/梯形空间法在估算 ET 时的优点在于：①避免了地表温度遥感反演时所需的准确大气校正；②不需要空气动力学阻抗作为输入，从而避免了空气动力学阻抗估算的复杂参数化过程，并降低了由遥感 T_s 代替空气动力学温度而产生的不确定性；③实现了区域 ET 的全遥感数据估算，除了遥感反演的 T_s 和 VI，不需要其他近地面观测数据的辅助；④可直接估算 ET 而不需要地表能量平衡的计算（Tang et al.，2011）。

2.3 基于 Priestley-Taylor 公式的蒸散发估算方法

Priestley-Taylor（P-T）公式是一个简化模型，最初用于估算无水分胁迫条件下的蒸散发，计算过程中无须计算空气动力学阻抗和表面阻抗，具体公式如式（2-11）所示：

$$LE = f \cdot \alpha \left[(R_n - G) \frac{\Delta}{\Delta + \gamma} \right] \tag{2-11}$$

式中，α 为 P-T 系数，在无水分胁迫条件下取值在 $1.2 \sim 1.3$，通常认为等于 1.26；f 为水分胁迫因子，在原始的 P-T 公式中没有考虑水分胁迫的影响，因此 $f=1$。在有水分胁迫的影响时，f 通常是各环境因子的函数。Fisher 等（2008）通过引入植被温度和水分限制因子改进了 P-T 公式，估算了月尺度的植被蒸腾和土壤蒸发。其中，蒸散发的估算由三部分组成，即土壤蒸发（E_s）、植被蒸腾（E_c）和冠层截留蒸发（E_i）。

$$ET = E_c + E_s + E_i \tag{2-12}$$

$$E_c = (1 - f_{wet}) f_g f_T f_M \alpha \frac{\Delta}{\Delta + \gamma} R_{nc} \tag{2-13}$$

$$E_s = [f_{wet} + f_{SM}(1 - f_{wet})] \alpha \frac{\Delta}{\Delta + \gamma} (R_{ns} - G) \tag{2-14}$$

$$E_i = f_{wet} \alpha \frac{\Delta}{\Delta + \gamma} R_{nc} \tag{2-15}$$

式中，f_{wet} 为地表相对湿度；f_{SM} 为土壤水分限制因子；f_g 为绿色植被覆盖度；f_T 为植被温度限制因子；f_M 为植被湿度限制因子。除此之外，Miralles 等（2011）通过将 P-T 公式与植被截留模型、土壤水模型结合，发展了全球陆地蒸散发产品和算法——GLEAM（global land surface evaporation: the Amsterdam methodology），被国内外学者广泛使用。

2.4 基于气孔导度的蒸散发估算方法

地表蒸散发受到大气干燥力和可利用能量的双重控制，大气干燥力主要受饱和水汽压差和风速的影响。Penman（1948）首次将大气干燥力和可利用能量结合推导出蒸散发模型，建立了著名的 Penman 公式。Penman 公式使用经验模型描述风对蒸发的影响，没有明确考虑地表条件（土壤含水量、植被高度和密度）的影响。为此，Monteith（1973）进一步改进了 Penman 公式，引入表面阻抗的概念来刻画地表条件对蒸发和蒸腾的影响，并引入空气动力学阻抗来代替原有的风速经验方法。空气动力学阻抗不仅受风速的影响，而且受地表粗糙度、植被高度和大气稳定度的影响。改进后的蒸散发模型称为 Penman-Monteith，是具有坚实物理基础的蒸散发估算模型，在此基础上，许多学者通过进一步研究发展了机理更完善、应用性更强的估算模型，但核心基础仍是 Penman-Monteith 方程，见式（1-2）。

本书假定 A、D_a 和 G_a 要么已知，要么通过实际观测的太阳辐射、温度、湿度和风速进行估计（Cleugh et al.，2007）。因此，实际应用时的主要挑战是如何确定 G_s。研究中很多学者使用空气动力学阻力或地表阻力来代替空气动力学导度或地表导度，阻力与导度是倒数关系，二者没有实质性区别。

利用 Penman-Monteith 方程估算地表蒸散发时最难估算的变量是表面阻抗，主要受地表条件的控制，对于土壤表面其意义是土壤水汽阻抗，对于植被表面其意义是植被冠层阻抗，对于由土壤和植被组成的混合地表其由土壤水汽阻抗和植被冠层阻抗共同决定。对于充分湿润的地表，地表阻抗为 0，表示水汽由地表向大气输送没有任何阻力存在。

植被冠层阻抗的量化主要依赖植被气孔导度的量化。由于冠层内从上至下叶片接收的光照不同，因此叶片气孔导度从上至下呈指数下降，反映到整个冠层上，冠层导度即表达为（Sellers et al.，1992）

$$G_c = g_s \int_0^L e^{-0.5l} dl \tag{2-16}$$

式中，G_c 为冠层导度，m/s；l 为叶面积指数 LAI，m^2/m^2，取值范围为 $0 \sim L$；g_s 为叶片气孔导度，m/s。随着遥感观测技术的发展，LAI 的定量估算已经得到有效解决，因此估算冠层导度的最大挑战在于气孔导度的估算。

经典的气孔导度计算方法主要有 Jarvis 模型（Jarvis，1976）：

$$g_s = g_{s,max} f(T_a) f(R_n) f(VPD) f(SW) \tag{2-17}$$

式中，$g_{s,max}$ 为最大叶片气孔导度，m/s，不同植被类型其值不同，往往通过试验观测的 ET 值利用 Penman-Monteith 反推计算而得；$f(T_a)$、$f(R_n)$、$f(VPD)$ 和 $f(SW)$ 分别为气温、辐射、饱和水汽压差和土壤水分对气孔导度的影响函数，通常通过经验方法确定。从式（2-17）可以看出，Jarvis 模型假设影响气孔导度的因素之间是相互独立的，但事实上气温、辐射和饱和水汽压差是相互影响、相互依存的，因此这是 Jarvis 模型的不确定性所在。在原始 Jarvis 模型的基础上，学者们通过引入其他影响气孔导度的因子对模型进行了改进。

植被蒸腾和植被光合作用固碳过程存在密切的联系。根据植物生理学和农业气象学，植被吸收 CO_2 与植被蒸腾是在同一通道进行的，但两者物质输送方向正好相反。对于单个叶片而言，这个通道就是叶片气孔。在光合作用下，CO_2 通过气孔进入植被体内，形成碳水化合物，与此同时，植被体内的水汽也通过气孔逸散到空气中。可以说，叶片的气孔导度控制着植被蒸腾和植被的碳同化过程。因此，气孔导度/冠层导度是联系植被水汽通量和碳通量的纽带，通过植被碳通量来计算气孔导度也是一种有效途径。Ball 等在 1987 年通过试验研究提出了叶片对 CO_2 的导度（$g_s^{CO_2}$）与光合作用速率的关系式，此式就是著名的 Ball-Woodrow-Berry（BWB）方程：

$$g_s^{CO_2} = m\mathrm{RH}\frac{Ag}{C_s} + g_{s,min}^{CO_2} \tag{2-18}$$

式中，Ag 为叶片光合速率；m 为与植被类型相关的系数；RH 和 C_s 为相对湿度和叶片表面 CO_2 浓度；$g_{s,min}^{CO_2}$ 为叶片对 CO_2 的最小气孔导度。而叶片对水汽的导度（即俗称的叶片气孔导度）与叶片对 CO_2 的导度 $g_s^{CO_2}$ 之间存在如式（2-19）所示的关系：

$$g_s = 1.6 g_s^{CO_2} \tag{2-19}$$

可见这种计算 g_s 的方法明显不同于 Jarvis 模型。相对来说，BWB 方程有以下优势：①它将叶片蒸腾速率与光合作用速率相耦合，因此植物生产力数据可以用作控制叶片气孔导度估计的额外信息来源；②叶片生物化学过程被认为是控制气孔开度的一部分，因此在确定 g_s 时不需要太多经验，这对于基于遥感数据实现 Penman-Monteith 方程的大面积应用尤为重要（Chen and Liu，2020）。式（2-18）中叶片光合速率 Ag 的计算通常使用经典的 Farquhar 模型（Farquhar et al.，1980），即

$$W_c = V_m \frac{C_i - \Gamma}{C_i + K} \tag{2-20}$$

$$W_j = J \frac{C_i - \Gamma}{4.5 C_i + 10.5\Gamma} \tag{2-21}$$

$$Ag = \min(W_c, W_j) - R_d \tag{2-22}$$

式中，W_c 和 W_j 分别为受羧化作用控制和辐射控制的叶片光合速率；C_i 为细胞间的 CO_2 浓度；Γ 为叶片没有暗呼吸时的 CO_2 补偿点；K 为 Michaelis-Menten 常数；V_m 为羧化能力；J 为电子传输速率；R_d 为叶片暗呼吸。当叶片光照充足时，光合速率主要依赖于 W_c，因为这时光合作用主要受限于叶片的羧化能力，它限制了叶片利用辐射能量进行同化的能力。而对于处于阴影中的叶片，叶片光合作用主要依赖于 W_j，即辐射条件限制了光合作用。由于公式中 C_i 是难以获得的参数，为了解决这个问题，Leuning（1990）引入了式（2-23）计算叶片光合速率：

$$Ag = (C_a - C_i) g_s^{CO_2} \tag{2-23}$$

式中，C_a 为大气中的 CO_2 浓度。联合式（2-20）、式（2-21）和式（2-23），W_c 和 W_j 可以表达为（Chen et al.，1999；Leuning，1990）

$$[W_c, W_j] = \frac{1}{2}\left[\sqrt{a}g_s^{CO_2} + \sqrt{c} + \sqrt{a(g_s^{CO_2})^2 + b g_s^{CO_2} + c}\right] \tag{2-24}$$

当计算 W_c 时，$a=(K+C_a)^2$，$b=2(2\Gamma+K-C_a)V_m+2(K+C_a)R_d$，$c=(V_m-R_d)^2$；当计算 W_j 时，$a=(2.3\Gamma+C_a)^2$，$b=0.4(4.3\Gamma-C_a)J+2(2.3\Gamma+C_a)R_d$，$c=(0.2J-R_d)^2$。通过这样的方式去掉了 C_i。根据 BWB 方程，$g_s^{CO_2}$ 与 W_c 和 W_j 相关，因此式（2-24）可以通过迭代计算的方式得到 $g_s^{CO_2}$，进而通过式（2-19）得到叶片气孔导度，再基于 LAI 进行积分，如式（2-16），就可以得到冠层导度，最后根据 Penman-Monteith 方程计算蒸散发。由于 BWB 方程考虑了植被生理过程对蒸散发的影响，机制上较 Jarvis 模型更为合理，所以被第三代陆面模式广泛采用，Noah-MP（Niu et al.，2011）和 CLM（Oleson et al.，2013）等皆采用此方法估算地表蒸散发。

2.5　本章小结

　　本章重点介绍了目前主流的遥感蒸散发估算方法，这些方法基于不同的假设和原理发展而来，具有各自的特点。基于地表能量平衡的一源模型和双源模型是在首先求得地表感热通量的基础上，再利用地表能量平衡方程估算地表潜热通量，其估算难点在于对陆表与大气之间水热交换复杂阻抗网络的刻画与参数估算；植被指数−地表温度三角/梯形空间法是假设研究区内的气象条件均一且存在"干点"和"湿点"，地表温度的变化主要受控于土壤水分的变化，由于冠层温度对土壤水分变化不敏感，进而植被指数与地表温度之间能够呈现一个三角形或梯形的空间关系，基于这个特殊的空间关系实现蒸散发的估算。这两种方法都离不开将遥感地表温度作为关键输入变量，因此也被归为基于地表温度的遥感蒸散发估算方法，主要受制于遥感地表温度的反演精度和时空分辨率。与之相比，基于 Priestley-Taylor 公式的蒸散发估算方法与上述两种方法的机理完全不同。该方法是首先通过计算无水分胁迫条件下的蒸散发，再通过量化水分胁迫因子，二者相乘实现蒸散发的估算。其核心是水分胁迫因子的估算，决定了模型的估算精度。基于气孔导度的蒸散发估算方法的核心是 Penman-Monteith 方程，这也一直是科学界研究蒸散发的基石，具有鲜明的物理基础。利用其估算蒸散发的难点在于对冠层导度的估算，经典的 Jarvis 冠层导度模型和碳水耦合的冠层导度解决方案为 Penman-Monteith 公式的区域应用奠定了关键基础。虽然基于不同的假设和原理，科学家们已经发展了多种遥感蒸散发估算模型，但对于蒸散发的机理研究及其与遥感技术的结合应用仍有许多问题需要进行深入探索。

参 考 文 献

张仁华，孙晓敏，王伟民，等. 2004. 一种可操作的区域尺度地表通量定量遥感二层模型的物理基础. 中国科学（D 辑：地球科学），34（S2）：200-216.

Allen R G，Tasumi M，Trezza R. 2007. Satellite-based energy balance for mapping evapotranspiration with internalized calibration（METRIC）—Model. Journal of Irrigation and Drainage Engineering，133：380-394.

Anderson M C，Norman J M，Diak G R，et al. 1997. A two-source time-integrated model for estimating surface fluxes using thermal infrared remote sensing. Remote Sensing of Environment，60：195-216.

Ball J T，Woodrow I E，Berry J A. 1987. A model predicting stomatal conductance and its contribution to the control of photosynthesis under different environmental conditions//Progress in Photosynthesis Research. Dordrecht：Martinus Nijhoff Publishers：221-224.

Bastiaanssen W G M，Menenti M，Feddes R A，et al. 1998a. A remote sensing surface energy balance algorithm for land（SEBAL）. 1. Formulation. Journal of Hydrology，212：198-212.

Bastiaanssen W G M，Pelgrum H，Wang J，et al. 1998b. A remote sensing surface energy balance algorithm for land（SEBAL）. 2. Validation. Journal of Hydrology，212：213-229.

Brutsaert W H. 1982. Evaporation into the Atmosphere：Theory，History and Applications. Dordrecht：D. Reidel

Publishing Co.

Chen J M，Liu J，Cihlar J，et al. 1999. Daily canopy photosynthesis model through temporal and spatial scaling for remote sensing applications. Ecological Modelling，124：99-119.

Chen J M，Liu J. 2020. Evolution of evapotranspiration models using thermal and shortwave remote sensing data. Remote Sensing of Environment，237：111594.

Cleugh H A，Leuning R，Mu Q Z，et al. 2007. Regional evaporation estimates from flux tower and MODIS satellite data. Remote Sensing of Environment，106：285-304.

Dickinson R E，Henderson-Sellers A，Kennedy P J，et al. 1986. Biosphere-Atmosphere Transfer Scheme （BATS）for the NCAR Community Climate Model. Boulder：University Corporation for Atmospheric Research.

Farquhar G D，von Caemmerer S，Berry J A. 1980. A biochemical-model of photosynthetic CO_2 assimilation in leaves of C-3 species. Planta，149（1）：78-90.

Fisher J B，Tu K P，Baldocchi D D. 2008. Global estimates of the land-atmosphere water flux based on monthly AVHRR and ISLSCP-II data，validated at 16 FLUXNET sites. Remote Sensing of Environment，112（3）：901-919.

Gokmen M，Vekerdy Z，Verhoef A，et al. 2012. Integration of soil moisture in SEBS for improving evapotranspiration estimation under water stress conditions. Remote Sensing of Environment，121：261-274.

Goward S N，Cruickshanks G D，Hope A S. 1985. Observed relation between thermal emission and reflected spectral radiance of a complex vegetated landscape. Remote Sensing of Environment，18（2）：137-146.

Jarvis P G. 1976. The interpretation of the variations in leaf water potential and stomatal conductance found in canopies in the field. Philosophical Transactions of the Royal Society B：Biological Sciences，273（927）：593-610.

Jiang L，Islam S. 1999. A methodology for estimation of surface evapotranspiration over large areas using remote sensing observations. Geophysical Research Letters，26（17）：2773-2776.

Kalluri S N V，Townshend J R G，Doraiswamy P. 1998. A simple single layer model to estimate transpiration from vegetation using multi-spectral and meteorological data. International Journal of Remote Sensing，19（6）：1037-1053.

Kustas W P. 1990. Estimates of evapotranspiration with a one and two-layer model of heat-transfer over partial canopy cover. Journal of Applied Meteorology，29（8）：704-715.

Leuning R. 1990. Modelling stomatal behaviour and photosynthesis of *Eucalyptus* grandis. Functional Plant Biology，17（2）：159-175.

Miralles D G，Holmes T R H，De Jeu R A M，et al. 2011. Global land-surface evaporation estimated from satellite-based observations. Hydrology and Earth System Sciences，15（2）：453-469.

Monin A S，Obukhov A M. 1954. Basic laws of turbulent mixing in the ground layer of atmosphere. Tr Akad Nauk SSSR Geophiz Inst，24（151）：163-187.

Monteith J L. 1973. Principles of Environmental Physics. London：Edward Arnold.

Moran M S，Clarke T R，Inoue Y，et al. 1994. Estimating crop water-deficit using the relation between surface-air temperature and spectral vegetation index. Remote Sensing of Environment，49（3）：246-263.

Mu Q Z，Zhao M S，Running S W. 2011. Improvements to a MODIS global terrestrial evapotranspiration algorithm. Remote Sensing of Environment，115：1781-1800.

Niu G Y，Yang Z L，Mitchell K E，et al. 2011. The community Noah land surface model with multiparameterization options（Noah-MP）：1. Model description and evaluation with local-scale measurements. Journal of Geophysical Research：Atmospheres，116：D12109 .

Norman J M，Kustas W P，Humes K S. 1995. Source approach for estimating soil and vegetation energy fluxes in observations of directional radiometric surface-temperature. Agricultural and Forest Meteorology，77：263-293.

Oleson K W，Lawrence D M，Bonan G B，et al. 2013. Technical Description of Version 4.5 of the Community Land Model（CLM）. Boulder：NCAR.

Penman H L. 1948. Natural evaporation from open water，hare soil and grass. Proceedings of the Royal Society of London Series A：Mathematical and Physical Sciences，193（1032）：120-145.

Priestley C H B，Taylor R J. 1972. On the assessment of surface heat-flux and evaporation using large-scale parameters. Monthly Weather Review，100（2）：81-92.

Raupach M R. 1995. Vegetation-atmosphere interaction and surface conductance at leaf，canopy and regional scales. Agricultural and Forest Meteorology，73：151-179.

Sellers P J，Berry J A，Collatz G J，et al. 1992. Canopy reflectance，photosynthesis，and transpiration. III. A reanalysis using improved leaf models and a new canopy integration scheme. Remote Sensing of Environment，42（3）：187-216.

Stewart J B，Kustas W P，Humes K S，et al. 1994. Sensible heat flux-radiometric surface-temperature relationship for eight semiarid areas. Journal of Applied Meteorology，33（9）：1110-1117.

Su Z. 2002. The surface energy balance system（SEBS）for estimation of turbulent heat fluxes. Hydrology and Earth System Sciences，6（1）：85-100.

Tang R L，Li Z L，Jia Y Y，et al. 2011. An intercomparison of three remote sensing-based energy balance models using large aperture scintillometer measurements over a wheat-corn production region. Remote Sensing of Environment，115（12）：3187-3202.

Tang R L，Li Z L，Tang B. 2010. An application of the T_s-VI triangle method with enhanced edges determination for evapotranspiration estimation from MODIS data in arid and semi-arid regions：implementation and validation. Remote Sensing of Environment，114（3）：540-551.

Troufleau D，Lhomme J P，Monteny B，et al. 1997. Sensible heat flux and radiometric surface temperature over sparse Sahelian vegetation. I. An experimental analysis of the kB^{-1} parameter. Journal of Hydrology，188：815-838.

Zhang R H，Tian J，Su H B，et al. 2008. Two improvements of an operational two-layer model for terrestrial surface heat flux retrieval. Sensors，8（10）：6165-6187.

Zhang Y Q，Kong D D，Gan R，et al. 2019. Coupled estimation of 500 m and 8-day resolution global evapotranspiration and gross primary production in 2002-2017. Remote Sensing of Environment，222：165-182.

第 3 章　PML 遥感蒸散发模型

陆域蒸散发是地球表面水分循环的重要组成部分，是地球系统多圈层中物质循环和能量转换过程的重要载体，也是理解气候变化和水文响应的关键环节和难题。因此，准确地估算陆域蒸散发对于地球系统过程模拟、水资源管理和生态系统管理等领域都具有重要意义。

传统的实际蒸散发估算方法在站点尺度上借助观测数据展开，但由于观测站点的稀疏性和不均匀性，其观测结果的空间代表性存在很大的局限性。近年来，随着遥感技术的不断发展，遥感数据已经成为一种获取陆域蒸散发计算变量及参数的重要手段，因此基于遥感数据估算陆域蒸散发的方法得到了广泛的应用。

3.1　模型的基本原理

常规的陆域蒸散发观测均在站点尺度上展开，如何扩展到区域乃至全球必须借助于模型。传统诊断型模型分解蒸散发各个组分的能力不足，多数模型不能模拟其对大气 CO_2 浓度的响应。针对此难题，我们基于冠层和裸土能量分配原理、土壤蒸发受制于均衡蒸发速率与蒸发系数的假定，以经典的 Penman-Monteith（P-M）公式为基础，结合 Leuning 气孔导度理论，估算土壤蒸发和植被蒸腾，采用改进型 Gash 模型估算截留蒸发，从而建立了 PML-V1 三层全球遥感蒸散发模型（Zhang et al.，2008，2010，2016；Leuning et al.，2008）。PML-V1 模型具备了如下主要特点。

（1）物理意义明确，可有效分离土壤蒸发、植被蒸腾和冠层截留蒸发。

（2）突破了冠层导度难以准确估算的瓶颈，通过改进植物气孔导度计算方法，基于植被叶面积指数分配冠层和裸土能量，推求冠层导度和植被蒸腾。

（3）可有效同化遥感植被动态信息，并根据植被类型将通量站点分类，在每个类型上获取模型的优化参数，较好地实现了蒸散发研究中的点–面尺度扩展。

PML-V1 模型的出发点是基于 P-M 公式，依靠采用遥感植被信息估算冠层导度，实现区域到全球尺度的蒸散发反演。P-M 公式是目前广泛使用的估算陆域蒸散发的模型之一，基于能量平衡原理，将陆域蒸散发量表示为净辐射、空气动力学导度（G_a）和地表导度（G_s）的函数，具体见式（1-2）。

PML-V1 模型的主要输入包括净辐射、植被叶面积指数、气温、水汽压差等。PML-V1 模型没有考虑大气 CO_2 浓度变化对植被气孔导度和蒸腾的影响，其估算结果未能与生态系统的碳同化过程耦合起来。

为弥补 PML-V1 模型的不足，我们提出了 PML-V2 模型（Zhang et al.，2019；Gan et al.，

2018）。PML-V2 模型不仅考虑了植被对蒸散发的影响，还将蒸散发和植被初级生产力（GPP）模拟融合在一起，能够更准确地估算陆地生态系统的水汽交换和碳循环。PML-V2 模型的核心是发展了通过光合作用过程和冠层 CO_2 浓度求解植物气孔导度的耦合算法，更有效地模拟了大气 CO_2 浓度增加对植被的施肥效应和节水效应，解析了植被碳水耦合过程和机理。

下面各节介绍了 PML-V1 和 PML-V2 遥感蒸散发模型的结构、参数化和验证，并对模型的优缺点进行了总结和评价。

3.2　PML-V1 模型

3.2.1　植被蒸腾和土壤蒸发

基于 P-M 公式的蒸散发可分解为冠层蒸散发 E_c 和土壤蒸发 E_s：

$$ET = E_c + E_s \tag{3-1}$$

式中，土壤蒸发是土壤均衡蒸发，用 $\varepsilon A_s / (1+\varepsilon)$ 和土壤表层系数 f 的线性关系表示，式（1-2）可以重写为

$$\frac{\varepsilon A + (\rho C_p / \gamma) D_a G_a}{\varepsilon + 1 + G_a / G_s} = \frac{\varepsilon A_c + (\rho C_p / \gamma) D_a G_a}{\varepsilon + 1 + G_a / G_c} + \frac{f \varepsilon A_s}{\varepsilon + 1} \tag{3-2}$$

式中，G_c 为冠层导度，地表可利用能量 A 分解为冠层可供能量 A_c 和土壤可供能量 A_s，二者根据植被叶面积指数的大小分配，$A_c / A = 1 - \tau$ 和 $A_s / A = \tau$，$\tau = \exp(-k_A \text{LAI})$，$k_A$ 为可供能量的消光系数，LAI 为叶面积指数；f 与地表土壤水分有关，土壤越湿润 f 值越大，否则 f 值越小。在日尺度上假定 $G \rightarrow 0$，$A = R_n$。

基于以上假定，式（3-2）可重写为

$$\frac{\varepsilon + G_a / G_i}{\varepsilon + 1 + G_a / G_s} = \frac{\varepsilon(1-\tau) + G_a / G_i}{\varepsilon + 1 + G_a / G_c} + \frac{f \varepsilon \tau}{\varepsilon + 1} \tag{3-3}$$

G_i 被 Monteith（1965）定义为气候导度：

$$G_i = \frac{A}{(\rho C_p / \gamma) D_a} \tag{3-4}$$

由式（3-3）可知，G_s 可进一步表达为 G_c、τ、f、G_i 和 G_a 的函数：

$$G_s = G_c \left\{ \frac{1 + \dfrac{\tau G_a}{(\varepsilon+1)G_c}\left[f - \dfrac{(\varepsilon+1)(1-f)G_c}{G_a} \right] + \dfrac{G_a}{\varepsilon G_i}}{1 - \tau \left[f - \dfrac{(\varepsilon+1)(1-f)G_c}{G_a} \right] + \dfrac{G_a}{\varepsilon G_i}} \right\} \tag{3-5}$$

该方程可以获得几种极值情况，当 $f = 1$ 时，土壤实际蒸发等于土壤均衡蒸发，即式（3-5）变为

$$G_s = G_c \left[\frac{1 + \dfrac{\tau G_a}{(\varepsilon+1)G_c} + \dfrac{G_a}{\varepsilon G_i}}{1 - \tau + \dfrac{G_a}{\varepsilon G_i}} \right] \tag{3-6}$$

该方程与 Kelliher 等（1995）（简称 K95）模型中的 G_s 方程是一致的。

当表层土壤完全变干时，$f=0$，式（3-5）变为

$$G_s = G_c \left[\frac{1 - \tau + \dfrac{G_a}{\varepsilon G_i}}{1 + \tau \dfrac{(\varepsilon + 1)G_c}{G_a} + \dfrac{G_a}{\varepsilon G_i}} \right] \tag{3-7}$$

式中，$G_s \neq G_c$，G_c 依赖冠层吸收的辐射，而 G_s 依赖冠层和土壤吸收的辐射。

当所有辐射被冠层吸收时，即 $\tau = 0$，式（3-5）变为

$$G_s = G_c \left(\frac{1 + \dfrac{G_a}{\varepsilon G_i}}{1 + \dfrac{G_a}{\varepsilon G_i}} \right) = G_c \tag{3-8}$$

最后，当 $\tau = 1$，$G_c = 0$ 时，即没有冠层情况下，式（3-3）变为

$$G_s = \frac{\varepsilon f G_a}{(\varepsilon + 1)\left[\varepsilon(1 - f) + G_a / G_i \right]} \tag{3-9}$$

即该公式适用于在裸土（无冠层）条件下估算 G_a 和 G_i。

在式（3-6）～式（3-8）中，地表导度 G_s 很大程度上依赖冠层导度 G_c。K95 模型中，冠层导度是叶片最大气孔导度（g_{sx}）的函数，通过 g_{sx}、LAI 以及吸收短波辐射的双曲线响应函数进行估算：

$$G_c = \frac{g_{sx}}{k_Q} \ln \left[\frac{Q_h + Q_{50}}{Q_h \exp(-k_Q \text{LAI}) + Q_{50}} \right] \tag{3-10}$$

式中，Q_h 为冠层顶部的可见光辐射的通量密度（大约为入射太阳辐射的一半）；k_Q 为短波辐射的消光系数；Q_{50} 为当气孔导度为其最大值一半时的可见光辐射通量密度。Saugier 和 Katerji（1991）以及 Dolman 等（1991）也得出了类似的表达式。在此，Leuning 等（2005，2008）修改了该表达式，以包括气孔导度对水汽压差的响应函数，其表达式如式（3-11）所示：

$$G_c = \frac{g_{sx}}{k_Q} \ln \left[\frac{Q_h + Q_{50}}{Q_h \exp(-k_Q \text{LAI}) + Q_{50}} \right] \left(\frac{1}{1 + D_a / D_{50}} \right) \tag{3-11}$$

式中，D_{50} 为气孔导度为其最大值一半时的水汽压差。Isaac 等（2004）和 Wang 等（2001）使用该公式，发现比 K95 模型有所改进。将式（3-12）代入式（3-6）可知，G_s 模型包含六个参数 g_{sx}、Q_{50}、D_{50}、k_Q、k_A 和 f，其中 g_{sx} 和 f 较为敏感，对模型的精度影响大（Leuning et al.，2008）。

图 3-1 使用式（3-5）和式（3-11）基于 LAI 预测了 G_s / g_{sx} 比值，其中假定气象参数 D_a 和 A，生理参数 D_{50}、Q_{50} 和 g_{sx}，以及土壤蒸发参数 f 为定值。需要注意的是，在图 3-1 敏感性分析中，G_s / g_{sx} 的值都低于 K95 模型中的值，因为式（3-11）中增加了额外项 $1/(1 + D_a / D_{50})$ 进行限定。因此，D_a 从 0.5 kPa 增加到 2.0 kPa 时，导致 G_s / g_{sx} 在所有 LAI 情形下的下降超过了 50%（图 3-1），与 K95 模型没有这种依赖关系形成对比。与 K95 模型

相比，修订后的模型在 G_s / g_{sx} 高值情况下还显示出对 LAI 更大的依赖性（图 3-1），这里 Q_h 和 A 之间的关系固定为 $Q_h = 0.8A$，而 K95 模型在变化 A 时固定了 Q_h。增加生理参数 D_{50} 的值会导致 G_s / g_{sx} 变小，而增加 Q_{50} 会导致 G_s / g_{sx} 在所有的 LAI 情形下减少（图 3-1）。相比之下，当变化 g_{sx} 和 f 时，对 G_s / g_{sx} 的影响只有当 LAI<3 时才显著（图 3-1）。K95 模型假设土壤蒸发以平衡速率发生（相当于 $f = 1$），导致 G_s / g_{sx} 在 LAI≈1 附近有一个最小值，而在新模型中，这个最小值在 $f \leqslant 1$ 时都不存在或不明显。稀疏冠层的低蒸发速率对应的 f 和 G_s 的值都较低。

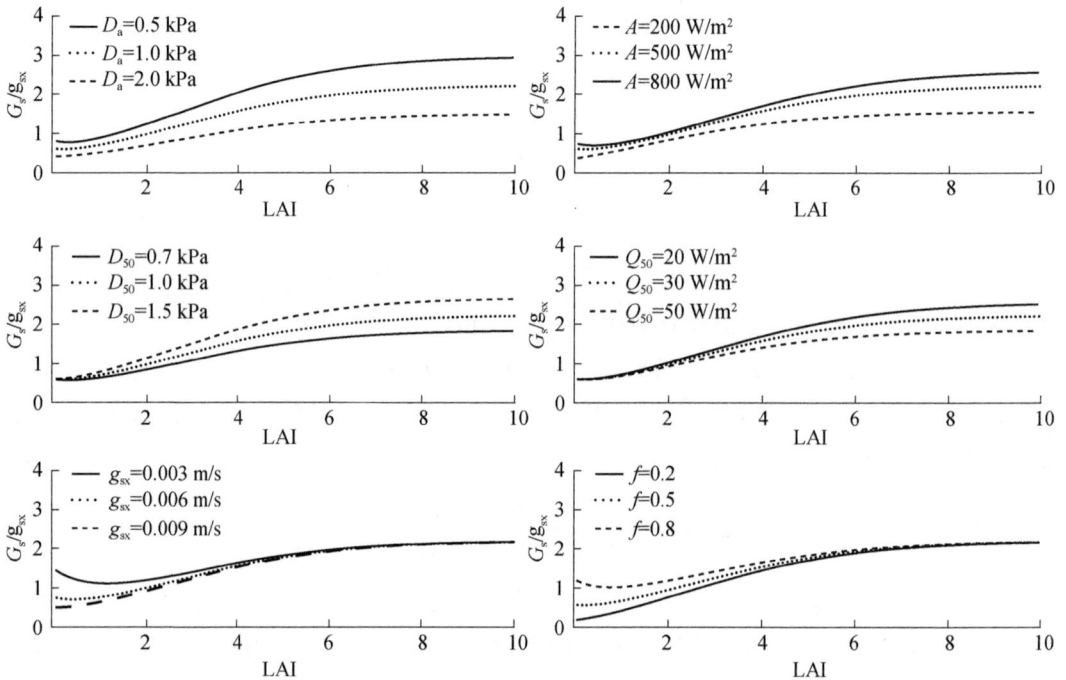

图 3-1　G_s / g_{sx} 对 D_a、A、D_{50}、Q_{50}、g_{sx} 和 f 的响应函数（Leuning et al.，2008）

假定变量和参数固定为 g_{sx}=0.08 m/s，Q_{50}=30 W/m²，G_a=0.033 m/s，k_Q=k_A=0.6，D_a=D_{50}=1.0 kPa，f=0.5，A=500 W/m²，以及 Q_h=0.8A

图 3-2 显示了 PML-V1 模型预测的蒸发比值 f_E=LE/A 的等值线图，其作为 Q_h 和 LAI× 100 的函数，对应于 D_a=0.5 kPa［图 3-2（a）］、D_a=1.0 kPa［图 3-2（b）］、D_a=1.5 kPa［图 3-2（c）］和 D_a=2.0 kPa［图 3-2（d）］时的值。增加 D_a 对于任何组合的 Q_h 和 LAI 都会导致蒸发比值的增加。例如，当 Q_h=300 W/m² 和 LAI=3 时，D_a 从 0.5 kPa 增加到 2.0 kPa，而 f_E 预测值从 0.52 增加到 0.68。等高线间距随着 D_a 的增加而减小，表明在水汽压差较大条件下，蒸发比值对水汽压差和 LAI 的变化更加敏感。f_E 对 LAI 的敏感性在较低 Q_h 值时最大，反之亦然。

3.2.2　冠层截留蒸发

Zhang 等（2016）将冠层截留蒸发（E_i）项引入了 PML-V1 模型中，使 PML 模型能有效模拟陆域蒸散发的三个组分，即

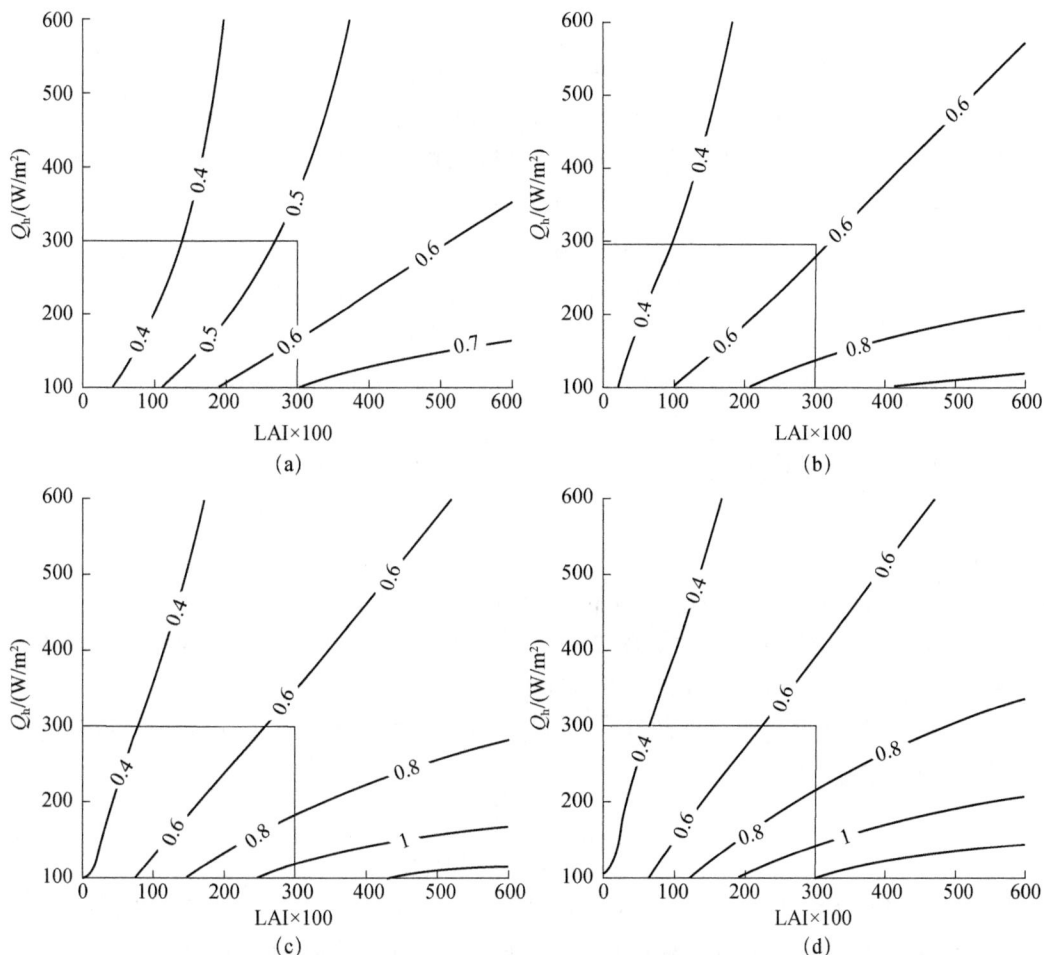

图 3-2　PML-V1 模型预测的蒸发比值 f_E=LE/A 的等值线图（Leuning et al.，2008）

图中数字表示 f_E 的值，f_E 表达为光合有效辐射 Q_h 和叶面积指数（LAI）的函数。（a）D_a=0.5 kPa，（b）D_a=1.0 kPa，（c）D_a=1.5 kPa，（d）D_a=2.0 kPa。假定变量和参数固定为 g_{sx}=0.08 m/s，Q_{50}=30 W/m²，G_a=0.033 m/s，k_Q=k_A=0.6，D_{50}=1.0 kPa，f=0.5

$$ET = E_c + E_s + E_i \tag{3-12}$$

其中，冠层截留蒸发部分采用了修改版的 Gash 截留模式进行建模（van Dijk and Bruijnzeel，2001），该模型适用于稀疏到密集的植被冠层，并假设在不同降雨事件之间，湿冠层蒸发速率与降雨之间的比率保持不变。

该模型可以表示为

$$E_i = f_v P，\quad P<P_{wet} \tag{3-13}$$
$$E_i = f_v P_{wet} + f_{ER}(P - P_{wet})，\quad P\geqslant P_{wet} \tag{3-14}$$

其中：

$$P_{wet} = -\ln\left(1 - \frac{f_{ER}}{f_v}\right)\frac{S_v}{f_{ER}} \tag{3-15}$$
$$S_v = S_l\text{LAI} \tag{3-16}$$

$$f_{ER} = f_v F_0 \tag{3-17}$$

式中，f_v 为被截留叶片覆盖的分数面积；P 为每日降水量，mm；P_{wet} 为湿冠层时的最大可截留降水量，mm/d；f_{ER} 为降雨强度与平均降雨强度之比；S_v 为冠层降雨储存能力，mm/d。因此，E_i 计算中有两个自由参数：单位叶面积降雨存储能力（S_l，mm/d）和单位冠层覆盖下暴雨期间平均蒸发速率与平均降雨强度之比（F_0）。

该方法已在澳大利亚热带森林中得到验证，并在澳大利亚水资源评估模型（AWRA-L）中用于国家尺度水资源量的核算（Vaze et al.，2013；Zhang et al.，2011）。降水截留的关键参数 S_l 可以通过先对比模拟的 E_i/P 比值与热带森林中的实测结果的比值，再采用试验和误差法估计，也可以通过模型率定的方法来估算（Zhang et al.，2019）。

3.3　PML-V2 模型

PML-V2 模型是对 PML-V1 模型的进一步改进。我们考虑 CO_2 浓度增加对气孔导度影响，研发了二代 PML 模型（Zhang et al.，2019），其核心是发展了通过光合作用过程和冠层 CO_2 浓度求解植物气孔导度的耦合算法，更有效地模拟了大气 CO_2 浓度增加对植被气孔导度的影响，解析了植被碳水耦合过程和机理。

PML-V2 模型估算冠层导度的算法采用了 Yu 等（2004）简化 Ball-Berry-Leuning 气孔导度模型（Leuning，1995）的公式：

$$g_s = m \frac{A_g}{C_a (1 + D_a / D_0)} \tag{3-18}$$

式中，g_s 为气孔导度，m/s；m 为气孔导度系数；C_a 为大气 CO_2 浓度，μmol/mol；A_g 为叶光合速率，μmol/（$m^2 \cdot s$）；D_a 为饱和水汽压差，kPa；D_0 为 g_s 对叶面饱和水汽压差敏感度的参数。

$$A_g = \frac{A_m \beta I \eta C_a}{A_m \beta I + A_m \eta C_a + \beta I \eta C_a} \tag{3-19}$$

式中，β 为初始量子效率，μmol CO_2/μmol 光量子（PRA）；η 为 CO_2 响应光合作用的初始速率，μmol/（$m^2 \cdot s$）；I 为光合有效辐射的通量密度，μmol/（$m^2 \cdot s$）；A_m 为当 I 和 C_a 都饱和时获得的最大光合速率，μmol/（$m^2 \cdot s$）。A_m 约等于叶片单位面积下 Rubisco 最大催化速率 [V_m，μmol/（$m^2 \cdot s$）] 的一半，V_m 主要是受温度影响的空气动力学参数，其计算公式如式（3-20）所示：

$$V_m = \frac{V_{m,25} \exp[a(T_a - 25)]}{1 + \exp[b(T_a - 41)]} \tag{3-20}$$

式中，T_a 为气温，℃；$V_{m,25}$ 为 T_a=25℃ 时 V_m 的值，温度系数 a 和 b 分别是 0.031 和 0.115（Zhang et al.，2019）。

在冠层尺度，光合速率 [$A_{c,g}$，μmol/（$m^2 \cdot s$）] 是叶片尺度 A_g 对 LAI 的积分值。通过比尔（Beer）定律进行计算，$I = I_0 \exp(-kl)$，因此：

$$A_{c,g} = \int_0^{\text{LAI}} A_g \, dl = \frac{A_m C_a \eta}{k(A_m + C_a \eta)} \ln\left(\frac{A_m C_a \eta + A_m \beta I_0 + \beta I_0 \eta C_a}{A_m \beta I_0 + A_m C_a \eta \, e^{k\text{LAI}} + \beta I_0 \eta C_a} + k\text{LAI}\right)$$

$$(3\text{-}21)$$

式中，I_0 为冠层上方光合有效辐射，$\mu\text{mol}/(\text{m}^2 \cdot \text{s})$；LAI 为整个冠层的叶面积指数，$\text{m}^2/\text{m}^2$；$k = k_Q$，为短波辐射的消光系数。为方便书写，定义了如下简化变量：

$$P_1 = A_m \beta I_0 \eta, \quad P_2 = A_m \beta I_0, \quad P_3 = A_m \eta C_a, \quad P_4 = \beta I_0 \eta C_a \quad (3\text{-}22)$$

对 g_s 进行积分，得出 G_c 的计算公式如式（3-23）所示：

$$G_c = \int_0^{\text{LAI}} g_s \, dl = m \frac{P_1}{k(P_2 + P_4)}\left[k\text{LAI} + \ln\frac{P_2 + P_3 + P_4}{P_2 + P_3 \exp(k\text{LAI}) + P_4}\right]\frac{1}{1 + D_a / D_0} \quad (3\text{-}23)$$

同时，为保证 GPP 和 E_c 的计算精度，采用饱和水汽压差限制 $A_{c,g}$，表达式如式（3-24）和式（3-25）所示：

$$\text{GPP} = f(D_a) A_{c,g} \quad (3\text{-}24)$$

$$f(D_a) = \begin{cases} 1, & D_a \leq D_{\min} \\ \dfrac{D_{\max} - D_a}{D_{\max} - D_{\min}}, & D_{\min} < D_a < D_{\max} \\ 0, & D_a \geq D_{\max} \end{cases} \quad (3\text{-}25)$$

式中，$A_{c,g}$ 为在没有饱水汽压差 D_a 约束下的光合速率；$f(D_a)$ 为在饱水汽压差 D_a 下的约束函数；$D_{\min}$ 和 $D_{\max}$ 分别为水汽压差的下限阈值、上限阈值。

3.4　模型的参数化方法

3.4.1　模型的主要参数

PML-V2 模型共包括 11 个参数，其中 ET 相关参数有 5 个，GPP 相关参数有 6 个。表 3-1 总结了它们的物理意义及在不同植被类型下的推荐值。

3.4.2　模型的参数率定方法

PML-V2 模型由一种全局优化方法进行率定，即 MATLAB® 中实现的模式搜索算法。

表 3-1　PML-V2 模型参数的定义、单位和不同植被类型下的推荐值

变量	参数	定义	单位	不同植被类型下的推荐值									
				CRO	DBF	EBF	ENF	GRA	MF	WSA	OSH	SAV	WET
ET	D_{50}	气孔导度为其最大值一半时的水汽压差	kPa	0.70	0.55	0.54	0.50	0.54	0.50	0.75	0.58	0.81	2.00
	k_Q	短波辐射的消光系数	—	0.10	0.48	0.83	0.91	0.72	0.59	0.75	0.69	1.00	0.64
	k_A	可供能量的消光系数	—	0.90	0.90	0.90	0.90	0.90	0.68	0.85	0.90	0.90	0.90
	S_l	单位叶面积的降雨储存能力	mm	0.01	0.07	0.10	0.12	0.11	0.13	0.17	0.01	0.05	0.01
	F_0	单位冠层覆盖下暴雨期间平均蒸发速率与平均降雨强度之比	—	0.16	0.01	0.09	0.06	0.02	0.01	0.11	0.01	0.06	0.01

变量	参数	定义	单位	不同植被类型下的推荐值									
				CRO	DBF	EBF	ENF	GRA	MF	WSA	OSH	SAV	WET
GPP	β	初始量子效率	$\mu mol\ CO_2/$ $\mu mol\ PAR$	0.03	0.03	0.05	0.04	0.03	0.03	0.04	0.03	0.03	0.03
	η	CO_2 响应光合作用的初始速率	$\mu mol/(m^2 \cdot s)$	0.07	0.02	0.02	0.07	0.03	0.04	0.03	0.06	0.04	0.04
	m	气孔导度系数	—	8.4	10.9	10.6	8.3	6.3	8.5	6.5	6.3	9.0	25.8
	$V_{m,25}$	25℃ 下叶片单位面积下 Rubisco 最大催化速率	$\mu mol/(m^2 \cdot s)$	20.2	10.8	13.9	13.1	46.4	15.9	13.0	12.8	15.8	16.1
	D_{min}	水汽压差的下限阈值	kPa	1.21	0.66	0.66	0.66	0.66	0.66	0.66	1.49	1.03	1.40
	D_{max}	水汽压差的上限阈值	kPa	3.50	6.30	4.57	6.20	3.63	3.50	3.94	4.09	3.70	6.50

注：CRO 表示农田；DBF 表示落叶阔叶林；EBF 表示常绿阔叶林；ENF 表示常绿针叶林；GRA 表示草地；MF 表示混合森林；WSA 表示灌木草原；OSH 表示开放灌丛地；SAV 表示稀树草原；WET 表示湿地。

模式搜索从一个初始点开始，通过计算目标函数值来获得网格点，并找到一个目标函数值小于初始点的点。这样，在一次迭代中，池化（pooling）就成功了。算法重复池化过程，基于上一次迭代中找到的点，并且通常在大约 50 次迭代（目标函数值变化的容差为 0.00001）后收敛到最优解（Gan et al.，2018；Li and Zhang，2017）。

在 PML-V2 模型的率定中，每个植被类型分配给一个参数组（每组包括 11 个参数），并且针对每个植被类型使用所有获取到的通量站点数据来优化这 11 个参数（表 3-1）。我们对每个植被类型最小化以下目标函数（F）：

$$F = 2 - (NSE_{ET} + NSE_{GPP}) \tag{3-26}$$

$$NSE_{ET} = 1 - \frac{\sum_{i=1}^{N} |ET_{sim,i} - ET_{obs,i}|^2}{\sum_{i=1}^{N} |ET_{obs,i} - \overline{ET}_{obs}|^2} \tag{3-27}$$

$$NSE_{GPP} = 1 - \frac{\sum_{i=1}^{N} |GPP_{sim,i} - GPP_{obs,i}|^2}{\sum_{i=1}^{N} |GPP_{obs,i} - \overline{GPP}_{obs}|^2} \tag{3-28}$$

式中，在 8 天尺度上模拟时，NSE 为 8 天蒸散发或 8 天总初级生产力的纳什效率系数；obs 为 8 天观测值；sim 为 8 天模拟值；i 为第 i 个 8 天样本；N 为每个植被类型的总观测次数。

3.4.3　点-面尺度扩展方法

参数化是大尺度蒸散研究必须面临的问题，难点是点-面尺度扩展。由于物理机制不同，不同点尺度的植被类型在蒸散发模型中参数不同。我们依据植物生理生态特征，将植被分为 10 种功能类型，并选取全球 95 个通量观测站点（图 3-3）的观测数据进行模型参数化的研究。数据来自于 FLUXNET2015（http://fluxnet.fluxdata.org/data/fluxnet2015-dataset/）。

这些站点覆盖了从热带到寒带的广泛的全球气候区域，涵盖了 10 种植被功能型（PFTs），包括：①11 个农田（CRO）；②8 个落叶阔叶林（DBF）；③6 个常绿阔叶林（EBF）；④22 个常绿针叶林（ENF）；⑤22 个草地（GRA）；⑥2 个混合森林（MF）；⑦4 个开放灌丛地（OSH）；⑧6 个稀树草原（SAV）；⑨8 个湿地（WET）；⑩6 个灌木草原（WSA）。站点详细信息请参见 Zhang 等（2019）关于 PML-V2 模型的研究成果。每个站点需要满足以下标准：①通量塔 1km 半径范围内下垫面均匀（在 GEE 中为每个站点目视确定）；②站点观测的每日能量平衡闭合度超过 75%；③连续 8 天 ET 和 8 天 GPP 数据具有 50 个以上的样本。

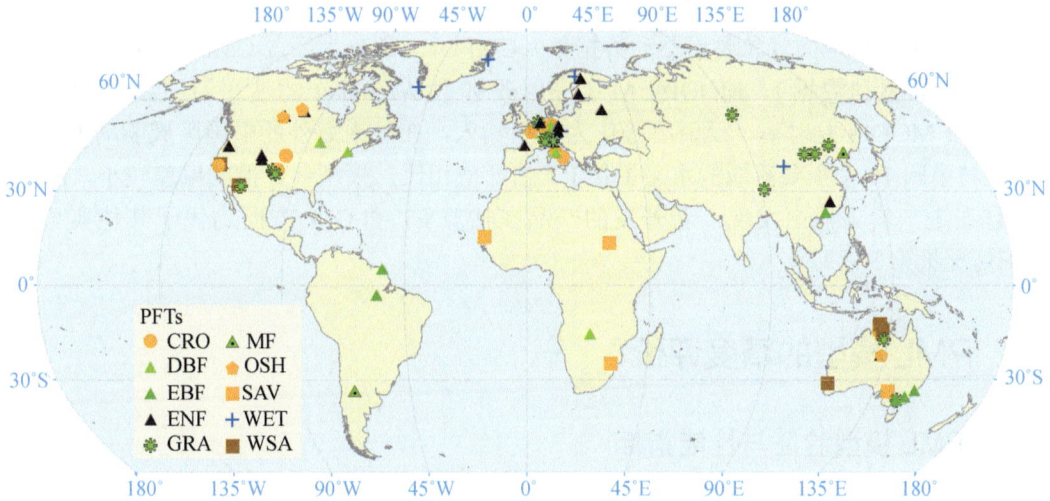

图 3-3　用于模型率定和交叉验证的 95 个通量观测站的位置

对于每种植被类型，选择多个站点同步率定 5 个蒸散发的参数和 6 个初级生产力的参数，实现了 PML 模型在全球不同植被功能区的应用，完成了全球尺度 PML 模型的参数化。PML-V2 模型根据不同的植被类型分别率定参数，得到不同植被类型参数表（表 3-1），然后根据 MODIS MCD12Q2.006 IGBP 土地利用数据，将参数值移植至全球格网上。PML-V2 模型在全球通量站进行了充分的交叉验证，其模拟精度明显优于其他具有代表性的全球高精度蒸散发产品，如 MODIS 蒸发产品 MOD16（Zhang et al.，2019）。

3.4.4　参数化方法在全球和中国的应用

PML-V2 模型最先在全球通量站和全球 500 m 分辨率网格进行了应用。首先，通过使用通量塔测量的气象输入进行率定和验证，因为通量塔足迹（footprint）的一般覆盖范围为 100～1000 m，以确保为每个植被类型获得最佳参数集。其次，根据植被类型，将率定的参数集分配到每个 500 m 的网格单元上，然后与双线性插值的全球陆面数据同化系统（GLDAS-2.1）气象强迫数据和中分辨率成像光谱仪（MODIS）遥感植被数据一起驱动模型，构建全球尺度 PML-V2 模型。从 GLDAS-2.1 气象强迫数据获得的 PML-V2 模型蒸散发（ET）和 GPP 数据与其他全球 ET 和 GPP 产品相匹敌（Ryu et al.，2012；Mu et al.，2011；Running et al.，2004）。综上，我们估算了 2000～2020 年全球陆域 8 天 ET 和 8 天 GPP，使用了四个指标进行评估：纳什效率系数（NSE），以及决定系数（R^2）、均方根误差（RMSE）和偏差（模拟值和观测值之差占观测值均值的百分比，bias）表明 PML-V2 模型具有较高的数据精度（Zhang et al.，2019）。

类似地，我们针对中国区域进行了进一步精细化研究（He et al.，2022）。首先，我们整理了来自中国 26 个站点、跨越 2002～2018 年、覆盖 9 种植被功能型（包括荒漠地类）的涡动相关通量塔和自动气象站的通量数据，用于 PML-V2 模型的率定，从而获取一套含多种植被功能型的最优参数集。在此基础上，根据站点对应的植被类型和逐年的 MODIS IGBP 土地利用和土地覆盖变化数据，将该参数集应用于整个中国区域。其次，将经过双线性插值的中国区域地面气象要素驱动数据集（CMFD）（部分为经过 CMFD 校准的 GLDAS-2.1 气象要素驱动数据）、MODISLAI（采用改进型 Whittaker 滤波平滑方法处理后的数据），以及 MODIS 发射率、反射率等作为模型输入，在除南海外的中国区域驱动模型。模型结果与中国 10 个主要流域的水平衡年 ET 估计值相比，模型估计值的偏差较小，NSE 较高。且在进一步评估中发现，新开发的产品在估算 ET 和 GPP 方面均优于其他典型产品（详细情况见第 5 章）。

3.5　PML 模型的精度评价

3.5.1　PML 模型验证与性能指标

我们使用了留一法来交叉验证 PML 在每个通量站点估算 8 天 ET 和 8 天 GPP 方面的稳健性。每个站点都被留作"未观测"数据，来自于其余相同植被类型站点的数据被用于模型率定，最终优化的参数集被用于对"未观测"站点进行预测。依次在 10 个植被功能型中重复此过程，对所有通量站点的 ET 和 GPP 进行预测。然后，将预测（即交叉验证）的 GPP（或 ET 值）与模型率定结果进行比较，可揭示 PML 模型从已知通量站点到任何站点或格网单元的可迁移性。

对于估计的 8 天 ET 和 8 天 GPP，模型的率定和交叉验证性能使用了四个指标进行评估：反应模型模拟能力的纳什效率系数（NSE），以及其他三个指标，包括决定系数（R^2）、均方根误差（RMSE）和偏差。

3.5.2　评价结果和分析

图 3-4 总结了 95 个通量站点 ET 和 GPP 的观测结果以及经率定的 PML-V2 模型的模拟结果。总体而言，PML-V2 模型在估算 8 天 ET 和 GPP 方面表现良好，体现在以下 ET 的统计指标：NSE=0.72，R^2=0.72，RMSE=0.69 mm/d，偏差=−1.8%，以及 GPP 的统计指标：NSE=0.76，R^2=0.77，RMSE=1.99 g C/（m^2·d），偏差=4.2%。同样地，对于 ET 和 GPP 的站点平均值和季节平均循环（即跨所有日历年的 8 天平均值），模型表现良好，NSE≥0.75，R^2≥0.77。对于年度距平值的估计，PML-V2 模型的表现最不理想，ET 的 NSE 为−0.22，RMSE 为 0.16 mm/d，GPP 的 NSE 为 0.11，RMSE 为 0.49 g C/（m^2·d）。这与

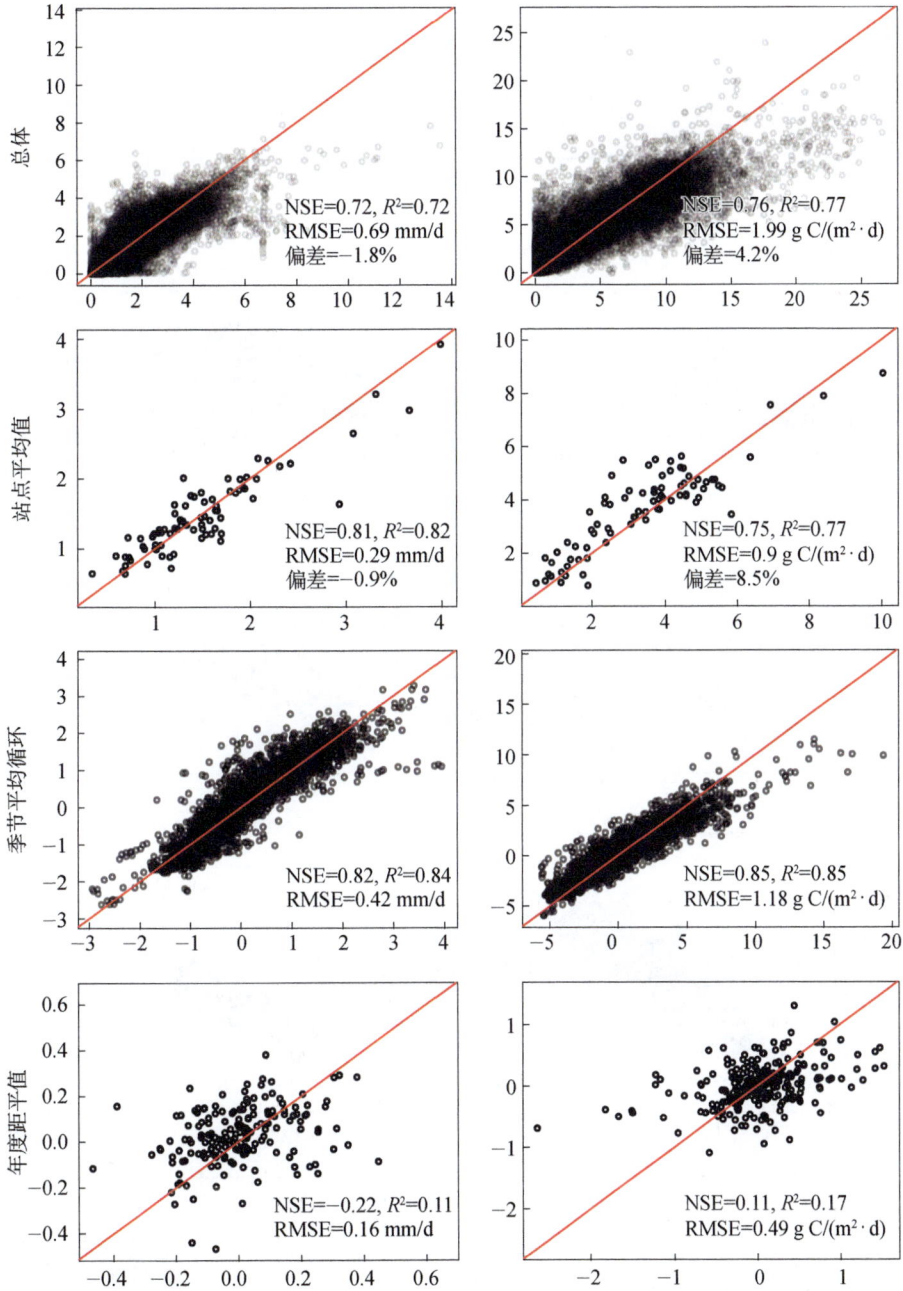

图 3-4　率定条件下 PML-V2 模型 ET（左列）和 GPP（右列）模拟值与实际观测值的散点图

每个站点的季节平均循环是通过在不同日历年份的同一 8 天期间内至少取两个数值的平均值来计算的；站点平均值是通过将季节平均循环在至少 46 个 8 天期间内的 80%以上进行平均计算得出的。如果至少 80%的 8 天值在整个 15 年内可用，则将其平均为年度值，年度值减去站点平均值就是年度距平值

Tramontana 等（2016）的研究结果相似，他们发现机器学习方法在总体、站点平均值和季节平均循环方面表现非常好，但对年度距平值估算能力表现最差。

　　与率定结果相比，PML-V2 模型验证结果仅有轻微变差（图 3-5）。对于 8 天 ET，与验证统计结果相比，率定的 NSE 降低了 0.05，R^2 降低了 0.03，RMSE 增加了 0.04 mm/d，偏差增加了 1.2%。对于 8 天 GPP，与验证统计结果相比，率定的 NSE 和 R^2 降低了 0.03 和 0.04，RMSE 增加了 0.14 g C/（m² · d），偏差甚至降低了 0.9%。ET 和 GPP 的站点平均值、季节平均循环和年度距平值也存在类似的变化。这些结果表明 PML-V2 模型在 ET 和

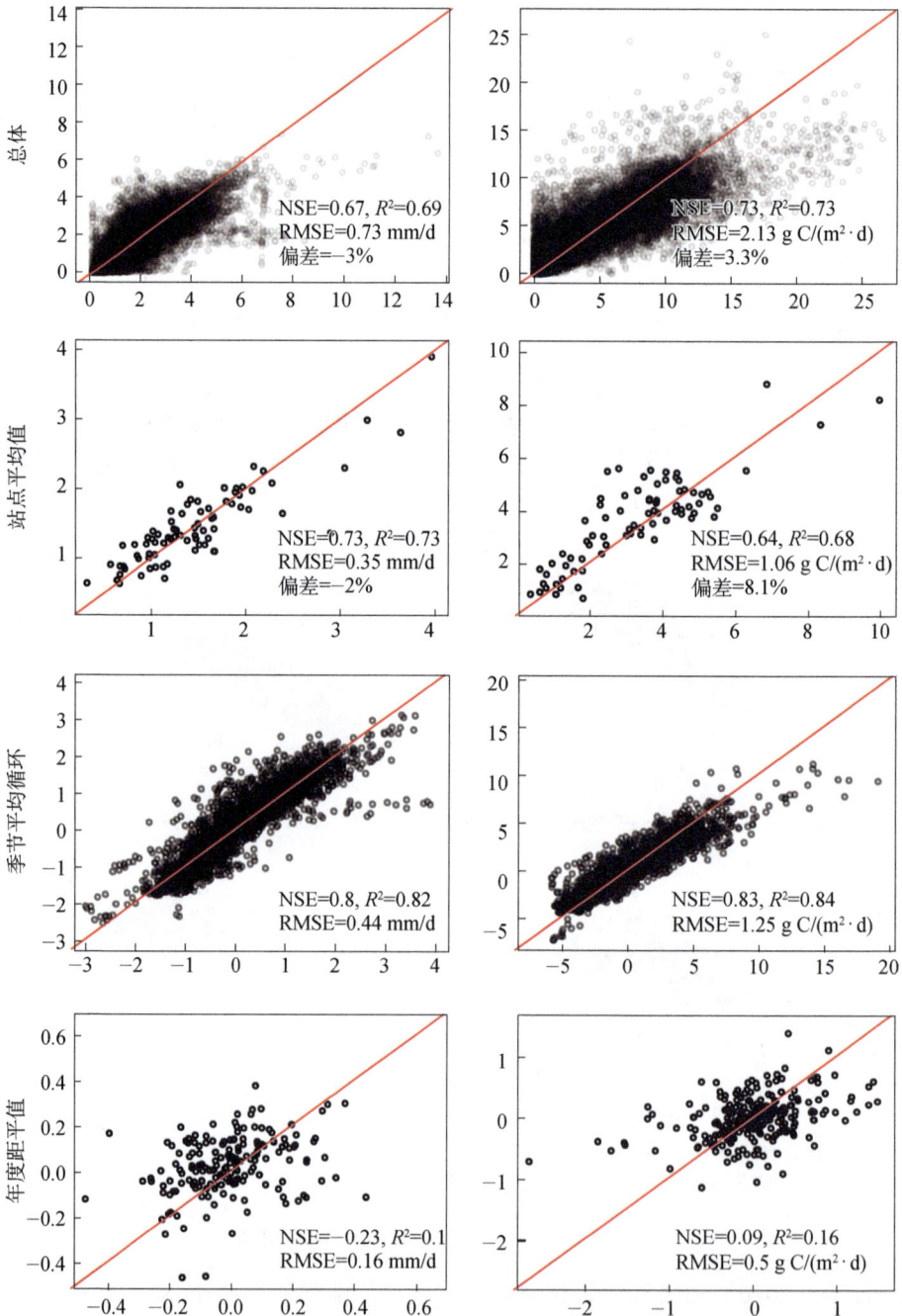

图 3-5　交叉验证条件下 PML-V2 模型 ET（左列）和 GPP（右列）模拟值与实际观测值的散点图

每个站点的季节平均循环是通过在不同日历年份的同一 8 天期间内至少取两个数值的平均值来计算；站点平均值是通过将季节平均循环在至少 46 个 8 天期间内的 80%以上进行平均计算得出的。如果至少 80%的 8 天值在整个 15 年内可用，则将其平均为年度值，年度值减去站点平均值就是年度距平值

GPP 的交叉验证结果整体十分稳健。

图 3-6 进一步总结了每个植被功能型在率定和交叉验证模式下的模型性能。对于所有植被功能型，模型率定都取得了良好的结果，8 天 ET 的 NSE 和 R^2 在 0.60~0.80 变化，ET 的 RMSE 在 0.45~1.20 mm/d 变化，偏差在 -8%~10% 变化。对于 8 天 GPP，NSE 在 0.50~0.90 变化，R^2 在 0.50~0.90 变化，RMSE 在 1.10~3.10 g C/（m^2·d）变化，偏差在 -25%~50% 变化。从模型率定到模型验证中存在轻微的变差。对于 ET，大多数植被功能型的 NSE 减少不超过 0.15，除了 OSH 植被类型存在约 0.20 的减少，R^2 也存在类似的减少。对于所有植被功能型，RMSE 减少（或增加）不超过 0.2 mm/d；对于大多数植被功能型，验证偏差与率定偏差相似，除了 OSH 和 MF 植被功能型，两者的偏差增加了 5%~10%。对于 GPP，大多数植被功能型的 NSE 减少不超过 0.10，除了 EBF、OSH 和 SAV 植被功能型存在 0.10~0.15 的 NSE 减少，R^2 也存在类似的减少。对于大多数植被功能型，RMSE 增加不超过 0.3 g C/（m^2·d），除了 EBF 和 MF 植被功能型，RMSE 增加了约 0.4 g C/（m^2·d）。除了 EBF 和 MF 植被功能型的偏差增加了约 25%，大多数植被功能型验证偏差与率定偏差相似。总体而言，PML-V2 模型在不同植被功能型率定和验证时表现稳定。

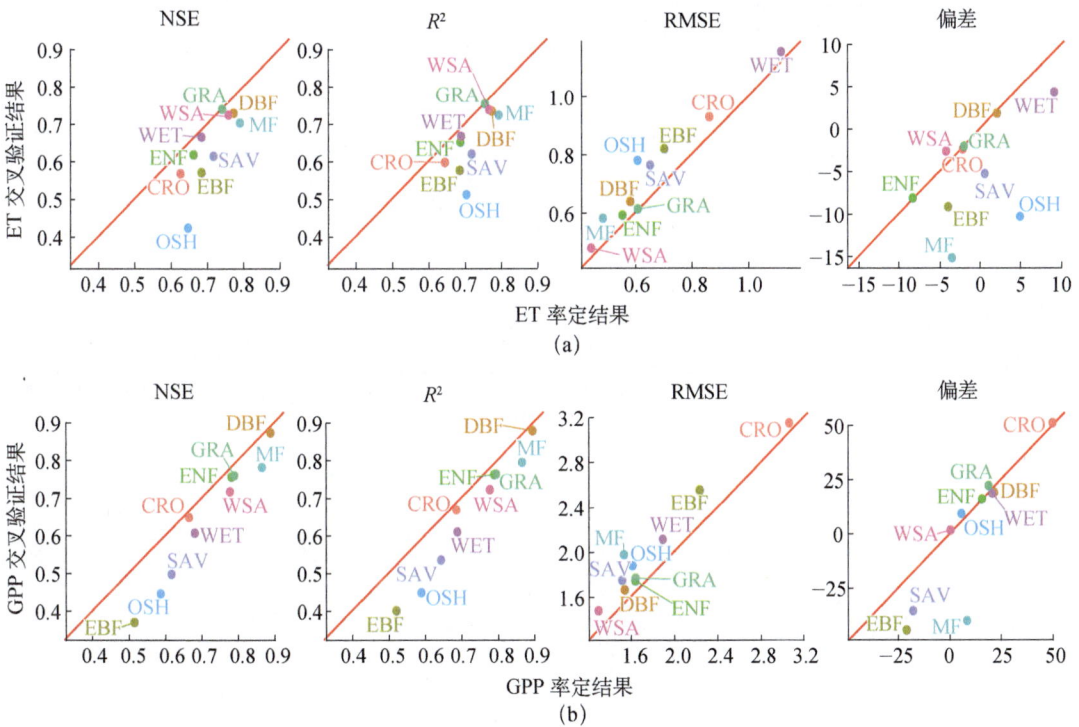

图 3-6　PML-V2 模型在 10 个植被功能型（PFTs）率定和验证结果的对比

由于 PML-V1 模型广泛用于区域和全球不同植被功能型的蒸散发估算（Anabalón and Sharma，2017；Chen et al.，2017；Forzieri et al.，2017；Sun et al.，2017；Wang et al.，2017；Zhang et al.，2016，2017），它可以作为评估 PML-V2 模型的基准。我们使用了相同的数据集为每个植被功能型率定 PML-V1 模型（仅优化 g_{sx} 参数）。依据 GLDAS-2.1 气象数据获取 PML-V1 模型和 PML-V2 模型的结果 [图 3-7（a）]。两个版本的 PML 在大多数植

被功能型上表现出类似的 8 天 ET 估算能力，几乎具有相同的统计指标。PML-V2 模型在 OSH 和 SAV 方面明显优于 PML-V1 模型。由于两个版本都使用 Michaelis-Menten 函数来定义光合有效辐射对气孔导度的响应，使用了类似的方程，故两者之间的总体差异较小。理论上，气孔对光合有效辐射的高曲线响应是优化条件下气孔导度的主要控制因素（Kelliher et al.，1995）。PML-V2 模型的优势在于保持了生物能量驱动机制，并将 CO_2 作为独立的环境约束因素（Thornley，1998；Kelliher et al.，1995；Farquhar et al.，1980）。总而言之，耦合的 PML-V2 模型应该使用动态 CO_2 浓度以获得最佳结果，不仅可以保持其同时估算生态系统水分和碳同化通量的优势，而且考虑了控制 ET 和 GPP 速率的潜在物理机制。

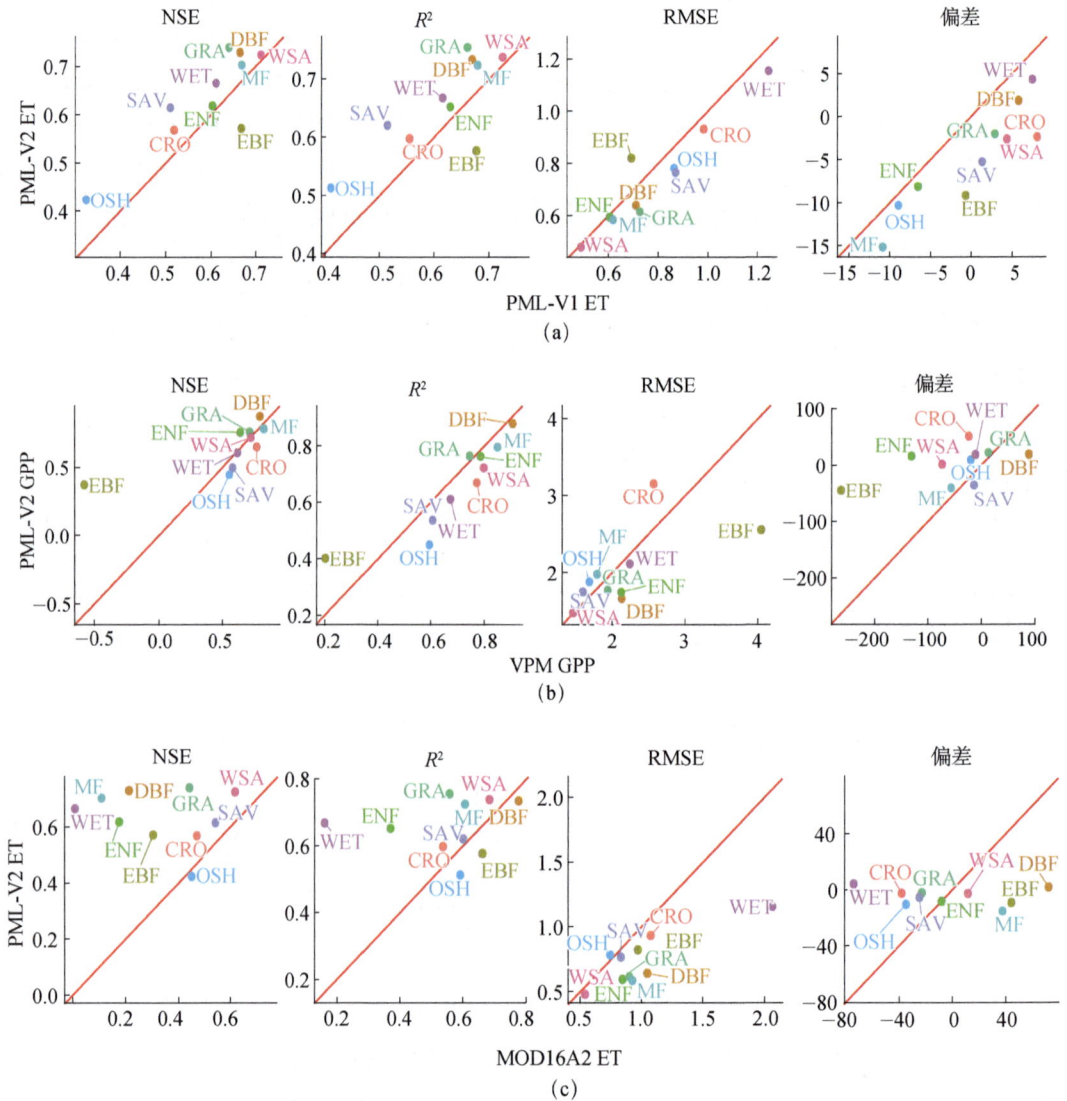

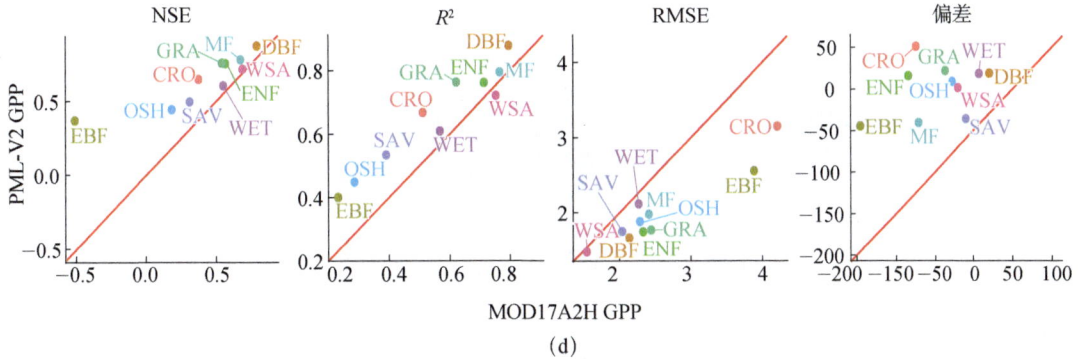

(d)

图 3-7　PML-V2 模型（交叉验证）与 PML-V1 模型（交叉验证）以及 MODIS 产品（ET 的 MOD16A2 和 GPP 的 MOD17A2H）在 10 个 PFTs 上的模拟结果比较

3.6　模型的优点和局限性

　　总体上，PML-V2 模型在全球各主要植被功能型的通量测量站点上具有较高的模拟精度。然而，数据、参数化和算法研发相关的几个方面还存在一定的不确定性。

　　数据方面的不确定性主要来源于两个方面。①有一些植被功能型的通量站点数量有限，如 MF 只有 2 个，OSH 只有 4 个（图 3-3）。这可能导致参数化和由点向全球推广的不确定性较大。即相对于其他植被功能型来说，这两种植被功能型的 ET 估算结果由于样本较小而产生代表性不足的问题。②土地覆盖类型分类的不确定性会影响全球 GPP 和 ET 映射的参数化和精度。PML-V2 模型使用的 MCD12Q1 的 Collection 6 版本比 Collection 5 版本更稳定。这是因为 Collection 6 使用了更多的训练样本构建监督分类算法，使得年度之间的土地覆盖类型更加一致。然而，Collection 6 MCD12 在 EBF 和 ENF 之间存在光谱混淆的问题，并且有几个类别在使用 MODIS 的粗分辨率数据时不容易区分（包括稀树草原/草地和草地/灌丛），这可能导致 GPP 和 ET 的估算具有一些潜在的不确定性。

　　PML-V2 模型还存在参数化方面的不确定性。本研究选择了 11 个自由模型参数进行优化，如表 3-1 所示。事实上，增加更多自由参数可以获得更好的模型性能，还可以将当前的单叶模型框架进一步改进为双叶模型（Wang et al.，2014）。然而，引进越多的模型参数，异参同效问题就越明显。本研究的主要目标之一是提供一个耦合且适用的全球模型，尽量避免异参同效问题（Beven and Freer，2001）。此外，尽管仅有 11 个参数，PML-V2 模型仍然明显优于大多数主流的 ET 和 GPP 模型，尤其是在估计生态系统水分利用效率方面。

　　算法研发（如对地表反照率和地表发射率进行线性插值）也可能导致不确定性增加。图 3-8 显示了全球地表反照率和地表发射率的插值比例。可以清楚地看到，在全球大部分陆地表面，这两个变量的插值百分比都小于 10%，表明整体质量较好，在大于 60°N 的高纬度地区、中国西南地区以及热带的一些小部分地区，插值百分比较高，因此预测的数据不确定性较高。

（a）地表反照率的缺失率

（b）地表发射率的缺失率

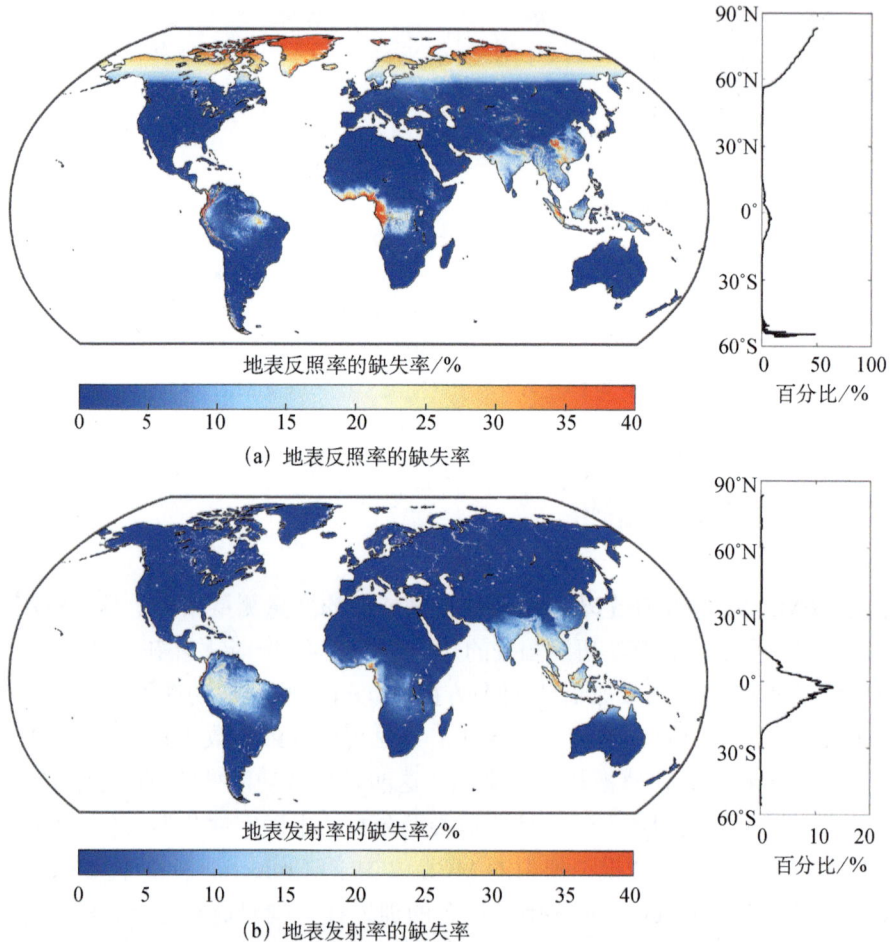

图 3-8　全球地表反照率和地表发射率的缺失率（即插值比例）

毋庸置疑，PML-V2 模型还有进一步改进的潜力。本研究未考虑营养限制对 GPP 和 ET 的约束，这可能导致对全球 GPP 的高估。可以通过进一步实验，定量确定 LAI 和氮素对 PML-V2 模型模拟的 ET 和 GPP 的影响。此外，蒸腾冷却需要气孔开放而不是关闭，而在增加 CO_2 的条件下，更高的土壤湿度可通过蒸腾作用导致水分损失（Cleverly et al.，2016）。目前的 PML-V2 模型未考虑这种动态过程，需要进一步研究。

在 PML-V2 模型中使用土壤湿度约束 GPP 是否可行仍然是一个悬而未决的问题。目前，PML-V2 模型并没有用土壤水分来约束 GPP。我们曾尝试将通量观测站观测到的土壤湿度（最大达到 50 cm）纳入 GPP 的约束，但对 GPP 和 ET 估算结果并没有明显改进。这表明，在约束 GPP 方面，纳入浅层土壤湿度动态对 ET 估算能力提升非常有限，可能与全球范围内没有可靠的植被根系层土壤水分数据有关。目前可用的微波数据集仅测量表层土壤湿度（小于 5 cm）（Owe et al.，2008），远远小于根系深度（Yang et al.，2016）。此外，一些深根森林在从林分到流域尺度上表现出强大的恢复能力（Yang et al.，2016，2017；Ponce Campos et al.，2013；Smettem et al.，2013）。它们通过获取深层（即大于 2 m）的土壤湿度和地下水（Zhang et al.，2016），在一些极端情况下，如长期干旱，深根植被为保持较高的 LAI，可获取深层地下水，而阻断了地表水和地下水相互作用的水力联系（Smettem et al.，2013）。因此，利用传统的全球水文模型适当地模拟这些生态系统的土壤湿度是具有挑战性的。如何最优地利用全球土壤湿度数据来改进耦合的 GPP/ET 模拟仍然是碳水研究领域一个值得进一步研究的问题。

值得注意的是，由于 PML-V2 模型是一种诊断模型，它以 LAI 作为模型输入来估计植被对大气 CO_2 浓度变化的响应，因此无法模拟未来大气 CO_2 浓度增加对 GPP 和 ET 的影响。为了提高其预测能力，需要将 PML-V2 模型与植被生长模型结合起来，首先预测 LAI 对 CO_2 浓度增加的响应，然后预测 GPP 和 ET 的响应。

另外，PML-V2 模型作为一个具有表现良好生物物理过程的模型，可以在不同植被功能型（PFTs）之间进行可靠的模拟。此外，考虑到 PML-V2 模型中简约的模型结构，它可以较好地与水文模型相结合，以研究植被动态和土地利用变化对流域-区域-全球尺度水和碳可利用能力的影响。一些研究已指出，遥感蒸散发模型在研究森林火灾对河流径流的影响（Zhou et al.，2013）以及大尺度径流预测（Zhang and Chiew，2009；Zhang et al.，2009）方面至关重要。未来应加强 PML-V2 模型在类似领域的研究，以充分利用高分辨率时间和空间明确的遥感数据的优势。

3.7　本章小结

本章系统介绍了 PML 遥感蒸散发模型的发展历史、模型的工作原理、模型估算蒸散发的三个分量（植被蒸腾、土壤蒸发和冠层截留蒸发）的计算公式；重点介绍了 PML-V2 模型，其将 ET 和 GPP 耦合起来，能够更准确地估算陆地生态系统的水汽交换和碳循环，且更有效地模拟了大气 CO_2 浓度增加对植被冠层导度的影响，解析了植被碳水耦合过程和机理；进一步介绍了 PML-V2 模型的验证和应用，并对模型的优缺点进行总结和评价。PML 模型作为一种基于遥感数据的生物物理过程的蒸散发模型，具有广泛的应用前景和研究价值，在今后的研究和实践中将得到广泛的关注和发展。

参 考 文 献

Anabalón A，Sharma A. 2017. On the divergence of potential and actual evapotranspiration trends：an assessment across alternate global datasets. Earth's Future，5（9）：905-917.

Beven K，Freer J. 2001. Equifinality，data assimilation，and uncertainty estimation in mechanistic modelling of complex environmental systems using the GLUE methodology. Journal of Hydrology，249（1-4）：11-29.

Chen M，Rafique R，Asrar G R，et al. 2017. Regional contribution to variability and trends of global gross primary productivity. Environmental Research Letters，12（10）：105005.

Cleugh H A，Leuning R，Mu Q Z，et al. 2007. Regional evaporation estimates from flux tower and MODIS satellite data. Remote Sensing of Environment，106（3）：285-304.

Dolman A J，Gash J H C，Roberts J，et al. 1991. Stomatal and surface conductance of tropical rainforest.

Agricultural and Forest Meteorology，54（2-4）：303-318.

Farquhar G D，von Caemmerer S，Berry J A. 1980. A biochemical-model of photosynthetic CO_2 assimilation in leaves of C-3 species. Planta，149（1）：78-90.

Forzieri G，Alkama R，Miralles D G，et al. 2017. Satellites reveal contrasting responses of regional climate to the widespread greening of earth. Science，356（6343）：1180-1184.

Gan R，Zhang Y Q，Shi H，et al. 2018. Use of satellite leaf area index estimating evapotranspiration and gross assimilation for Australian ecosystems. Ecohydrology，11（5）：e1974.

He S Y，Zhang Y Q，Ma N，et al. 2022. A daily and 500 m coupled evapotranspiration and gross primary production product across China during 2000-2020. Earth System Science Data，14（12）：5463-5488.

Isaac P R，Leuning R，Hacker J M，et al. 2004. Estimation of regional evapotranspiration by combining aircraft and ground-based measurements. Boundary-Layer Meteorology，110（1）：69-98.

Kelliher F M，Leuning R，Raupach M R，et al. 1995. Maximum conductances for evaporation from global vegetation types. Agricultural and Forest Meteorology，73（1-2）：1-16.

Leuning R，Cleugh H A，Zegelin S J，et al. 2005. Carbon and water fluxes over a temperate *Eucalyptus* forest and a tropical wet/dry savanna in Australia： measurements and comparison with MODIS remote sensing estimates. Agricultural and Forest Meteorology，129（3-4）：151-173.

Leuning R，Zhang Y Q，Rajaud A，et al. 2008. A simple surface conductance model to estimate regional evaporation using MODIS leaf area index and the Penman-Monteith equation. Water Resources Research，44（10）：W/0419.

Leuning R. 1995. A critical-appraisal of a combined stomatal-photosynthesis model for C_3 plants. Plant Cell and Environment，18（4）：339-355.

Li H X，Zhang Y Q. 2017. Regionalising' rainfall-runoff modelling for predicting daily runoff： comparing gridded spatial proximity and gridded integrated similarity approaches against their lumped counterparts. Journal of Hydrology，550：279-293.

Monteith J L. 1965. Evaporation and environment. Symposia of the Society for Experimental Biology，19：205-234.

Mu Q Z，Zhao M S，Running S W. 2011. Improvements to a MODIS global terrestrial evapotranspiration algorithm. Remote Sensing of Environment，115（8）：1781-1800.

Owe M，de Jeu R，Holmes T. 2008. Multisensor historical climatology of satellite-derived global land surface moisture. Journal of Geophysical Research： Earth Surface，113（F1）：F01002.

Ponce Campos G E，Moran M S，Huete A，et al. 2013. Ecosystem resilience despite large-scale altered hydroclimatic conditions. Nature，494（7437）：349-352.

Running S W，Nemani R R，Heinsch F A，et al. 2004. A continuous satellite-derived measure of global terrestrial primary production. BioScience，54（6）：547-560.

Ryu Y，Baldocchi D D，Black T A，et al. 2012. On the temporal upscaling of evapotranspiration from instantaneous remote sensing measurements to 8-day mean daily-sums. Agricultural and Forest Meteorology，152：212-222.

Saugier B，Katerji N. 1991. Some plant factors controlling evapotranspiration. Agricultural and Forest

Meteorology，54（2-4）：263-277.

Smettem K R J，Waring R H，Callow J N，et al. 2013. Satellite-derived estimates of forest leaf area index in southwest Western Australia are not tightly coupled to interannual variations in rainfall：implications for groundwater decline in a drying climate. Global Change Biology，19（8）：2401-2412.

Sun S B，Chen B Z，Shao Q Q，et al. 2017. Modeling evapotranspiration over China's landmass from 1979 to 2012 using multiple land surface models：evaluations and analyses. Journal of Hydrometeorology，18（4）：1185-1203.

Thornley J H M. 1998. Dynamic model of leaf photosynthesis with acclimation to light and nitrogen. Annals of Botany，81（3）：421-430.

Tramontana G，Jung M，Schwalm C R，et al. 2016. Predicting carbon dioxide and energy fluxes across global FLUXNET sites with regression algorithms. Biogeosciences，13（14）：4291-4313.

van Dijk A，Bruijnzeel L A. 2001. Modelling rainfall interception by vegetation of variable density using an adapted analytical model. Part 1. Model description. Journal of Hydrology，247（3-4）：230-238.

Vaze J，Viney N，Stenson M，et al. 2013. The Australian water resource assessment modelling system（AWRA）. 20th International Congress on Modelling and Simulation（MODSIM）：3015-3021.

Wang F M，Chen J M，Gonsamo A，et al. 2014. A two-leaf rectangular hyperbolic model for estimating GPP across vegetation types and climate conditions. Journal of Geophysical Research：Biogeosciences，119（7）：1385-1398.

Wang Y P，Leuning R，Isaac P，et al. 2001. Scaling the estimate of maximum canopy conductance from patch to region and comparison of aircraft measurements. Forests at the Land-Atmosphere Interface：175-188.

Wang Y Y，Zhang Y Q，Chiew F H S，et al. 2017. Contrasting runoff trends between dry and wet parts of eastern Tibetan Plateau. Scientific Reports，7（1）：15458.

Yang Y T，Donohue R J，McVicar T R. 2016. Global estimation of effective plant rooting depth：implications for hydrological modeling. Water Resources Research，52（10）：8260-8276.

Yang Y，McVicar T R，Donohue R J，et al. 2017. Lags in hydrologic recovery following an extreme drought：assessing the roles of climate and catchment characteristics. Water Resources Research，53（6）：4821-4837.

Yu Q，Zhang Y Q，Liu Y F，et al. 2004. Simulation of the stomatal conductance of winter wheat in response to light，temperature and CO_2 changes. Annals of Botany，93（4）：435-441.

Zhang Y Q，Chiew F H S，Peña-Arancibia J，et al. 2017. Global variation of transpiration and soil evaporation and the role of their major climate drivers. Journal of Geophysical Research：Atmospheres，122（13）：6868-6881.

Zhang Y Q，Chiew F H S，Zhang L，et al. 2008. Estimating catchment evaporation and runoff using MODIS leaf area index and the Penman-Monteith equation. Water Resources Research，44（10）：W/0420.

Zhang Y Q，Chiew F H S，Zhang L，et al. 2009. Use of remotely sensed actual evapotranspiration to improve rainfall-runoff modeling in Southeast Australia. Journal of Hydrometeorology，10（4）：969-980.

Zhang Y Q，Chiew F H S. 2009. Relative merits of different methods for runoff predictions in ungauged catchments. Water Resources Research，45：W07412.

Zhang Y Q，Kong D D，Gan R，et al. 2019. Coupled estimation of 500 m and 8-day resolution global evapotranspiration and gross primary production in 2002-2017. Remote Sensing of Environment，222：165-182.

Zhang Y Q，Leuning R，Hutley L B，et al. 2010. Using long-term water balances to parameterize surface conductances and calculate evaporation at 0.05° spatial resolution. Water Resources Research，46：1-10.

Zhang Y Q，Peña-Arancibia J L，McVicar T R，et al. 2016. Multi-decadal trends in global terrestrial evapotranspiration and its components. Scientific Reports，6：19124.

Zhang Y Q，Vaze J，Chiew F H S，et al. 2011. Incorporating vegetation time series to improve rainfall-runoff model predictions in gauged and ungauged catchments. MSSANZ 19th Biennial Congress on Modelling and Simulation（MODSIM）：3455-3461.

Zhou Y C，Zhang Y Q，Vaze J，et al. 2013. Improving runoff estimates using remote sensing vegetation data for bushfire impacted catchments. Agricultural and Forest Meteorology，182：332-341.

第 4 章　遥感蒸散发估算方法的主要挑战

遥感蒸散发估算方法具有广阔的应用前景和潜力。首先，遥感数据可以提供丰富的地表特征信息和时空变化信息，为蒸散发估算提供了可靠的数据源。其次，遥感蒸散发估算方法具有高时空分辨率、全球范围连续等特点，可满足不同尺度的蒸散发监测需求。此外，遥感蒸散发估算方法还可与气象、土壤等观测数据相结合，提高蒸散发估算的精度。

过去 20 年，遥感蒸散发估算方法已经得到广泛应用。例如，它可以用于水资源管理、农业生产、生态环境保护等领域，为业务部门决策提供一定的参考。此外，随着遥感技术的不断发展和数据源的不断更新，遥感蒸散发估算方法的应用前景将会更加广阔（详见第 11 章）。

虽然遥感蒸散发估算方法有巨大的潜力，但也面临着一些挑战。不同遥感蒸散发估算方法面临着各自理论和估算能力方面的挑战，如基于遥感地表温度的能量平衡方法的核心是如何减少遥感地表温度的估算误差，基于地表导度方法是如何提升导度的估算精度。除此之外，遥感蒸散发方法面临一些共同的科学前沿和应用研究挑战，表现在尺度效应和尺度扩展、物理模型与机器学习方法的耦合、趋势研究、地块尺度应用等。以下是我们对相关问题的一些思考。

4.1　基于遥感地表温度的能量平衡方法

基于遥感地表温度的能量平衡方法面临的首要挑战是遥感地表温度与空气动力学冠层温度的不一致性问题。基于能量平衡公式，潜热通量（LE）可以通过可供能量（A）和感热通量（H）反推得到，计算公式如式（4-1）所示：

$$LE = A - H = A - [\rho C_p(T_{aero} - T_a) / r_a] \tag{4-1}$$

式中，T_{aero} 和 T_a 分别为空气动力学温度和气温；ρ 为空气密度；C_p 为空气定压比热；r_a 为空气动力学阻抗。由于卫星遥感传感器观测到的地表温度代表着冠层顶部叶片的平均条件，其平均高度明显大于冠层中热传递表面的高度（或空气动力学地表高度）（Brutsaert，2013）。这意味着遥感地表温度与能量平衡方程估算的感热通量中使用的空气动力学冠层温度 T_{aero} 存在较大的差异 [式（4-1）]，Sun 和 Mahrt（1995）的测量结果显示这两种温度之间的差异可高达 6℃。更为重要的是，遥感地表温度与观测地表温度之间的观测误差对感热通量大小的计算影响很大，这在澳大利亚 Tumbarumba 的温带森林站点已得到充分证明，在该站点虽然观测地表温度与遥感地表温度相差不大，但基于观测的感热通量与基于遥感地表温度模拟的感热通量结果有较大差距（图 4-1），这对基于遥感地表温度的能量平衡方法的成功应用来说是巨大的挑战。

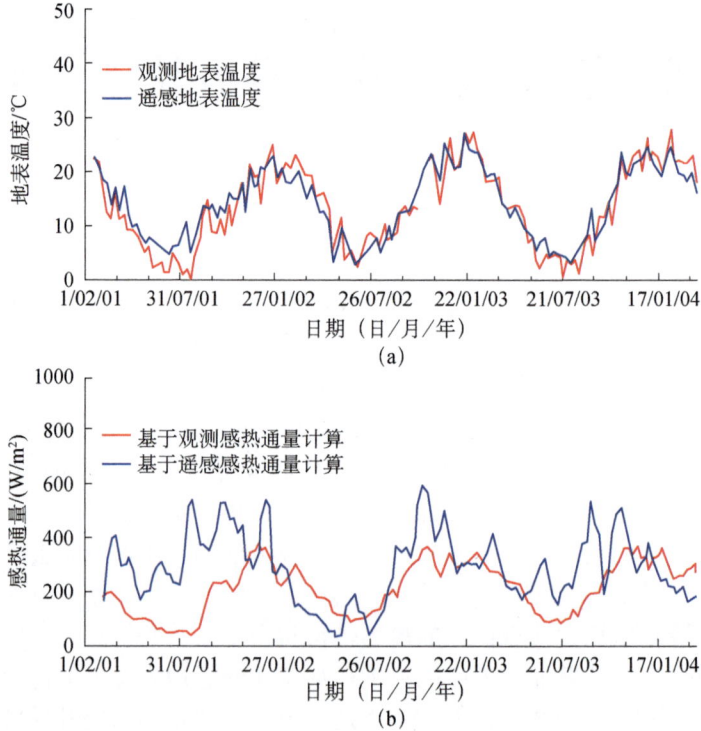

图 4-1　观测与遥感地表温度（a）以及与感热通量计算（b）结果的比较
澳大利亚 Tumbarumba 温带森林站点

同时，当植被茂密区域感热通量占比低时，遥感地表温度的蒸散发计算模型效果差。然而，由于地表温度对潜热消耗非常敏感，这些模型在水分有限的条件下非常有效，可以较准确地捕捉蒸散的空间分布和时间变化规律。相反，在感热通量较小的茂密植被区，这些模型效果不佳（Chen and Liu，2020）。

此外，需要探讨如何克服云层对遥感地表温度测量的干扰。基于遥感地表温度的方法完全依赖地表温度测量，遥感地表温度受到云覆盖的影响往往时空不连续，这对进行时空连续的蒸散发估算和制图带来很大挑战。热红外遥感地表温度受到云的干扰，云层能够遮挡地表并减弱太阳辐射的到达，影响地表的能量平衡和温度分布。云的存在会导致地表温度的不准确估算，尤其是在云覆盖较大的情况下。云可以反射和散射热红外辐射，干扰了地表温度的观测。此外，云也会影响热红外辐射的路径和传播，从而影响地表温度的测量。云层中的水蒸气和其他气体的存在也会干扰热红外辐射的测量，进一步影响地表温度的准确性。使用热红外遥感方法进行地表温度估算时，需要考虑到云的存在和干扰，并结合其他技术和方法（如回归方法和时空重建等）来提高温度测量的覆盖范围和准确性（Li et al.，2023）。

4.2　基于冠层导度蒸散发模型

基于冠层导度蒸散发模型已成为蒸散发研究的国际主流模型，以 MOD16（Mu et al.，2011）和 PML-V2（Zhang Y Q et al.，2019）模型为代表，在业界应用较为广泛。该类模型的核心是估算冠层导度或气孔导度。MOD16 是基于阶层模型的思路求解冠层导度（Mu et al.，2011），而 PML-V2 模型是通过光合作用和蒸腾作用的耦合过程求解冠层导度（Zhang Y Q et al.，2019）。

冠层导度参数化是该类模型面临的关键挑战。冠层导度参数反映了植被在水分传输过程中阻碍叶片蒸腾的能力，是模型的关键输入之一。准确估计冠层导度具有一定的挑战，因为它受到多个因素的影响，包括植物类型、物种组成、生长阶段、叶片结构和环境条件等。不同的植被在受到外界极端胁迫条件下，如受长期干旱胁迫，植被生理特性的响应过程（包括植被蒸腾和碳同化速率的变化）建模仍然极具挑战（图 4-2），这些过程包括土壤水分动态过程、蒸腾耗水过程、气孔导度调节过程、植被水势变化过程、光合作用过程和水分利用效率等的变化。目前，常用冠层导度的参数化手段是通过地面通量站点的实地观测来推求冠层导度的参数，但这需要做大量的工作和花费很多的时间，且地面实测站点有限，获取的冠层导度参数化方案在大尺度上应用具有很大的不确定性。

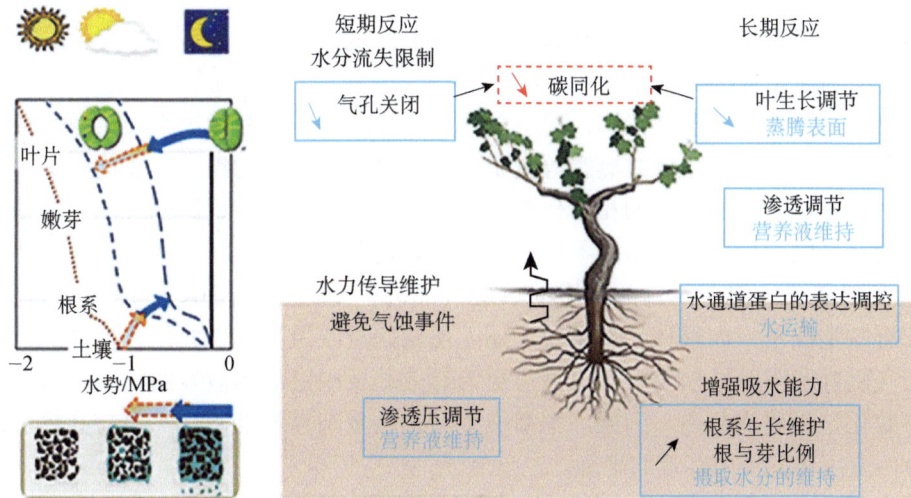

图 4-2　长期干旱胁迫时植被生理特性的响应过程

针对冠层导度模型，如何将光合作用和蒸腾作用耦合起来是一项复杂的挑战。这涉及将光合作用的生理过程和蒸腾作用的水分传输过程相互关联，以更全面地理解植被的水分和能量交换。主要的挑战表现为以下 4 个方面：①模型的复杂性。光合作用和蒸腾作用是植被生理学和生态水文学中的两个复杂过程，它们受到多种因素的影响，包括植物类型、气候条件、土壤水分等。将这两个过程耦合在一起需要建立复杂的模型结构，考虑不同尺度和层次上的相互作用（Chen and Liu，2020）。②数据需求。耦合光合作用和蒸腾作用的模型需要获取和处理大量的数据，包括植被参数、气象数据、土壤水分等。这些数据的获取和处理可能存在困难，特别是在大尺度和长时间跨度上。同时，数据的准确性和空间分辨率也对模型的可靠性和适用性产生影响。③参数化和率定。耦合光合作用和蒸腾作用的模型需要估计和调整大量的参数，包括植物生理参数、水分传输参数等。这些参数可通过实地观测、实验研究和文献调研获得，但不同植被类型和环境条件下参数的变异性很大，且由于异参同效的影响（Beven，2006），参数化和模型率定过程具有一定的挑战性。④模型的适应性和可扩展性。耦合光合作用和蒸腾作用的模型通常基于特定的植被类型和环境条件进行开发和验证。如何将模型推广到不同的地理区域和植被类型，并保持模型的适应性和可扩展性，对冠层导度模型提出了挑战（Zhang Y Q et al.，2019）。

解决这些挑战的方法包括开发基于物理过程的模型、整合多源数据和观测、进行多尺度模型集成，以及进行准确的参数估计和校准。此外，加强实地观测和实验研究，特别是对人类活动和地下水影响剧烈的植被类型进行观测，也是提高模型准确性和可靠性的关键因素之一。

4.3 遥感蒸散发方法面临的挑战

4.3.1 模型结构复杂性与参数化之间的平衡

遥感蒸散发模型结构的复杂性和参数化的精细度直接影响到模型的准确性、计算效率和实用性，特别需要考虑以下几个关键方面。

（1）物理过程建模与模型结构：遥感蒸散发方法旨在模拟和预测地表蒸散发量，其中涉及能量平衡、水分平衡、植被蒸腾等复杂的物理过程。模型的结构应该能够准确地反映这些过程，并考虑到它们之间的相互作用。然而，过于简单的模型结构可能无法捕捉到蒸散发过程的复杂性，导致预测结果不准确。相反，过于复杂的模型结构可能会增加计算的复杂度和资源需求。例如，目前常用的单层大叶模型结构相对简单，参数化过程比较容易，但在有些情况下（如森林生态系统）还无法精确反映冠层蒸散发的物理过程；相比之下，双层（阴叶和阳叶）以及多层模型可更为有效地反映冠层蒸散发的物理过程，但模型结构和参数化过程更为复杂。因此，平衡模型结构的复杂性与准确性需要与具体的研究目标相结合，方可达到一个有效的平衡。

（2）参数化与数据可用性：模型的参数化需要基于可获得的遥感数据和地面观测数据。参数化过程涉及参数的估计和校准，以使模型能够更好地拟合观测数据（如通量站观测的蒸散发和大流域水量平衡反推的蒸散发）。然而，某些参数可能很难直接测量或估计，或者数据的质量和时空覆盖度可能有限。参数化过程中，需要权衡使用哪些参数、如何估计这些参数以及参数的不确定性如何影响模型的模拟结果。数据的不确定性会对参数估计和模型评估产生影响，因此需要考虑数据的可靠性和不确定性，并灵活地选择和调整参数化策略。

（3）计算效率与模型复杂度：模型的计算效率是实际应用中需要考虑的一个关键因素。过于复杂的模型结构可能会增加计算资源和时间的需求，限制了模型的实际可行性（特别是在模型的参数需要迭代计算时）。在模型结构与参数化之间平衡的过程中，需要考虑到计算资源的限制，并选择适当的模型复杂度，以保证模型的计算效率。

（4）数据不确定性与模型评估：遥感蒸散发方法的结果受到数据和模型参数化不确定性的影响。数据的不确定性可以源自遥感数据的噪声、地面观测的误差以及估算过程中的不确定性。模型参数化的不确定性来自参数估计方法的选择、参数之间的相关性以及数据的不完整性等。因此，模型构建过程中，需要考虑到这些不确定性，并进行模型评估和验证，以评估模型的可靠性和适应性。

综合来看，平衡模型结构与参数化之间的挑战需要综合考虑模型的准确性、计算效率、数据可用性和不确定性。这需要结合实际应用需求、数据特征和计算资源的限制，通过灵活的模型设计和参数化策略来达到最佳平衡。进一步的研究和方法改进将有助于解决这一挑战，提高遥感蒸散发方法的准确性和应用能力（Zhang K et al.，2019）。

4.3.2　尺度效应和尺度扩展

尺度效应指的是在不同空间尺度下，蒸散发过程的性质和变化规律存在差异。遥感蒸散发估算涉及不同尺度的问题，包括站点尺度、流域尺度和区域尺度等。在不同尺度下，蒸散发过程受到多种因素的影响，如地表植被类型、土壤水分状况、地形起伏等。这些因素在不同尺度下的分布和相互作用方式可能不同，从而导致蒸散发过程的差异。例如，在站点尺度上，局部的地表特征和微气候因素会对蒸散发产生显著影响；而在区域尺度上，气候驱动及其植被类型的空间变化将对蒸散发产生更大的影响。

尺度扩展是解决尺度效应的关键挑战（Sharma et al.，2016），涉及将局部蒸散发估计扩展到更大范围的区域，这是一个老问题，同时也是业界的难点问题。解决尺度扩展需要综合考虑多个因素，并采取一系列策略和方法，主要包括以下 3 个方面：①多尺度分析。尺度扩展的第一步是进行多尺度分析，有助于在不同尺度上了解蒸散发过程的变化和特征。实现多尺度分析可借助多尺度遥感数据和地面观测数据。多尺度分析有助于识别出不同尺度上的关键变量和特征，并为尺度扩展提供基础。②数据融合。数据融合是在不同尺度上整合和融合各种数据源的过程。通过将高分辨率遥感数据与较低分辨率遥感数据结合起来，可以克服单一分辨率数据的局限性，提高尺度扩展的准确性和可靠性。基于遥感的数据融合方法包括同质遥感数据融合、异质遥感数据融合、遥感-站点数据融合、遥感-非观测数据融合等，可以根据具体应用需求选择合适的方法（张良培和沈焕锋，2016）。③尺度转换模型。尺度转换模型是将地块或生态系统尺度上的蒸散发估计扩展到区域尺度的模型，这些模型可以基于物理原理、统计方法或机器学习算法等进行建立。尺度转换模型的设计需要考虑地表特征的空间变异性、地表类型的差异和尺度相关性等因素。通过使用适当的尺度转换模型，可以实现从局部尺度到区域尺度的蒸散发估计。

除尺度扩展外，提升尺度效应的应对能力还需要考虑参数化和不确定性估计。尺度效应的存在要求在不同尺度下进行准确的参数化。模型参数和输入数据在不同尺度下可能存在差异，因此需要进行适当的参数率定，以确保不同尺度下的蒸散发估算的准确性和可靠性（Zhang Y Q et al.，2019）。尺度效应可能导致不同尺度下的蒸散发估算结果存在差异和不确定性。因此，估计不同尺度下蒸散发估算的不确定性是解决尺度效应的关键之一。通过使用不确定性估计方法，可以评估不同尺度下蒸散发估算结果的可靠性，并提供合理的误差范围。

概括起来，有效提升遥感蒸散发方法中的尺度效应需要综合运用尺度扩展方法、参数化（或模型率定）、综合观测数据以及不确定性估计技术等。通过在不同尺度上进行准确的估算和比较，可以更好地模拟蒸散发过程，并为水资源管理和决策提供可靠的信息。

4.3.3　物理模型与机器学习方法的耦合

传统的物理模型基于对蒸散发过程的物理理解和方程描述，但这些模型有可能受到参数估计的不确定性和模型假设的限制。机器学习方法具有较强的数据驱动能力，能够从繁杂的数据中学习复杂的非线性关系，但它们对物理过程的解释性和解释能力不足。因此，将物理模型和机器学习方法有效耦合是提高遥感蒸散发模拟精度的潜在高效方法（Koppa et al.，2022）。耦合过程中，需要找到合适的平衡点，使物理模型和机器学习方法能够相互补充，以提高蒸散发估算的准确性和稳定性。

目前的一种常见耦合方法是将物理模型的蒸散发结果作为机器学习方法的输入进行重新模拟。例如，Shao 等（2022）以 10 个全球蒸散发产品为输入，然后使用了三种数据融合方法（三角帽法、算术平均法和贝叶斯三角帽法）生成合并多个产品的融合产品，这明显降低了年蒸散发数据的估算误差。Yang 等（2021）利用 Landsat 8 卫星数据估算蒸散发，使用了 8 个模型，包括四个表面能量平衡模型（SEBS、SEBAL、SEBI 和 SSEB）和四个机器学习算法（polymars、随机森林、岭回归和支持向量机），发现结合机器学习的贝叶斯模型加权平均方法可以显著提高日蒸散发估算的准确性，减少模型之间的不确定性，并利用经验和物理基础模型的不同固有优势，获得更可靠的蒸散发估算结果。

以上的物理模型与机器学习方法的耦合是一种弱耦合模式。实现更有效的物理模型和机器学习耦合，需要借助混合建模，即在一个统一的框架中同时考虑物理模型和机器学习方法。这可以通过将物理模型作为机器学习模型的约束或先验知识来实现。例如，可以使用物理模型生成的中间变量数据（如地表空气动力学温度和冠层导度）来训练机器学习模型，同时利用物理模型中的方程和约束来指导机器学习模型的训练过程。这种混合建模方法能够结合两种方法的优势，提高模拟精度，但这方面的研究尚处于起步阶段，具有很大的挑战性。

此外，耦合物理模型和机器学习方法时，同步考虑特征工程与物理约束，可以通过特征工程将物理模型中的关键变量和机器学习模型的输入特征结合起来。特征工程是指从原始数据转化成更好地表达问题本质的特征的过程，以供机器学习方法使用（Xia and Lo，2018）。在蒸散发研究中，特征工程可以包括从气象观测数据中提取的气象因子（如温度、湿度、风速等）、地形和土地利用信息、植被指数、土壤湿度等。这些特征可以作为机器学习模型的输入，帮助模型捕捉蒸散发过程中的关键因素和模式。物理约束是指基于已知的物理原理和方程对蒸散发模型进行约束和限制。蒸散发过程受到能量平衡和水分平衡等物理过程的约束。通过引入物理约束，可以提高模型的可靠性和物理可解释性。例如，蒸散发模型中，可以使用质量和能量守恒的原理来约束水分和能量的流动，从而使模型的预测更加合理和准确。特征工程和物理约束可以结合起来，以增强蒸散发模型的能力和稳定性。特征工程可以通过选择合适的特征和转换方法来提取数据中有用的信息，并减少噪声和冗余。物理约束可以帮助模型在估算蒸散发过程中保持一致性和合理性，避免不符合物理规律的预测结果。在蒸散发研究中，合理的特征工程和物理约束的选择可以提高模型的性能和解释能力。同时，需要根据具体的研究问题和数据特点进行灵活地调整和优化，以实现最佳的蒸散发估算效果。

更有效地耦合物理模型和机器学习方法，可以充分利用它们的优势，提高遥感蒸散发模拟的精度（Koppa et al.，2022）。耦合过程中，需要充分考虑物理模型和机器学习方法之间的相互作用，并进行合理的模型设计、特征选择和参数优化。进一步的研究和实践将有助于开发出更有效的耦合方法，推动遥感蒸散发方法的发展和应用。

4.3.4　蒸散发趋势的研究

遥感蒸散发方法面临的一个主要挑战是趋势研究的不确定性。不同遥感蒸散发方法可能会产生不同的趋势结果，这种差异可以归因于多种因素，包括数据源、处理方法、模型选择等（Jung et al.，2010）。为减小趋势估算的不确定性，未来学术界需在以下方面进一步加强研究：①数据源的选择和质量控制。选择合适的遥感数据源是趋势研究中的关键一步。不同的传感器和数据产品［如先进甚高分辨率辐射仪（AVHRR）、MODIS、Landsat 和 Sentinel］具有不同的空间分辨率、时间分辨率和准确性。因此，进行趋势研究时，应选择质量较高、适合研究目的的遥感数据源，并进行数据质量控制。②模型选择和比较。遥感蒸散发方法中存在多种模型选择，如地球系统模型、诊断型模型、陆面过程模型、水文过程模型、统计模型和机器学习模型等。针对趋势研究，选择合适的模型是至关重要的，应当对不同模型进行比较，并考虑其优劣势以及适用性，以减小不同模型之间的差异性。③不确定性分析和统计验证。对于趋势估算结果，应进行不确定性分析，并评估其置信水平。这可以通过统计方法、蒙特卡罗模拟等技术实现。此外，应进行统计验证，与地面观测数据进行对比，评估趋势估算的准确性和可靠性。④综合多种方法和数据源。为了减小趋势估算的不确定性，可以采用多种方法和数据源进行综合分析。通过整合不同模型的结果、融合不同数据源的信息，可以得到更全面、稳健的趋势研究结果。

综合上述策略，可以减小遥感蒸散发趋势研究的不确定性，并提高趋势估算的可靠性。同时，对于趋势研究结果的解释方面，应充分考虑结果的不确定性，避免过度解读或误导。

4.3.5　地块尺度应用

地块尺度应用是遥感蒸散发方法面临的主要挑战之一（Cammalleri et al.，2014）。地块尺度是指对单个农田、林地或其他特定地表区域的蒸散发进行估算和分析。

地块尺度应用所面临的主要挑战表现在以下四个方面：①地表特征的异质性。不同地块之间存在着地表特征的异质性，如土壤类型、植被类型、地形起伏等的差异。这些异质性对蒸散发过程有重要影响，因此如何准确地捕捉和描述地块尺度下的地表特征是一个挑战。②数据获取和空间分辨率。在地块尺度上进行蒸散发估算需要获取高分辨率的遥感数据，以获得地表参数，如植被指数、地表温度等。然而，高分辨率遥感数据的获取和处理成本较高，并且在时间和空间上的覆盖范围有限，实现大范围的应用相当具有挑战性

（Cammalleri et al.，2013）。③土壤水分的监测和估算。土壤水分是影响蒸散发的重要因素，特别是在地块尺度下。准确估算地块尺度的土壤水分对蒸散发的估算至关重要。然而，目前高时空分辨率遥感土壤水分的监测和估算面临着技术难题，需要综合利用遥感数据、地面观测和水文模型等多种方法减小估算的不确定性。④模型的复杂性和参数化。在地块尺度下，需要使用复杂的模型来描述和模拟蒸散发过程，包括物理模型、统计模型或机器学习模型。这些模型需要准确的参数化和校准，以提供可靠的地块尺度蒸散发估算结果。然而，地块尺度的模型参数化和校准面临着数据不足、不确定性和缺乏一致性的挑战。

4.4　本章小结

　　虽然遥感蒸散发估算方法具有广阔的应用前景和潜力，但也面临非常大的挑战。基于遥感地表温度的能量平衡方法面临的主要挑战是遥感地表温度与空气动力学冠层温度的不一致性问题。目前广泛使用的基于冠层导度蒸散发模型需要进一步改进冠层导度的参数化能力，特别是在极端气候条件下，如极端干旱，不同植被类型的冠层导度过程模拟还存在很大的不确定性。整体而言，遥感蒸散发的挑战主要概括为模型结构复杂性与参数化之间的平衡、尺度效应和尺度扩展、物理模型与机器学习方法的耦合、蒸散发趋势的研究和地块尺度应用等方面，这些问题都需要学术界进行深入探索。

参 考 文 献

张良培，沈焕锋. 2016. 遥感数据融合的进展与前瞻. 遥感学报，20（5）：1050-1061.

Beven K. 2006. A manifesto for the equifinality thesis. Journal of Hydrology，320（1）：18-36.

Brutsaert W. 2013. Evaporation into the Atmosphere：Theory，History and Applications. Springer Science & Business Media.

Cammalleri C，Anderson M C，Gao F，et al. 2013. A data fusion approach for mapping daily evapotranspiration at field scale. Water Resources Research，49（8）：4672-4686.

Cammalleri C，Anderson M C，Gao F，et al. 2014. Mapping daily evapotranspiration at field scales over rainfed and irrigated agricultural areas using remote sensing data fusion. Agricultural and Forest Meteorology，186：1-11.

Chen J M，Liu J. 2020. Evolution of evapotranspiration models using thermal and shortwave remote sensing data. Remote Sensing of Environment，237：111594.

Jung M，Reichstein M，Ciais P，et al. 2010. Recent decline in the global land evapotranspiration trend due to limited moisture supply. Nature，467（7318）：951-954.

Koppa A，Rains D，Hulsman P，et al. 2022. A deep learning-based hybrid model of global terrestrial evaporation. Nature Communications，13（1）：1912.

Li Z L，Wu H，Duan S B，et al. 2023. Satellite remote sensing of global land surface temperature：definition，methods，products，and applications. Reviews of Geophysics，61（1）：e2022RG000777.

Mu Q Z，Zhao M S，Running S W. 2011. Improvements to a MODIS global terrestrial evapotranspiration algorithm. Remote Sensing of Environment，115（8）：1781-1800.

Shao X M，Zhang Y Q，Liu C M，et al. 2022. Can indirect evaluation methods and their fusion products reduce uncertainty in actual evapotranspiration estimates? Water Resources Research，58（6）：e2021WR031069.

Sharma V，Kilic A，Irmak S. 2016. Impact of scale/resolution on evapotranspiration from Landsat and MODIS images. Water Resources Research，52（3）：1800-1819.

Sun J L，Mahrt L. 1995. Determination of surface fluxes from the surface radiative temperature. Journal of the Atmospheric Sciences，52（8）：1096-1106.

Xia X，Lo D. 2018. Feature generation and engineering for software analytics//Feature Engineering for Machine Learning and Data Analytics. Boca Raton：CRC Press: 335-358.

Yang Y，Sun H W，Xue J，et al. 2021. Estimating evapotranspiration by coupling Bayesian model averaging methods with machine learning algorithms. Environmental Monitoring and Assessment，193（3）：156.

Zhang K，Zhu G F，Ma J Z，et al. 2019. Parameter analysis and estimates for the MODIS evapotranspiration algorithm and multiscale verification. Water Resources Research，55（3）：2211-2231.

Zhang Y Q，Kong D D，Gan R，et al. 2019. Coupled estimation of 500 m and 8-day resolution global evapotranspiration and gross primary production in 2002−2017. Remote Sensing of Environment，222：165-182.

第 5 章　遥感蒸散发数据产品

在过去几十年中，遥感技术提供了全球相对频繁和空间连续的地表生物物理变量和气象水文变量的监测，如反照率、植被指数、辐射、地表温度、土壤水分等（Courault et al.，2005；Zhang K et al.，2016；刘萌等，2021）。然而，实际蒸散发无法通过卫星遥感直接观测获得。因此，需要构建经验模型或物理模型，将卫星反演的陆面变量与蒸散发联系起来（Wang and Dickinson，2012）。根据采用的主要方法和模型的差异，可将估算得到的区域或全球遥感蒸散发数据产品划分为以下七种类型：①基于能量平衡的遥感蒸散发数据产品（Chen X et al.，2021；熊育久等，2022；Cheng，2020；韩存博等，2020；Xiong et al.，2022）；②基于 Penman-Monteith（P-M）公式的物理过程模型估算的遥感蒸散发数据产品（吴炳方，2015；张永强，2020；张永强和何韶阳，2022；郑超磊等，2022a，2022b；Ma Y et al.，2021）；③基于 Priestley-Taylor（P-T）公式的遥感蒸散发数据产品（傅健宇和王卫光，2022；Martens et al.，2017；Miralles et al.，2011；Fisher et al.，2008；Zhang et al.，2022）；④地球系统数据同化蒸散发数据产品，即将陆面过程模型估算结果与地面、航空航天遥感数据相融合，以不断依靠观测数据调整陆面模型状态变量，从而提高地表潜热通量数据产品的模拟精度（Muñoz-Sabater et al.，2021；Gelaro et al.，2017；Reichle et al.，2011；Rienecker et al.，2011；Rodell et al.，2004）；⑤基于蒸散发互补关系的蒸散发数据产品（马宁等，2019；Ma，2021）；⑥利用机器学习技术将大尺度遥感植被指数、气象变量、水文变量与 ET 参考真值（如观测潜热通量）结合，从而估算得到的实际蒸散发数据产品；⑦基于数据融合算法，融合多个相同或不同时空分辨率的遥感蒸散发数据的产品（Yin et al.，2020；陆姣等，2021；Feng et al.，2016；Jung et al.，2010；Li et al.，2018）。

5.1　典型的全球或区域遥感蒸散发数据产品

5.1.1　基于能量平衡的遥感蒸散发数据产品

典型的基于能量平衡的遥感蒸散发数据产品如表 5-1 所示。

表 5-1　典型的基于能量平衡的遥感蒸散发数据产品

产品简称	空间范围	空间分辨率	时间分辨率	时间范围	获取方式	参考文献
SSEBop	全球	1km	逐旬、逐月、逐年、十年	2003 年至今（第 5 版及之前）；2012 年至今（第 6 版）	https://edcintl.cr.usgs.gov/downloads/sciweb1/shared/fews/web/global/	Senay et al.，2023

续表

产品简称	空间范围	空间分辨率	时间分辨率	时间范围	获取方式	参考文献
SEBS	全球	5km	逐日、逐月	2000～2017 年	https://doi.org/10.5194/acp-14-13097-2014	Chen et al., 2021
	中国	0.1°	逐月	2001～2010 年	邮件联系作者	Chen et al., 2014
	青藏高原	0.1°	逐月	2001～2018 年	https://doi.org/10.11888/Hydro.tpdc. 270995	Han et al., 2021
SEBAL	中国	1km	逐日	2001～2018 年	https://zenodo.org/record/4243988; https://zenodo.org/record/4896147	Cheng et al., 2021
3T	全球	0.25°	逐日、逐月	2001～2020 年	https://doi.org/10.57760/sciencedb. o00014.00001	Yu et al., 2022

1. SSEBop 蒸散发数据产品

基于 SSEBop 模型的全球蒸散发数据产品：该产品使用了一种可操作的简化的地表能量平衡（operational simplified surface energy balance）方法（Senay et al., 2013, 2022），并通过估算遥感蒸发比和参考蒸散发以及实际蒸散发与参考蒸散发的比例系数来估算实际蒸散发。SSEBop 模型的独特之处在于它根据逐像元的地面参考"干点"和"湿点"，并设置预定义、季节性、动态空间的条件（Senay, 2018），采用新颖的强迫和归一化操作算法（Senay et al., 2023），构建模型参数化方案。基于 SSEBop 的 V6 产品提供全球实际蒸散发从 2012 年 2 月至今每 10 年、每年、每月、每旬的聚合，发布在美国地质调查局饥荒预警系统网站。Senay 等（2020）对该产品的评估显示，该产品的蒸散发距平百分比（蒸散发与相应的中位数之比）在干旱监测方面表现良好。但对于需要绝对量级的水量平衡研究，可能需要应用局部偏差校正程序予以校正。

2. SEBS 蒸散发数据产品

基于 SEBS 模型的全球逐日/逐月地表蒸散发数据产品：该产品主要采用 Chen 等（2019）和 Chen 等（2013）最新修订的地表能量平衡系统（surface energy balance system, SEBS）算法，输入 MODIS 地表温度、归一化植被指数、全球森林高度、GlobAlbedo 等卫星数据，得到 2000～2017 年 5km 空间分辨率的全球陆表每天和每月的蒸散发量。该数据共享于国家青藏高原科学数据中心（TPDC）平台（Chen et al., 2021）。

基于 SEBS 模型的中国逐月地表能量和水通量数据产品：Chen 等（2014）基于 SEBS 算法，利用 MODIS 反演的地表温度、植被指数和气象强迫数据，以 0.1° 的空间分辨率生成 2001～2010 年每月的地表能量和水通量，且在中国 11 个通量塔站点上对该产品进行了观测结果验证。估算的潜热通量（蒸散发）的表现与站点的植被类型和所处区域的气候条件密切相关。需要注意的是，该产品仅公布在谷歌个人网盘里，需要申请获取。

青藏高原月平均 SEBS 地表蒸散发产品：该产品主要以 MODIS 卫星遥感数据和 CMFD 再分析气象数据作为输入，利用 SEBS 模型计算得到。该数据产品包含 2001～2018 年青藏高原月平均地表实际蒸散发量，空间分辨率为 0.1°，并发布在 TPDC（韩存博等，2020）。该数据产品在计算湍流通量的过程中引入了次网格地形拖曳参数化方案，提高了对地表感热通量和潜热通量的模拟，可用于研究青藏高原陆气相互作用和水循环特征（Han et al.，2021）。

3. SEBAL 蒸散发数据产品

SEBAL 中国蒸散发数据产品：采用陆地表面能量平衡算法和 MOD43A1 日地表反照率、MOD11A1 日地表温度、MOD13 植被指数、全球模拟和同化办公室（GMAO）气象数据等多源遥感数据生成，表征了 2001~2018 年中国植被日蒸散发（Cheng et al.，2021）。该产品的空间分辨率为 1km，时间分辨率为 1 天，于 2020 年发布在欧盟委员会资助的数据开放获取平台 Zenodo（Cheng，2020，2021）。产品作者 Cheng 利用 8 个通量塔观测数据和水平衡法分别进行点尺度和流域尺度的验证，相关系数 R 值分别为 0.79 和 0.98，该结果表明产品具有较好的性能。

4. 3T 蒸散发数据产品

基于三温（3T）模型的全球蒸散发数据产品：全球 3T_ET 产品采用基于地表能量平衡残差法的三温模型，使用 3 h 时间分辨率和 0.25° 空间分辨率的全球陆面数据同化系统（GLDAS）数据集（包括净辐射、地表温度和空气温度）和三温模型作为输入，不需要阻力和参数校准（Yu et al.，2022）。该产品提供了 2001~2020 年的逐日和逐月数据，并发布在由中国科学院计算机网络信息中心建设和运营的科学数据库 ScienceDB（熊育久等，2022）。该产品与通量站每日和每月的观测结果，以及流域尺度的水平衡观测结果进行了验证，且与其他常见 ET 产品（MOD16、P-LSH、PML、GLEAM、GLDAS 和 FLUXCOM）的表现具有可比性。需要注意的是，尽管 3T 模型分别计算植被蒸腾量和土壤蒸发量，但该产品仅包含陆地蒸散发总量。

5.1.2　基于 P-M 公式的遥感蒸散发数据产品

典型的基于 P-M 公式的遥感蒸散发数据产品如表 5-2 所示。

表 5-2　典型的基于 P-M 公式的遥感蒸散发数据产品

产品简称	空间范围	空间分辨率	时间分辨率	时间范围	获取方式	参考文献
MOD16A2	全球	500m	8 天	2001 年至今	https://doi.org/10.5067/MODIS/MOD16A2.061	Running et al.，2021
MOD16-STM	青藏高原	0.01°、0.05°	逐月	1982~2018 年	https://doi.org/10.11922/sciencedb.00020	Yuan et al.，2021
PML-V1	全球	0.5°	逐月	1981~2012 年	https://doi.org/10.4225/08/5719A5C48DB85	Zhang et al.，2016a
PML-V2	全球	500m、0.05°	8 天	2000~2020 年	https://doi.org/10.11888/Geogra.tpdc.270251	Zhang et al.，2019
	中国	500m	逐日	2000~2020 年	https://doi.org/10.11888/Terre.tpdc.272389	He et al.，2022
ETMonitor	全球	1km	逐日	2000~2019 年	https://doi.org/10.12237/casearth.6253cddc819aec49731a4bc2	郑超磊等，2022b
	全球	1km	逐月	2000~2019 年	https://doi.org/10.11888/RemoteSen.tpdc.272831	郑超磊等，2022a
ETWatch	黑河流域	1km	逐月	2000~2013 年	https://doi.org/10.11888/Hydro.tpdc.270884	Wu et al.，2020

1. MOD16 蒸散发数据产品

Terra 中分辨率成像光谱仪（MODIS）MOD16A2 蒸散发/潜热通量数据产品：是一套空间分辨率为 500m、时间分辨率为 8 天的全球数据产品（Running et al.，2021）。MOD16 系列产品的算法以 P-M 公式为基础，输入包括逐日气象再分析数据以及 MODIS 遥感数据产品，如反照率和土地覆盖等。MOD16A2 产品提供了从 2001 年至今的蒸散发总量、潜热通量、潜在蒸散发、潜在潜热通量以及质量控制层。两个蒸散发层的像素值是复合期内所有 8 天的总和，两个潜热通量层的像素数值是复合期中所有 8 天的平均值，但每年的最后一个合成期为 5 天或 6 天的综合期。该产品不仅在美国地质调查局（USGS）官网上提供多种下载方式，也发布在谷歌地球引擎（Google Earth Engine，GEE）云平台上以实现在线预览和计算。

基于 MOD16-STM 模型的青藏高原逐月蒸散发数据产品：该产品基于修改的 MOD16 算法（MOD16-STM），以土壤性质、气象条件和遥感作为输入数据生产土壤蒸发、植被冠层蒸腾、冠层水分截留三分量和蒸散发总量（Yuan et al.，2021）。该逐月产品的时间跨度为 1982～2018 年，以 0.01° 和 0.05° 两种空间分辨率发布在 ScienceDB（Ma Y et al.，2021）。产品作者将该产品与 9 个通量塔的测量结果比较，发现相关性良好，均方根误差和平均偏差低。

2. PML-V1 蒸散发数据产品

全球 PML-V1 陆地蒸散发与总初级生产力数据产品：Leuning 等（2008）开发的 Penman-Monteith-Leuning（P-M-L）模型，是在 P-M 公式的基础上，通过引入简单的表面导度生物物理模型和遥感叶面积指数输入数据，计算千米空间分辨率下的日平均蒸散发及其组分（植被蒸腾、土壤蒸发和冠层截留蒸发）的诊断模型。Zhang 等（2016a）利用 P-M-L 模型，并选取 Princeton global forcing（PGF）和 WATCH forcing data ERA-Interim（WFDEI）作为气候驱动输入数据，来自波士顿大学数据集的叶面积指数数据与全球陆地表面卫星（GLASS）数据集的发射率和反照率数据作为植被驱动输入数据，以及来自国际地圈−生物圈计划（IGBP）的静态土地覆盖输入数据，模拟了 1981～2012 年逐日的 ET 及其组分。而后，该产品从站点到全球范围内进行了综合评估，包括流域降水量和径流数据、涡流相关通量塔数据、卫星衍生的土壤水分、蒸散发拆分组分的野外实验、森林的年均冠层截留和降水之比、极端气候下的土壤蒸发和模型相互比较。该数据产品包含 1981～2012 年全球每月 0.5° 空间分辨率的实际蒸散发，发布于澳大利亚联邦科学与工业研究组织（CSIRO）数据访问门户（Zhang et al.，2016a）。

3. PML-V2 蒸散发数据产品

全球 PML-V2 陆地蒸散发与总初级生产力数据产品：在 PML 模型的基础上，依据气孔导度理论，耦合植被光合过程，分出不同的植被类型，在全球 95 个涡度相关通量站率定参数，其后根据 MODIS MCD12Q2.006 IGBP 分类，将参数移植至全球，采用 GLDAS-2.1 气象驱动数据和 MODIS 叶面积指数、反射率、发射率为输入，最终得到植被总初级生产力（GPP）、植被蒸腾、土壤蒸发、冠层截留蒸发和水体蒸发、冰雪升华产品（Zhang et al.，2019）。该产品提供两种获取方法：在 GEE 云平台使用代码下载及在线云计算 8 天时间分辨率、500m 空间分辨率、时间跨度为 2000～2020 年的 PML-V2 全球产品，或在 TPDC 平台以 FTP 的形式直接下载 8 天与 0.05°时空分辨率、时间跨度为 2002～2019 年的全球产品（张永强，2020）。

中国区域水碳耦合的陆地蒸散发与总初级生产力数据产品 PML-V2：基于 PML-V2 模型，相较于全球版本的 8 天分辨率，中国区域新产品的时间分辨率升至每日；观测数据来自中国 26 个涡动通量站，涵盖包括植被稀疏的荒漠在内的 9 种植被功能型，用于模型的参数校准；气象驱动数据主要使用 0.1°的中国区域气象要素驱动数据（CMFD）；使用 ERA5 陆地的地表温度取代空气温度作为输入，用于计算输出长波辐射；将改进的 Whittaker 滤波的 MODIS 叶面积指数作为模型输入。产品同样包括 GPP、植被蒸腾、冠层截留蒸发、土壤蒸发和水体冰雪蒸发（He S et al.，2022）。产品的时间分辨率为 1 天、空间分辨率为 500m，时间跨度为 2000～2020 年。新产品在监测作物耗水量和揭示种植制度特征方面提供了新的见解（张永强和何韶阳，2022）。

4. ETMonitor 蒸散发数据产品

ETMonitor 全球 1km 分辨率逐日/逐月地表实际蒸散发数据产品：该产品基于多参数化、适用于不同土地覆盖类型的地表蒸散发遥感估算模型 ETMonitor 计算得到。输入数据包括 GLASS 产品（叶面积指数、植被覆盖度和反照率）、MODIS 产品（地表覆盖、积雪覆盖）、动态地表水体覆盖、ESA CCI 土壤水分、GPM 降水等，以及欧洲中期天气预报中心（ECMWF）的 ERA5 全球大气再分析数据等。ETMonitor 模型主要基于 Shuttleworth-Wallace 双层模型和改进的降雨截留模型 RS-Gash，并单独考虑了水体蒸发和冰雪升华。Zheng 等（2022）利用 ETMonitor 模型在日尺度上估算 2000～2019 年 1km 空间分辨率像元尺度的植被蒸腾、土壤蒸发、冠层降水截留蒸发、水面蒸发和冰雪升华，并对各分量求和获得逐像元逐日蒸散发量。该产品与 FLUXNET 等地面观测数据的一致性较好。逐日数据产品发布在地球大数据科学工程平台 CASEarth（郑超磊等，2022b），逐日产品累积求和运算得到的逐月蒸散发产品发布于 TPDC（郑超磊等，2022a）。

5. ETWatch 蒸散发数据产品

基于 ETWatch 模型的黑河流域蒸散发数据产品：ETWatch 系统是区域地表蒸散发估算的集成系统，包括净辐射、土壤热通量、感热通量、空气动力学粗糙度、边界层等若干个子模型。该系统利用多源遥感数据计算得到天气晴朗日卫星过境时的感热通量，再使用能量平衡公式和余项法计算得到潜热通量，最终依据蒸发比不变原理计算得到天气晴朗日的蒸散发结果。Wu 等（2020）基于 ETWatch 系统构建了黑河流域 1km 空间分辨率月尺度地表蒸散发产品，并发布在时空三极环境大数据平台（吴炳方，2015）。

5.1.3　基于 P-T 公式的遥感蒸散发数据产品

典型的基于 P-T 公式的遥感蒸散发数据产品如表 5-3 所示。

1. PT-JPL 蒸散发数据产品

PT-JPL 全球蒸散发数据产品：在 P-T 公式的基础上，PT-JPL 模型综合考虑多种生物物理因素的胁迫作用，将潜在蒸散发限定为实际蒸散发，并通过能量分配将实际蒸散发拆分

表 5-3 典型的基于 P-T 公式的遥感蒸散发数据产品

产品简称	空间范围	空间分辨率	时间分辨率	时间范围	获取方式	参考文献
PT-JPL	全球	0.5°	逐月	1986～1995 年	http://josh.yosh.org/	Fisher et al.，2008
	全球	1°		1984～2006 年		Fisher et al.，2008
	全球	36 km		2002～2017 年		Fisher et al.，2008；Purdy et al.，2018
	全球	9 km		2015～2017 年		Purdy et al.，2018
GLEAM	全球	0.25°	逐日	1980～2022 年（GLEAM v3.7a）；2003～2022 年（GLEAM v3.7b）	https://www.gleam.eu/	Miralles et al.，2011；Martens et al.，2017
PEW	全球	0.1°	逐月	1982～2018 年	https://doi.org/10.11888/Terre.tpdc.272874	Fu et al.，2022

为植被蒸腾、冠层截留蒸发和土壤蒸发；基于该模型和逐月 AVHRR 和 ISLSCP-Ⅱ 数据，Fisher 等（2008）生成了 0.5°空间分辨率的逐月全球蒸散发产品（1986～1995 年）和 1°空间分辨率的逐月全球蒸散发产品（1984～2006 年）。随后，Purdy 等（2018）利用 SMAP 土壤湿度提高了全球蒸散量的估算，生成了空间分辨率为 36km、时间分辨率为逐月的全球蒸散发产品（2002～2017 年）和具有更高精度的空间分辨率为 9km、时间分辨率为逐月的全球蒸散发产品（2015～2017 年）。以上产品均共享于 Fisher 的个人网页。

2. GLEAM 蒸散发数据产品

GLEAM 全球蒸散发数据产品：基于 P-T 公式对地表净辐射和近地表空气温度的观测计算潜在蒸发，而后利用微波植被光学深度观测和根区土壤水分估算值构建的胁迫因子将由裸露土壤、高冠层和矮冠层组成的潜在蒸发量转化为实际蒸发量，包括植被蒸腾、裸地蒸发、截留损失、水面蒸发和升华。此外，GLEAM 还提供表层和根区土壤湿度、潜在蒸发量等数据。GLEAM v3 是近期发布的第三代 GLEAM 产品，根据输入的强迫数据和时间覆盖度不同，分为 GLEAM v3.7a 和 GLEAM v3.7b。其中，GLEAM v3.7a 是覆盖 1980～2022 年的基于卫星遥感和再分析数据的全球数据集，而 GLEAM v3.7b 是覆盖 2003～2022 年的基于卫星数据的 20 年全球数据集（Miralles et al.，2011；Martens et al.，2017）。这些产品均以 0.25°的空间分辨率和每日的时间分辨率提供在 GLEAM 数据官网上。

3. PEW 蒸散发数据产品

基于 PEW 模型的全球地表蒸散发产品：Fu 等（2022）开发了一种基于等比例假设建立的水-能平衡蒸散发模型 PEW，其原理是在 P-T 蒸散发算法的基础上，耦合基于等比例假设构造的水热平衡框架。该模型以 ERA5-Land 的气象和土壤含水量变化作为输入数据。该数据产品在全球 106 个涡动相关站点进行验证。结果表明，PEW 模型比原来的 PT-JPL 算法误差更小，且在水资源有限的地区和高冠层截留的地区改进最大。该产品的时间跨度为 1982～2018 年，时间分辨率为逐月，空间分辨率为 0.1°，共享在 TPDC 平台（傅健宇和王卫光，2022）。

5.1.4　地球系统数据同化蒸散发数据产品

典型的地球系统数据同化蒸散发数据产品如表 5-4 所示。

表 5-4　典型的地球系统数据同化蒸散发数据产品

产品简称	空间范围	空间分辨率	时间分辨率	时间范围	获取方式	参考文献
GLDAS	全球	0.25°、1°	3 h、逐月	1948 年至今（GLDAS v2.0）；2000 年至今（GLDAS v2.1）；2003 年至今（GLDAS v2.2）	https://www.earthdata.nasa.gov/	Rodell et al.，2004；Li et al.，2019
ERA5-Land	全球	0.1°	逐小时、逐日、逐月	1950 年至今	https://doi.org/10.24381/cds.e2161bac	Muñoz-Sabater et al.，2021
MERRA-2	全球	0.5°×0.625°	逐小时	1980 年至今	https://gmao.gsfc.nasa.gov/reanalysis/MERRA-2/	Rienecker et al.，2011；Gelaro et al.，2017
JRA-55	全球	1.25°	3 h	1958 年至今	https://jra.kishou.go.jp/JRA-55/index_en.html	Kobayashi et al.，2015

1. GLDAS 陆地同化系统数据产品

全球陆面数据同化系统（GLDAS）数据产品：基于卫星遥感和地面观测，并采用先进的地表建模和数据同化方法生成可用的地表热通量和地表状态变量。该产品提供的蒸散发分为植被蒸腾、冠层截留蒸发、裸土蒸发、水域蒸发和雪体蒸发。该产品可用于广泛的研究领域以评估区域和全球范围的水文状况（Rodell et al.，2004）。GLDAS 使用了不同的陆面模式（land surface model，LSM），包括 Mosaic、Noah、CLM 和 VIC 模型生成产品，其中只有 Noah 模型的估算结果一直在更新。GLDAS v2 包括三个数据集，分别是 GLDAS v2.0、GLDAS v2.1 和 GLDAS v2.2。三个数据集都提供多种空间分辨率（0.25°×0.25° 和 1°×1°）和多种时间分辨率（3 h 和逐月）的产品。由于输入数据的不同，GLDAS v2.0 的模拟从 1948 年开始，GLDAS v2.1 的模拟从 2000 年开始，GLDAS v2.2 的模拟从 2003 年开始。使用者可在美国航空航天局（NASA）戈达德地球科学数据与信息服务中心（GES DISC）或 GEE 云平台下载（Rodell et al.，2004；Li et al.，2019）。

2. ERA5-Land 再分析数据产品

ERA5-Land 全球再分析数据产品：欧洲中期天气预报中心（ECMWF）使用最新版本的地球系统模式和数据同化技术，生产了包括蒸散发在内的 50 种描述地表水循环和能量循环的变量。该产品的空间分辨率为 0.1°，时间分辨率为逐小时，覆盖 1950 年至今实时时段。该产品提供的蒸散发分为植被蒸腾、冠层截留蒸发、裸土蒸发、水域蒸发和雪体蒸发。各变量逐小时，以及整合的逐日、逐月产品均发布于哥白尼气候数据存储（CDS）和 GEE 云平台（Muñoz-Sabater et al.，2021）。

3. MERRA-2 再分析数据产品

MERRA-2 再分析数据产品：该产品是 NASA 全球模拟和同化办公室（GMAO）生产的最新现代卫星大气再分析产品 MERRA-2。该产品同化了其前身 MERRA 所不具备的观测类型，并对戈达德地球观测系统（GEOS）模式和分析方案进行更新（Rienecker et al.，

2011；Gelaro et al.，2017）。该产品涵盖了 1980 年至今的逐小时、0.5°×0.625°空间分辨率的全球陆地蒸散发。其蒸散发由四个部分组成：土壤蒸发、冰雪升华、截留蒸发、植被蒸腾。该产品可通过 NASA GES DISC 或 GEE 云平台在线获取。

4. JRA-55 再分析数据产品

JRA-55 再分析数据产品：该产品是日本气象厅（JMA）发布的全球大气再分析资料（Kobayashi et al.，2015），初次发布时提供了 1958 年以来 55 年的数据，因而被称为 JRA-55。可在 JRA-55 官网获取该数据集，其提供的蒸散发数据产品的空间分辨率和时间分辨率分别为 1.25°和 3 h。

5.1.5 基于蒸散发互补关系的蒸散发数据产品

基于蒸散发互补关系的蒸散发数据产品如表 5-5 所示。

表 5-5 基于蒸散发互补关系的蒸散发数据产品

产品简称	空间范围	空间分辨率	时间分辨率	时间范围	获取方式	参考文献
CR	全球	0.25°	逐月	1982～2016 年	https://doi.org/10.6084/m9.figshare.13634552	Ma N et al.，2021
	全球	0.25°	逐月	2000～2022 年	https://cstr.cn/CSTR:11738.11.NCDC.ET.DB4024.2023	Ma N et al.，2021
	中国	0.1°	逐月	1982～2017 年	https://doi.org/10.11888/AtmosPhys.tpe.249493.file	Ma et al.，2019

基于蒸散发互补关系的全球地表蒸散发数据产品：该产品利用无须校准的非线性互补关系（CR）模型，并将主要来自 ERA5 的常规气象强迫（空气和露点温度、风速和净辐射）作为输入数据，从而估算 1982～2016 年全球 ET。产品共享在知识数据库 Figshare 上，其空间分辨率和时间分辨率分别为 0.25°和逐月（Ma，2021）。该产品在全球 129 个 FLUXNET 涡动相关站点（月尺度观测值）和 52 个流域（年尺度的水量平衡蒸散发值）进行验证，且与其他 12 种广泛使用的全球 ET 产品比较。研究结果表明，CR 产品估测精度高，且具有很强的竞争力（Ma N et al.，2021）。由于这种 CR 模型既不需要校准也不需要降水输入（海岸沙漠除外，用于后续的 ET 订正）以及植被或土壤数据，因此可以将其加入复杂的水文或气候模型中，从而便于进行大尺度的水文和气候模拟。

基于蒸散发互补关系的中国地表蒸散发数据产品：产品使用 CR 模型，以 CMFD 向下短波辐射、向下长波辐射、气温、气压、GLASS 地表发射率、反照率、ERA5-Land 地表温度、空气湿度和美国国家环境预报中心（NCEP）散射辐射率等作为输入。该数据产品的时间跨度为 1982～2017 年，时间分辨率和空间分辨率分别为逐月和 0.1°。该数据产品在中国十大流域和 13 个涡动相关通量站进行了验证（Ma et al.，2019），随后被共享在 TPDC 平台（马宁等，2019）。

5.1.6 基于机器学习的蒸散发数据产品

典型的基于机器学习的蒸散发数据产品如表 5-6 所示。

表 5-6   典型的基于机器学习的蒸散发数据产品

产品简称	空间范围	空间分辨率	时间分辨率	时间范围	获取方式	参考文献
FLUXNET-MTE	全球	0.5°	逐月	1982~2008 年	当前已无法获取	Jung et al.，2011
FLUXCOM	全球	0.5°、0.0833°	逐月	2001~2015 年	https://www.bgc-jena.mpg.de/geodb/projects/Home.php	Jung et al.，2019
		0.5°、0.0833°	逐日、8 天	2001~2015 年	邮件联系作者	Jung et al.，2019

1）FLUXNET-MTE 蒸散发数据产品

FLUXNET-MTE 蒸散发数据产品：Jung 等（2011）使用模型树集成（model tree ensembles）的机器学习方法，训练遥感和气象数据，从而预测 FLUXNET 站点上月尺度的碳、水和能量通量，最终扩展至全球生成 1982~2008 年的 0.5°空间分辨率、逐月时间分辨率的全球通量场。该数据集包括总初级生产力、陆地生态系统呼吸、净生态系统交换、潜热（蒸散发）和感热数据产品。FLUXNET-MTE 数据集可视为 FLUXCOM 数据集的前身。

2）FLUXCOM 蒸散发数据产品

FLUXCOM 蒸散发数据产品：Jung 等（2019）使用机器学习将 FLUXNET 涡度相关塔的能量通量测量与遥感和气象数据进行融合，以估计全球网格化的净辐射、潜热和感热及其不确定性。最终得到的 FLUXCOM 数据库包含两种设置下的 147 个数据集：①使用 MODIS 全球遥感数据和 9 种机器学习模型的 63 个 0.0833°空间分辨率、8 天时间分辨率的数据集；②使用遥感、气象数据和 3 种机器学习模型的 84 个 0.5°空间分辨率、逐日时间分辨率的数据集。以上数据集均包含蒸散发数据产品。使用者可通过马克斯·普朗克生物地球化学研究所数据门户网站获取 2001~2015 年的逐月产品，或以发邮件的方式咨询论文作者获取逐日产品。

5.1.7   不考虑遥感和气象数据的直接融合数据产品

不考虑遥感和气象数据的直接融合数据产品如表 5-7 所示。

表 5-7   不考虑遥感和气象数据的直接融合数据产品

产品简称	空间范围	空间分辨率	时间分辨率	时间范围	获取方式	参考文献
REA ET	全球	0.25°	逐日	1980~2017 年	https://doi.org/10.5281/zenodo.4595941	Lu et al.，2021
ChinaET1km10days	中国	1km	逐旬	2000~2018 年	https://doi.org/10.6084/m9.figshare.12278684.v5	Yin et al.，2021

全球可靠性集合平均（REA）蒸散发数据产品：Lu 等（2021）使用变异系数选取具有高一致性的融合区域，并基于可靠性集合平均法融合 ERA5、MERRA-2 和 GLDAS2-Noah 这三种广泛使用的基于模型的蒸散发数据集，生成了一套时间跨度为 1980~2017 年、空间分辨率为 0.25°的全球逐日蒸散发产品。以 GLEAM3.2a 和通量塔观测数据进行产品验证，结果表明，该融合产品很好地捕捉到不同地区的蒸散发趋势，且在所有植被覆盖情景下表现良好（陆姣等，2021）。

基于高斯过程回归模型的中国陆地蒸散发融合数据产品（ChinaET1km10days）：Yin 等（2021）使用六种机器学习方法（随机森林、支持向量机、高斯过程回归、集成树、一般回归神经网络、贝叶斯模型平均），并依据涡度相关通量塔测量的 10 天平均 ET 值和五种基于 P-M 公式的 ET 模拟值之间的关系，训练出六种机器学习方法对应的六套蒸散发集成产品。涡动相关站点和流域尺度的对比和评估结果表明，高斯过程回归模型的模拟精度最高。因此，最终将高斯过程回归模型的中国陆地蒸散发融合产品发布在数据库 Figshare 上（Yin et al.，2020）。该产品提供了中国 2000~2018 年时间分辨率为逐旬、空间分辨率为 1km 的陆地蒸散发数据。

5.2　PML-V2 蒸散发数据产品详细介绍

5.2.1　PML-V2 全球陆地蒸散发数据产品

1. 模型输入数据及其预处理方法

PML-V2 模型的输入数据包括两部分：气象驱动数据和遥感数据。对于其全球产品，气象输入数据采用 0.25°、3 h 时空分辨率的 GLDAS-2.1 驱动（Rodell et al.，2004），包括降水、气温、水汽压、短波下行辐射、长波下行辐射和风速，大气 CO_2 浓度数据来自美国国家海洋和大气管理局（NOAA）全球平均海洋表面月均数据。为减少粗分辨率输入的影响，采用 GEE 云平台中广泛使用的双线性插值方法（Ershadi et al.，2013），将 0.25°粗分辨率的 GLDAS-2.1 气象驱动数值输入插值到 500m 空间分辨率。该方法有效减少了足迹效应，并为那些受气象输入强烈影响的 GPP 和 ET 的空间模式提供了平滑过渡。生产全球产品所用的遥感数据为 GEE 云平台提供的 MODIS Collection 6 产品，具体包括 LAI、反照率与地表发射率。LAI 数据来自 MCD15A3H.006 产品（Myneni et al.，2015），具有 500 m 的空间分辨率和 4 天的时间分辨率。反照率来自 MCD43A3.006 产品（Schaaf and Wang，2015），具有 500 m 的空间分辨率和每日的时间分辨率。地表发射率数据来自 MOD11A2.006 产品（Wan et al.，2015），具有 500 m 的空间分辨率和 8 天的时间分辨率。为了消除云、阴影、雪等造成的噪声污染，LAI 采用了具有动态 lambdas 的加权 Whittaker 平滑器进行平滑处理，而不是恒定 lambdas。改进后的 LAI 与采用恒定 lambdas 的平滑方法相比，具有更好的峰值和季节变化的表达能力（Kong et al.，2022）。与 LAI 相比，反照率和地表发射率数据使用最高效的方法进行缺失值填充，即采用 8 天的窗口（前四个 8 天周期和后四个 8 天周期）从最近的优质点进行线性插值。在没有足够的优质点进行插值的情况下，缺失值优先选取历史 8 天平均值，如果 8 天平均值不可用，则取历史月平均值。逐年的土地覆盖类型由 NASA 数据中心提供。其中，基于 IGBP 分类的 MCD12Q1 第 6 版使用 Friedl 等的全球土地覆盖算法生成（Friedl et al.，2002，2010）。为了保持输入数据时间分辨率和空间分辨率的一致性，除土地覆盖类型数据外，其他所有 MODIS 和气象驱动数据均以 8 天为时间步长进行计算（适当地进行聚合和平均）。气象驱动数据还使用最近邻方法重采样为 500m 的空间分辨率。全球驱动数据处理和 PML-V2 建模过程的流程示意图如图 5-1 所示。

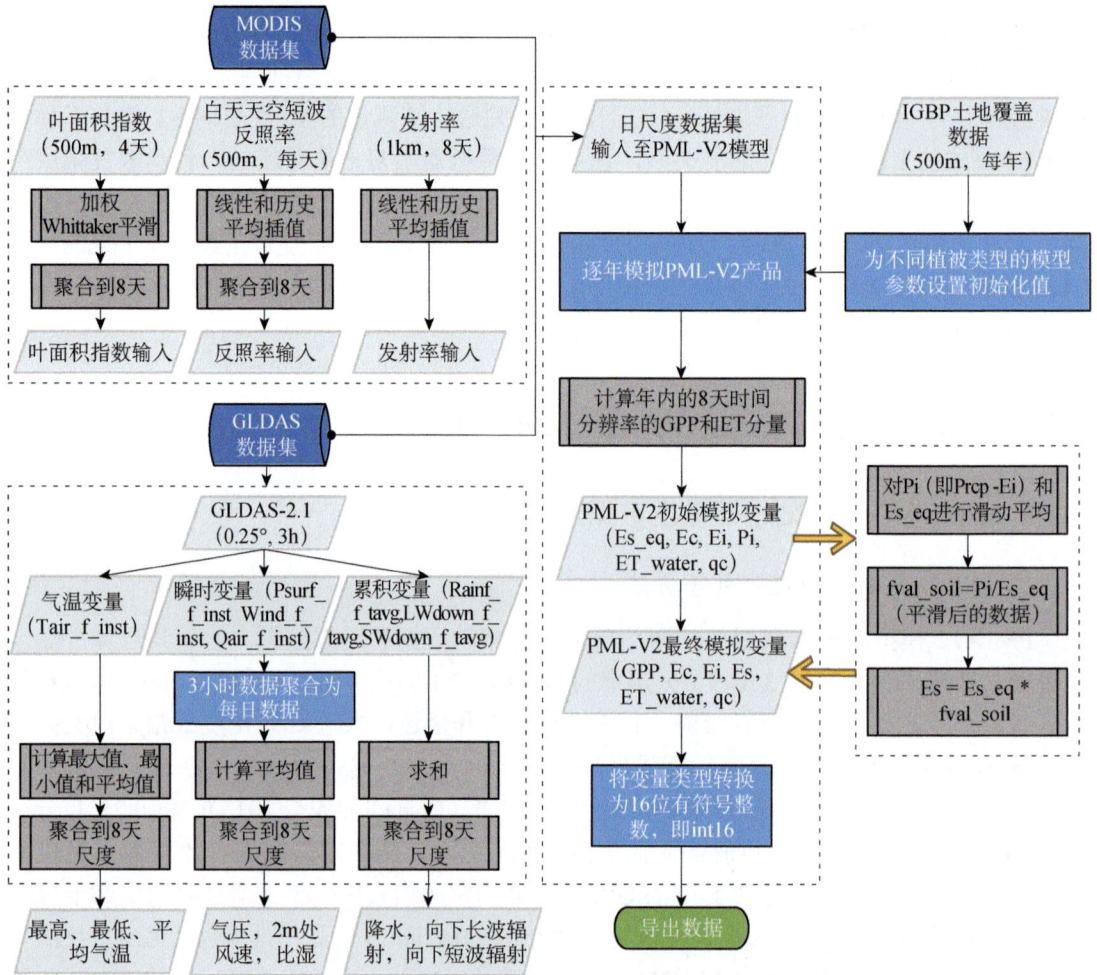

图 5-1 全球驱动数据处理和 PML-V2 建模过程的流程示意图

在 GLDAS-2.1 数据集中，Tair_f_inst 是其气温瞬时变量名称，Psurf_f_inst、Wind_f_inst 和 Qair_f_inst 是气压、风速和比湿瞬时变量，Rainf_f_tavg，LWdown_f_tavg 和 SWdown_f_tavg 是降水、向下长波辐射通量和向下短波辐射通量。Es_eq、Ec、Ei、Pi、ET_water 和 qc 是 PML-V2 初始模拟变量，分别表示土壤平衡蒸发、植被蒸腾、冠层截留蒸发、扣除冠层截留后的降水、水体蒸发和数据质量标识。GPP、Ec、Ei、Es、ET_water 和 qc 则是 PML-V2 最终模拟变量，分别表示总初级生产力、植被蒸腾、冠层截留蒸发、土壤蒸发、水体蒸发和数据质量标识。在关键等式中，fval_soil 指土壤蒸发限制因子

PML-V2 模型根据全球通量塔的观测值进行参数率定和验证，最终模拟出全球产品。其所用站点数据的描述，以及率定和验证的方法详见 3.4 节模型的参数化方法。

2. 全球产品发布和使用

8 天时间分辨率、500m 空间分辨率的 PML-V2 全球产品首先发布于 GEE 云平台。使用者在下载该数据产品的同时，也为其提供了空间剪裁和时间聚合等在线云计算功能。当前 GEE 平台已提供了 2000～2020 年的数据。另外，考虑到获取数据的便捷性，此产品也在 TPDC 数据共享平台提供 FTP 的下载方式。该产品的时间分辨率和空间分辨率分别为 8 天和 0.05°，时间跨度为 2002～2019 年（张永强，2020）。

5.2.2　PML-V2 中国陆地蒸散发数据产品

为了在中国做进一步的精细化研究，基于 PML-V2 模型还构建了 2000～2020 年，时间分辨率为逐日、空间分辨率为 500m 的蒸散发和植被总初级生产力耦合数据产品 PML-V2（China），提升了中国区域的水、碳通量的估算能力。该产品的生产步骤如下。

1. 数据源和预处理

气象和遥感资料：气象输入包括比湿、气压、气温、风速、降水量、向下长波辐射、向下短波辐射和地表温度。在该产品中，主要气象数据来自 2000～2018 年的 CMFD（He et al.，2020），其空间分辨率和时间分辨率分别为 0.1°和 3 h。CMFD 数据集是由 5 个遥感或再分析数据集和 753 个中国气象台站融合而成，在大多数可用的气象数据集的比较中显示出最好的精度，并被广泛应用于中国的水文和地表建模（Zhang et al.，2020；Wang S et al.，2020）。由于 CMFD 没有提供 2019～2020 年的数据，因此这期间的模型气象驱动采用经 CMFD 偏差校正的 GLDAS-2.1 气象强迫数据（Rodell et al.，2004）。地表温度来自 ERA5-Land，空间分辨率和时间分辨率分别为 0.1°和 1 h（Muñoz-Sabater et al.，2021）。上述气象数据首先被聚合到日尺度，然后通过双线性插值方法重新采样到 500m（Zhang et al.，2019）。CO_2 浓度数据来自美国国家海洋和大气管理局。产品所需的遥感数据包括 LAI、反照率、地表发射率以及土地覆盖数据，数据源和处理方法与其全球产品一致。图 5-2 总结了模型输入的遥感数据和气象数据的预处理过程。

涡动相关通量站点的观测数据：来自中国 26 个涡动相关（EC）通量站点和自动气象站（AWSs）的原始观测变量被收集和处理（图 5-3 和表 5-8），用于 PML-V2 模型在中国区域的校准和验证。这些数据来自 FLUXNET2015（Pastorello et al.，2020）、国家青藏高原科学数据中心（Ma et al.，2020）、黑河综合观测网（Liu S et al.，2011，2018）和中国通量观测研究网络（ChinaFLUX）（Yu et al.，2006）。这 26 个站点所在地类包括中国的 9 个主要植被功能型（PFTs），包括 2 个常绿针叶林、1 个常绿阔叶林、1 个混合森林、1 个开放灌丛地、1 个稀树草原、8 个草地、3 个湿地、7 个农田，还有 2 个低植被覆盖的荒漠。观测变量，包括气温、相对湿度、入射短波辐射、潜热通量、感热通量和净生态系统交换（NEE），是从 0.5 h 或 1 h 的间隔收集的，从而为间隙填充和通量分配做准备（Reichstein et al.，2005；Wutzler et al.，2018）。考虑到原始半小时或每小时潜热（LE）和 NEE 通量数据中存在一定的缺失值，采用边际分布采样方法和台站观测到的气温、相对湿度和太阳辐射数据来填补这些缺失；随后，基于呼吸夜间确定方法，将 NEE 划分为生态系统的总初级生产力（GPP）和呼吸（Reichstein et al.，2005）。由于 EC 数据的任何缺口填充都可能带来额外的不确定性，因此只有高质量填充缺失值的百分比不低于 60%的站点年份被用于后续的模型参数率定和产品精度验证。另外，来自 ChinaFLUX（即 CF-CBF、CF-HBG_S01、CF-HBG_W01、CF-NMG、CF-QYF 和 CF-YCA）和 FLUXNET2015（即 CN-Cng、CN-Du2 和 CN-HaM）的站点数据已经被数据作者填补了缺失，因此可以直接使用。尽管许多 EC 站点确实存在能量不平衡，但纠正这一问题也可能带来更多的不确定性（Foken，2008），故直接使用未进行能量闭合校正的 LE。

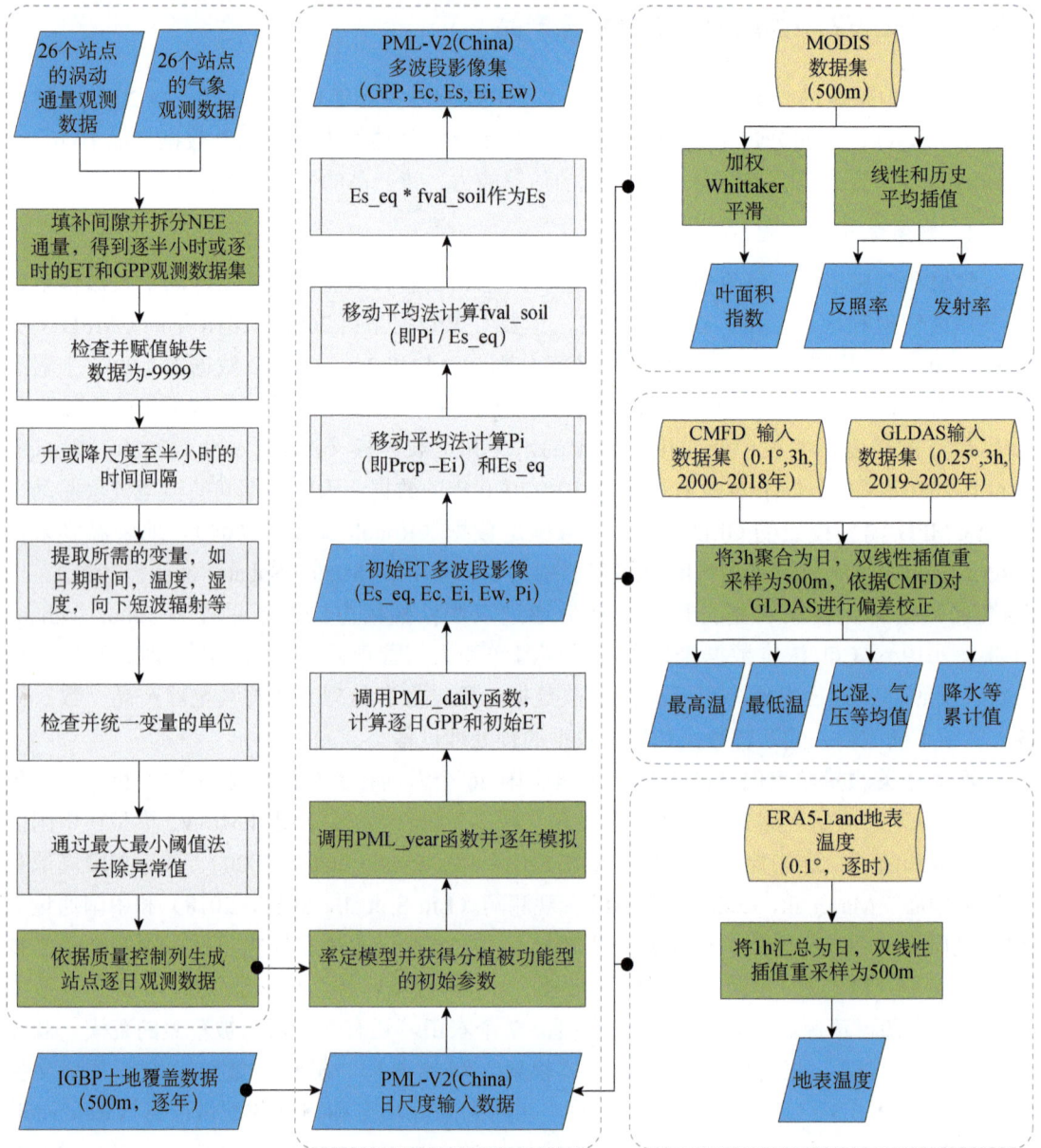

图 5-2 EC 通量和 AWS 数据预处理与 PML-V2 模型处理流程

NEE、ET 和 GPP 分别是净生态系统交换量、蒸散发和总初级生产力。Es_eq、Ec、Ei、Ew 和 Pi 是初始 ET 多波段影像，分别表示土壤平衡蒸发、植被蒸腾、冠层截留蒸发、水体蒸发和扣除冠层截留后的降水。GPP、Ec、Es、Ei 和 Ew 则是模型模拟得到的多波段影像集，分别表示总初级生产力、植被蒸腾、土壤蒸发、冠层截留蒸发和水体蒸发。在模型的关键计算过程中，fval_soil 指土壤蒸发限制因子

　　基于流域尺度水量平衡的蒸散发数据：水量平衡法通常被认为是计算流域尺度陆地蒸散发的一种简单、准确的方法（Liu et al.，2016）。该研究利用水量平衡估算中国十大流域的蒸散量，从流域尺度上对 PML-V2 模型在中国的蒸散发估算值进行了评估。

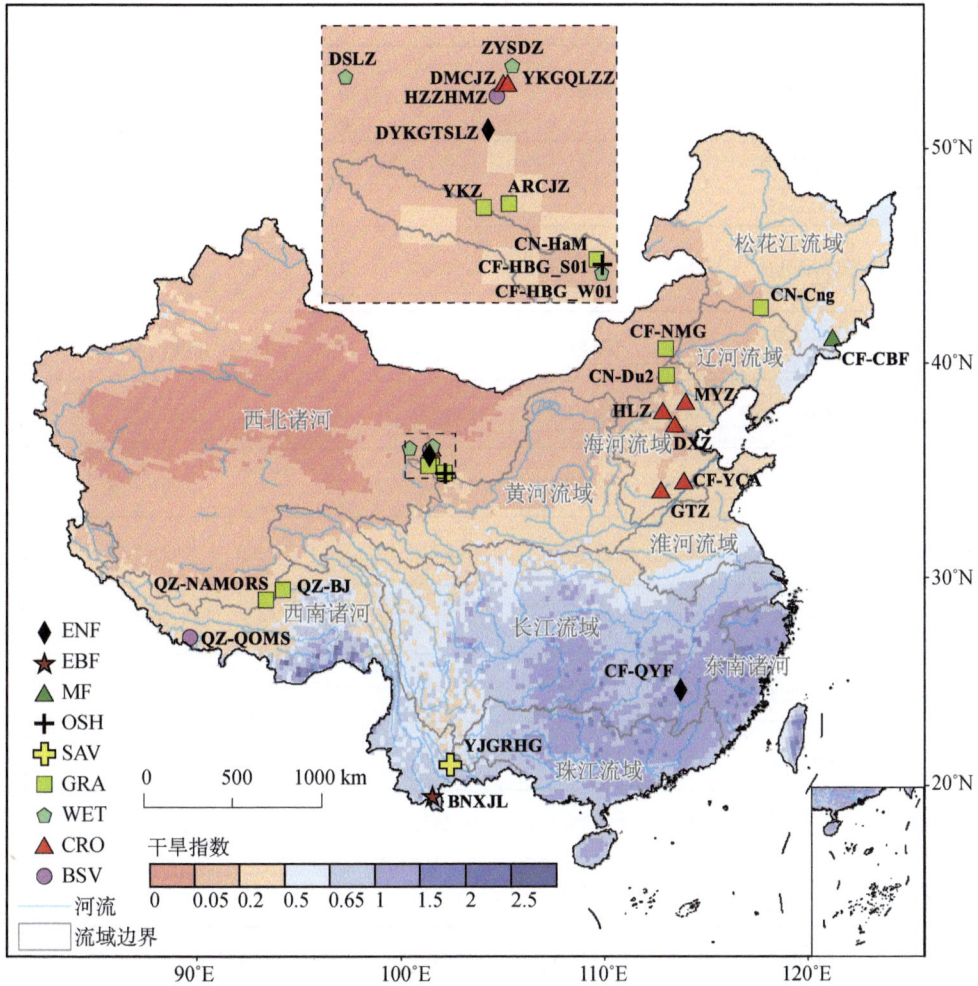

图 5-3　中国覆盖 9 种植被功能型的 26 个 EC 通量塔和十大流域的地理位置

图中不同颜色代表利用 GLDAS-2.1 计算的 2001～2020 年 20 年平均干旱指数（AI）值，即年降水量与彭曼潜在蒸散量的比值。

ENF：常绿针叶林；EBF：常绿阔叶林；MF：混合森林；OSH：开放灌丛地；SAV：稀树草原；GRA：草地；WET：湿地；

CRO：农田；BSV：低植被覆盖的荒漠

表 5-8　中国 26 个 EC 通量站点的详细信息

站点代码	站点名称	植被功能型	纬度/°E	经度/°N	年均降水量/（mm/a）	年均温度/℃	时间跨度	参考文献
ARCJZ	Arou	GRA	38.0473	100.4643	521	−2.7	2013～2017 年	Liu S 等（2018）
BNXJL	Xishuangbanna rubber	EBF	21.9000	101.2667	1765	22.1	2013 年	于辉等（2021）
CF-CBF	ChinaFLUX Changbai forest	MF	42.4025	128.0958	608	4.3	2003～2010 年	吴家兵等（2021）
CF-HBG_S01	ChinaFLUX Haibei grassland	OSH	37.6653	101.3311	610	−5.9	2003～2010 年	张法伟等（2021a）
CF-HBG_W01	ChinaFLUX Haibei wetland	WET	37.6086	101.3269	616	−3.9	2004～2006 年	张法伟等（2021b）

续表

站点代码	站点名称	植被功能型	纬度/°E	经度/°N	年均降水量/（mm/a）	年均温度/℃	时间跨度	参考文献
CF-NMG	ChinaFLUX Neimengu grassland	GRA	43.3233	116.4036	387	1.2	2004 年	郝彦宾等（2021）
CF-QYF	ChinaFLUX Qianyanzhou forest	ENF	26.7414	115.0581	1490	19.3	2004～2006 年	戴晓琴等（2021）
CF-YCA	ChinaFLUX Yucheng	CRO	36.8290	116.5702	602	14.8	2006～2007 年	赵风华等（2021）
CN-Cng	Changling	GRA	44.5934	123.5092	364	6.5	2007～2010 年	Dong 等（2011）
CN-Du2	Duolun_grassland（D01）	GRA	42.0467	116.2836	388	3.0	2006～2008 年	Chen 等（2009）
CN-HaM	Haibei Alpine Tibet site	GRA	37.6975	101.2733	534	−4.0	2002～2004 年	Kato 等（2006）
DMCJZ	Daman	CRO	38.8555	100.3722	163	9.2	2017 年	Liu S 等（2018）
DSLZ	Dashalong	WET	38.8399	98.9406	346	−8.3	2015～2018 年	Liu S 等（2018）
DXZ	Daxing	CRO	39.6213	116.4271	547	12.7	2010 年	Liu 等（2013）
DYKGTSLZ	Dayekouguantan forest	ENF	38.5337	100.2502	228	0.2	2010～2011 年	Li 等（2009）
GTZ	Guantao	CRO	36.5150	115.1274	433	14.0	2008 年	Liu 等（2013）
HLZ	Huailai	CRO	40.3491	115.7880	377	10.2	2014 年	Liu 等（2013）
HZZHMZ	Huazhaizi desert steppe	BSV	38.7659	100.3201	167	8.7	2017 年	Liu S 等（2018）
MYZ	Miyun	CRO	40.6308	117.3233	584	9.0	2008 年	Liu 等（2013）
QZ-BJ	Tibetan Plateau BJ	GRA	31.3688	91.8988	460	0.2	2011～2013 年	Ma 等（2020）
QZ-NAMORS	Tibetan Plateau NAMORS	GRA	30.7730	90.9632	405	−0.3	2008～2009 年	Ma 等（2020）
QZ-QOMS	Tibetan Plateau QOMS	BSV	28.3607	86.9491	199	1.2	2015 年	Ma 等（2020）
YJGRHG	Yuanjiang dry-hot valley	SAV	23.4739	102.1775	876	20.2	2014 年	赵德花等（2021）
YKGQLZZ	Yingke	CRO	38.8569	100.4103	85	8.3	2011 年	Liu S 等（2018）
YKZ	Yakou	GRA	38.0142	100.2421	484	−1.2	2016～2018 年	Liu S 等（2018）
ZYSDZ	Zhangye wetland	WET	38.9751	100.4464	146	8.8	2013～2018 年	Liu S 等（2018）

2. 模型参数率定

模型采用遗传算法（Holland，1992；Konak et al.，2006）率定每种 PFT 下 PML-V2 模型的 11 个参数，具体方法参见本书第 3 章 3.4 节。

3. 验证和性能指标

采用留一交叉验证法评估 PML-V2 模型在中国区域的稳健性。对于每种 PFT，一个"未测量"的观测数据被排除在优化外，而同一 PFT 的其他所有观测数据被用于模型校准，以获得该"未测量"位置的模拟。9 种 PFTs 都以这种方式实现模型验证。除此之外，EBF、MF、OSH 和 SAV 四个 PFTs 只有一个地面站点（表 5-8）。因此，每个站点的数据分为两个子组进行交叉验证。其中，CF-CBF（MF）和 CF-HBG_S01（OSH）的观测数据覆盖 2003～2010 年，这 8 年的数据将分为两个子组。每个子组有 4 年，即分别为 2003～2006 年和 2007～2010 年。而 BNXJL（EBF）和 YJGRHG（SAV）都只覆盖了 1 年，均以两天的时间步长分为两个子组。在此之后，交叉验证模式下的逐日估计值将与 26 个站点的逐日观测值进行对比，以探索模型从已知观测到任何位置的可转移性。

利用四个指标评估了 PML-V2 模型（以及其他七种主流 ET 和 GPP 产品）对观测站点或水量平衡计算的流域蒸散发的性能。这四个指标分别是反映模型模拟能力的纳什效率系数（NSE）、相关系数（R）、均方根误差（RMSE）和偏差（%）。

4. 产品生成和评价

校准后的 PML-V2（China）模型模拟的 ET 和 GPP 首先根据 26 个通量点的 EC 测量值进行了日尺度评估（图 5-4）。总体上，PML-V2（China）模型在估计日 ET 和日 GPP 方面表现出色，NSE（分别为 0.75 和 0.82）、R（分别为 0.88 和 0.90）、RMSE［分别为 0.69mm/d 和 1.71 g C/（m² · d）］和偏差（分别为−5.81%和−2.30%）都证明了这一点。对于各站点的平均值，模拟的日 ET 和日 GPP 表现出较高的 NSE（≥0.87）和 R（≥0.93）值（图 5-4）。

相比于校准模式，PML-V2（China）模型在交叉验证模式下的性能表现略微下降（图 5-4）。对于日 ET，从校准模式到交叉验证模式，NSE 和 R 值分别下降 0.06 和 0.04。在交叉验证模式下，ET 的 RMSE 和偏差分别增加了 0.08mm/d 和 3.5%。对于日 GPP，从校准模式到交叉验证模式，NSE 和 R 值分别降低 0.11 和 0.06；RMSE 和偏差分别增加 0.45 g C/（m² · d）和 1.79%。类似的轻微退化也表现在它们的站点平均值。这些结果表明，PML-V2（China）模型对于估算大区域的日 ET 和日 GPP 具有鲁棒性，适合生成高质量的中国日 ET 和日 GPP 数据。

图 5-5 进一步总结了 9 个 PFTs 中 26 个通量点的 PML-V2（China）模型性能。模型在校准模式下模拟的 ET 和 GPP 估计值与所有陆地生物群系的 EC 观测值高度一致。对于日 ET［图 5-5（a）］，NSE 值的变化范围在 0.36～0.82，R 的变化范围在 0.65～0.93，RMSE 的变化范围在 0.39～0.88mm/d，偏差的变化范围在−10.09%～−0.21%。对于日 GPP［图 5-5（b）］，R 值的变化范围在 0.65～0.96，NSE 的变化范围为 0.4～0.91，RMSE 的变化范围为 0.3～3.19 g C/（m² · d），偏差的变化范围为−10.52%～3.26%。在交叉验证模式下，与校准模式相比，9 个 PFTs 在统计指标上都略有下降。对于日 ET，除 BSV 和 ENF 的 NSE 值分

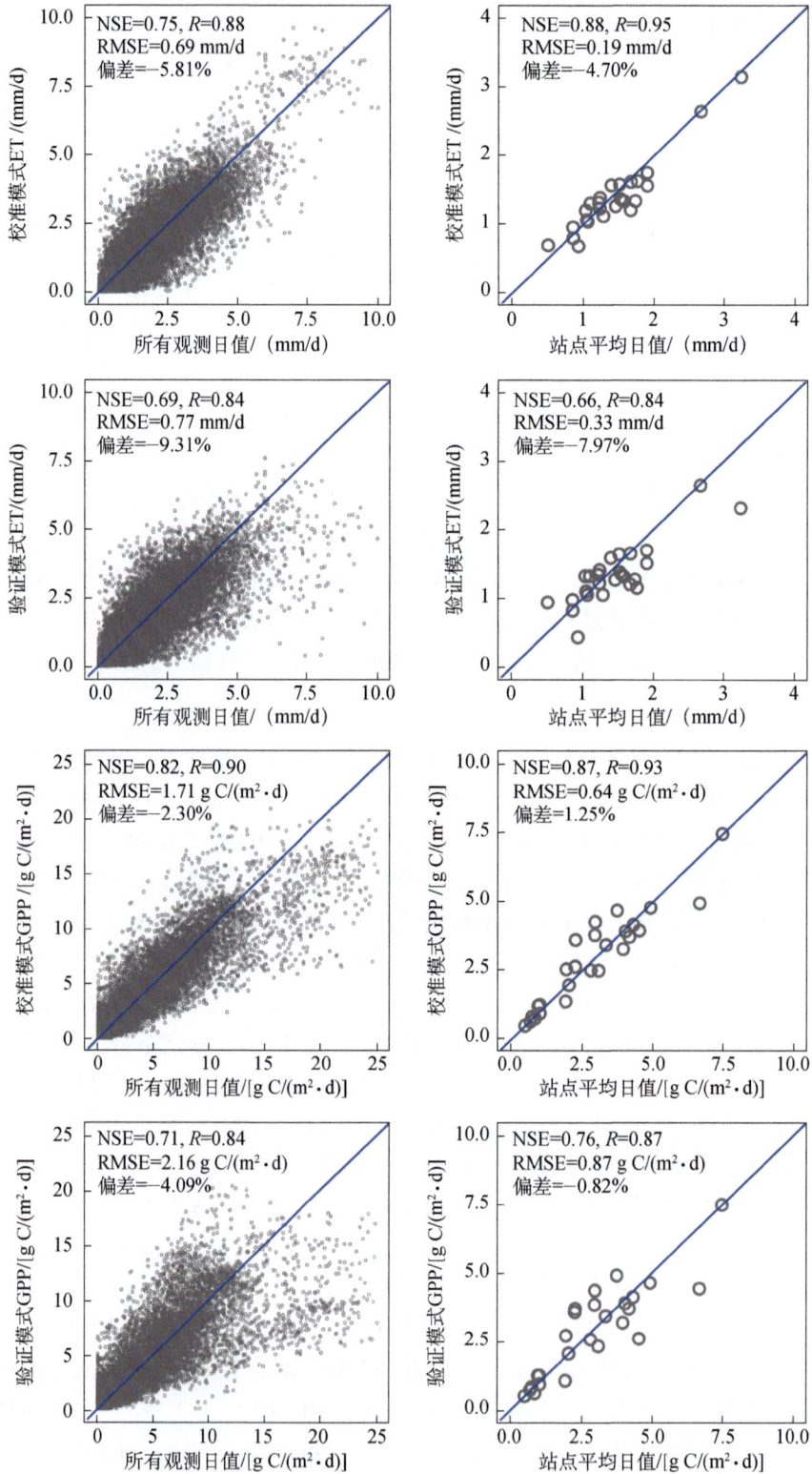

图 5-4 在校准和交叉验证模式下，观测 ET 和 GPP 与 PML-V2（China）模型模拟之间的散点对比

左列散点图为每日模拟结果的比较，右列散点图为站点均值比较

别下降 0.36 和 0.33 外，大多数 PFTs 的 NSE 值下降小于 0.14。R 值变化类似。正如预期的那样，与校准模式下的 RMSE 值相比，所有 PFTs 的 RMSE 值都有所增加（0.002～0.305 mm/d）。除了 WET 和 ENF 的偏差绝对值分别增加了 10.59% 和 17.42% 外，大多数 PFTs 在交叉验证模式下的偏差值与校准模式下的偏差值几乎相同 [图 5-5（a）]。对于日 GPP，除 BSV、GRA 和 WET 的 NSE 下降 0.21～0.32 外，大多数 PFTs 的 NSE 值下降均小于 0.04。同时，各个 PFTs 的 R 值下降幅度均在 0.19 以内。对于 RMSE，除 WET 外，大多数 PFTs 的增加幅度特别小，增加了 1.58 g C/（m^2·d）。除了 GRA 和 WET 的绝对值偏差分别增加了 10.26% 和 11.86% 外，大多数 PFTs 在交叉验证模式下的偏差也与校准模式相似 [图 5-5（b）]。上述 PFTs 试验表明，目前的 PML-V2（China）模型，通过对 26 个 EC 通量站的参数值进行校准，在估计中国不同 PFTs 的 ET 和 GPP 方面的表现确实令人满意。

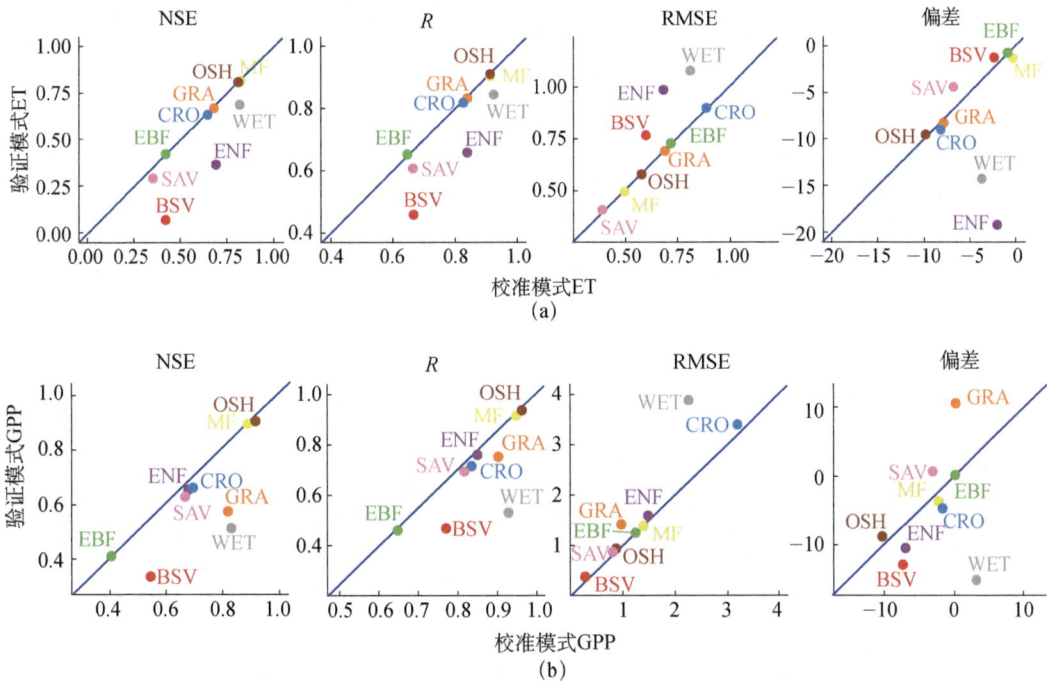

图 5-5　PML-V2（China）模型校准和验证结果在 9 种植被功能型上的对比

为了研究每个 EC 站点的模型性能，还比较了 PML-V2（China）模型在校准模式下与 EC 观测值之间的日 ET 和 GPP 变化（图 5-6 和图 5-7）。总体而言，PML-V2（China）模型的估计值显示出与 EC 观测值相似的振幅和相位，表明它在捕获大多数通量站点的 ET 和 GPP 的季节相位方面表现良好。从图 5-6 中可以看出，除了 CF-YCA、DXZ 和 GTZ 等双季制农田外，大多数通量站点的 PML-V2（China）ET 在每个年周期中都有一个单峰。在大多数站点的峰值区域，观测值波动高于 PML-V2（China）ET。对于站点平均 ET，PML-V2（China）与 EC 观测值的绝对差值在−0.46～0.21mm。其中，QZ-NAMORS（GRA）的差值最小，CN-HaM（GRA）的差值最大。

对于日 GPP，该模型在描述季节变化方面也表现良好。然而，在某些站点（如 DMCJZ），GPP 的年内峰值似乎被低估了。在农田通量站点上，GPP 在一年内也呈现出与 ET 相似的

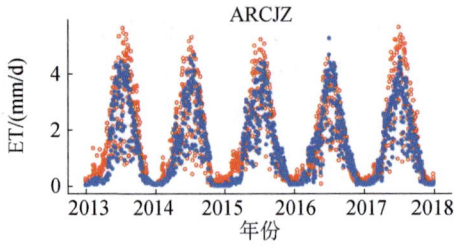

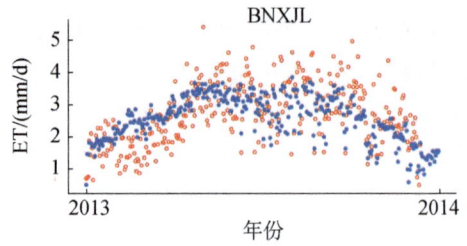

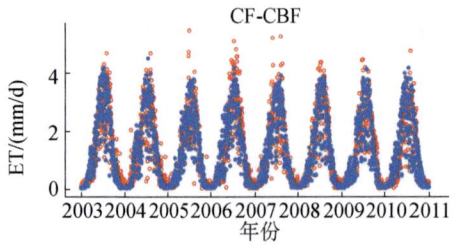

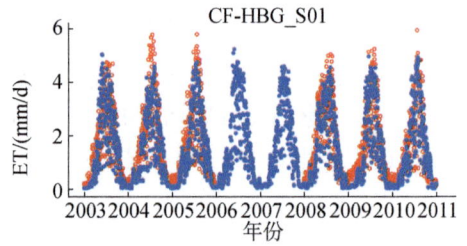

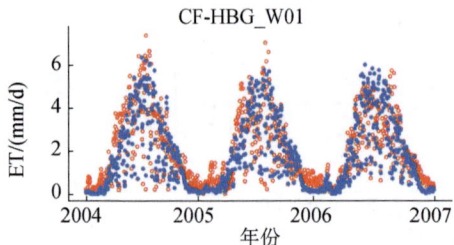

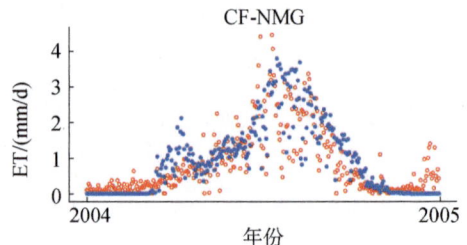

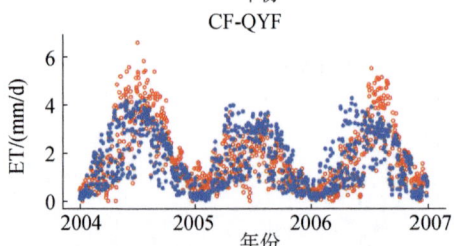

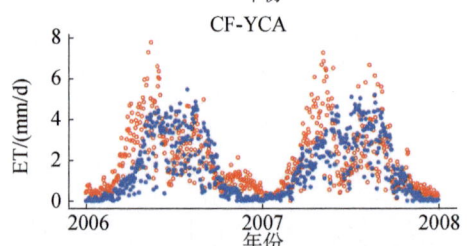

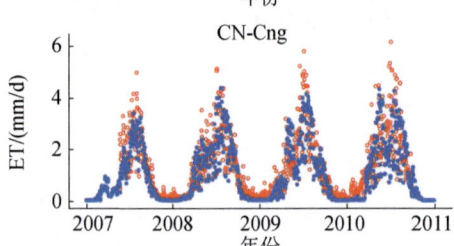

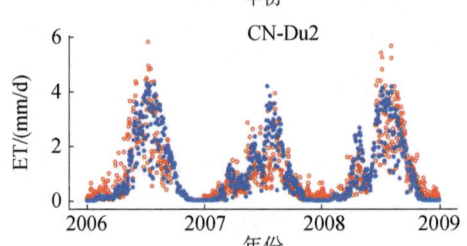

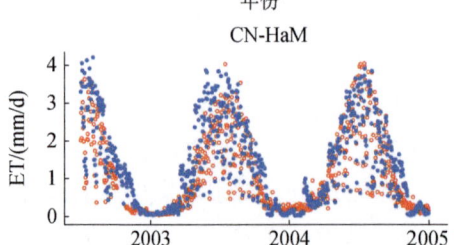

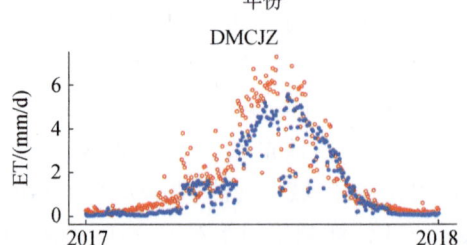

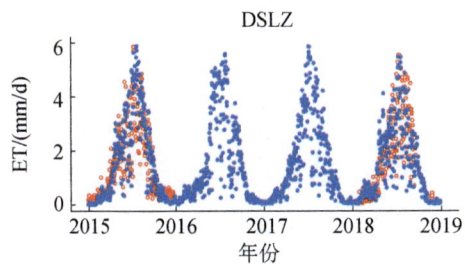

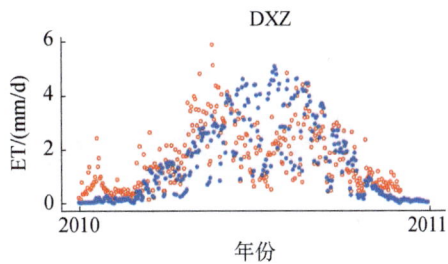

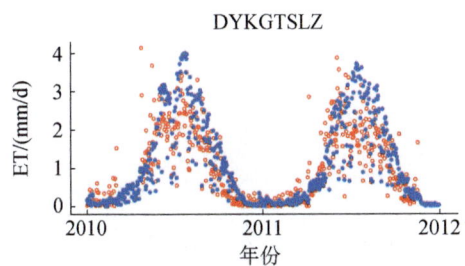

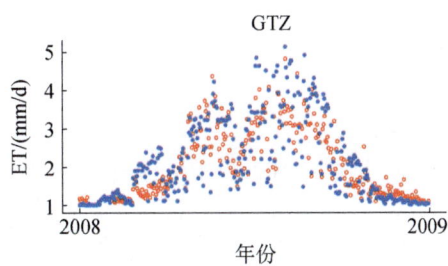

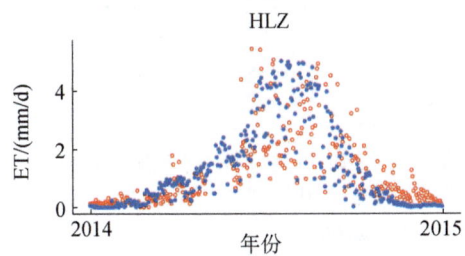

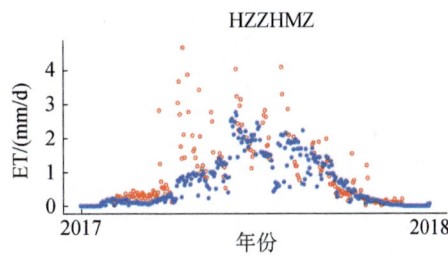

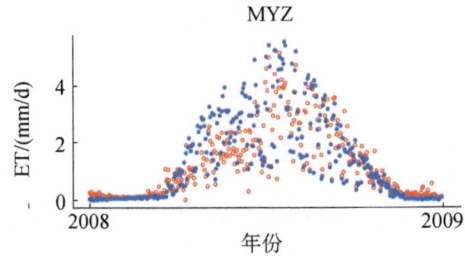

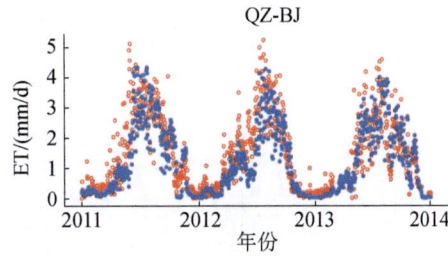

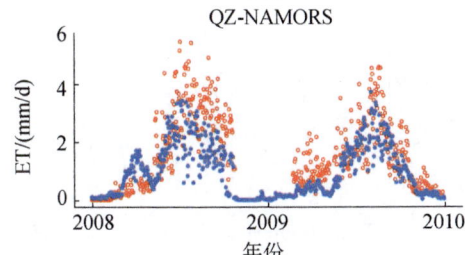

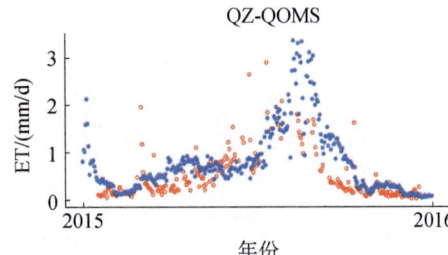

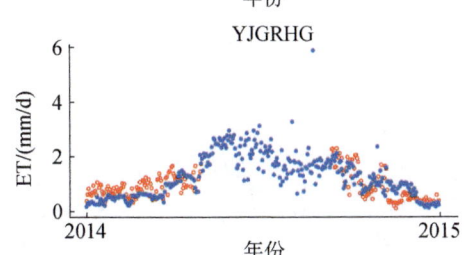

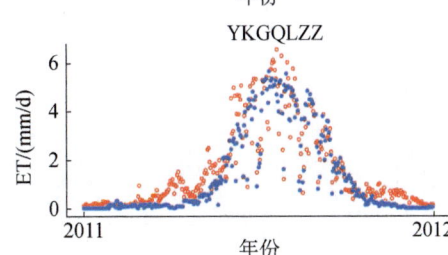

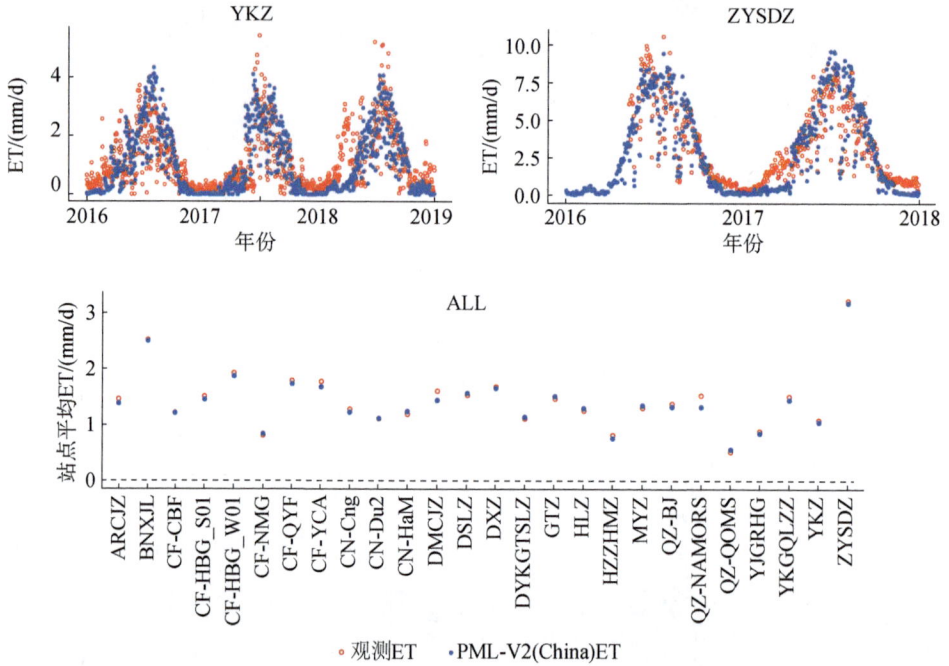

图 5-6   利用 PML-V2（China）模型在率定模式下模拟的中国区域逐日 ET 和中国区域 26 个站点
观测的逐日 ET 在时间序列上的变化

"ALL"表示每个 EC 站点的站点均值

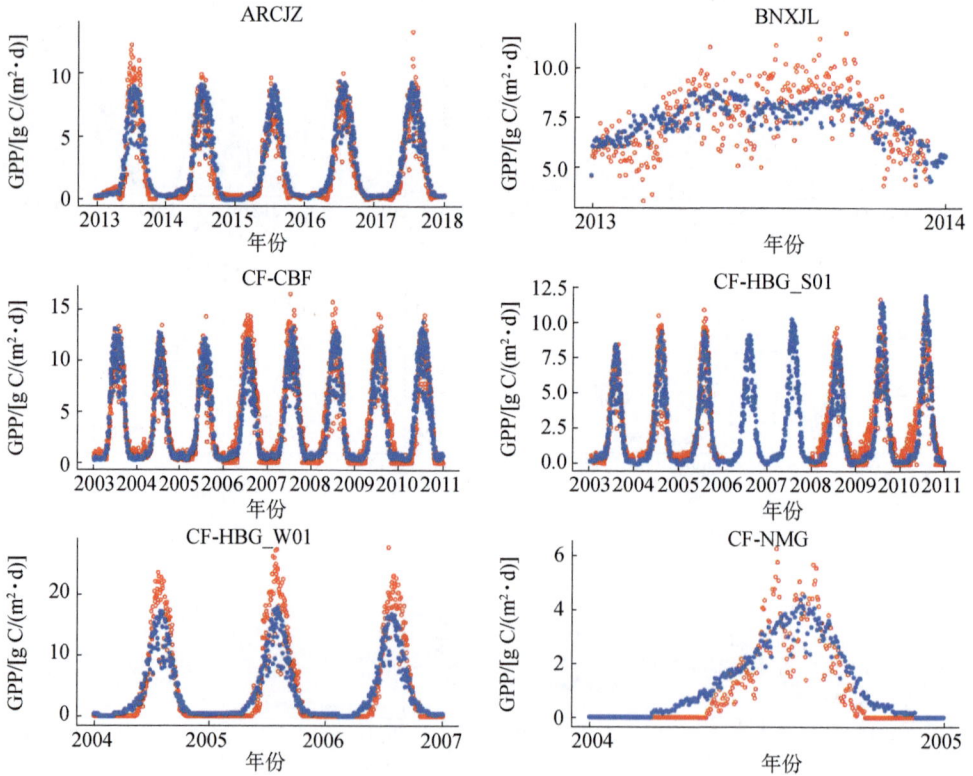

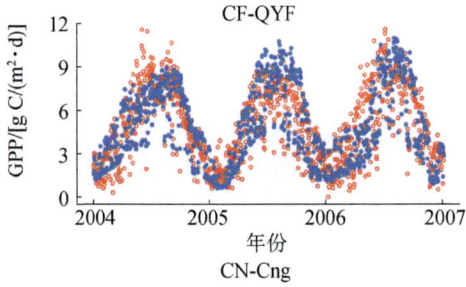

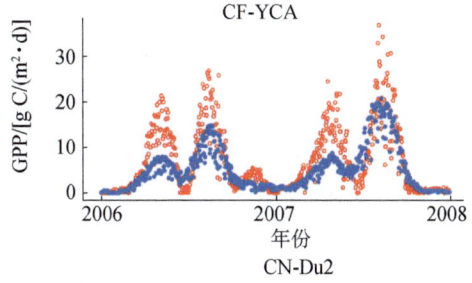

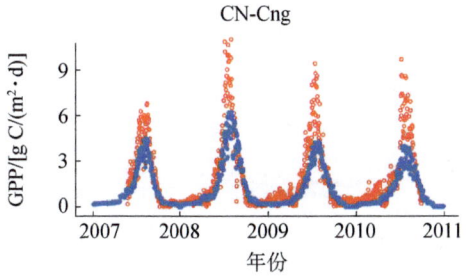

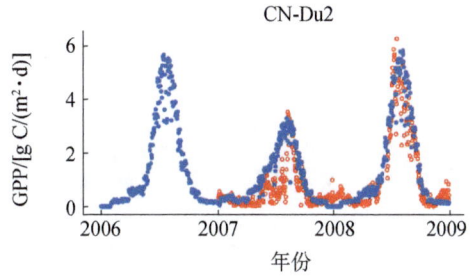

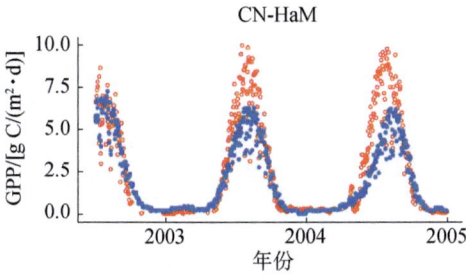

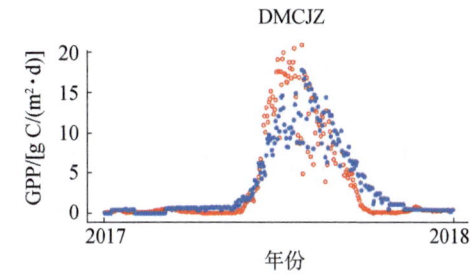

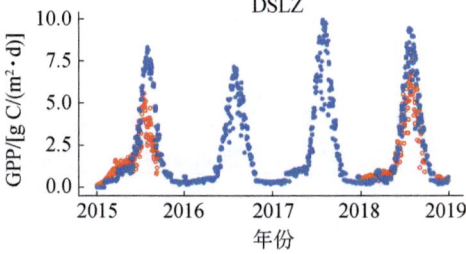

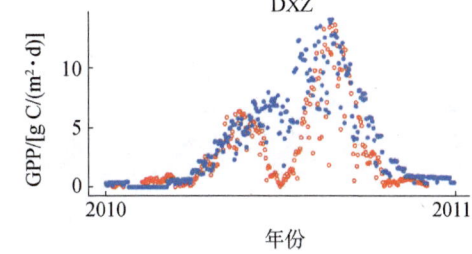

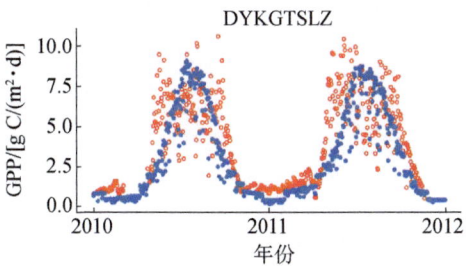

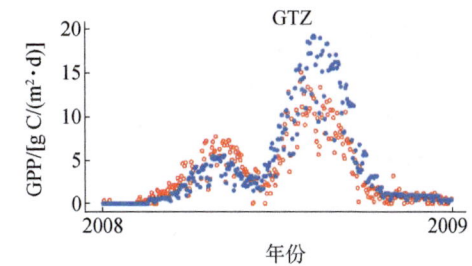

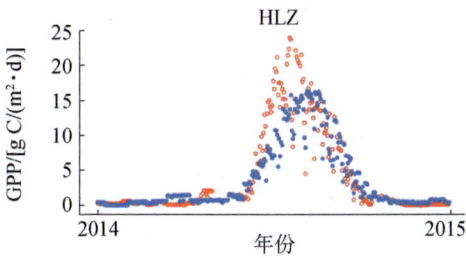

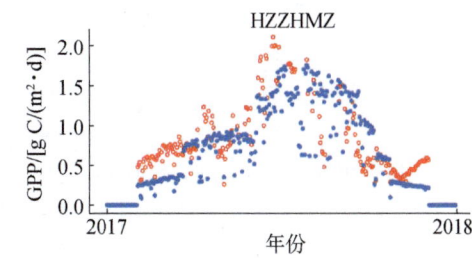

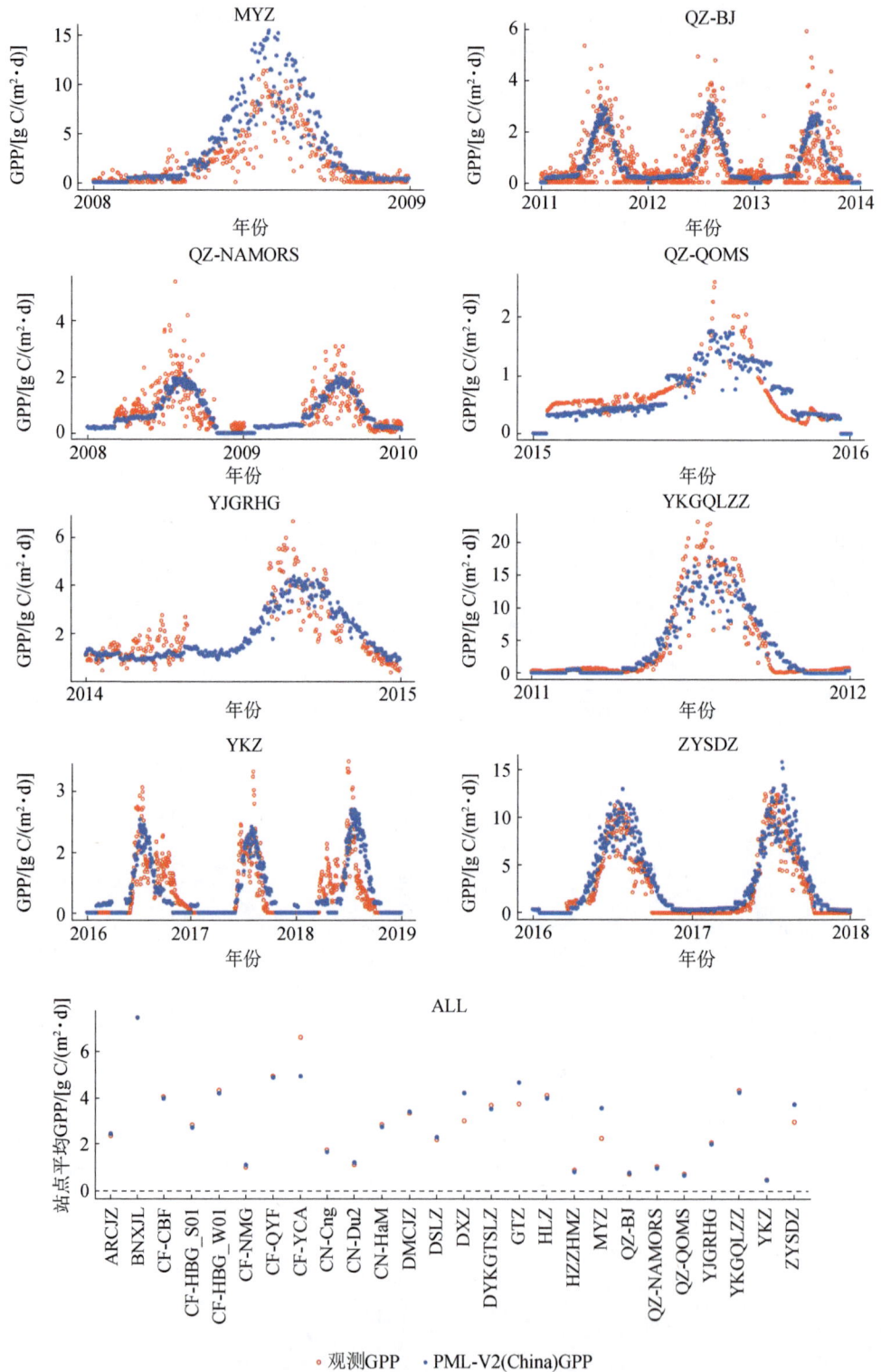

图 5-7 利用 PML-V2（China）模型在率定模式下模拟的中国区域逐日 GPP 和中国区域 26 个站点
观测的逐日 GPP 在时间序列上的变化

"ALL"表示每个 EC 站点的站点均值

双峰现象，这在华北平原的 GTZ、DXZ 和 CF-YCA 通量站点上表现得尤为明显。对于站点平均 GPP，除 CF-YCA、MYZ 和 DXZ 站点的差异超过 1.3 g C/（m² · d）外，大多数通量站点模式与 EC 观测值之间的绝对差异在 −0.66～0.96 g C/（m² · d）。

5. 流域尺度上与当前常用蒸散发产品的对比

除了在站点尺度上对模型进行检验外，图 5-8 给出了 PML-V2（China）模型和其他 4 个基于遥感的 ET 产品与中国十大流域 2003～2013 年的年水量平衡蒸散发（ET_wb）进行对比。其中，PML-V2（China）模型表现出最好的性能，具有最高的 NSE，以及最低的 RMSE 和偏差。紧随其后的是 GLEAM 和全球版 PML-V2 数据产品。而 MOD16A2 和 SEBAL 在大部分流域都倾向于高估 ET。

图 5-8（f）展示了 5 种 ET 产品 2003～2013 年 11 年平均 ET 在中国十大流域的对比结果。PML-V2（China）在除西北和西南流域外的大部分流域（偏差在 ±15% 以内）表现较好，且在东南诸河流域表现最好。虽然 PML-V2（China）在很大程度上高估了西北流域的 ET，但相对于其全球版本和另一个 ET 产品 MOD16A2，仍有较好的表现。

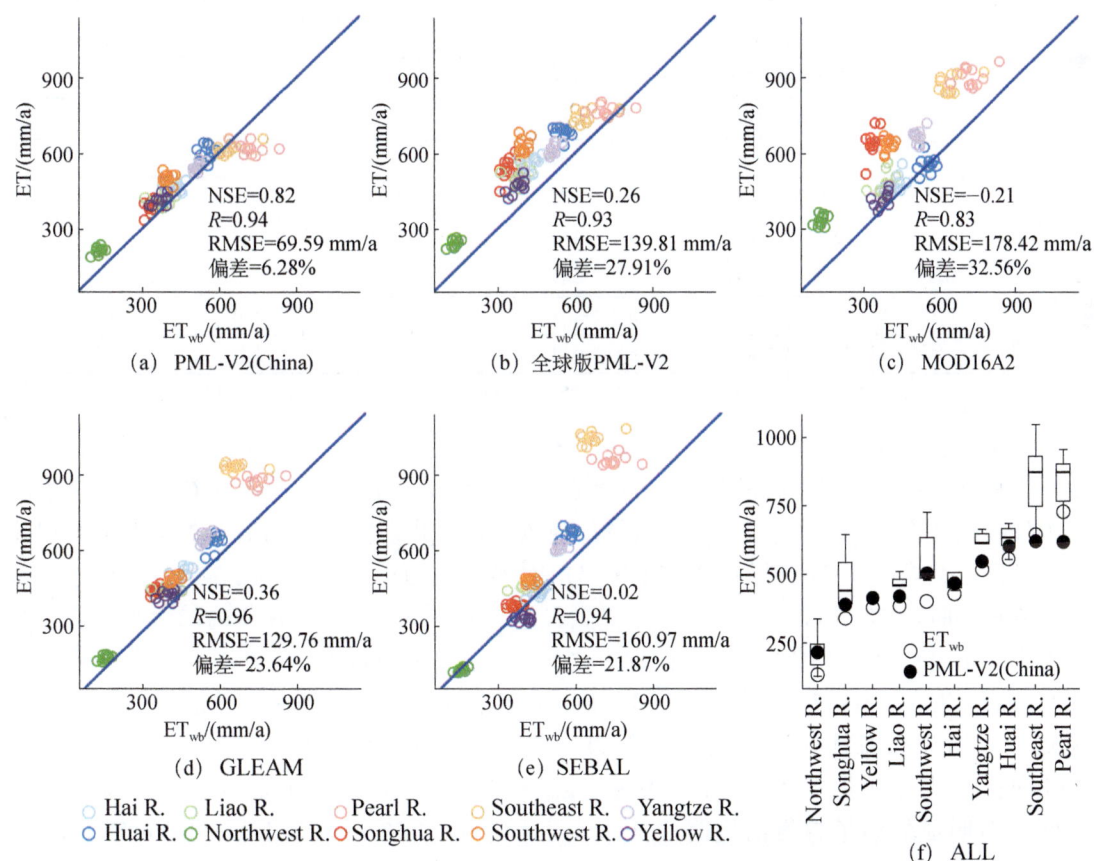

图 5-8　（a）PML-V2（China），（b）PML-V2（Global），（c）MOD16A2，（d）GLEAM，（e）SEBAL 的年蒸散发（ET）与中国十大流域 2003～2013 年的水量平衡估算的蒸散发（ET_wb）值之间的散点图；（f）5 种 ET 产品在中国十大流域的多年平均值

6. 中国区域产品的优势和应用

基于 EC 观测和水量平衡法的多尺度检验表明，目前 PML-V2（China）模型在 ET 和 GPP 方面的精度优于 PML-V2 全球产品和其他主流 ET 或 GPP 模型（表 5-9 和图 5-8）。其原因可能有两方面：第一，PML-V2 通过实现水碳耦合同时估算 ET 和 GPP，这在其他遥感诊断型模型中仍不多见。水碳耦合的重要性在 Xiao 等（2013）和 Zhang 等（2019）最近的研究中也得到了支持。第二，研究中利用中国区域的 26 个 EC 观测值对 PML-V2 进行了校准，而以往的全球产品则是利用全球 EC 观测值对参数进行约束，且用到的中国区域的 EC 观测值较少。MOD16A2（72 个 EC）、GLEAM（91 个 EC）和 PML-V2（Global）（95 个 EC）的 EC 通量站数量多于本研究，但在中国分别只有 0 个、8 个和 8 个站点。特别地，SEBAL 模型只使用了仅覆盖森林、农田和草地三种植被功能型的 8 个 EC 站，表明更多的局地观测将有利于区域和国家尺度 ET 和 GPP 估算结果的改进。

表 5-9　多个产品在 26 个 EC 通量站点上模拟的 ET 和 GPP 的评价指标

时间尺度	变量	产品	NSE	R	RMSE	偏差
daily	ET	PML-V2（China）	0.66	0.84	0.33	−7.97
		GLEAM	0.44	0.69	1.04	−14.45
		SEBAL	−7.1	0.16	3.95	5.31
8 天	ET	PML-V2（China）	0.74	0.87	0.66	−11.54
		PML-V2（Global）	0.62	0.8	0.81	−5.05
		MOD16A2	0.37	0.63	1.07	−10.9
8 天	GPP	PML-V2（China）	0.75	0.87	1.93	−6.51
		PML-V2（Global）	0.68	0.82	2.17	−1.74
		MOD17A2H	0.49	0.78	2.74	−38.79
		EC-LUE	−0.04	0.35	3.91	−41.91
		VPM	0.21	0.6	3.41	−8.21

注：NSE 和 R 值无单位；ET 的 RMSE 单位为 mm/d，GPP 的 RMSE 单位为 g C/（$m^2 \cdot d$）；偏差的单位为%。

PML-V2（China）除了具有 ET 和 GPP 整体精度上的优势外，在双季农田耗水和作物生产力特征方面表现出较强的能力。河北的 GTZ、北京的 DXZ 和山东的 CF-YCA 是本研究中仅有的 3 个冬小麦–夏玉米轮作系统的观测站点。我们比较了 PML-V2（China）和其他产品在三个农田站点模拟的 ET 和 GPP 与 EC 观测值的年内变化（图 5-9）。理论上，当冬小麦收获时，ET 或 GPP 应在 6 月下降到谷值，而谷值通常出现在年内的两个峰值（即分别为冬小麦和夏玉米的生殖生长阶段）之间。从图 5-9 可以看出，PML-V2（China）与其全球版本相比，具有更强的捕获 ET 和 GPP 年内最低值出现的时间的能力，表明它刻画双季农田耗水特征的能力得到了改善，主要是因为 PML-V2（China）采用了加权 Whittaker 平滑算法获得更好的 LAI 质量。虽然 GLEAM 也能探测到 ET 年内谷值出现的时间，但明显低估了谷值出现时段（小麦生长季）的 ET。就 SEBAL 和 MOD16A2 而言，两者在探测 ET 年际变化方面的表现较差。对 GPP 来说，除了 PML-V2（China），只有 MOD17A2H 能够捕捉到谷值出现的时间。然而，它在冬小麦和夏玉米的生长季都严重低估了 GPP。

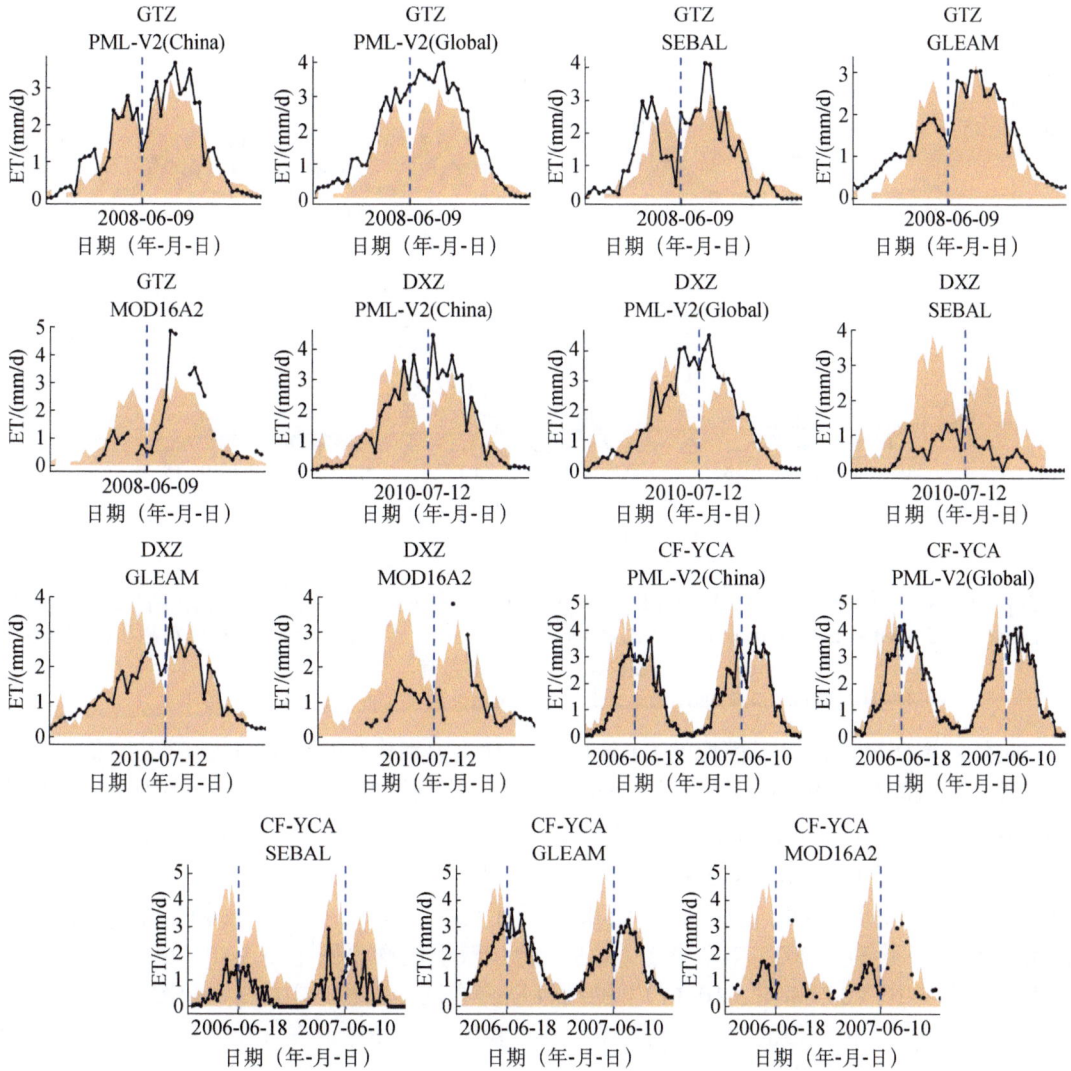

(a)

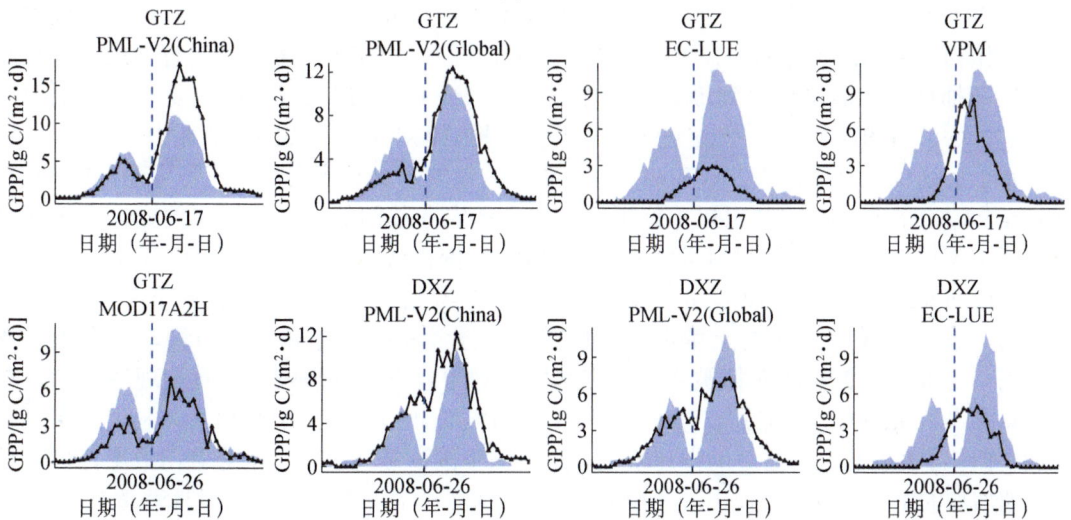

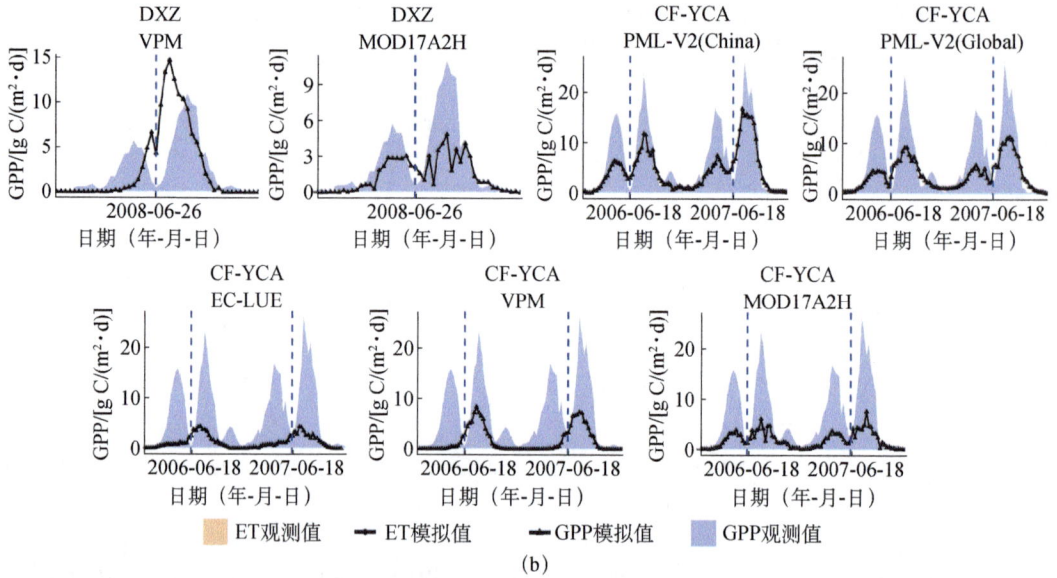

图 5-9 PML-V2（Global）、SEBAL、GLEAM 和 MOD16A2 的 ET（a）在 3 个作物轮作站观测和模拟的年际变化；（b）PML-V2（China）、PML-V2（Global）、EC-LUE、VPM 和 MOD17A2H 观测和模拟的 3 个轮作站 GPP 之间的差异

所有变量均为每 8 天取平均值。蓝色虚线穿过每年观测的 ET 或 GPP 的两个峰值之间的最低值

此外，本研究还估算了模拟的 ET 在区域尺度上识别作物物候的能力（图 5-10）。本研究提取了具有峰值的农田，并通过一个更快的峰值检测算法在每个像素上识别出一年内出现峰值的日期（Liu et al.，2020）。以典型的双季作物种植系统为例，本研究量化了农田的种植强度 [图 5-10（a）]，并确定了第一个峰值和第二个峰值出现在 1 年 [图 5-10（c）和图 5-10（e）] 中的日期。为了验证结果的可靠性，本研究基于作物物候数据集（Luo et al.，2020），绘制了 2015 年冬小麦–夏玉米轮作双季作物面积 [图 5-10（b）] 和冬小麦–夏玉米 [图 5-10（d）和图 5-10（f）] 的抽穗期分布图。如图 5-10（a）和图 5-10（b）所示，双季作物表现出相似的空间格局。特别地，我们还将 2015 年第 1 个 ET 峰值出现的日期 [图 5-10（c）] 与冬小麦抽穗期 [图 5-10（d）] 进行了对比：第 1 个 ET 峰值出现的日期（DOY120~150 日）发生在冬小麦抽穗期（DOY100~130 日）之后，即 ET 峰值出现时间略晚于作物抽穗期。这与 He H 等（2022）的研究一致，即在冬小麦整个生育期内，蒸散发的强度在抽穗期至灌浆期达到最高。同样地，第二个 ET 峰值日也稍晚于夏玉米的抽穗期 [图 5-10（e）和图 5-10（f）]，这进一步证明了模拟 ET 对作物物候的评估能力。

基于上述优势，PML-V2（China）具有重要的研究意义和应用前景。一方面，PML-V2（China）输出的 ET 和 GPP 可以更好地用于水利和农业部门的业务应用。例如，及时获取区域或国家尺度的日 ET 数据有助于农业和水利部门制定更好的政策。而且 ET 与土壤含水量（Graf et al.，2014；Brust et al.，2021）之间存在显著的相关关系，因此准确获取日 ET 信息对华北平原等农业区的土壤水分损耗评估、灌溉系统设计和水资源管理具有重要意义。另一方面，该数据集对植被生产力和水资源利用效率的模拟较好，对实现碳中和具有重要意义（Yang et al.，2022）。该产品表明，2001~2018 年，年 GPP 和水分利用效率显著增加，但年 ET 表现出不显著的慢速增加。这表明中国植被通过增加水分利用效率，以非显著慢速增加的水资源成本表现出显著增强的固碳能力，且在全球碳循环中发挥着重要作用。

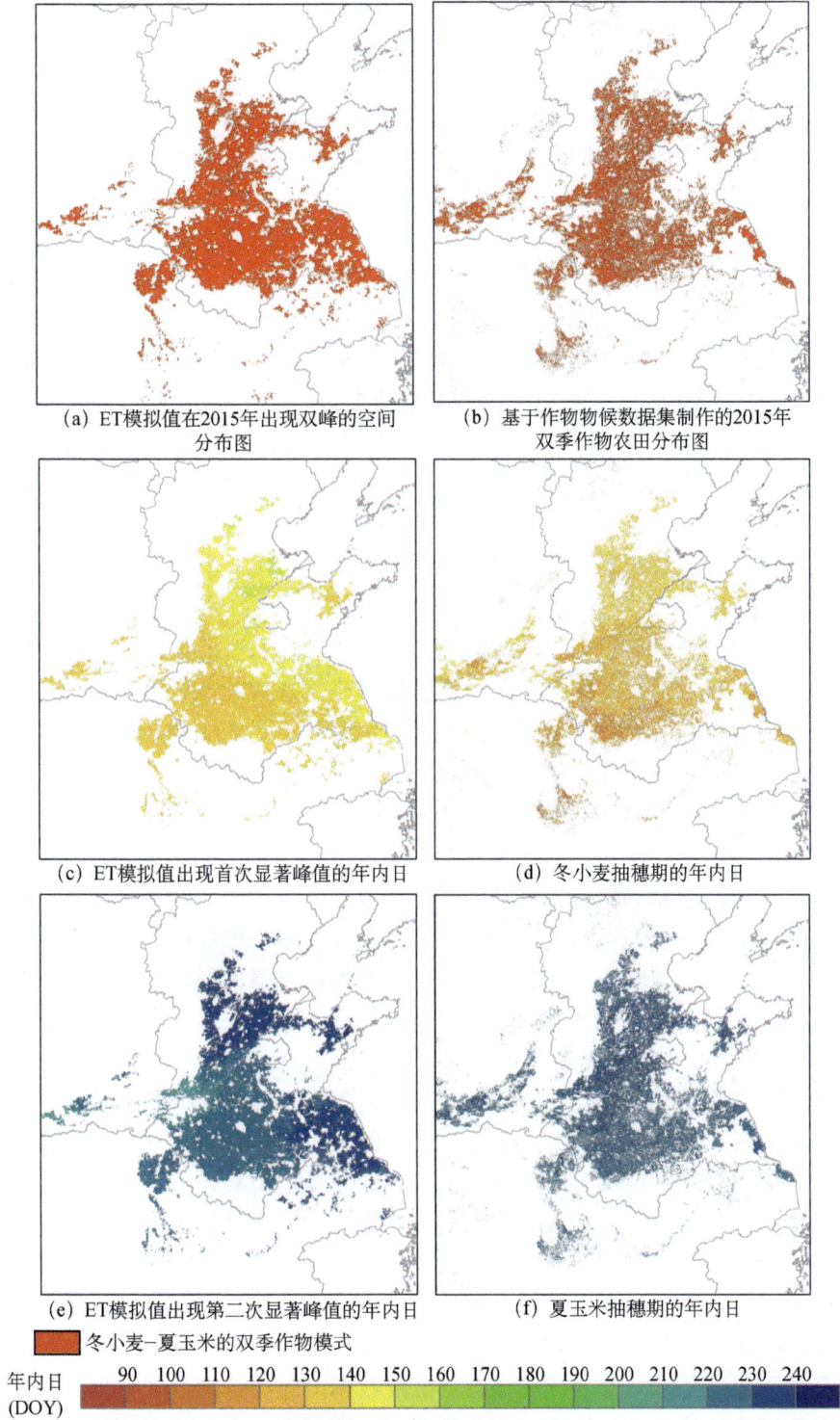

(a) ET模拟值在2015年出现双峰的空间
分布图

(b) 基于作物物候数据集制作的2015年
双季作物农田分布图

(c) ET模拟值出现首次显著峰值的年内日

(d) 冬小麦抽穗期的年内日

(e) ET模拟值出现第二次显著峰值的年内日

(f) 夏玉米抽穗期的年内日

■ 冬小麦-夏玉米的双季作物模式

年内日
(DOY)　90　100　110　120　130　140　150　160　170　180　190　200　210　220　230　240

图 5-10　（a）PML-V2（China）蒸散发模拟值在 2015 年出现双峰的空间分布图，其中，（c）为第一个峰值出现日期的空间分布，（e）为第二个峰值出现日期的空间分布。（b）基于作物物候数据集（ChinaCropPhen1km）制作的 2015 年双季作物农田分布图，其中，（d）为冬小麦抽穗期的空间分布，（f）为夏玉米抽穗期的空间分布

5.3　当前遥感蒸散发产品存在的问题

过去 50 年来，卫星遥感技术快速发展，使海量遥感数据的实时且迅速获取成为可能。与此同时，遥感估算蒸散发的研究也取得了迅速的发展，遥感蒸散发数据产品日益增多。尽管传统地面观测方法估算的实际蒸散发不确定性较小，但存在空间代表范围有限的问题。而遥感估算蒸散发以遥感数据、气象数据和再分析数据作为输入，能够充分发挥遥感数据空间覆盖广的优点，实现区域和全球尺度的蒸散发估算，且有助于全球或区域蒸散发的时空变化分析（Ma et al.，2019；Zhang et al.，2019；Cheng et al.，2021；Javadian et al.，2020；Miralles et al.，2011）、农田灌溉水分利用效率（Ai et al.，2020；Wang H et al.，2020）及水文变化过程（Liu M et al.，2018）等研究。

然而，尽管现有的众多遥感蒸散发算法模型已经很成熟，如基于能量平衡、P-M 公式、P-T 公式、经验/半经验公式、陆面过程模型以及数据融合算法等，但各个模型在不同时空区域的模拟结果均存在一定的优势和缺陷。基于过程驱动的遥感蒸散发算法，往往在生物圈中光合作用、冠层传导、呼吸等理论和假设的基础上，利用简化的生态系统过程和组分组成既定模型的各个子模块，进而模拟生态系统的碳-水-能量交换（Jung et al.，2011）。这类算法具有较高的准确性和物理解释性，相对于基于统计关系或经验公式的方法，它考虑了地表能量平衡和水分平衡，能够更准确地捕捉蒸散发过程的动态变化。但它往往对数据质量和计算要求较高，且参数选择和调整可能存在困难，即只有基于高精度的输入数据和足够的计算资源与时间，才可以在大范围和高时空分辨率上实时应用。这类算法的准确性和适用性也受到模型参数的选择和调整的影响，在不同地区和不同气候条件下，阻抗参数的确定可能存在一定的困难和不确定性。相比之下，那些直接建立遥感和气候数据与实际观测的站点蒸散发，或利用多种蒸散发数据产品之间的关系来实现蒸散发估算的方法存在一定优势，因为它们无须像具有生物物理意义的蒸散发模型一样事先了解蒸散发过程发生的物理机制或获取所有影响因素的数据，只需要通过训练拟合度高且误差小的机器学习模型或其他融合模型来估算蒸散发。但在那些缺乏蒸散发观测数据的地区，如荒漠和湿地，这类算法的模拟精度存在很大不确定性。

基于以上遥感蒸散发数据产品的优劣特征，目前仍有以下几个问题亟须解决。

（1）尺度问题：蒸散发是一个涉及多个尺度的过程，从站点到区域再到全球尺度，蒸散发的空间和时间变化具有很大的差异。当前的遥感蒸散发数据产品在尺度转换和空间不连续性方面仍存在一定的问题。例如，如何准确地将站点尺度的蒸散发估算扩展到区域尺度，以及如何处理不同时间尺度上的蒸散发变化。另外，目前的数据产品往往在不同尺度上的适应性有限，难以同时满足各种尺度的需求。因此，需要研究开发具有多尺度适应性的蒸散发数据产品，以满足不同应用层面的需求。

（2）数据一致性和持续性问题：遥感蒸散发数据产品的持续性和数据一致性是确保其可持续应用和可靠性的关键。然而，由于数据源、遥感算法和气象观测的变化，长时间序列产品的一致性受到挑战。因此，需要加强数据的长期监测和质量控制。

（3）云量和大气干扰问题：遥感蒸散发数据产品受到云量和大气干扰的影响。云层的存在会遮挡地表的辐射信息，而大气中的水汽含量会影响能量平衡和蒸发蒸腾过程的估算。解决这一问题需要发展能够有效去除云影响和对大气干扰进行校正的算法。

（4）数据验证和校准问题：遥感蒸散发数据产品的验证和校准是确保其准确性和可靠性的关键步骤。目前仍缺乏充分的地面观测数据来进行验证，而地面观测数据的收集和处理也面临一定的挑战，如 EC 观测通量塔是否需要能量平衡闭合校正仍存在争议。

（5）高时空分辨率问题：目前的高时间分辨率蒸散发数据产品的空间分辨率仅适用于大尺度的水分和能量循环研究，难以满足田块尺度的农业用水利用效率评估等研究需求。

（6）蒸散发与水文过程的关联问题：蒸散发是水文循环的重要组成部分，与降水、径流和地下水等水文过程密切相关。当前的遥感蒸散发数据产品通常独立于水文过程进行估算，缺乏与水文模型的集成和关联。深入研究蒸散发与水文过程之间的相互作用和耦合关系，将遥感蒸散发数据产品与水文模型结合起来，可以提供更全面的水资源管理信息。

（7）用户需求和定制化问题：不同用户对遥感蒸散发数据产品的需求和应用场景各不相同。当前产品的通用性和定制化能力还有待提高，如开发具有交互功能的在线模拟平台。

总体而言，各种遥感蒸散发产品与地面观测站的验证结果一致性较好。但在遥感大数据和智能时代，想要发展稳定、可靠、精度更高的高时空分辨率的遥感蒸散发数据产品需要依托云计算平台和机器学习算法的发展，特别是深度学习的发展。

5.4　本章小结

本章 5.1 节根据采用的主要方法和模型的差异，将估算得到的区域或全球遥感蒸散发数据产品划分为七大类，并详细介绍了各类遥感蒸散发数据产品的详细信息。其中，七大类的数据产品包括：基于能量平衡的遥感蒸散发数据产品、基于 P-M 公式的遥感蒸散发数据产品、基于 P-T 公式的遥感蒸散发数据产品、地球系统数据同化蒸散发数据产品、基于蒸散发互补关系的蒸散发数据产品、基于机器学习的蒸散发数据产品、不考虑遥感和气象数据的直接融合数据产品。5.2 节从数据源和预处理、模型参数率定、验证和性能指标、产品生成和评价等角度详细介绍了基于 PML-V2 模型的全球和中国区域陆地蒸散发数据产品的生产过程和应用。5.3 节总结遥感蒸散发产品的优劣特征和当前存在的问题。

参 考 文 献

戴晓琴，王辉民，徐明洁，等. 2021. 2003-2010 年千烟洲人工针叶林碳水通量观测数据集. 中国科学数据（中英文网络版），6（1）：7-15.

傅健宇，王卫光. 2022. 基于 PEW 模型的全球陆地蒸散发数据集（1982—2018）. [2023-06-28]. https://doi. org/10.11888/Terre.tpdc.272874.

韩存博，马耀明，王宾宾，等. 2020. 青藏高原月平均地表蒸散发数据集（2001—2018）. 北京：国家青藏高原科学数据中心.

郝彦宾，张雷明，孙晓敏，等. 2021. 2003-2010 年内蒙古锡林浩特典型草原碳水通量观测数据集. 中国科学数据（中英文网络版），6（1）：80-86.

刘萌，唐荣林，李召良，等. 2021. 数据驱动的蒸散发遥感反演方法及产品研究进展. 遥感学报，25（8）：
1517-1537.

陆姣，王国杰，陈铁喜，等. 2021. 全球陆地实际蒸散发数据集（1980—2017）. 北京：国家青藏高原科学
数据中心.

马宁，Jozsef S，张寅生，等. 2019. 中国陆地实际蒸散发数据集（1982—2017）. 北京：国家青藏高原科学
数据中心.

起德花，杨大新，宋清海，等. 2021. 2013-2015 年元江干热河谷生态站碳水通量观测数据集. 中国科学数据
（中英文网络版），6（1）：110-122.

吴炳方. 2015. 黑河流域 1 公里分辨率月尺度地表蒸散发第二版数据集（2000—2013）. 北京：时空三极环
境大数据平台.

吴家兵，关德新，王安志，等. 2021. 2003-2010 年长白山阔叶红松林碳水通量观测数据集. 中国科学数据
（中英文网络版），6（1）：27-36.

熊育久，余雷雨，邱国玉，等. 2022. 基于三温模型的全球陆域蒸散发产品（2001—2020）. [2023-07-02].
https://doi.org/10.57760/sciencedb.o00014.00001.

于辉，起德花，张一平，等. 2021. 2010-2014 年西双版纳橡胶林碳水通量观测数据集. 中国科学数据（中英
文网络版），6（1）：98-109.

张法伟，李红琴，赵亮，等. 2021a. 2003-2010 年海北高寒灌丛碳水热通量观测数据集. 中国科学数据（中
英文网络版），6（1）：60-69.

张法伟，李红琴，赵亮，等. 2021b. 2004-2009 年海北高寒湿地碳水热通量观测数据集. 中国科学数据（中
英文网络版），6（1）：50-59.

张永强，何韶阳. 2022. 中国区域 PML-V2 陆地蒸散发与总初级生产力数据集（2000.02.26—2020.12.31）.
[2023-06-30]. https://doi.org/10.11888/Terre.tpdc.272389.

张永强. 2020. 全球 PML_V2 陆地蒸散发与总初级生产力数据集（2002.07—2019.08）. [2023-06-28]. https://
doi.org/10.11888/Geogra.tpdc.270251.

赵风华，李发东，占车生，等. 2021. 2003-2010 年禹城冬小麦夏玉米农田生态系统碳水通量观测数据集. 中
国科学数据（中英文网络版），6（2）：222-228.

郑超磊，贾立，胡光成. 2022a. ETMonitor 全球 1 公里分辨率地表实际蒸散发数据集. [2023-07-02]. https://
doi.org/10.11888/RemoteSen.tpdc.272831.

郑超磊，贾立，胡光成. 2022b. 2000-2019 年全球 1km 地表实际蒸散发. [2023-07-02]. https://doi.org//10.
12237/casearth.6253cddc819aec49731a4bc2.

Ai Z，Wang Q，Yang Y，et al. 2020. Variation of gross primary production，evapotranspiration and water use
efficiency for global croplands. Agricultural and Forest Meteorology，287：107935.

Beaudoing H，Rodell M J G. 2016. GLDAS Noah Land Surface Model L4 monthly 0.25×0.25 degree V2.1.
NASA/GSFC/HSL：Greenbelt，Maryland，USA，Goddard Earth Sciences Data and Information Services
Center（GES DISC）. [2022-04-01]. https://doi.org/10.5067/SXAVCZFAQLNO.

Brust C，Kimball J S，Maneta M P，et al. 2021. Using SMAP Level-4 soil moisture to constrain MOD16
evapotranspiration over the contiguous USA. Remote Sensing of Environment，255：112277.

Chen S，Chen J，Lin G，et al. 2009. Energy balance and partition in Inner Mongolia steppe ecosystems with different land use types. Agricultural and Forest Meteorology，149（11）：1800-1809.

Chen X L，Massman W J，Su Z B. 2019. A column canopy-air turbulent diffusion method for different canopy structures. Journal of Geophysical Research：Atmospheres，124（2）：488-506.

Chen X L，Su Z B，Ma Y M，et al. 2013. An improvement of roughness height parameterization of the surface energy balance system（SEBS）over the Tibetan Plateau. Journal of Applied Meteorology and Climatology，52（3）：607-622.

Chen X L，Su Z B，Ma Y M，et al. 2014. Development of a 10-year（2001−2010）0.1° data set of land-surface energy balance for the mainland of China. Atmospheric Chemistry and Physics，14（23）：13097-13117.

Chen X L，Su Z B，Ma Y M，et al. 2021. Remote sensing of global daily evapotranspiration based on a surface energy balance method and reanalysis data. Journal of Geophysical Research：Atmospheres，126（16）：e2020JD032873.

Cheng M. 2020. Long time series（2001-2018）of daily evapotranspiration in China generated based on SEBAL：Part 1. Zenodo.

Cheng M. 2021. Long time series（2001-2018）of daily evapotranspiration in China generated based on SEBAL：Part 2. Zenodo.

Cheng M，Jiao X，Li B，et al. 2021. Long time series of daily evapotranspiration in China based on the SEBAL model and multisource images and validation. Earth System Science Data，13（8）：3995-4017.

Courault D，Seguin B，Olioso A. 2005. Review on estimation of evapotranspiration from remote sensing data：From empirical to numerical modeling approaches. Irrigation and Drainage Systems，19（3）：223-249.

Dong G，Guo J，Chen J，et al. 2011. Effects of spring drought on carbon sequestration，evapotranspiration and water use efficiency in the songnen meadow steppe in northeast China. Ecohydrology，4（2）：211-224.

Ershadi A，McCabe M F，Evans J P，et al. 2013. Effects of spatial aggregation on the multi-scale estimation of evapotranspiration. Remote Sensing of Environment，131：51-62.

Feng F，Li X L，Yao Y J，et al. 2016. An empirical orthogonal function-based algorithm for estimating terrestrial latent heat flux from eddy covariance，meteorological and satellite observations. PLoS One，11（7）：e0160150.

Fisher J B，Tu K P，Baldocchi D D. 2008. Global estimates of the land-atmosphere water flux based on monthly AVHRR and ISLSCP-II data，validated at 16 FLUXNET sites. Remote Sensing of Environment，112（3）：901-919.

Foken T. 2008. The energy balance closure problem：an overview. Ecological Applications：A Publication of the Ecological Society of Americe，18（6）：1351-1367.

Friedl M A，McIver D K，Hodges J C F，et al. 2002. Global land cover mapping from MODIS：algorithms and early results. Remote Sensing of Environment，83：287-302.

Friedl M A，Sulla-Menashe D，Tan B，et al. 2010. MODIS Collection 5 global land cover：algorithm refinements and characterization of new datasets. Remote Sensing of Environment，114（1）：168-182.

Fu J Y，Wang W G，Shao Q X，et al. 2022. Improved global evapotranspiration estimates using proportionality hypothesis-based water balance constraints. Remote Sensing of Environment，279：113140.

Gelaro R，McCarty W，Suárez M J，et al. 2017. The modern-era retrospective analysis for research and applications，version 2（MERRA-2）. Journal of Climate，30：5419-5454.

Graf A，Bogena H R，Drüe C，et al. 2014. Spatiotemporal relations between water budget components and soil water content in a forested tributary catchment. Water Resources Research，50（6）：4837-4857.

Han C B，Ma Y M，Wang B B，et al. 2021. Long-term variations in actual evapotranspiration over the Tibetan Plateau. Earth System Science Data，13（7）：3513-3524.

He H，Wu Z，Li D D，et al. 2022. Characteristics of winter wheat evapotranspiration in Eastern China and comparative evaluation of applicability of different reference evapotranspiration models. Journal of Soil Science and Plant Nutrition，22（2）：2078-2091.

He J，Yang K，Tang W J，et al. 2020. The first high-resolution meteorological forcing dataset for land process studies over China. Scientific Data，7（1）：25.

He S Y，Zhang Y Q，Ma N，et al. 2022. A daily and 500 m coupled evapotranspiration and gross primary production product across China during 2000−2020. Earth System Science Data，14（12）：5463-5488.

Holland J H. 1992. Genetic algorithms. Scientific American，267（1）：66-72.

Javadian M，Behrangi A，Smith W K，et al. 2020. Global trends in evapotranspiration dominated by increases across large cropland regions. Remote Sensing，12（7）：1221.

Jung M，Koirala S，Weber U，et al. 2019. The FLUXCOM ensemble of global land-atmosphere energy fluxes. Scientific Data，6（1）：74.

Jung M，Reichstein M，Ciais P，et al. 2010. Recent decline in the global land evapotranspiration trend due to limited moisture supply. Nature，467（7318）：951-954.

Jung M，Reichstein M，Margolis H A，et al. 2011. Global patterns of land-atmosphere fluxes of carbon dioxide，latent heat，and sensible heat derived from eddy covariance，satellite，and meteorological observations. Journal of Geophysical Research，116：G00J07.

Kato T，Tang Y，Gu S，et al. 2006. Temperature and biomass influences on interannual changes in CO_2 exchange in an alpine meadow on the Qinghai-Tibetan Plateau. Global Change Biology，12（7）：1285-1298.

Kobayashi S，Ota Y，Harada Y，et al. 2015. The JRA-55 reanalysis：general specifications and basic characteristics. Journal of the Meteorological Society of Japan，93（1）：5-48.

Konak A，Coit D W，Smith A E. 2006. Multi-objective optimization using genetic algorithms：a tutorial. Reliability Engineering & System Safety，91（9）：992-1007.

Kong D D，McVicar T R，Xiao M Z，et al. 2022. Phenofit：an R package for extracting vegetation phenology from time series remote sensing. Methods in Ecology and Evolution，13（7）：1508-1527.

Leuning R，Zhang Y Q，Rajaud A，et al. 2008. A simple surface conductance model to estimate regional evaporation using MODIS leaf area index and the Penman-Monteith equation. Water Resources Research，44（10）.

Li B L，Rodell M，Kumar S，et al. 2019. Global GRACE data assimilation for groundwater and drought monitoring：advances and challenges. Water Resources Research，55（9）：7564-7586.

Li X，Li X，Li Z，et al. 2009. Watershed allied telemetry experimental research. Journal of Geophysical Research：Atmospheres，114（D22）：D22103.

Li X Y，He Y，Zeng Z Z，et al. 2018. Spatiotemporal pattern of terrestrial evapotranspiration in China during the past thirty years. Agricultural and Forest Meteorology，259：131-140.

Liu L，Xiao X M，Qin Y W，et al. 2020. Mapping cropping intensity in China using time series Landsat and Sentinel-2 images and Google Earth Engine. Remote Sensing of Environment，239：111624.

Liu M L，Adam J C，Richey A S，et al. 2018. Factors controlling changes in evapotranspiration，runoff，and soil moisture over the conterminous U.S.：accounting for vegetation dynamics. Journal of Hydrology，565：123-137.

Liu S M，Li X，Xu Z W，et al. 2018. The Heihe integrated observatory network：a basin-scale land surface processes observatory in China. Vadose Zone Journal，17（1）：1-21.

Liu S M，Xu Z W，Wang W Z，et al. 2011. A comparison of eddy-covariance and large aperture scintillometer measurements with respect to the energy balance closure problem. Hydrology and Earth System Sciences，15（4）：1291-1306.

Liu S M，Xu Z W，Zhu Z L，et al. 2013. Measurements of evapotranspiration from eddy-covariance systems and large aperture scintillometers in the Hai River Basin，China. Journal of Hydrology，487：24-38.

Liu W B，Wang L，Zhou J，et al. 2016. A worldwide evaluation of basin-scale evapotranspiration estimates against the water balance method. Journal of Hydrology，538：82-95.

Lu J，Wang G J，Chen T X，et al. 2021. A harmonized global land evaporation dataset from model-based products covering 1980−2017. Earth System Science Data，13（12）：5879-5898.

Luo Y C，Zhang Z，Chen Y，et al. 2020. ChinaCropPhen1km：a high-resolution crop phenological dataset for three staple crops in China during 2000−2015 based on leaf area index（LAI）products. Earth System Science Data，12（1）：197-214.

Ma N，Szilagyi J，Zhang Y Q. 2021. Calibration-free complementary relationship estimates terrestrial evapotranspiration globally. Water Resources Research，57（9）：DOI：10.1029.

Ma N，Szilagyi J，Zhang Y，et al. 2019. Complementary-relationship-based modeling of terrestrial evapotranspiration across China during 1982−2012：validations and spatiotemporal analyses. Journal of Geophysical Research：Atmospheres，124（8）：4326-4351.

Ma N. 2021. Global Land ET by CR method Version 1.0. figshare.

Ma Y，Chen X，Yuan L. 2021. Long term variations of monthly terrestrial evapotranspiration over the Tibetan Plateau（1982-2018）. [2023-06-28]. https://doi.org/10.11922/sciencedb.00020.

Ma Y M，Hu Z Y，Xie Z P，et al. 2020. A long-term（2005−2016）dataset of hourly integrated land-atmosphere interaction observations on the Tibetan Plateau. Earth System Science Data，12（4）：2937-2957.

Martens B，Miralles D G，Lievens H，et al. 2017. GLEAM v3：satellite-based land evaporation and root-zone soil moisture. Geoscientific Model Development，10：1903-1925.

Miralles D G，Holmes T R H，De Jeu R A M，et al. 2011. Global land-surface evaporation estimated from satellite-based observations. Hydrology and Earth System Sciences，15（2）：453-469.

Muñoz-Sabater J，Dutra E，Agustí-Panareda A，et al. 2021. ERA5-Land：a state-of-the-art global reanalysis dataset for land applications. Earth System Science Data，13（9）：4349-4383.

Myneni R，Knyazikhinn Y，Parkn T. 2015. MOD15A2H MODIS/Terra Leaf Area Index/ FPAR 8-Day L4 Global

500 m SIN Grid V006. NASA EOSDIS Land Processes DAAC. [2018-04-10]. https://doi.org/10.5067/MODIS/MOD15A2H.006.

Pastorello G，Trotta C，Canfora E，et al. 2020. The FLUXNET2015 dataset and the ONEFlux processing pipeline for eddy covariance data. Scientific Data，7（1）：225.

Purdy A J，Fisher J B，Goulden M L，et al. 2018. SMAP soil moisture improves global evapotranspiration. Remote Sensing of Environment，219：1-14.

Reichle R H，Koster R D，De Lannoy G J M，et al. 2011. Assessment and enhancement of MERRA land surface hydrology estimates. Journal of Climate，24（24）：6322-6338.

Reichstein M，Falge E，Baldocchi D，et al. 2005. On the separation of net ecosystem exchange into assimilation and ecosystem respiration：review and improved algorithm. Global Change Biology，11（9）：1424-1439.

Rienecker M M，Suarez M J，Gelaro R，et al. 2011. MERRA：NASA's modern-era retrospective analysis for research and applications. Journal of Climate，24（14）：3624-3648.

Rodell M，Houser P R，Jambor U，et al. 2004. The global land data assimilation system. Bulletin of the American Meteorological Society，85（3）：381-394.

Running S W，Mu Q，Zhao M. 2021. Modis/Terra net evapotranspiration 8-day L4 global 500m SIN Grid V061. NASA EOSDIS Land Processes DAAC.

Schaaf C，Wang Z. 2015. MCD43A1 MODIS/Terra+Aqua BRDF/Albedo Model Parameters Daily L3 Global-500 m V006. NASA EOSDIS Land Processes DAAC. [2018-04-10]. https://doi.org/10.5067/MODIS/MCD43A1.006.

Senay G B. 2018. Satellite psychrometric formulation of the operational simplified surface energy balance（SSEBop）model for quantifying and mapping evapotranspiration. Applied Engineering in Agriculture，34（3）：555-566.

Senay G B，Bohms S，Singh R K，et al. 2013. Operational evapotranspiration mapping using remote sensing and weather datasets：a new parameterization for the SSEB approach. Journal of the American Water Resources Association，49（3）：577-591.

Senay G B，Friedrichs M，Morton C，et al. 2022. Mapping actual evapotranspiration using Landsat for the conterminous United States：Google Earth Engine implementation and assessment of the SSEBop model. Remote Sensing of Environment，275：113011.

Senay G B，Kagone S，Velpuri N M. 2020. Operational global actual evapotranspiration：development，evaluation，and dissemination. Sensors，20（7）：1915.

Senay G B，Parrish G E L，Schauer M，et al. 2023. Improving the operational simplified surface energy balance evapotranspiration model using the forcing and normalizing operation. Remote Sensing，15（1）：260.

Wan Z，Hook S，Hulley G. 2015. MYD11A2 MODIS/Aqua Land Surface Temperature/ Emissivity 8-Day L3 Global 1 km SIN Grid V006. NASA EOSDIS Land Processes DAAC. [2018-04-10]. https://doi.org/10.5067/MODIS/MYD11A2.006.

Wang H B，Li X，Tan J L. 2020. Interannual variations of evapotranspiration and water use efficiency over an oasis cropland in arid regions of North-Western China. Water，12（5）：1239.

Wang K C，Dickinson R E. 2012. A review of global terrestrial evapotranspiration：observation，modeling， climatology，and climatic variability. Reviews of Geophysics，50（2）：DOI：10.1029.

Wang S L，Li J S，Zhang B，et al. 2020. Changes of water clarity in large lakes and reservoirs across China observed from long-term MODIS. Remote Sensing of Environment，247：111949.

Wu B F，Zhu W W，Yan N N，et al. 2020. Regional actual evapotranspiration estimation with land and meteorological variables derived from multi-source satellite data. Remote Sensing，12（2）：332.

Wutzler T，Lucas-Moffat A，Migliavacca M，et al. 2018. Basic and extensible post-processing of eddy covariance flux data with REddyProc. Biogeosciences，15（16）：5015-5030.

Xiao J F，Sun G，Chen J Q，et al. 2013. Carbon fluxes，evapotranspiration，and water use efficiency of terrestrial ecosystems in China. Agricultural and Forest Meteorology，182：76-90.

Xiong Y，Yu L，Qiu G Y，et al. 2022. A global terrestrial evapotranspiration product based on three-temperature model from 2001 to 2020. Science Data Bank.

Yang Y H，Shi Y，Sun W J，et al. 2022. Terrestrial carbon sinks in China and around the world and their contribution to carbon neutrality. Science China Life Sciences，65（5）：861-895.

Yin L，Tao F，Chen Y，et al. 2020. ChinaET1km10days：an improved high resolution dataset on terrestrial evapotranspiration across China during 2000-2018.

Yin L C，Tao F L，Chen Y，et al. 2021. Improving terrestrial evapotranspiration estimation across China during 2000−2018 with machine learning methods. Journal of Hydrology，600：126538.

Yu G R，Wen X F，Sun X M，et al. 2006. Overview of ChinaFLUX and evaluation of its eddy covariance measurement. Agricultural and Forest Meteorology，137（3-4）：125-137.

Yu H，Qi D，Zhang Y，et al. 2021. An observation dataset of carbon and water fluxes in Xishuangbanna rubber plantations from 2010 to 2014.

Yu L Y，Qiu G Y，Yan C H，et al. 2022. A global terrestrial evapotranspiration product based on the three-temperature model with fewer input parameters and no calibration requirement. Earth System Science Data，14（8）：3673-3693.

Yuan L，Ma Y M，Chen X L，et al. 2021. An enhanced MOD16 evapotranspiration model for the Tibetan Plateau during the unfrozen season. Journal of Geophysical Research：Atmospheres，126（7）：e2020JD032787.

Zhang K，Kimball J S，Running S W. 2016. A review of remote sensing based actual evapotranspiration estimation. WIREs Water，3（6）：834-853.

Zhang K，Zhu G F，Ma N，et al. 2022. Improvement of evapotranspiration simulation in a physically based ecohydrological model for the groundwater-soil-plant-atmosphere continuum. Journal of Hydrology，613：128440.

Zhang Y Q，Kong D D，Gan R，et al. 2019. Coupled estimation of 500 m and 8-day resolution global evapotranspiration and gross primary production in 2002−2017. Remote Sensing of Environment，222：165-182.

Zhang Y Q，Peña Arancibia J，McVicar T，et al. 2016a. Monthly global observation-driven Penman-Monteith-Leuning（PML）evapotranspiration and components. CSIRO Data Access Portal.

Zhang Y Q，Peña-Arancibia J L，McVicar T R，et al. 2016b. Multi-decadal trends in global terrestrial evapotranspiration and its components. Scientific Reports，6（1）：19124.

Zhang Z Y，Zhang Y G，Zhang Y，et al. 2020. The potential of satellite FPAR product for GPP estimation：an indirect evaluation using solar-induced chlorophyll fluorescence. Remote Sensing of Environment，240：111686.

Zheng C L，Jia L，Hu G C. 2022. Global land surface evapotranspiration monitoring by ETMonitor model driven by multi-source satellite earth observations. Journal of Hydrology，613：128444.

第6章 陆地蒸散发的时空变化及归因

陆地蒸散发是全球陆地能量和水循环的关键组成部分。陆地蒸散发的变化不仅会影响降水和湖泊、河流等水体的地表水可用性，更会改变地表温度并影响感热通量，对区域乃至全球变暖产生重要影响。因此，准确地估算陆地蒸散发的时空变化有助于更好地理解气候变化和人类活动对全球能量交换和水文循环的影响。

陆地蒸散发是陆地水分返回大气的主要途径，其方式主要包括植被蒸腾、土壤蒸发及冠层截留蒸发等。受到区域水资源可用性、能量限制和土地覆盖性质等的影响，蒸散发组分的分配比例关系复杂，且具有较高的空间异质性。全球蒸散发及其组分的量化是准确评估陆地生态系统生产力以及水分利用效率的基础，也是水文学、生态学、大气科学等多个学科领域的研究难点之一。

工业革命以来，大气中二氧化碳和其他温室气体浓度的增加导致了温室效应，进一步引起全球变暖和其他气候因素的变化（如辐射、降水、风速等），这可能导致蒸散发增加。20 世纪 80 年代以来，卫星的观测结果表明全球大陆植被变绿。气象要素和下垫面条件的变化对全球陆地蒸散发及其组分的影响存在较大的空间分异性。不同区域蒸散发对变化环境的响应在很大程度上依赖于区域自身的水热条件。

本章基于 PML 遥感蒸散发模型的全球估算结果，系统介绍全球陆地蒸散发及其组分的时空特征，对近几十年全球陆地蒸散发变化的成因进行总结，并进一步详述中国的陆地蒸散发及其组分的时空特征，以及对气候变化极为敏感的青藏高原的蒸散发变化趋势及归因。

6.1 全球陆地蒸散发及其组分的空间格局

图 6-1 展示了基于 PML-V2 遥感蒸散发模型估算的 2003～2017 年全球陆地年平均蒸散发、植被蒸腾、土壤蒸发和冠层截留蒸发的空间分布情况（张永强等，2021）。2003～2017 年，全球陆地年平均蒸散发为（476.7±378.2）mm/a（全球所有格点的均值±标准差）。其中，植被蒸腾、土壤蒸发和冠层截留蒸发分别为（268.6±303.2）mm/a、（161.4±103.4）mm/a、（46.6±77.2）mm/a，分别占年蒸散发总量的 40.9%±24.9%、52.5%±30.2%、6.6%±7.2%。该陆地年平均蒸散发的估算结果与之前基于卫星观测和模型的估算结果相近（Ma et al.，2021；Martens et al.，2017；Zhang et al.，2016；Rodell et al.，2015；Mueller et al.，2013；Mu et al.，2011；Haddeland et al.，2011；Oki and Kanae，2006）。

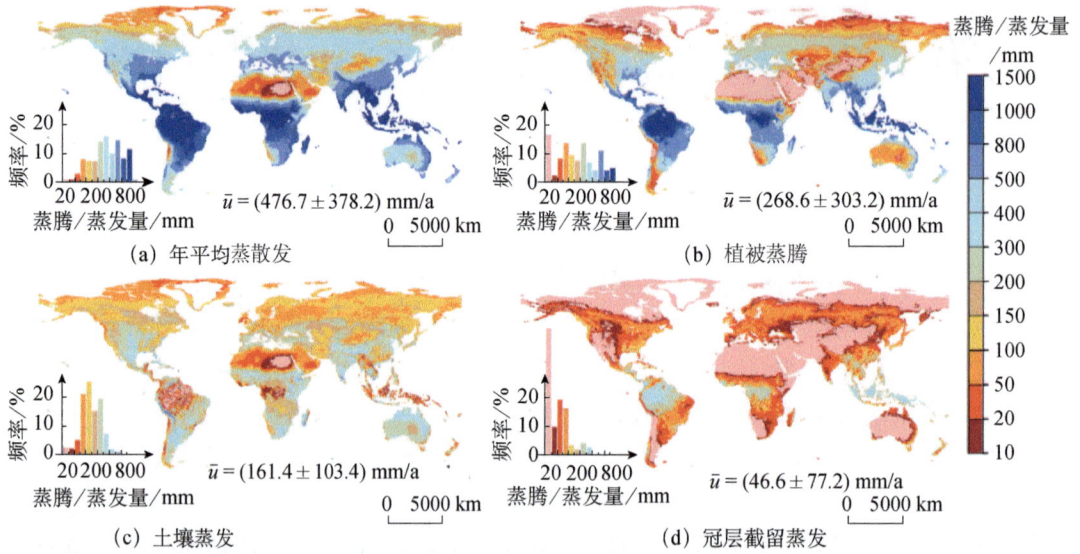

图 6-1 全球陆地年平均蒸散发、植被蒸腾、土壤蒸发和冠层截留蒸发空间分布（2003～2017 年）

$\bar{u}$ 为全球均值±标准差

图 6-2 展示了基于 PML-V1 模型估算的 1981～2012 年全球蒸散发及其组分在全球和各大陆的年平均值（Zhang et al.，2016）。在各大洲中，南美洲的蒸散发量最高（1022 mm/a），其次为非洲（521 mm/a）。其余的大洲蒸散发都在 400 mm/a 左右（欧洲：442 mm/a；亚洲：442 mm/a；北美洲：435 mm/a；澳大利亚（大洋洲数据以澳大利亚代替，本章下同）：439 mm/a）。

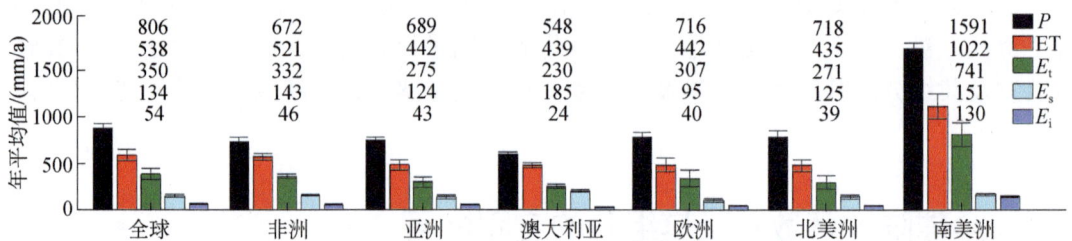

图 6-2 基于 PML-V1 模型估算的全球蒸散发及其组分在全球和各大陆的年平均值（1981～2012 年）

（Zhang et al.，2016）

每个地理区域的每个图形子部分中，显示的数字的顺序与图例的顺序相同；鉴于统计数据统计收集结果，大洋洲的数据用

澳大利亚代替，下同

受到水资源可用性、能量限制和土地覆盖异质性的影响，蒸散发各组分在不同大陆的相对贡献存在差异。尽管各个大洲蒸散发组分都以植被蒸腾为主（>50%），但每个大洲的蒸散发组分的相对贡献各不相同。南美洲的植被蒸腾最高（741 mm），占大洲总蒸散发的72.5%，土壤蒸发和冠层截留蒸发仅分别占大洲总蒸散发的 14.8%（151 mm/a）与 12.7%（130 mm/a）。欧洲的植被蒸腾为 307 mm/a，占大洲总蒸散发的 69.5%，土壤蒸发和冠层截留蒸发仅分别占大洲总蒸散发的 21.5%（95 mm/a）与 9.0%（40 mm/a）。非洲、北美洲与亚洲三个蒸散发组分的占比较为相近。其中，植被蒸腾分别约占非洲、北美洲与亚洲总蒸

散发的 63.7%（332 mm/a）、62.3%（271 mm/a）与 62.2%（275 mm/a）；土壤蒸发则分别约占总蒸散发的 27.4%（143 mm/a）、28.7%（125 mm/a）与 28.1%（124 mm/a）；而冠层截留蒸发的占比则分别为 8.9%（46 mm/a）、9.0%（39 mm/a）与 9.7%（43 mm/a）。澳大利亚的植被蒸腾和冠层截留蒸发均最少，分别仅占其总蒸散发的 52.4%（230 mm/a）与 5.5%（24 mm/a），土壤蒸发占比为 42.1%（185 mm/a）

6.2 全球陆地蒸散发及其组分的变化趋势

6.2.1 全球陆地蒸散发的变化趋势

气候变暖和人类活动日益加剧，不断影响着区域和全球的蒸发过程。蒸散发的年际变化反映了生态系统用水过程对气候、下垫面、供水条件等环境变化的响应。基于 PML 遥感蒸散发模型估算，1981～2012 年全球陆地蒸散发变化趋势为 0.54 mm/a^2（$p<0.01$）。全球陆地蒸散发的增加在许多基于卫星观测和模型的估算研究中都得到了证实（Ma et al.，2021；Miralles et al.，2014；Jung et al.，2010），但受到全球网格产品不确定性的影响，该结论仍存在一定的争议（Jung et al.，2019；Mueller et al.，2013）

蒸散发变化趋势在区域之间存在较大的差异。图 6-3 展示了基于 PML 遥感蒸散发模型估算的 1981～2012 年全球蒸散发变化趋势的空间分布情况（Zhang et al.，2016）。其中，北半球高纬度（>50°N）大部分地区的蒸散发呈增加趋势。北温带（25°N～50°N）相对潮湿的地区蒸散发增加趋势，包括美国东部与欧洲大部分地区。相比之下，北温带相对干燥地区的蒸散发减少，包括北美洲西南部、中国北部和蒙古国等地区。热带地区（25°S～25°N）的蒸散发变化趋势存在较大的空间分异性。其中，亚马孙流域和巴西东部、萨赫勒地区和印度的蒸散发均呈现增加趋势，而南美洲的安第斯高原、刚果盆地的蒸散发则呈现下降趋势。此外，澳大利亚西北部的蒸散发也出现了下降趋势。温带南半球（>25°S）的蒸散发趋势发生了巨大变化。非洲南部和澳大利亚东南部是温带南半球的缺水地区，且气候变异性强。这两个区域的蒸散发均呈现增加趋势。而南美洲巴塔哥尼亚地区的蒸散发则呈现下降趋势。

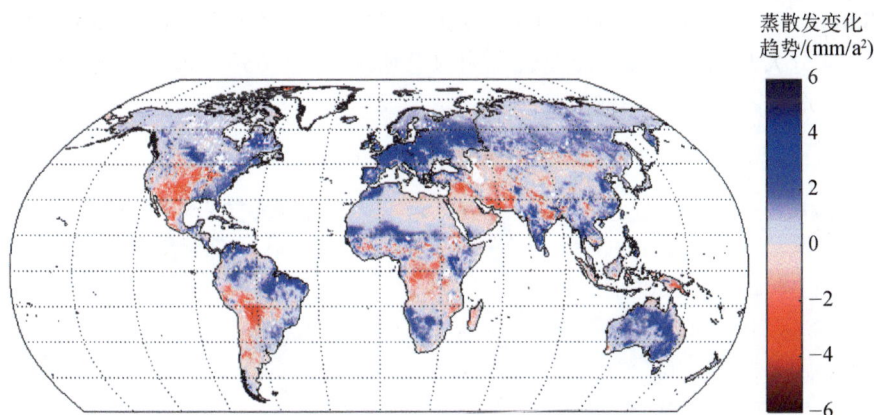

图 6-3 基于 PML 遥感蒸散发模型估算的全球蒸散发变化趋势的空间分布（1981～2012 年）（Zhang et al.，2016）

　　图 6-4 展示了基于 PML-V1 遥感蒸散发模型估算的 1981～2012 年全球蒸散发及其组分在全球和各大陆的变化趋势（Zhang et al., 2016）。从洲际尺度看，各大洲的蒸散发均表现为增加，但只有欧洲地区的蒸散发增加显著（$p<0.01$）。

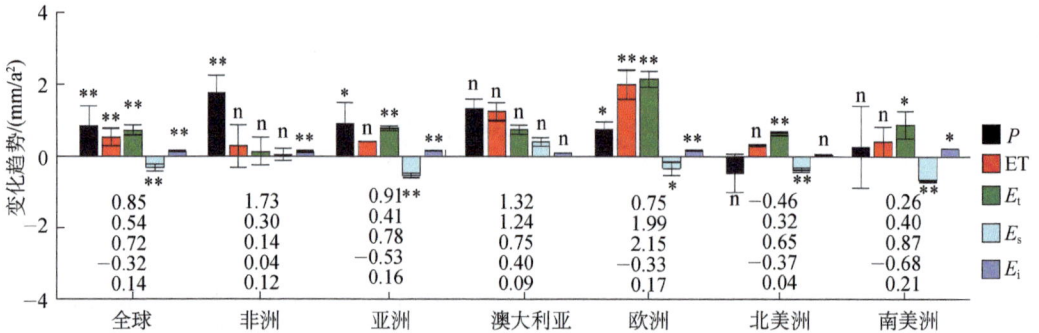

图 6-4　基于 PML-V1 遥感蒸散发模型估算的全球蒸散发及其组分在全球和各大陆的变化趋势
（1981～2012 年）（Zhang et al., 2016）

**表示显著性水平 $1-\alpha=99\%$（$p<0.01$）；*表示显著性水平 $1-\alpha=95\%$（$p<0.05$）；"n"表示不显著（$p>0.05$）。
每个地理区域的每个图形子部分中，显示的数字的顺序与图例的顺序相同

6.2.2　全球陆地蒸散发组分的变化趋势

　　1981～2012 年，全球陆地蒸散发的增加主要由于植被蒸腾和冠层截留蒸发的增加。基于 PML-V1 遥感蒸散发模型估算的结果，植被蒸腾和冠层截留蒸发的增加趋势分别为 0.72 mm/a²（$p<0.01$）和 0.14 mm/a²（$p<0.01$）。而土壤蒸发的变化趋势与植被蒸腾和冠层截留蒸发的变化趋势相反，对全球蒸散发的增加有一定的抵消作用，其变化趋势为 -0.32 mm/a²（$p<0.01$）。

　　图 6-5 展示了基于 PML-V1 遥感蒸散发模型估算的 1981～2012 年全球植被蒸腾和土壤蒸发在全球和各大洲的变化趋势（Zhang et al., 2016）。从洲际尺度来看，各大洲的植被蒸腾大部分表现为增加，只有非洲和澳大利亚的增加趋势不显著（$p>0.05$）。整体而言，植被蒸腾在不同的大洲均对蒸散发变化起着主导作用。澳大利亚和非洲的土壤蒸发略微增加，且增加并不显著。其余大洲的土壤蒸发大部分表现为显著减少（$p<0.05$）。其中，南美洲（-0.68 mm/a²）和亚洲（-0.53 mm/a²）变化最为剧烈，极大地抵消了该区域植被蒸腾的增加量。大部分大洲的冠层截留蒸发表现为显著增加（$p<0.05$），只有北美洲和澳大利亚的冠层截留蒸发增加不显著（$p>0.05$）。

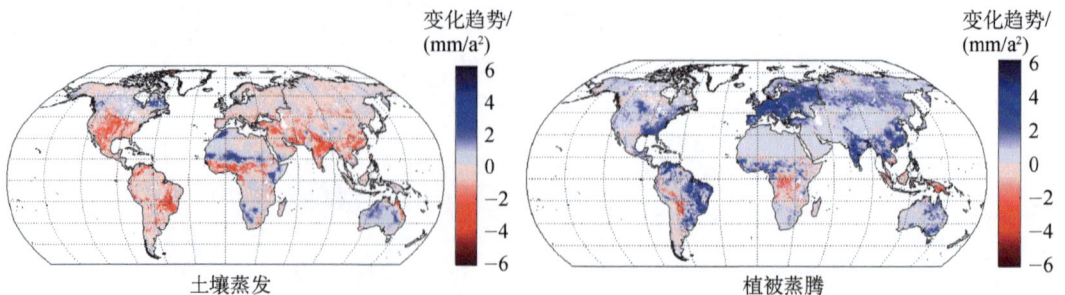

图 6-5　基于 PML-V1 遥感蒸散发模型估算的全球植被蒸腾和土壤蒸发在全球和各大洲的变化趋势
（1981～2012 年）（Zhang et al., 2016）

6.3 全球陆地蒸散发变化的归因

6.3.1 气候因素对全球陆地蒸散发的影响

气候因素是陆地蒸散发的重要影响因素，其中包括降水、气温、湿度、太阳辐射和风速。潜在蒸散发是气温、湿度、太阳辐射和风速影响的综合反映。基于 PML 遥感蒸散发模型的估算结果（Zhang Y Q et al.，2017），图 6-6 展示了年蒸散发与潜在蒸散发及降水的相关关系的空间分布，而图 6-7 展示了年蒸散发及其分量与潜在蒸散发和降水在能量限制区、平衡区、水分限制区沿着每 0.5°纬度变化的相关系数变化情况。

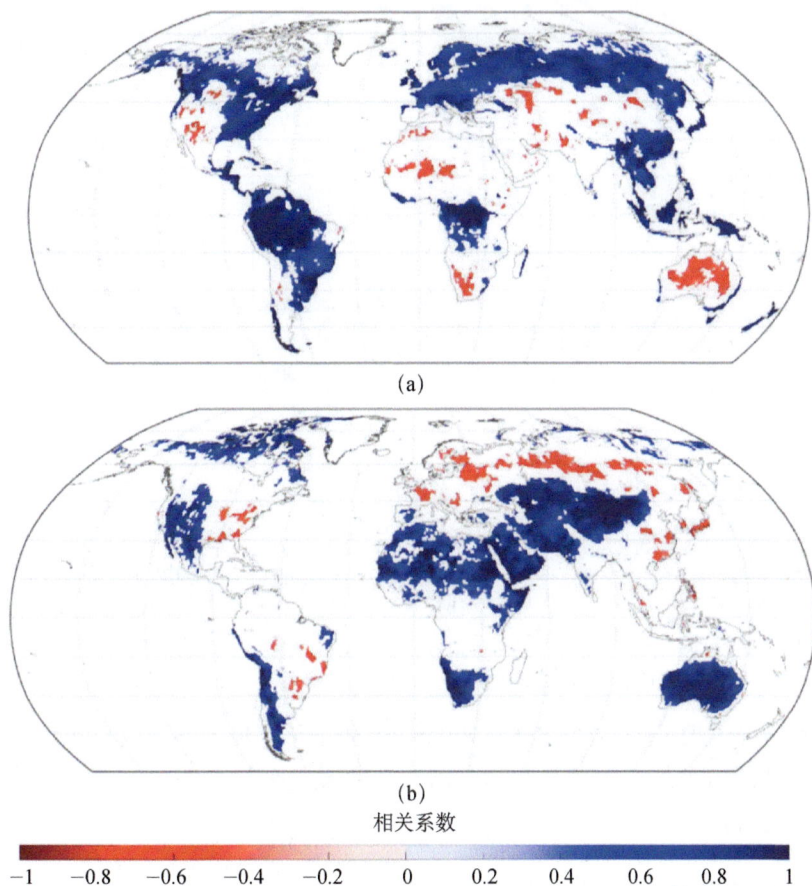

(a)

(b)

相关系数

-1 -0.8 -0.6 -0.4 -0.2 0 0.2 0.4 0.6 0.8 1

图 6-6 1981~2012 年的年蒸散发与潜在蒸散发（a）及降水（b）的相关关系的空间分布（Zhang et al.，2017）
仅显示通过显著性检验的网格情况（$p<0.05$）

能量限制区和平衡区的蒸散发变化由潜在蒸散发主导，分别有 86%和 96%的网格的陆地蒸散发的变化与潜在蒸散发之间存在强正相关关系（$r>0.6$，$p<0.05$）。湿润区的蒸散发则以植被蒸腾为主。不难发现，该区域的植被蒸腾同样表现出与潜在蒸散发有较强的正相关关系。此时，辐射和空气动力学因素的变化是陆地蒸散发变化的主要成因。

在水分限制区，降水是蒸散发变化的主导因素。该区域 67%的网格单元显示实际蒸散

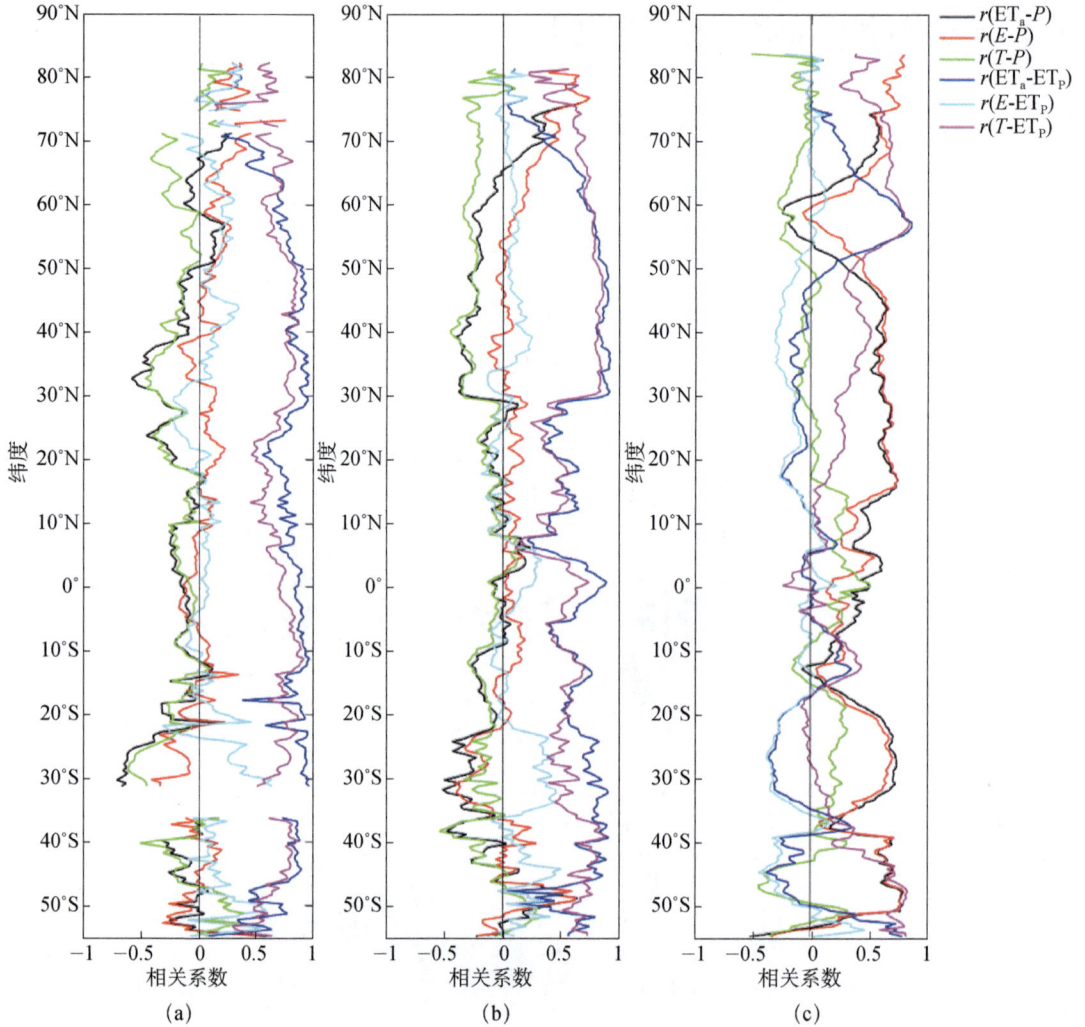

图 6-7　年蒸散发及其分量与潜在蒸散发和降水在能量限制区（a）、平衡区（b）、水分限制区（c）沿着每 0.5°纬度变化的相关系数变化情况（1981～2012 年）（Zhang et al.，2017）

发和降水之间的强正相关关系（$r>0.6$，$p<0.05$）。而干旱区域的蒸散发以土壤蒸发为主。该区域无论是植被蒸腾还是实际蒸散发均与潜在蒸散发没有相关关系，土壤蒸发与降水表现出较为密切的关系。

6.3.2　下垫面变化对全球陆地蒸散发的影响

基于 PML-V2 遥感蒸散发模型的估算结果（张永强等，2021），图 6-8 展示了 2004～2017 年植被变化引起的全球年蒸散发及其分量变化的空间分布。整体而言，植被变化促进了植被蒸腾 [（5.3±19.4）mm]，且对冠层截留蒸发产生积极影响 [（0.8±3.9）mm]，但对土壤蒸发产生消极影响 [（−3.8±12.8）mm]。植被变化引起的蒸散发变化与其对植被蒸腾的影响在空间上具有较好的一致性。在中国东部、印度大部分地区、欧洲西部、非洲南部和北美洲中部，陆地蒸散发和植被蒸腾均显著增加 [图 6-8（a）和（b）]，与此同时这些地区的土壤蒸发下降明显［图 6-8（c）］。在亚马孙森林、非洲北部、欧洲中部部分地区，陆地蒸散发和植被蒸腾的趋势均显著减少，土壤蒸发变化趋势则相反。而植被变化引起的冠层截留蒸发变化幅度较小，大部分地区的蒸散发变化小于 3 mm［图 6-8（d）］。

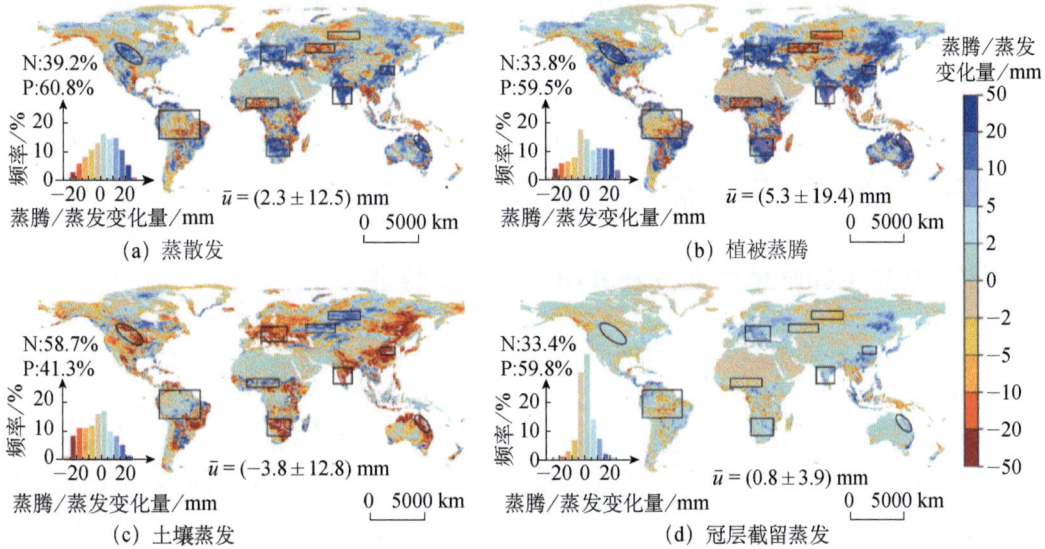

图 6-8　2004～2017 年植被变化引起的全球年蒸散发、植被蒸腾、土壤蒸发和冠层截留蒸发变化的空间分布（张永强等，2021）

由于不同区域蒸散发量级不同，为方便对比植被变化对蒸散发的影响在空间上的差异，图 6-9 进一步展示了植被变化引起的蒸散发相对变化百分比的空间分布。在 80°N 以北地区，植被变化引起的蒸散发各分量一致下降，植被蒸腾、土壤蒸发和冠层截留蒸发的下降比例分别为 20%、5% 和 30%；陆地表面水体面积（主要是冰雪覆盖的面积）在北半球高

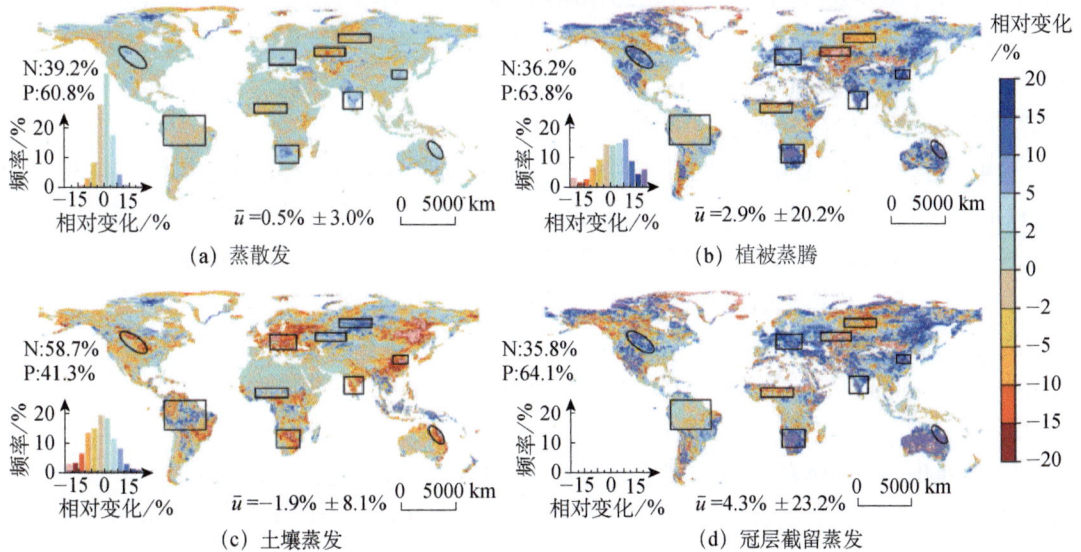

图 6-9　2004～2017 年植被变化引起的年蒸散发、植被蒸腾、土壤蒸发和冠层截留蒸发相对变化百分比的空间分布（张永强等，2021）

纬度地区呈现下降趋势，水体面积减少导致地表前期土壤含水量下降，最终使土壤蒸发下降。此外，灌木退化和冰面消融导致的高纬度地区裸土面积增加，可能是植被蒸腾和冠层截留蒸发明显下降的主要原因。在 70°N～80°N 和 20°S～30°S 纬度带上，植被变化引起的蒸散发分量变化最显著，植被蒸腾和冠层截留蒸发分别增加 10%～15%，而土壤蒸发下降 0%～5%；在北半球中纬度地区，如欧洲西部和中国东部，植被变化对土壤蒸发的影响最为强烈，植被变化促使土壤蒸发在这些地区下降约 5%。

6.4　中国陆地蒸散发的变化趋势和归因

6.4.1　近 20 年中国陆地蒸散发及其组分的时空特征

基于 PML-V2 遥感蒸散发模型的估算结果（He et al.，2022），中国年平均蒸散发为（392.12±10.67）mm/a（均值±标准差，2001～2018 年）。这一结果与机器学习方法（Yin et al.，2021）（2000～2018 年为 397.65 mm/a）和地表模式（Ma et al.，2019）（2001～2012 年为 395.34 mm/a）估算的全国年平均蒸散发基本一致，略高于 MOD16A2 估算的蒸散发（Cheng et al.，2021）[2001～2018 年为（359.61±59.52）mm/a]。然而，它小于 SEBAL 的估算结果（Cheng et al.，2021）[2001～2018 年为（482.27±192.31）mm/a]。此外，Ren 等（2015）和 Wang 等（2012）之前的研究表明，中国的长期平均降水和径流分别约为 720 mm/a 和 280 mm/a。因此，基于水量平衡计算，中国的年平均蒸散发小于 440 mm 是合理的。

土壤蒸发和植被蒸腾共同主导着中国陆地蒸散发。2001～2018 年，中国年平均土壤蒸发、植被蒸腾和冠层截留蒸发分别为（188.55±9.25）mm/a、（180.48±6.97）mm/a、（15.25±1.09）mm/a。图 6-10 展示了 2001～2018 年中国陆地多年平均蒸散发及其组分的空间分布。总体而言，中国多年平均蒸散发自西北向东南呈梯度递增。海南和台湾西部的年平均蒸散发较高（>900 mm/a），而西北大部分地区的年平均蒸散发较低（<100 mm/a），尤其是内蒙古西部、甘肃和新疆南部。

植被蒸腾与冠层截留蒸发的空间分布与年平均蒸散发的空间分布相似。植被蒸腾（>600 mm/a）和冠层截留蒸发（>80 mm/a）的高值区主要分布在热带和亚热带森林（如西南诸河和珠江流域），而低值区（植被蒸腾<50 mm/a，冠层截留蒸发<5 mm/a）则主要分布在天山、阿尔泰山和祁连山除外的西北内陆河流域。除此以外，东北平原、华北平原和四川盆地等耕地地区的冠层截留蒸发也较低。而土壤蒸发与土壤含水量密切相关。土壤蒸发的高值区（>400 mm/a）主要分布在土壤含水量较高的区域，如青藏高原、珠江三角洲和长江三角洲等。

基于 PML-V2 遥感蒸散发模型的估算结果（He et al.，2022），图 6-11 显示了 2001～2018 年中国陆地蒸散发及其组分的变化趋势。2001～2018 年，中国年平均蒸散发呈不显著增加的趋势（$p>0.05$），增加速率为 0.43 mm/a。该结果与利用 Budyko 方程计算的蒸散发一致（Feng et al.，2018；Su et al.，2022）。在此期间，植被蒸腾和冠层截留蒸发分别以

0.91 mm/a 和 0.16 mm/a 的速率显著增加（$p<0.001$）。而土壤蒸发则呈不显著的下降趋势（$p>0.05$），下降速率为 0.69 mm/a。

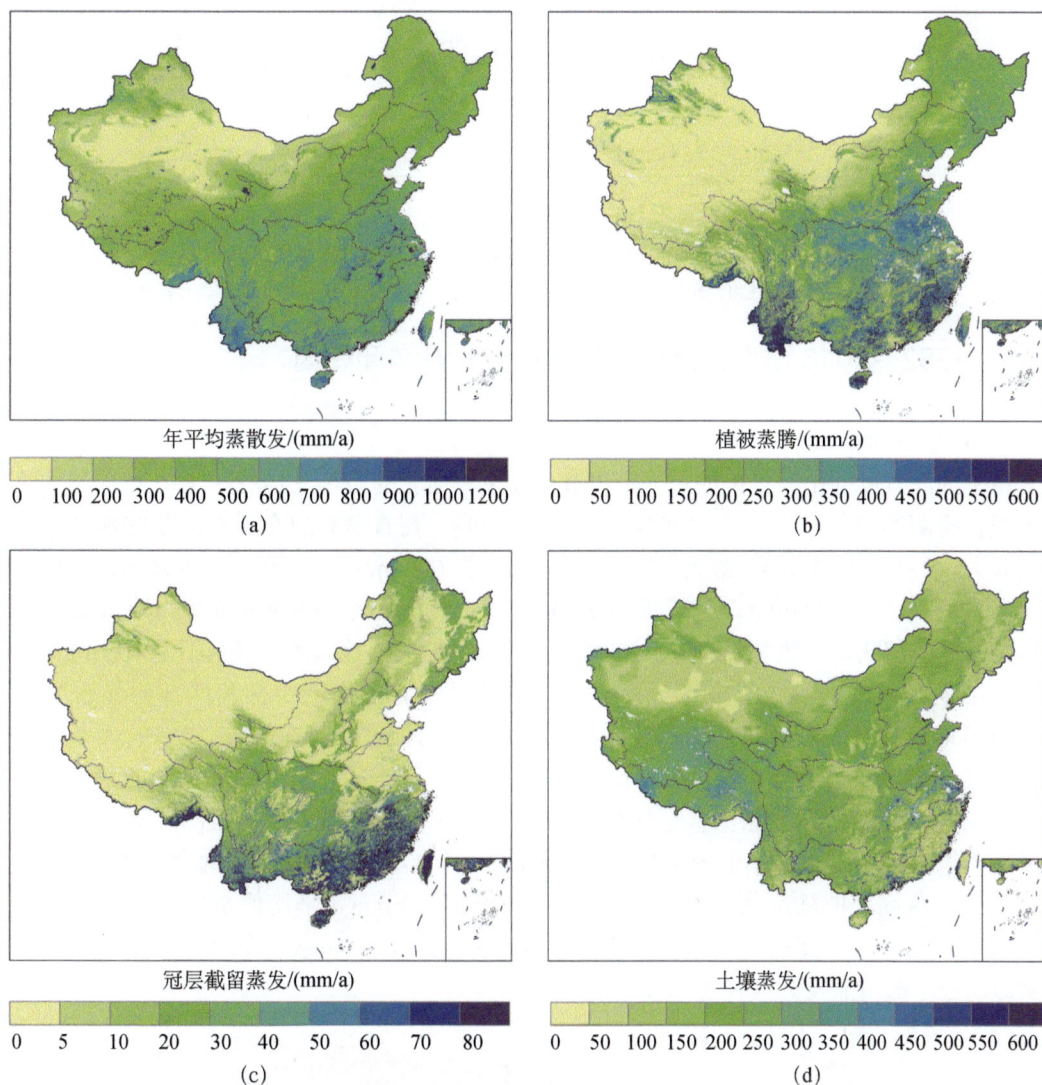

图 6-10　中国陆地多年平均蒸散发及其组分的空间分布（2001~2018 年）（He et al.，2022）

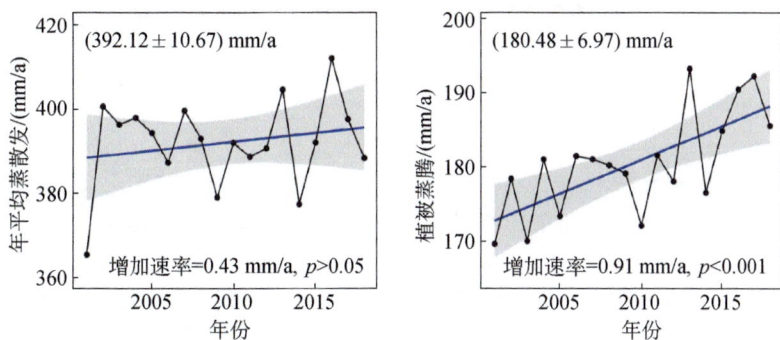

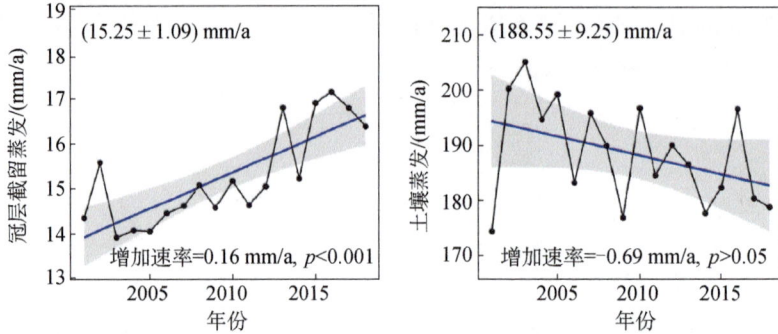

图 6-11　2001～2018 年中国陆地蒸散发及其组分的变化趋势

阴影区域代表基于线性回归模型的 95% 置信区间，各子图左上角的数字是变量的平均值±标准差

6.4.2　1982～2016 年青藏高原蒸散发的变化趋势和归因

1. 青藏高原陆地蒸散发的空间格局

由于湿润气候向干旱气候的过渡，PML-V2 模型估算的多年（1982～2016 年）平均陆地蒸散发在青藏高原从东南向西北递减 [图 6-12（a）]。在青藏高原东南部的某些地区（如雅鲁藏布大峡谷和横断山脉），最大的陆地蒸散发超过 1000 mm/a，而在柴达木盆地，最小的陆地蒸散发甚至小于 100 mm/a。在青藏高原东部的大部分地区，陆地蒸散发约为 500 mm/a，但青藏高原西部陆地蒸散发普遍低于 350 mm/a，阿里地区陆地蒸散发甚至不足 100 mm/a。

就陆地蒸散发的三个组成部分而言，土壤蒸发在青藏高原中部和西部明显占主导地位，对陆地蒸散发的贡献超过 70% [图 6-12（b）]，而植被蒸腾在 97°E 以东的大多数地区至少占陆地蒸散发的一半 [图 6-12（c）]。在雅鲁藏布江东部和长江南部盆地的某些地区，植被蒸腾与陆地蒸散发的比例甚至达到 70% 以上。在青藏高原中部和西部，冠层截留蒸发对陆地蒸散发的贡献主要小于 5% [图 6-12（d）]，在青藏高原东部略微增加到约 10%。

整个青藏高原的陆地蒸散发平均值为（353±24）mm/a（平均值±标准差，后者代表年际变化），其中土壤蒸发为（227±18）mm/a（64%），植被蒸腾为（108±7）mm/a（31%），冠层截留蒸发为（18±1）mm/a（5%）。

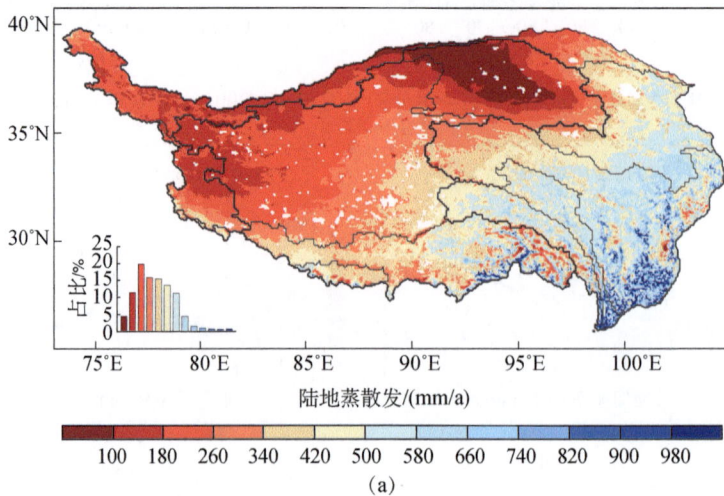

(a)

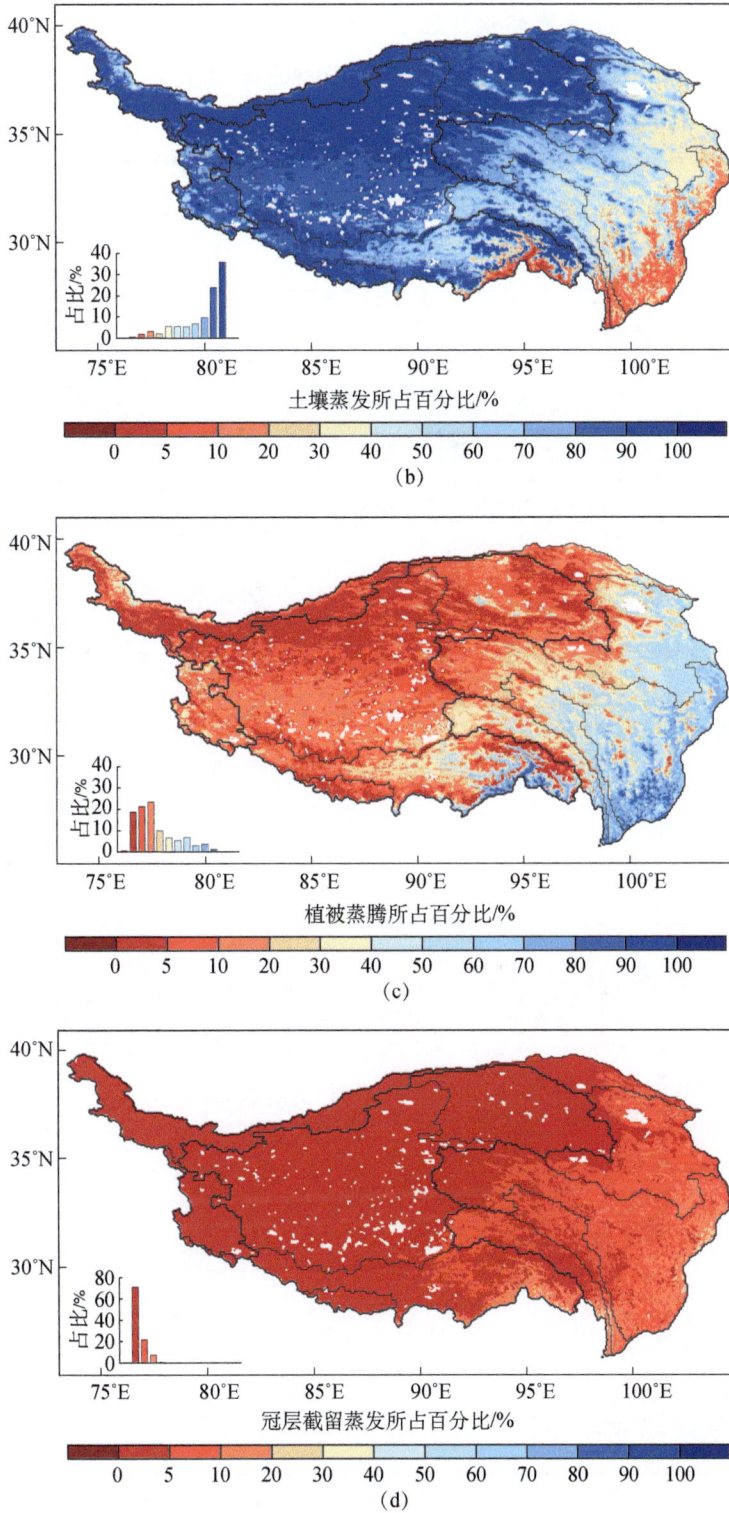

图 6-12　青藏高原多年（1982～2016 年）平均的陆地蒸散发（a）和土壤蒸发（b）、植被蒸腾（c）、
冠层截留蒸发（d）所占百分比的空间分布

不包括湖泊等地表水体的水面蒸发

2. 青藏高原陆地蒸散发的变化特征

1982～2016 年，年平均陆地蒸散发在青藏高原 95% 面积的地区呈上升趋势 [图 6-13（a）]，其中显著增大（$p<0.05$）的地区为区域总面积的 77%。年平均陆地蒸散发仅在青藏高原东南部的某些地区略有减小。从整个青藏高原的平均值来看，1982～2016 年，年平均陆地蒸散发显著增加（$p<0.001$），速率为（1.87 ± 0.25）mm/a^2。青藏高原陆地蒸散发的最大增速主要出现在 20 世纪 90 年代末期。

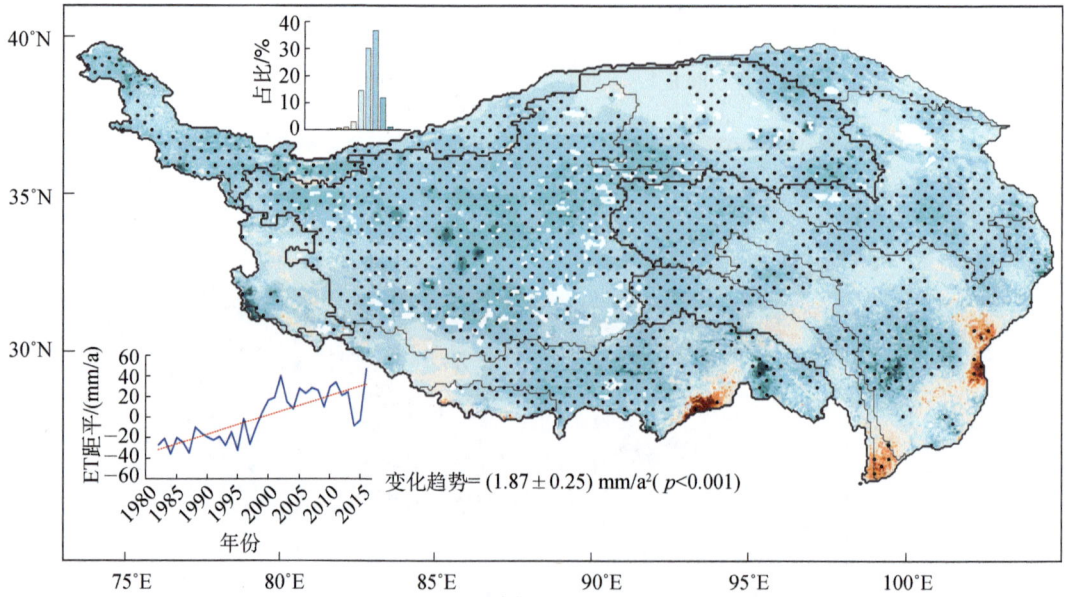

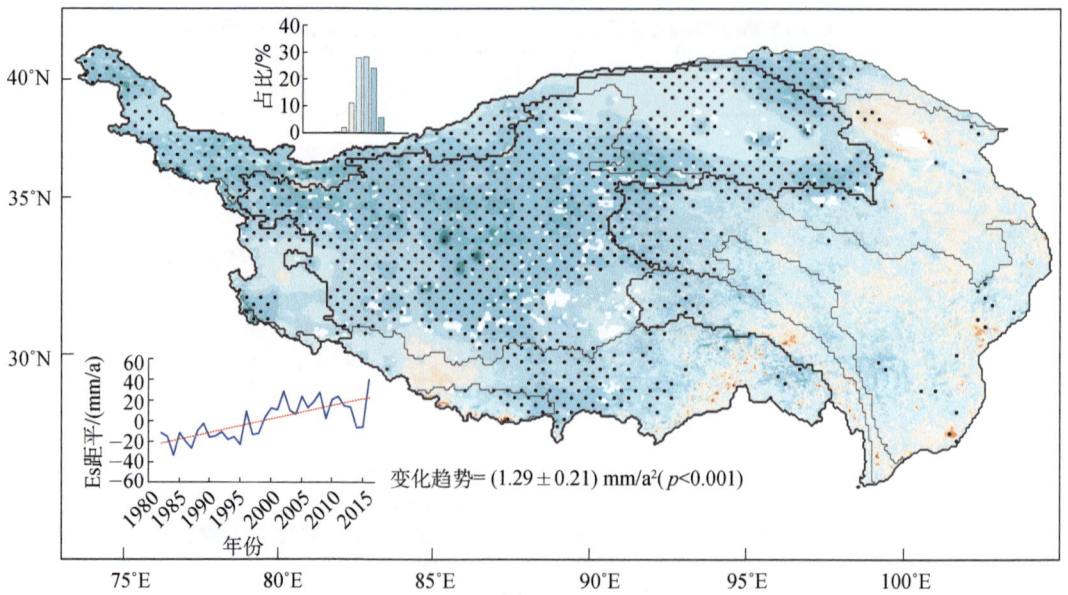

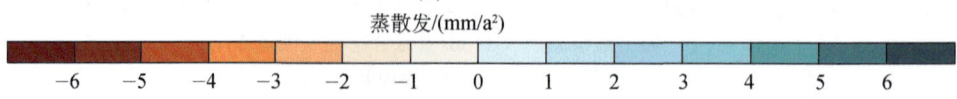

(a)

(b)

蒸散发/(mm/a^2)

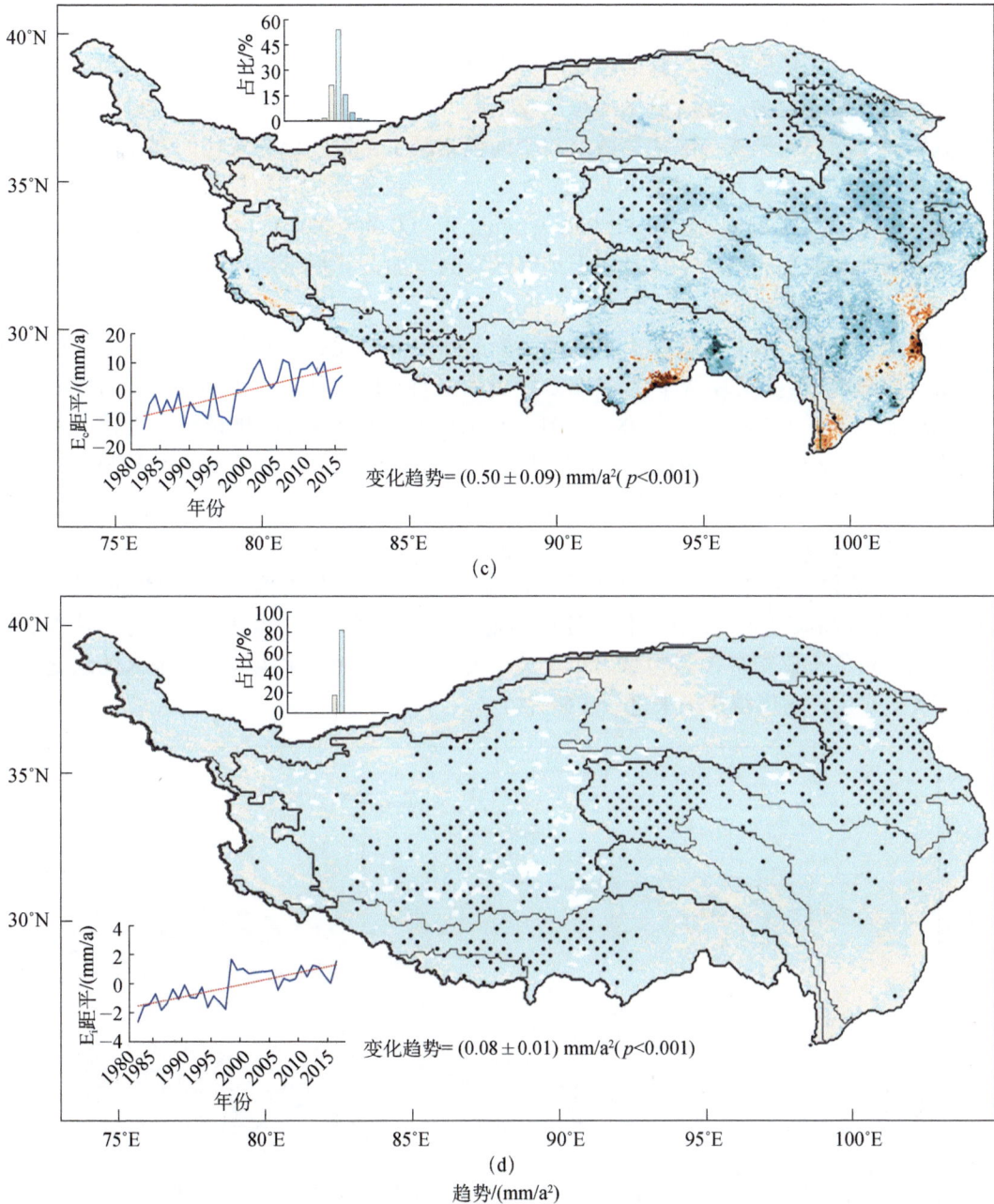

图 6-13　1982～2016 年青藏高原年平均陆地蒸散发（a）、土壤蒸发（b）、植被蒸腾（c）、
冠层截留蒸发（d）变化趋势的空间分布

点表示趋势显著（$p<0.05$），左下角插图显示了 1982～2016 年青藏高原平均值的距平变化（蓝线），
红色虚线表示其最小二乘法拟合的线性趋势

对于蒸散发的三个组成部分，土壤蒸发在青藏高原中部和西部明显增加，但在青藏高原东部变化不大 [图 6-13（b）]。植被蒸腾在青藏高原的东北部和西南部明显增加 [图 6-13

（c）]，这主要是因为该区植被变绿明显；特别是在雅鲁藏布江中西部、黄河源和长江源地区尤为明显，这些地区植被蒸腾的增加趋势非常明显。与此相反，青藏高原东南部某些地区的植被蒸腾明显减少，是这些区域蒸散发下降的主要原因［比较图 6-13（a）和（c）]。冠层截留蒸发的空间模式与陆地蒸散发的空间模式基本一致，但其变化的幅度要小得多。总体而言，1982～2016 年青藏高原平均的土壤蒸发、植被蒸腾和冠层截留蒸发的变化趋势分别为（1.29±0.21）mm/a^2、（0.5±0.09）mm/a^2 和（0.08±0.01）mm/a^2（$p<0.001$），表明青藏高原陆地蒸散发的增加主要是由于土壤蒸发的增加，其贡献率为 69%，其次是植被蒸腾（27%）和冠层截留蒸发（4%）。

值得注意的是，虽然过去几十年青藏高原的陆地蒸散发和降水都在增加，但它们之间的差值（即降水−蒸散发），对高寒生态系统更为重要，因为其反映了高山生态系统的水资源可供应能力。图 6-14 显示了 1982～2016 年青藏高原年降水和陆地蒸散发之差的变化趋势的空间分布。对于整个青藏高原，在过去的 35 年里该差值不存在显著变化趋势。从空间上看，湿润的东南地区似乎变得更干燥，而北部与中部的干旱和半干旱地区则变得更湿润，这与之前 Gao 等（2014）的研究结果一致，表明虽然水文循环总体上在加速，但世界上许多其他地区报告的"干的越来越干，湿的越来越湿"的范式（Held and Soden，2006），在青藏高原可能不存在。但要注意的是，降水与蒸散发的差值可能不是评估青藏高原可利用水量的准确指标，因为冰川和永久冻土中的大量固体水也应在该地区的水文循环中发挥关键作用，这值得在未来进一步研究。

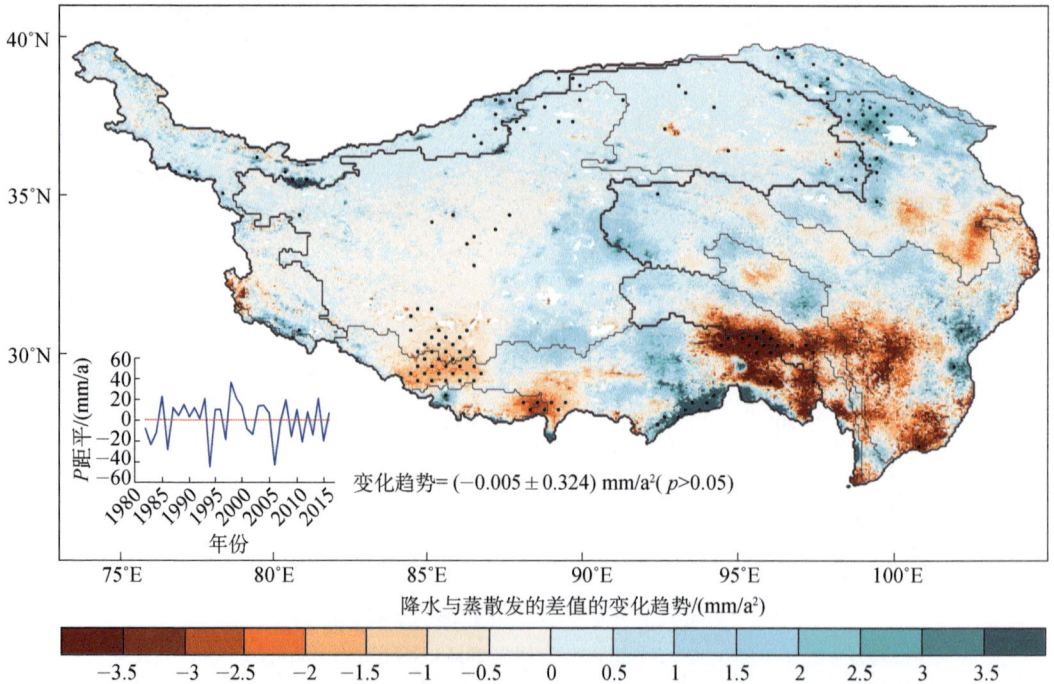

变化趋势= (−0.005±0.324) mm/a^2（$p>0.05$）

降水与蒸散发的差值的变化趋势/(mm/a^2)

图 6-14　1982～2016 年青藏高原年降水和陆地蒸散发之差的变化趋势的空间分布
点表示趋势显著（$p<0.05$），左下角插图显示了 1982～2016 年青藏高原平均值的距平变化（蓝线），
红色虚线表示其最小二乘法拟合的线性趋势

3. 青藏高原陆地蒸散发变化的驱动机制

图 6-15 显示了不同驱动因素引起的 1982～2016 年青藏高原陆地蒸散发变化趋势的空间分布。在青藏高原的大部分地区，由降水引起的蒸散发增加趋势整体大于其他因素 [图 6-15 (a)]。在青藏高原的中部和西部尤其如此，其中降水引起的蒸散发趋势甚至达到了 3 mm/a² 以上。在青藏高原的大部分地区，气温也导致蒸散发的明显增加，在青藏高原东部的某些地区，它们甚至超过了降水引起的蒸散发变化 [图 6-15 (b)]。其余气候因素引起的蒸散发变化整体较小，尽管它们在方向上可能有所不同。叶面积指数变化导致的蒸散发变化趋势 [图 6-15 (f)] 大多小于 0.3 mm/a²，远低于其余气候因素对蒸散发变化的贡献。CO_2 浓度升高导致青藏高原蒸散发呈减小趋势 [图 6-15 (g)]，因为在较高的 CO_2 浓度下，叶片气孔部分关闭，降低了气孔导度 (Long et al.，2004)，最终限制了植物的蒸腾，这在全球尺度陆地蒸散发趋势的归因中也有类似发现 (Mao et al.，2015)。

1982～2016 年，青藏高原降水引起的蒸散发增长趋势最大 [(1.43±0.21) mm/a²]，其次是气温 [(0.49±0.05) mm/a²]、CO_2 浓度 [(−0.23±0.005) mm/a²] 和叶面积指数 [(0.14±0.02) mm/a²]，而其余因素对陆地蒸散发变化的贡献相对较小 (都在 ±0.1 mm/a² 以内) [图 6-16 (a)]。七个驱动因素的综合效应为 1.88 mm/a² [图 6-16 (a)]，与 PML-V2 由实际强迫因素驱动时的年平均蒸散发的实际趋势非常接近。这表明各驱动因素之间的相互作用特别小 (约 0.5%)。实际蒸散发的趋势与七个驱动因素引起的蒸散发变化趋势之和在空间分布上基本一致。这也从侧面证明，基于 PML-V2 进行的建模敏感性实验可以合理地重现 1982～2016 年青藏高原陆地蒸散发变化趋势。

对于 1982～2016 年青藏高原平均陆地蒸散发而言，降水是最大的贡献者，其相对贡献率为 57% [图 6-16 (b)]，表明降水增加是蒸散发增加的主要驱动因素。其次是气温，其相对贡献率为 20%。然而，其余的气候因素对青藏高原平均蒸散发变化趋势的贡献不大。叶面积指数和 CO_2 浓度对蒸散发趋势的影响大小接近 (相对贡献率分别为 6% 和 9%)，但方向相反 [图 6-16 (a)]，表明植被变绿导致的青藏高原蒸散发增加主要被大气中 CO_2 浓度增加引起的气孔关闭所抵消。

就青藏高原内的 11 个子流域而言 (图 6-17)，降水在控制蒸散发趋势方面起着主导作用，在柴达木、印度河、塔里木、青藏高原内流区以及河西地区，降水对蒸散发变化的相对贡献率大于 80%，这些盆地的平均干燥指数小于 0.5 [图 6-17 (a)～(e)]。对于相对湿润的恒河、黄河、雅鲁藏布江、澜沧江、长江和怒江流域 (主要位于青藏高原东部和南部)，降水、气温和净辐射都对流域年平均蒸散发的变化有很大贡献 [图 6-17 (f)～(k)]。

图 6-18 (a) 进一步显示了 1982～2016 年青藏高原陆地蒸散发变化趋势的主导因素的空间分布。同样，在 72% 的青藏高原上，降水是蒸散发变化的主导因素。特别是在气候相对干旱的西部和中部地区，降水的相对贡献率基本都大于 50% (图 6-19)。而在 16.9% 的青藏高原上，气温是蒸散发变化的主导因素，这些地区主要位于黄河流域和长江流域。对于青藏高原东南部的某些地区 (如雅鲁藏布大峡谷)，年平均蒸散发的变化主要由净辐射调节。而在青藏高原东北部的部分地区 (如环青海湖地区)，叶面积指数是蒸散发变化的主导

因素，但这些地区的面积仅占青藏高原总面积的 3.5%。

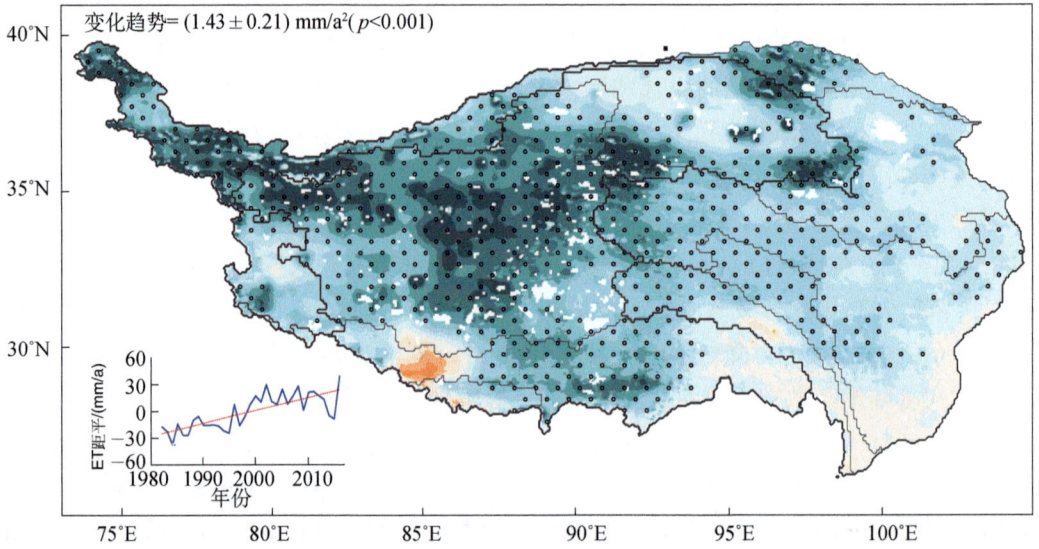

(a)

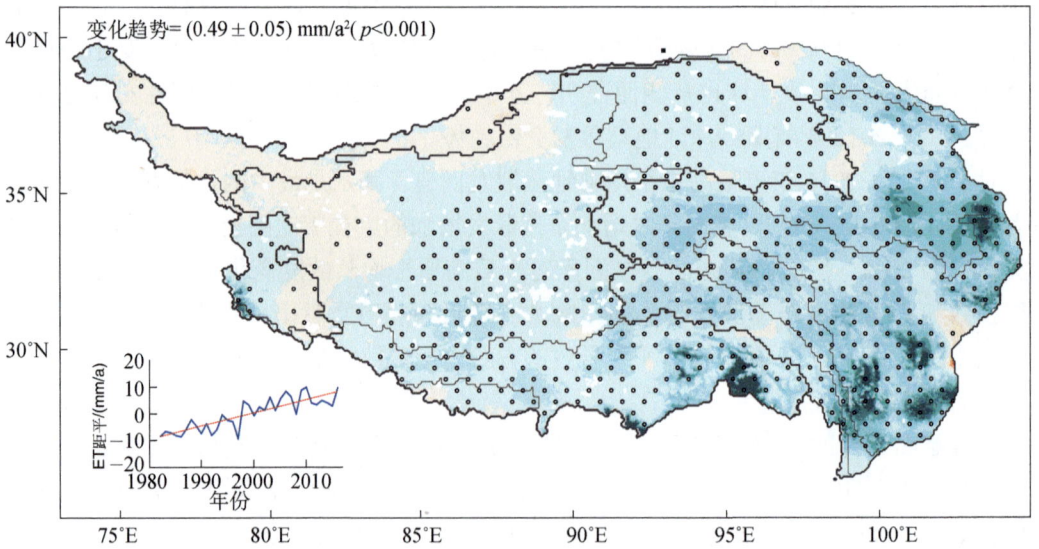

(b)

陆地蒸散发变化趋势/(mm/a²)

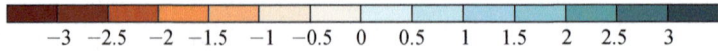

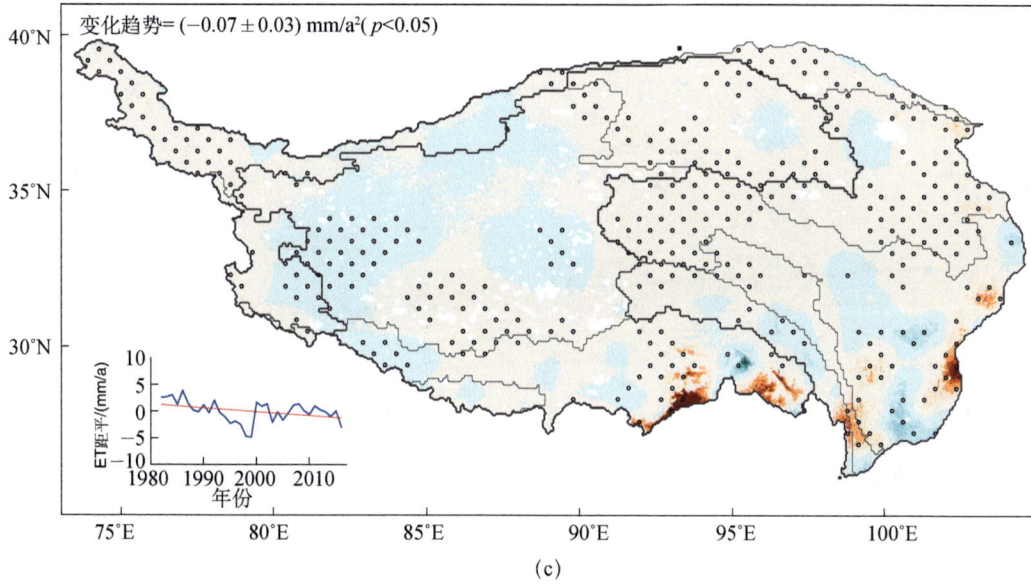

(c)

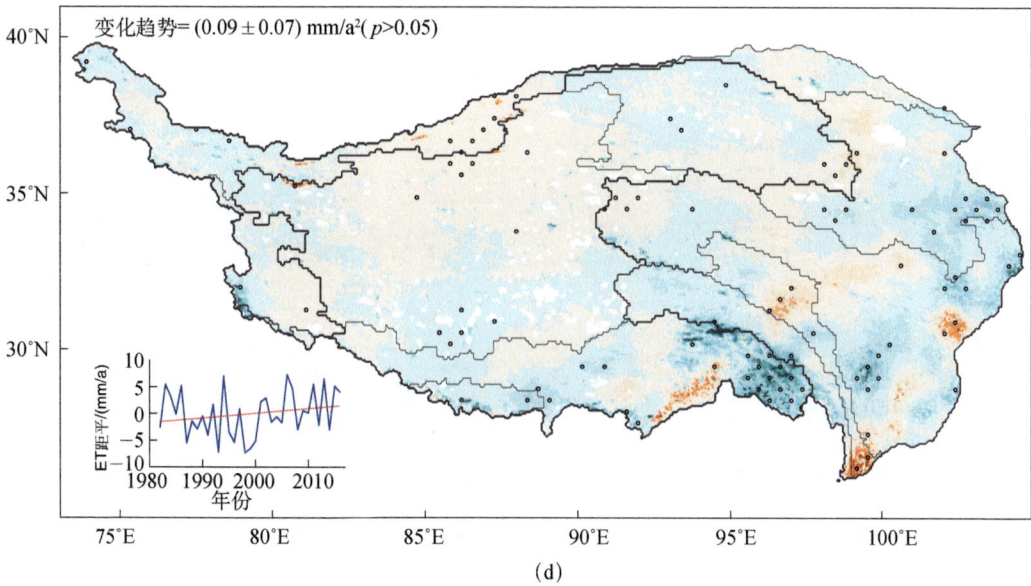

(d)

陆地蒸散发变化趋势/(mm/a²)

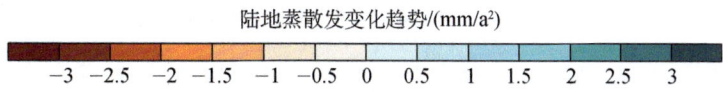

(e)

(f)

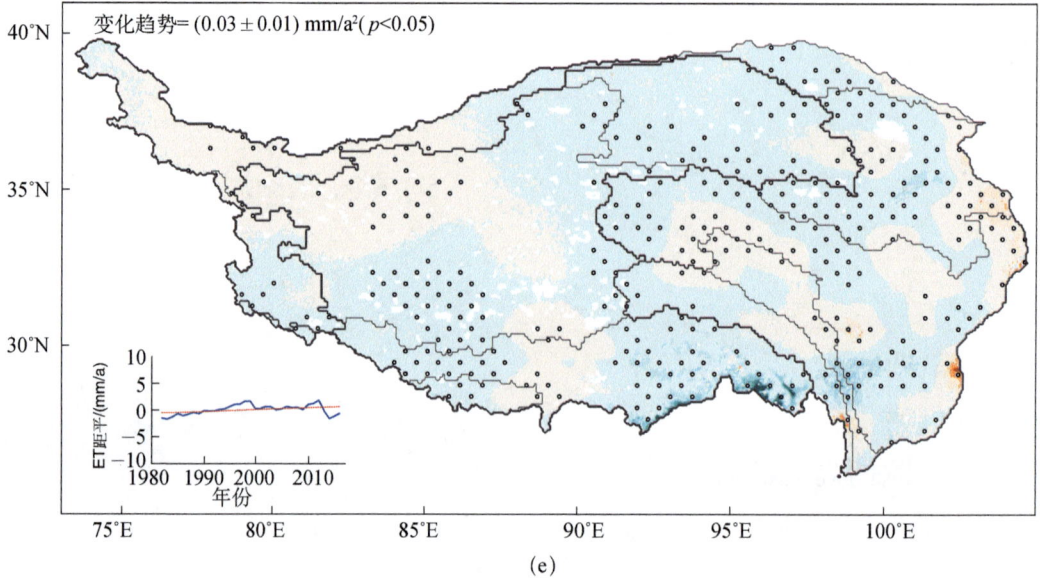

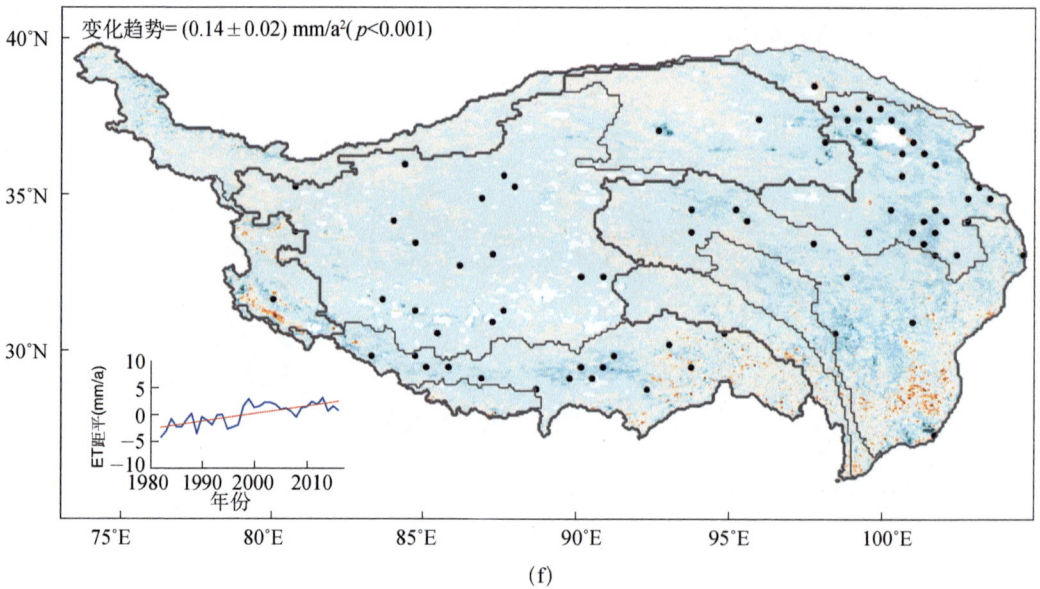

陆地蒸散发变化趋势/(mm/a²)

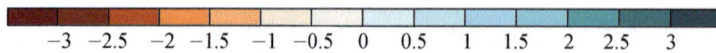

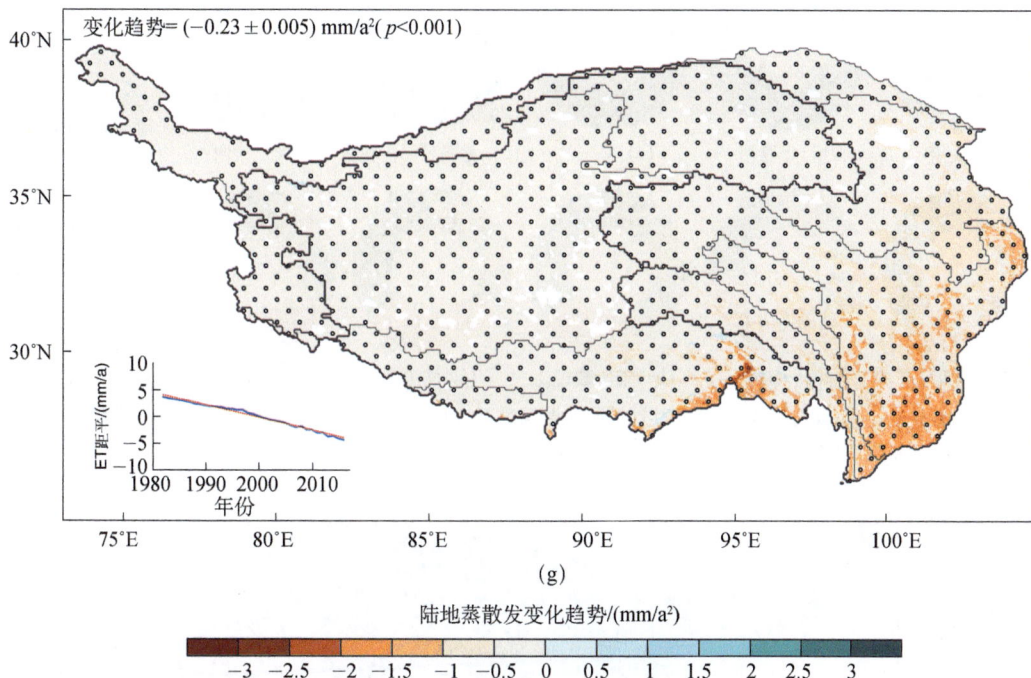

(g)

陆地蒸散发变化趋势/(mm/a²)

$-3\quad-2.5\quad-2\quad-1.5\quad-1\quad-0.5\quad0\quad0.5\quad1\quad1.5\quad2\quad2.5\quad3$

图 6-15　不同驱动因素引起的 1982～2016 年青藏高原陆地蒸散发变化趋势的空间分布
（a）降水；（b）气温；（c）空气湿度；（d）净辐射；（e）2 m 风速；（f）叶面积指数；（g）CO_2 浓度。点表示趋势显著
（$p<0.05$），左下角插图显示了 1982～2016 年青藏高原平均值的距平变化（蓝线），红色虚线表示其最小二乘法拟合的线性趋势

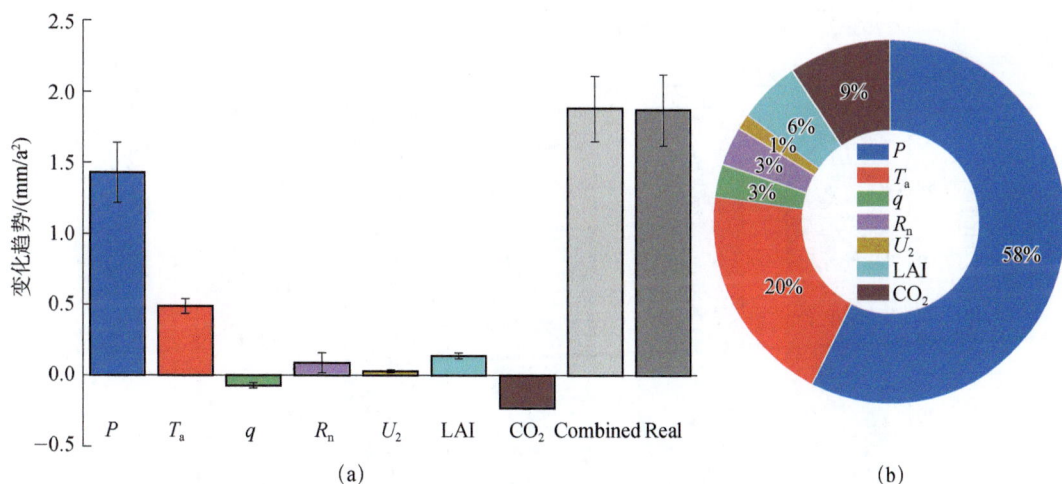

(a)

(b)

图 6-16　（a）由降水（P）、气温（T_a）、空气湿度（q）、净辐射（R_n）、2 m 风速（U_2）、叶面积指数
（LAI）和二氧化碳浓度（CO_2）七个驱动因素引起的青藏高原 1982～2016 年平均陆地蒸散发变化趋势、
七个敏感性建模实验的趋势之和（浅灰色），以及使用真实输入时的实际陆地蒸散发变化趋势［深灰色，即
图 6-13（a）的趋势］；（b）1982～2016 年，每个驱动因素对青藏高原的年平均蒸散发趋势的相对贡献
图（a）中误差条代表趋势的标准误差

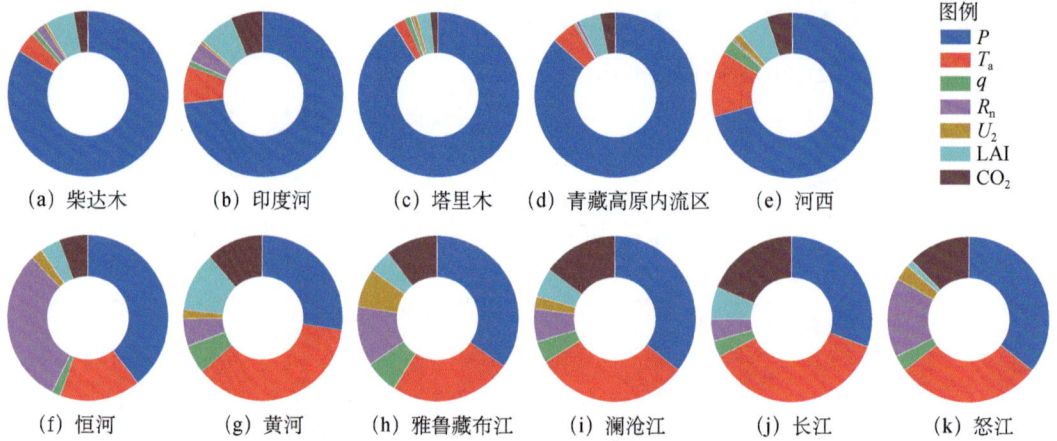

图 6-17　青藏高原 11 个子流域的不同要素对其 1982～2016 年陆地蒸散发的相对贡献

图例的含义与图 6-16 一致

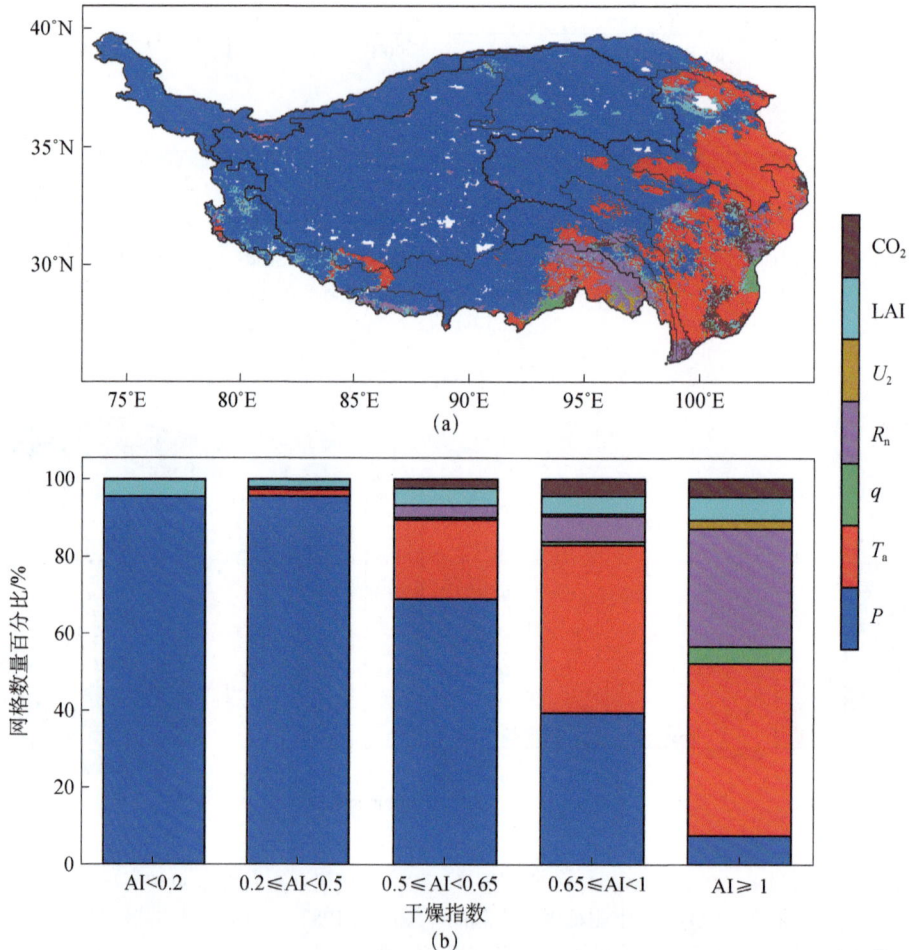

图 6-18　（a）1982～2016 年青藏高原陆地蒸散发变化趋势的主导因素的空间分布；（b）在不同干燥指数
范围内 ［干旱（AI<0.2）、半干旱（0.2≤AI<0.5）、亚湿润干旱（0.5≤AI<0.65）、半湿润（0.65≤AI<1）和
湿润（AI≥1）］，具有相应主导因子的网格数量百分比

图例的含义与图 6-16 一致

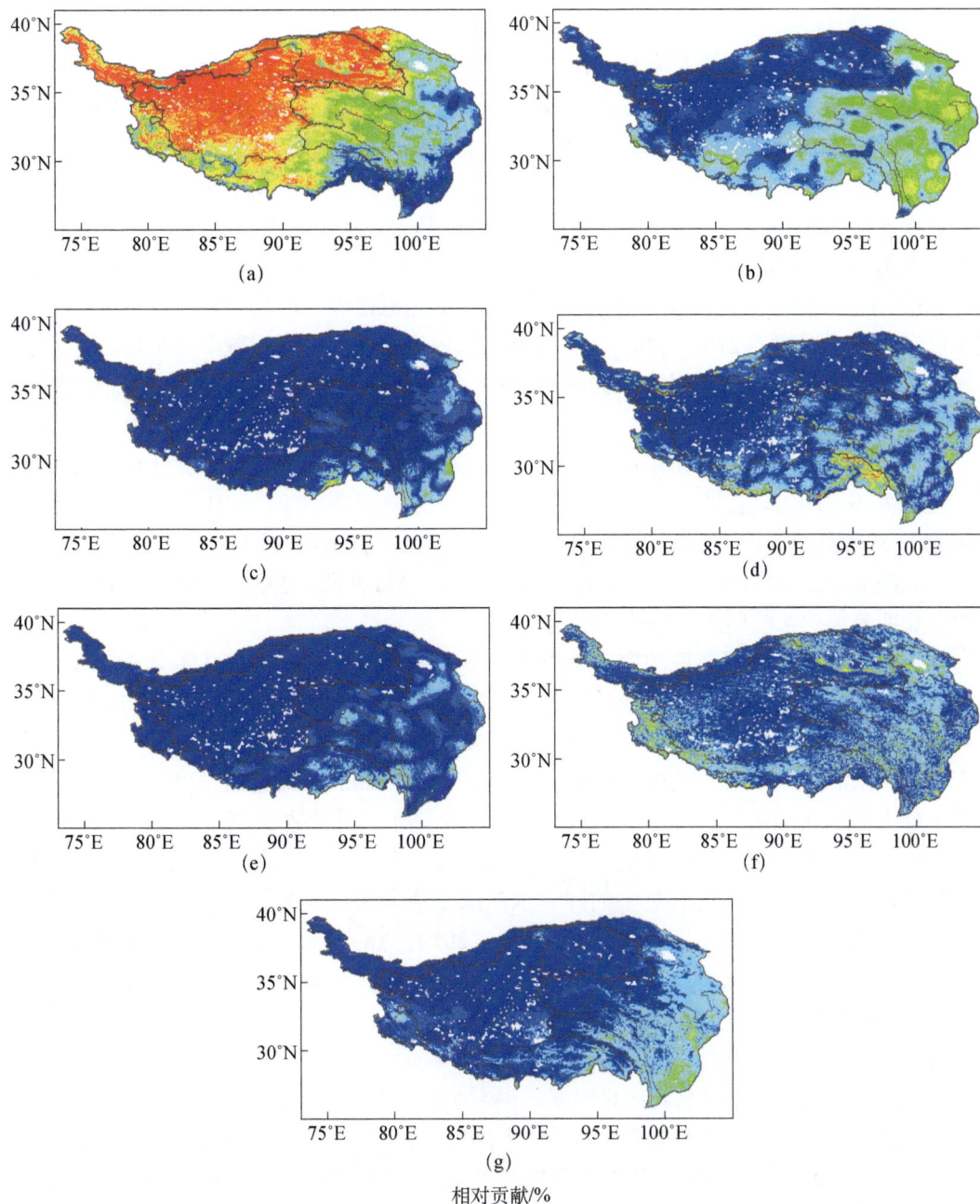

图 6-19 降水（a）、气温（b）、空气湿度（c）、净辐射（d）、2 m 风速（e）、叶面积指数（f）和 CO$_2$ 浓度（g）对 1982～2016 年青藏高原陆地蒸散发变化趋势的相对贡献的空间分布

为了进一步研究控制不同气候区蒸散发趋势的主导因素，图 6-18（b）显示了在不同干燥指数范围内具有相应主导因素的网格数量的百分比。随着干燥指数的增大（即从干旱到湿润），降水对蒸散发趋势的影响逐渐减弱，而气温和净辐射的影响则越来越大。

1）水分和热量

近几十年来，青藏高原升温显著，加速了水文循环（Yao et al.，2019），这不仅体现在蒸散发的增加，还表现在青藏高原大部分地区的降水（Yang et al.，2014；Yao et al.，2022）、陆地水储量（Meng et al.，2019）和大气水汽（He et al.，2021）的增加。事实上，自 20 世纪 90 年代末以来，青藏高原的湿润趋势变得更加明显，1997 年后湖泊的快速扩张就是直接证据（Zhang G et al.，2017）。本研究模拟结果还显示，自 1997 年以来，青藏高原年平均蒸散发量迅速增加［图 6-13（a）］，表明降水在调节青藏高原蒸散发中起着关键作用。Yang 等（2018）研究发现，降水的增加在青藏高原内流区最为明显，自 20 世纪 90 年代末以来，降水增加了 21%±7%。当在青藏高原内流区的同一空间域中取平均值时（该区干燥指数为 0.33），本研究得出的 1998～2016 年与 1982～1997 年陆地蒸散发的相对增长幅度几乎相等，为 22%。

然而，在青藏高原东部和东南部某些气候湿润的地区，气温和净辐射分别是蒸散发多年变化的主要驱动力。按照经典的 Budyko（1974）水热平衡理论，在干旱地区，蒸散发与土壤水分关系密切；但在潮湿地区，往往与可利用的能量强烈耦合，区域（Sun et al.，2020；Yang et al.，2006）和全球（Jung et al.，2010；Ma et al.，2021；Zhang et al.，2016）蒸散发长期趋势的某些归因已经验证了这一点。

应该强调的是，青藏高原的突出特点是寒冷。因此，由于持续的温度上升，冰冻圈要素的变化也可能影响到蒸散发的变化。例如，Wang 等（2020）认为，在过去 15 年中，由永久冻土融化而释放的水也导致了青藏高原过渡性永久冻土地区的蒸汽增加，这与北极地区变暖对蒸汽的影响相似（Helbig et al.，2016）。马宁（2021）最近的一项研究表明，青藏高原中部上游冰川的融化补充了下游典型湿地的土壤水，导致青藏高原湿地和附近没有冰川影响的高山草原之间的蒸散发变化趋势差异较大。事实上，青藏高原正经历着更快的多相水转化，可以看出，不仅有更多的固体水变成了液态水（如融化的冰川/雪），还有更多的液态水变成了气态水（如蒸散发）（Li et al.，2019；Yao et al.，2019）。在这种情况下，青藏高原作为冰冻圈区域的一部分，尽管目前整体上属于水分限制区域，但未来可利用能量在调节其对环境所起的作用时将变得越来越重要。

2）植被变化

植被绿度的变化不仅影响表面反照率，也影响潜热通量（Piao et al.，2020）。目前在世界许多地区已经普遍报道了叶面积指数的明显增加（即植被变绿）（Chen et al.，2019；Zhu et al.，2016）。Zeng 等（2018）利用耦合气候模型，认为地球变绿在 1982～2011 年对全球陆地蒸散发的增加起到了 55%的作用。青藏高原陆地植被变绿也较为明显，从图 6-20 可以看出，1982～2016 年，青藏高原年平均叶面积指数以 1.20×10^{-3} m²/（m²·a）（$p < 0.01$）的速度增加，这与之前 Zhong 等（2019）的研究结果一致。然而，我们发现，叶面积指数对蒸散发变化趋势的整体贡献仅有 6%，弱于其他气候因子的影响［图 6-16（b）］。植被变绿对青藏高原平均陆地蒸散发变化的影响如此之小的原因可能有两个方面：①在草原占主导地位的高原中部和西部，植被覆盖度较低，植被蒸腾占陆地蒸散发的比例很低［图 6-13（c）］；②在叶面积指数相对较大的高原东部，虽然高原东北部变绿明显（图 6-20），但同一时期高原东南部的某些地区叶面积指数甚至减小，这种相反的现象可能抵消了植被对青藏高原平

均蒸散发变化的影响。

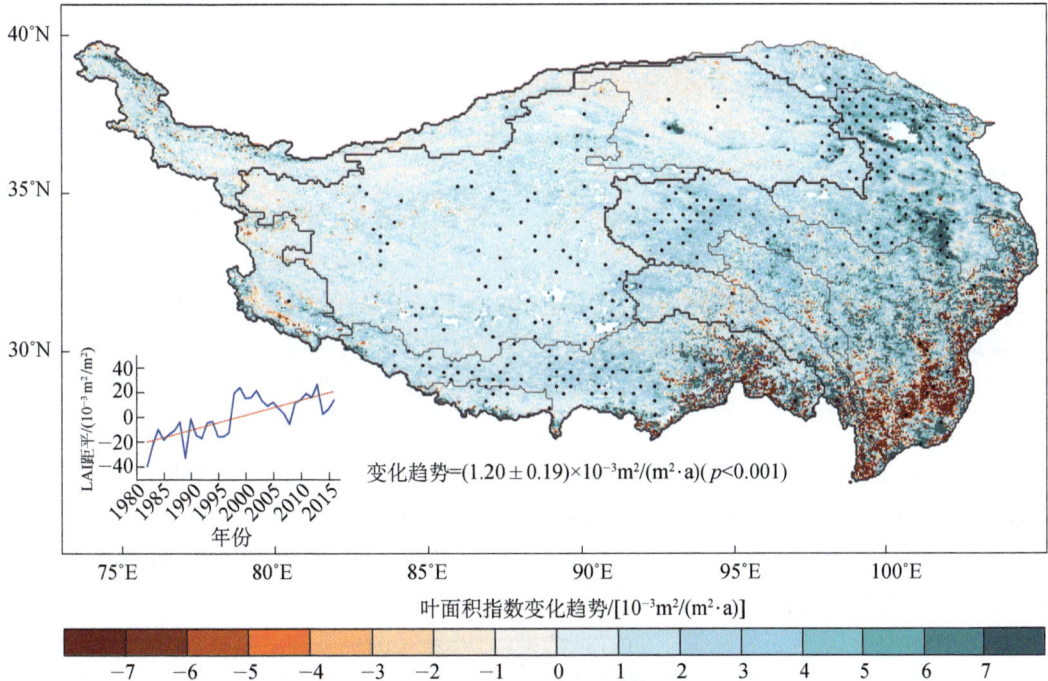

图 6-20　1982～2016 年青藏高原年均叶面积指数变化趋势的空间分布

点表示趋势显著（$p<0.05$），左下角插图显示了 1982～2016 年青藏高原平均值的距平变化（蓝线），
红色虚线表示其最小二乘法拟合的线性趋势

　　植被变化对蒸散发趋势的贡献有限，这与中国南方的研究结果相似，即气候因素主导了蒸散发的年际变化，其贡献率超过 90%，而植被变化的贡献率低于 10%（Zhang et al.，2020）。然而，本结果与 Wang 等（2018）的研究结果相反，后者根据逐步回归分析，证明1982～2012 年叶面积指数变化对陆地蒸散发趋势的贡献率为 46%。我们认为，这样的结论可能是由于相关归因方法的固有缺陷，因为其研究认为气温甚至不是青藏高原平均陆地蒸散发趋势的关键贡献者，尽管它是青藏高原东部蒸散发变化的主导因素。

　　尽管在变绿较为明显的青海湖周边地区（图 6-20），叶面积指数主导蒸散发变化的地区面积仅占青藏高原总面积的 3.5%。但在青藏高原东部的许多地区，其叶面积指数对蒸散发的相对贡献率达 20% 以上（图 6-19），这表明尽管植被的贡献仍略低于气温或净辐射（图6-18），但植被变化在调节青藏高原部分地区蒸散发变化中仍起到了不可忽视的作用。Shen等（2015）的耦合气候模型表明，由叶面积指数增加而导致的蒸散发增强（即潜热消耗增多），能够一定程度上减缓青藏高原的变暖速度，这是陆地对大气的重要生物物理反馈，再次强调了植被在调节青藏高原水文气象条件中的重要作用，值得未来深入研究。

6.5　本章小结

　　基于 PML-V2 遥感蒸散发模型的估算结果，2003～2017 年全球陆地年平均蒸散发为

（476.7±378.2）mm/a。其中，植被蒸腾、土壤蒸发和冠层截留蒸发分别为（268.6±303.2）mm/a、（161.4±103.4）mm/a、（46.6±77.2）mm/a，分别占年蒸散发总量的 40.9%±24.9%、52.5%±30.2%和 6.6%±7.2%。自 20 世纪 80 年代以来，全球陆地蒸散发呈显著增加趋势（$p<0.05$），但蒸散发的变化趋势在区域之间存在较大的差异。整体而言，植被蒸腾的增加主导着全球陆地蒸散发的变化，且冠层截留蒸发也略有增加，但土壤蒸发的下降在一定程度上抵消了部分蒸散发增加。

从区域的水热条件来看，能量限制区和平衡区的蒸散发以植被蒸腾为主，其蒸散发变化与潜在蒸散发的变化表现出较高的正相关关系（$r>0.6$，$p<0.05$）；而水分限制区以土壤蒸发为主，其蒸散发变化与降水的变化具有较高的正相关关系（$r>0.6$，$p<0.05$）。

除此以外，近 20 年来植被变化加剧了全球植被蒸腾和冠层截留蒸发的增加，但同时导致了土壤蒸发的下降。植被变化导致的蒸散发变化与其对植被蒸腾的影响在空间上具有较好的一致性。

基于 PML-V2 遥感蒸散发模型的估算结果，2001～2018 年中国年平均蒸散发为（392.12±10.67）mm/a，空间呈现东南高、西北低的格局。土壤蒸发和植被蒸腾共同主导着中国陆地蒸散发。植被蒸腾与冠层截留蒸发的空间格局与年平均蒸散发的空间格局相似，而土壤蒸发则与土壤含水量密切相关。

基于 PML-V2 遥感蒸散发模型的估算结果，1982～2016 年青藏高原的年平均陆地蒸散发为（353±24）mm/a。青藏高原的年平均陆地蒸散发从东南向西北递减。近 40 年，青藏高原大部分地区的陆地蒸散发呈现增加趋势。其中，土壤蒸发主导着青藏高原蒸散发的变化（69%），其次是植被蒸腾（27%）和冠层截留蒸发（4%）。整体而言，降水是青藏高原蒸散发增加的主导因素 [（1.43±0.21）mm/a^2]，其次是气温 [（0.49±0.05）mm/a^2]。青藏高原西部与中部植被覆盖度较低，且东部存在着叶面积指数北增南减的情况，在一定程度上削弱了植被变化对青藏高原蒸散发的影响。

参 考 文 献

马宁. 2021. 近 40 年来青藏高原典型高寒草原和湿地蒸散发变化的对比分析. 地球科学进展, 36（8）: 836-848.

张永强，孔冬冬，张选泽，等. 2021. 2003—2017 年植被变化对全球陆面蒸散发的影响. 地理学报, 76（3）: 584-594.

Budyko M I. 1974. Climate and Life. New York: Academic Press.

Chen C, Park T, Wang X H, et al. 2019. China and India lead in greening of the world through land-use management. Nature Sustainability, 2: 122-129.

Cheng M H, Jiao X Y, Li B B, et al. 2021. Long time series of daily evapotranspiration in China based on the SEBAL model and multisource images and validation. Earth System Science Data, 13: 3995-4017.

Feng T C, Su T, Ji F, et al. 2018. Temporal characteristics of actual evapotranspiration over China under global warming. Journal of Geophysical Research: Atmospheres, 123: 5845-5858.

Gao Y H，Cuo L，Zhang Y X. 2014. Changes in moisture flux over the Tibetan Plateau during 1979−2011 and possible mechanisms. Journal of Climate，27：1876-1893.

Haddeland I，Clark D B，Franssen W，et al. 2011. Multimodel estimate of the global terrestrial water balance：setup and first results. Journal of Hydrometeorology，12（5）：869-884.

He S Y，Zhang Y Q，Ma N，et al. 2022. A daily and 500 m coupled evapotranspiration and gross primary production product across China during 2000−2020，Earth System Science Data，14：5463-5488.

He Y L，Tian W L，Huang J P，et al. 2021. The mechanism of increasing summer water vapor over the Tibetan Plateau. Journal of Geophysical Research：Atmospheres，126（10）：e2020JD034166.

Helbig M，Wischnewski K，Kljun N，et al. 2016. Regional atmospheric cooling and wetting effect of permafrost thaw-induced boreal forest loss. Global Change Biology，22：4048-4066.

Held I M，Soden B J. 2006. Robust responses of the hydrological cycle to global warming. Journal of Climate，19：5686-5699.

Jung M，Koirala S，Weber U，et al. 2019. The FLUXCOM ensemble of global land-atmosphere energy fluxes. Scientific Data，6（1）：74.

Jung M，Reichstein M，Ciais P，et al. 2010. Recent decline in the global land evapotranspiration trend due to limited moisture supply. Nature，467：951-954.

Li Z X，Feng Q，Li Z J，et al. 2019. Climate background，fact and hydrological effect of multiphase water transformation in cold regions of the Western China：a review. Earth-Science Reviews，190：33-57.

Long S P，Ainsworth E A，Rogers A，et al. 2004. Rising atmospheric carbon dioxide：plants FACE the future. Annual Review of Plant Biology，55：591-628.

Ma N，Szilagyi J，Zhang Y Q. 2021. Calibration-free complementary relationship estimates terrestrial evapotranspiration globally. Water Resources Research，57：e2021WR029691.

Ma N，Szilagyi J，Zhang Y S，et al. 2019. Complementary-relationship-based modeling of terrestrial evapotranspiration across China during 1982−2012：validations and spatiotemporal analyses. Journal of Geophysical Research：Atmospheres，124：4326-4351.

Ma N，Zhang Y Q. 2022. Increasing Tibetan Plateau terrestrial evapotranspiration primarily driven by precipitation. Agricultural and Forest Meteorology，317：108887.

Mao J F，Fu W T，Shi X Y，et al. 2015. Disentangling climatic and anthropogenic controls on global terrestrial evapotranspiration trends. Environmental Research Letters，10：094008.

Martens B，Miralles D G，Lievens H，et al. 2017. GLEAM v3：satellite-based land evaporation and root-zone soil moisture. Geoscientific Model Development，10（5）：1903-1925.

Meng F C，Su F G，Li Y，et al. 2019. Changes in terrestrial water storage during 2003-2014 and possible causes in Tibetan Plateau. Journal of Geophysical Research：Atmospheres，124：2909-2931.

Miralles D G，van den Berg M J，Gash J H，et al. 2014. El Niño-La Niña cycle and recent trends in continental evaporation. Nature Climate Change，4（2）：122-126.

Mu Q Z，Zhao M S，Running S W. 2011. Improvements to a MODIS global terrestrial evapotranspiration algorithm. Remote Sensing of Environment，115（8）：1781-1800.

Mueller B，Hirschi M，Jimenez C，et al. 2013. Benchmark products for land evapotranspiration：LandFlux-

EVAL multi-data set synthesis. Hydrology and Earth System Sciences，17（10）：3707-3720.

Oki T，Kanae S. 2006. Global hydrological cycles and world water resources. Science，313：1068-1072.

Piao S L，Wang X H，Park T，et al. 2020. Characteristics，drivers and feedbacks of global greening. Nature Reviews Earth & Environment，1：14-27.

Ren G，Zhan Y，Ren Y，et al. 2015. Spatial and temporal patterns of precipitation variability over mainland China：I. Climatology. Adv. Water Sci.，26：299-310.

Rodell M，Beaudoing H K，L'Ecuyer T S，et al. 2015. The observed state of the water cycle in the early twenty-first century. Journal of Climate，28（21）：8289-8318.

Shen M G，Piao S L，Jeong S J，et al. 2015. Evaporative cooling over the Tibetan Plateau induced by vegetation growth. Proceedings of the National Academy of Sciences of the United States of America，112：9299-9304.

Su T，Feng T C，Huang B C，et al. 2022. Long-term mean changes in actual evapotranspiration over China under climate warming and the attribution analysis within the Budyko framework. International Journal of Climatology，42：1136-1147.

Sun S B，Song Z L，Chen X，et al. 2020. Multimodel-based analyses of evapotranspiration and its controls in China over the last three decades. Ecohydrology，13：e2195.

Wang G Q，Zhang J Y，Jin J L，et al. 2012. Assessing water resources in China using PRECIS projections and a VIC model. Hydrology and Earth System. Sciences，16：231-240.

Wang G X，Lin S，Hu Z Y，et al. 2020. Improving actual evapotranspiration estimation integrating energy consumption for ice phase change across the Tibetan Plateau. Journal of Geophysical Research：Atmospheres，125.

Wang W G，Li J X，Yu Z B，et al. 2018. Satellite retrieval of actual evapotranspiration in the Tibetan Plateau：components partitioning，multidecadal trends and dominated factors identifying. Journal of Hydrology，559：471-485.

Yang D W，Sun F B，Liu Z Y，et al. 2006. Interpreting the complementary relationship in non-humid environments based on the Budyko and Penman hypotheses. Geophysical Research Letters，33.

Yang K，Lu H，Yue S Y，et al. 2018. Quantifying recent precipitation change and predicting lake expansion in the Inner Tibetan Plateau. Climatic Change，147：149-163.

Yang K，Wu H，Qin J，et al. 2014. Recent climate changes over the Tibetan Plateau and their impacts on energy and water cycle：a review. Global and Planetary Change，112：79-91.

Yao T D，Bolch T，Chen D L，et al. 2022. The imbalance of the Asian water tower. Nature Reviews Earth & Environment，3：618-632.

Yao T D，Xue Y K，Chen D L，et al. 2019. Recent Third Pole's rapid warming accompanies cryospheric melt and water cycle intensification and interactions between monsoon and environment：multidisciplinary approach with observations，modeling，and analysis. Bulletin of the American Meteorological Society，100：423-444.

Yin L C，Tao F L，Chen Y，et al. 2021. Improving terrestrial evapotranspiration estimation across China during 2000−2018 with machine learning methods. Journal of Hydrology，600：126538.

Zeng Z Z，Piao S L，Li L，et al. 2018. Impact of earth greening on the terrestrial water cycle. Journal of Climate，

31：2633-2650.

Zhang D，Liu X M，Zhang L，et al. 2020. Attribution of evapotranspiration changes in humid regions of China from 1982 to 2016. Journal of Geophysical Research：Atmospheres，125：e2020JD032404.

Zhang G，Yao T，Piao S，et al. 2017. Extensive and drastically different alpine lake changes on Asia's high plateaus during the past four decades. Geophysical Research Letters，44：252-260.

Zhang Y Q，Chiew F H S，Peña-Arancibia J，et al. 2017. Global variation of transpiration and soil evaporation and the role of their major climate drivers. Journal of Geophysical Research：Atmospheres，122（13）：6868-6881.

Zhang Y Q，Peña-Arancibia J L，McVicar T R，et al. 2016. Multi-decadal trends in global terrestrial evapotranspiration and its components. Scientific Reports，6：19124.

Zhong L，Ma Y M，Xue Y K，et al. 2019. Climate change trends and impacts on vegetation greening over the Tibetan Plateau. Journal of Geophysical Research：Atmospheres，124：7540-7552.

Zhu Z，Piao S，Myneni R B，et al. 2016. Greening of the earth and its drivers. Nature Climate Change，6：791-795.

第 7 章　基于遥感蒸散发的径流模拟和预测

无资料或资料稀缺地区的径流模拟和预报（predictions in ungauged basins，PUB）对水资源评估、开发和利用具有重要意义。目前，PUB 预测主要采用区域化法，包括空间相近法、属性相似法、回归法（刘昌明等，2016；于瑞宏等，2016；李红霞，2009）。尽管近年来区域化法已得到一定的改进，但仍对流域实测径流资料具有较强的依赖性（Li and Zhang，2017；李红霞等，2010；Zhang and Chiew，2009）。

基于遥感蒸散发的径流模拟和预测是近年来水文学研究的一个热门方向。立足于遥感数据在空间和时间尺度上具有连续性的特点，利用遥感技术获取地表蒸散发的时空变化信息，结合水文模型对流域水循环过程进行模拟和预测，可实现对无资料或资料稀缺地区径流量的预测。

基于遥感蒸散发的径流模拟和预测有多方面的进展，本章结合在此方面的研究，主要介绍以下两个方面：①改进水文模型的蒸散发模块，以更好地刻画植被变化和下垫面变化对水循环过程的影响；②基于遥感蒸散发模型的数据产品直接率定水文模型，以提升无资料和资料稀缺地区的径流预测能力。接下来本章从这两个方面进行具体阐述。

7.1　PML 遥感蒸散发模型与集总式水文模型的耦合

7.1.1　模型耦合原理

1. PML 与新安江降水产流模型的耦合

遥感卫星可提供二维时空连续的植被、土壤和降水等数据，因此其被广泛应用于水文过程的研究中，包括地表土壤水分、陆面蒸散和流域地表径流过程等。其中一个重要的研究方向是如何改进传统的水文模型，使其有效考虑动态植被信息对水文过程的影响。

传统的降水产流模型结构简单、容易标定，但模型输入只考虑降水和潜在蒸发，使模型模拟和预报的精度受到了一定的限制，结合遥感植被动态信息与传统的降水产流模型可提高传统水文模型模拟和预报径流的精度（Zhou et al.，2013；Zhang et al.，2009，2011；Li et al.，2009）。图 7-1 所示为改进型新安江降水产流模型，采用了 PML-V1 蒸散发模型替代了原有的三层蒸发模型。改进型新安江模型考虑了植被动态对水文过程的影响（包括土壤水分、地表蒸散和地表径流过程等），与传统降水产流模型相比有效地提高了大尺度地表径流模拟和无资料流域径流预报能力。在澳大利亚东南部的日尺度水文模拟试验显示，采用改进型水文模型可平均提高纳什效率系数 0.02～0.05（Zhang et al.，2009），更为重要的是，采用改进型的降水产流模型可模拟下垫面受强烈扰动后流域的水文过程，如受火灾影响的流域的径流变化过程（Zhou et al.，2013）。

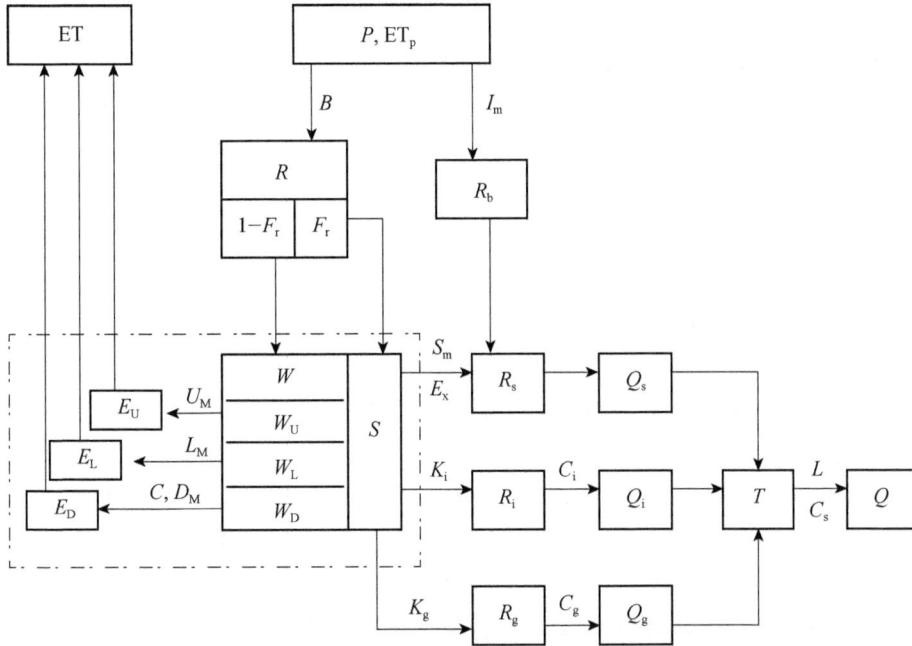

图 7-1　改进型新安江降水产流模型（Zhang and Chiew，2009）

虚线部分采用 PML 蒸散发模型替代了原始的三层蒸发计算方案

参数包括 U_M：上层土壤平均张力水容量；L_M：中层土壤平均张力水容量；D_M：下层土壤平均张力水容量；C：深层蒸散发扩散系数；B：流域蓄水容量-面积分布曲线指数；I_m：不透水面积占全流域面积的比例；S_m：自由水蓄水容量；E_x：自由水蓄水容量-面积分布曲线指数；K_g：自由水蓄水库对地下水的日出流系数；K_i：自由水蓄水库对壤中流的日出流系数；C_g：地下水消退系数；C_i：壤中流消退系数；C_s：河道汇流滞时。

变量包括 P：降水，mm；ET_p：潜在蒸发，mm；R：透水面积产流，mm；R_b：不透水面积产流，mm；F_r：产流面积比例；S：表层自由水，mm；W：总张力水蓄量，mm；W_U：上层张力水蓄量，mm；W_L：下层张力水蓄量，mm；W_D：深层张力水蓄量，mm；ET：实际蒸散发，mm；E_U：上层实际蒸散发，mm；E_L：下层实际蒸散发，mm；E_D：深层实际蒸散发，mm；R_s：地面径流，mm；R_i：壤中流，mm；R_g：地下径流，mm；Q_s：地面总入流，mm；Q_i：壤中总入流，mm；Q_g：地下总入流，mm；T：河网总入流，mm；Q：流域出流，mm

研究显示，全球近 30 年植被叶面积指数呈现明显的增加趋势，尤其在北半球的中高纬度地区。植被变化能通过改变植被蒸腾和土壤蒸发，进而影响流域产流机制。因此，使用水文模型模拟下垫面变化比较大的流域径流过程时，势必要考虑植被动态的影响。如何合理改进水文模型以有效模拟下垫面变化对水文过程的影响，仍是地表水文研究的重要方向之一。

2. PML 与其他水文模型的耦合

除新安江模型外，其他含蒸散发、土壤水模块的传统水文模型也可以通过替换蒸散发模块为 PML-V2 植被蒸散发模型来改进。Huang 等（2022）采用上述方法改进了五种包含土壤水模块的概念水文模型，包括 GR4J（Perrin et al.，2003）、HBV（Bergström and Lindström，2015；Seibert，1997；Bergström，1995）、HYMOD（Boyle，2001；Wagener et al.，2001）、SIMHYD（Chiew et al.，2002）和新安江（Zhao，1992，1980）。为更好地进行模型耦合，首先将 PML-V2 模型模拟的蒸散发及其组分，分为 E_i（植被截留蒸发）和 E_{sc}（土壤蒸发 E_s 和植物蒸腾 E_c 之和）两部分。通过耦合，E_i 受冠层蓄水量的限制，E_{sc} 受土壤含水量的限制，且蒸散通量与蓄水量之间存在互为反馈作用。由于模型改进方式与图 7-1 类似，五种模型结构详见 Huang 等（2022）的附图，此处不再赘述。

7.1.2　耦合模型的应用效果评价

1. 对植被变化剧烈的流域径流模拟能力的提升作用

植被变化，如自然和人为因素导致的植树恢复和植被破坏等，具有一定的流域水文效应。但传统水文模型主要关注降水径流关系，大多数无法模拟植被变化的水文效应。本研究以森林火灾导致的植被变化为例，介绍耦合了植被变化信息和 PML-V2 蒸散发模型的水文模块，探讨如何提升受火灾影响流域的径流模拟能力（Zhou et al.，2013）。

1）研究区概况

本研究所选择的研究区位于澳大利亚维多利亚东北部的高地地区，所选的 4 个流域在 2003 年 1 月受到严重火灾的影响（图 7-2 和表 7-1）。这些流域的主要植被类型为由不同桉树树种组成的温带常绿阔叶林。其中，坦博河（Tambo River）和苏根布根河（Suggan Buggan River）流域中有较大比例的草地面积（分别为 20% 和 15%）。所有流域的火灾历史并不确切，但很可能大部分森林是从 1939 年的严重火灾中再生或重新生长，还有一些较小的后续火灾事件。受 2003 年严重火灾的影响，所有流域的火烧面积较大（面积占比 > 60%），但烧毁程度尤其是导致树冠部分或全部丧失的情况各不相同，其中大河（Big River）流域为 57%，坦博河流域为 23%，吉布河（Gibbo River）流域为 12%。

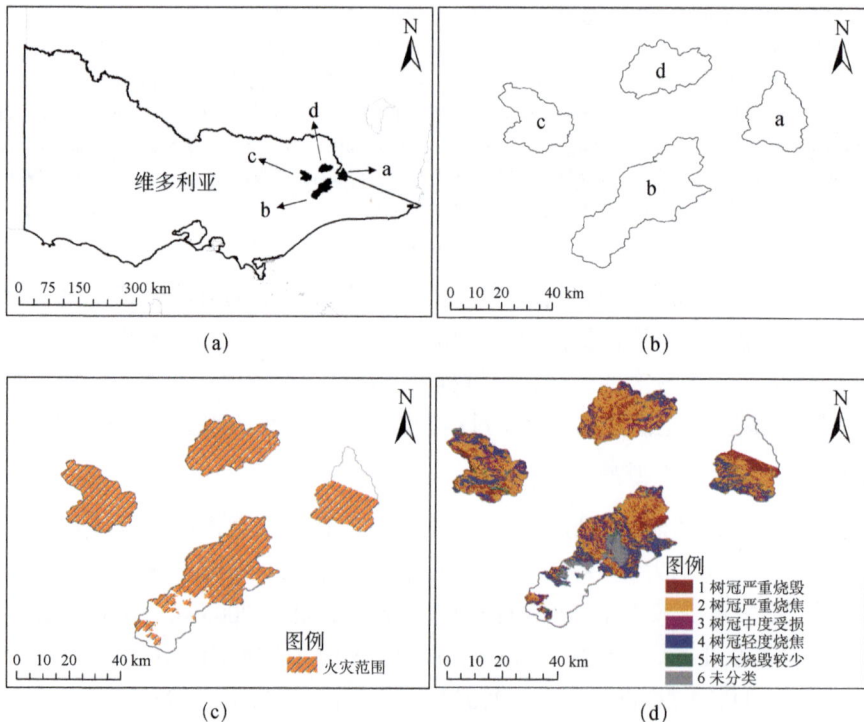

图 7-2　流域的位置和受火灾影响情况空间展示（Zhou et al.，2013）

图（a）和图（b）中的 a 表示苏根布根河，b 表示坦博河，c 表示大河，d 表示吉布河

表 7-1　流域的物理属性特征（Zhou et al.，2013）

流域编号	流域中文名	流域名字	流域面积/km²	火烧面积比例/%	火烧面积/km²
222213	苏根布根河	Suggan Buggan River at Suggan Buggan	361.98	64.29	232.72
223202	坦博河	Tambo River at Swifts Creek	896.14	73.68	660.28
401216	大河	Big River at Joker Creek	364.18	100	364.18
401217	吉布河	Gibbo River at Gibbo Park	398.85	100	398.85

2）研究数据与方法

本研究选择了原始新安江模型和改进后的新安江模型（这里称为新安江-ET，图 7-1）进行对比。原始新安江模型是一种集总式概念水文模型（Zhao，1992）。模型以日降水量（P）和日潜在蒸散发（ET_p）为输入，以日径流作为输出。其中，潜在蒸散发可使用 Morton 湿环境（或平衡蒸发或面积潜在蒸发）算法（Morton，1983）进行计算。目前，该模型已广泛应用于澳大利亚各个领域（Li et al.，2009，2012；Zhang et al.，2009，2008）。

改进后的新安江-ET 模型，相较于原始模型，其原始的蒸散发（ET）子模型被 PML-V1 模型（Leuning et al.，2008）（详见第 3 章）所替换。新安江-ET 模型共有 13 个参数。原始的三层蒸散发（ET）子模型被一层遥感蒸散发子模型所替换，去除了 U_M、L_M、D_M 和 C 等参数（图 7-1），但也增加了三个额外的参数，分别是最大气孔导度（g_{sx}）、饱和土壤含水量（W_M）和土壤水分限制系数（α）。这些参数可与其他模型参数一起进行全局优化。综上，新安江-ET 模型的输入参数包括日降水量、最高温度、最低温度、太阳辐射、遥感叶面积指数（LAI）和反照率。

本研究对比了两个模型的模拟性能，并通过三个建模实验之间的对比来研究火灾的影响。2003～2008 年模拟期间，新安江模型和新安江-ET 模型具有相同的降水气象输入，但新安江-ET 模型需要额外的遥感数据（LAI、反照率和发射率等）输入计算实际蒸散发。三个建模实验针对新安江-ET 模型进行设计，分别称为新安江-ET-Ⅰ、新安江-ET-Ⅱ和新安江-ET-Ⅲ。它们使用不同的植被输入数据，具体如下。

（1）新安江-ET-Ⅰ使用从灾前时期获得的年均 LAI 和反照率。

（2）新安江-ET-Ⅱ使用从灾后时期获得的年均 LAI 和反照率。

（3）新安江-ET-Ⅲ使用从灾后时期获得的实际 LAI 和反照率时间序列。

3）主要结果

使用 2000～2002 年火灾前时期的新安江模型和新安江-ET 模型的率定参数，模拟了 2003～2008 年火灾后时期的径流过程，模拟结果评价如图 7-3 和图 7-4 所示。除大河流域 [图 7-3（c）] 外，火灾后其他流域新安江模型和新安江-ET 模型的日径流纳什效率系数（NSE）均较火灾前率定时期结果差。所有流域火灾后时期的水平衡误差（WBE）均大于火灾前的 WBE。

造成以上差异的原因包括两个方面：一方面，模型率定所使用的目标函数是 NSE 和对数变换后 WBE 的组合；另一方面，大河流域火灾前后的气候条件发生了较大变化。该流域是研究中使用的四个流域中最湿润的，该流域的年降水量下降了约 300 mm/a，约占火灾前年降水量的 20%。

新安江模型和新安江-ET 模型之间的比较表明，在大河、吉布河流域中，新安江-ET 模型的日径流 NSE 比新安江模型更高，而在苏根布根河流域中，两种模型的表现相似或新安江模型稍好。对于坦博河流域，新安江-ET 模型的三个建模实验的日径流 NSE 值在 0.63～0.72 变化，而新安江模型的 NSE 为 0.73；三个实验的 WBE 值在−15.2%～−4%变化，而新安江模型的 WBE 为 −5%。这些结果表明模型结构的改进在改善径流模拟方面起着主要作用。

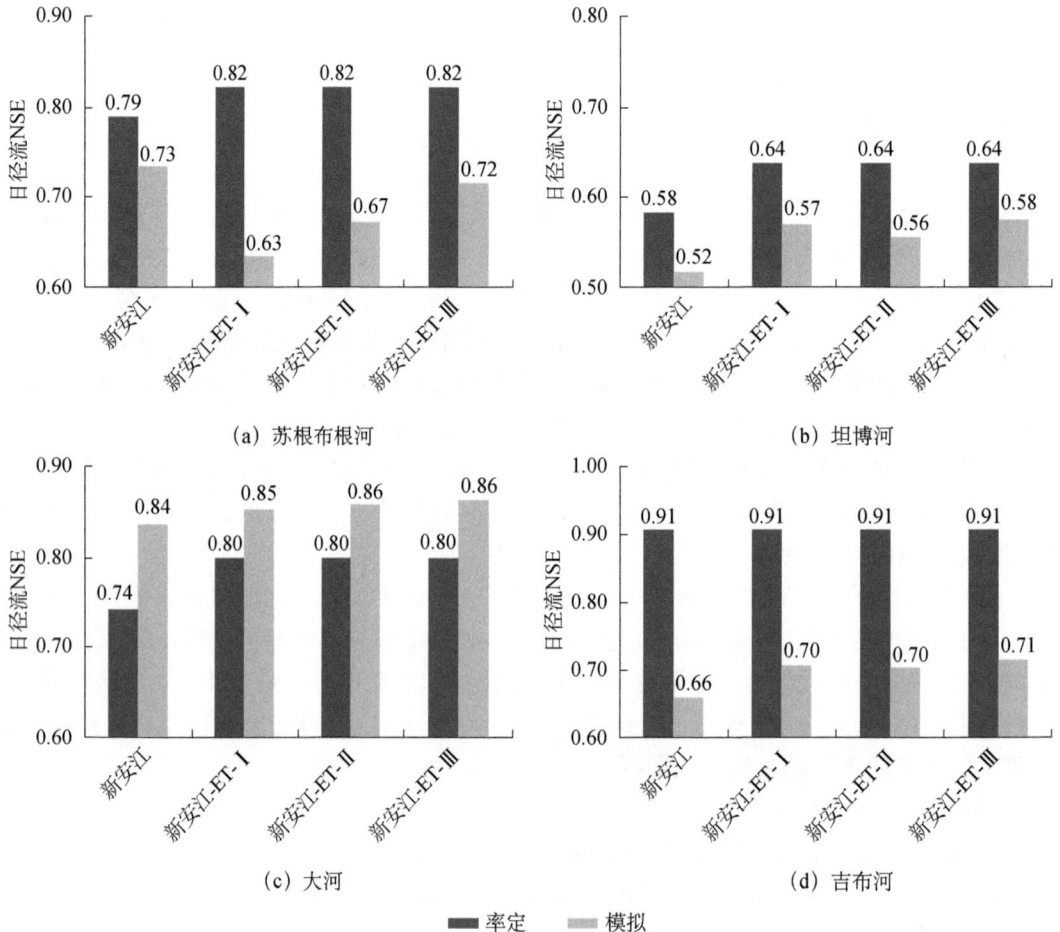

图 7-3　新安江模型和新安江-ET 模型在四个流域率定和模拟期间的日径流 NSE 结果
（Zhou et al.，2013）

　　通过新安江-ET 模型的三个建模实验（新安江-ET-Ⅰ、新安江-ET-Ⅱ和新安江-ET-Ⅲ）比较发现，相较于使用固定的植被 LAI 和反照率输入（新安江-ET-Ⅰ和新安江-ET-Ⅱ），采用植被时间序列数据驱动模型（新安江-ET-Ⅲ）明显改善了湿润流域（如苏根布根河、大河、吉布河）的模拟效果，但对干旱流域坦博河的改进效果有限。对于苏根布根河流域，使用植被时间序列作为模型输入明显改善了 NSE 和 WBE（NSE 提高了 0.09，WBE 降低了10%）；对于大河和吉布河流域，使用植被时间序列使得 WBE 降低了 3%～5%，且 NSE 提高了 0.01。对于坦博河流域，使用 LAI 和反照率时间序列使 NSE 提高了 0.01～0.02，但WBE 增加了 4%～12%。坦博河流域是所选四个流域中最干燥的，火灾后期的年平均径流量小于 40 mm/a，该流域的率定（和模拟）结果最差。其 NSE 值与 Lane 等（2010）使用基于物理的水文模型对该流域进行率定的结果类似。他们认为率定和模拟结果差的原因很可能是由降水驱动质量差引起的。由于雨量观测站有时无法捕捉到某些强降雨事件的空间分布，对于山区流域来说，获得高质量的面状降水数据始终是一个挑战。

如图 7-4 所示，纳入植被动态信息显著降低了苏根布根河、大河和吉布河三个湿润流域的水量平衡误差。这是因为相较于使用固定 LAI 和反照率输入的新安江-ET-Ⅰ 和新安江-ET-Ⅱ 模型，新安江-ET-Ⅲ 模型使用了植被动态输入数据，并在火灾后期估计出较少的实际蒸散发和更多的径流。这项研究的结果与 Zhang 等（2011）和 Li 等（2012）的研究结果一致（图 7-5 和图 7-6），他们发现在澳大利亚的许多流域中，使用动态植被信息进行降雨径流模拟通常能更好地估计径流时间序列。植被通过影响截留、蒸散发和土壤湿度动态等对水文过程产生显著影响（Zhang et al.，2009；Yildiz and Barros，2007；McMichael et al.，2006）。因此，相较于传统的降雨径流模拟只使用降雨和潜在蒸发作为模型输入的方法，使用 MODIS LAI 和反照率进行降雨径流模拟可以直接考虑植被过程的时间变化，并为模型的率定和模拟提供更好的约束条件。

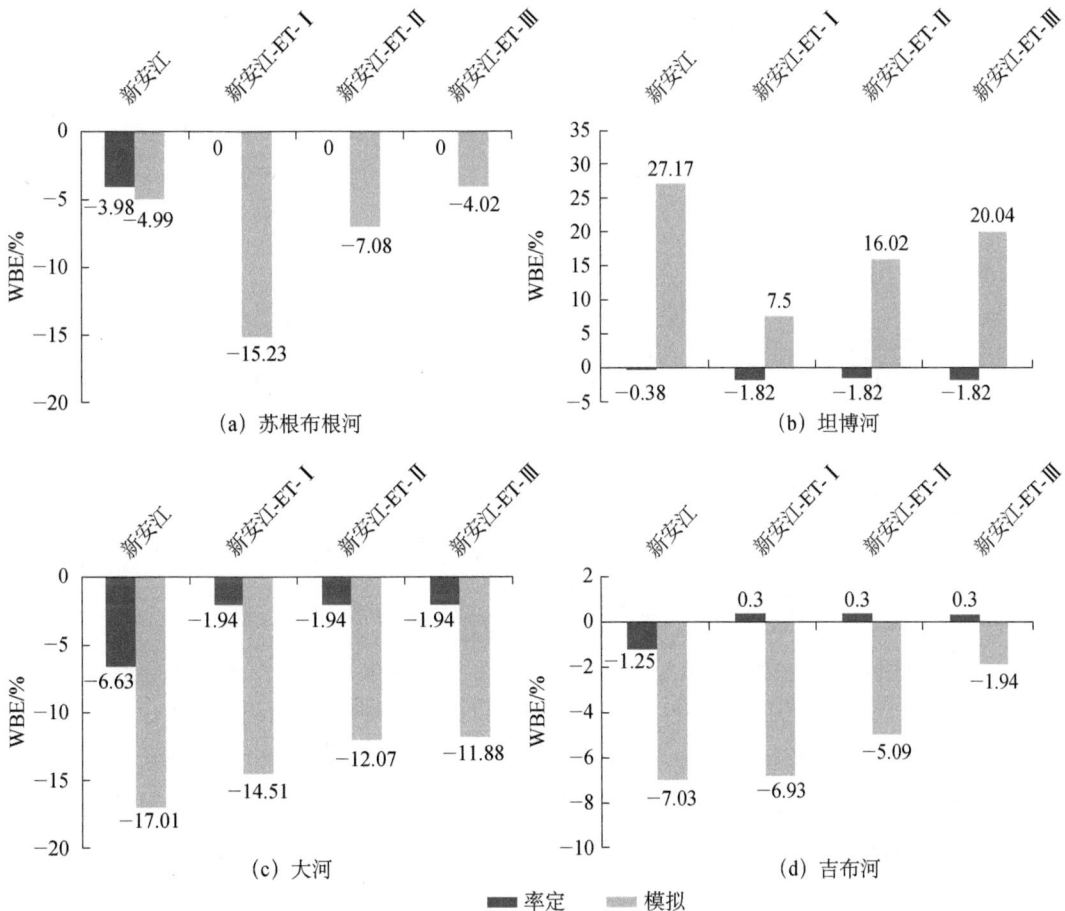

图 7-4　新安江模型和新安江-ET 模型在四个流域的率定和模拟期间的 WBE 结果
（Zhou et al.，2013）

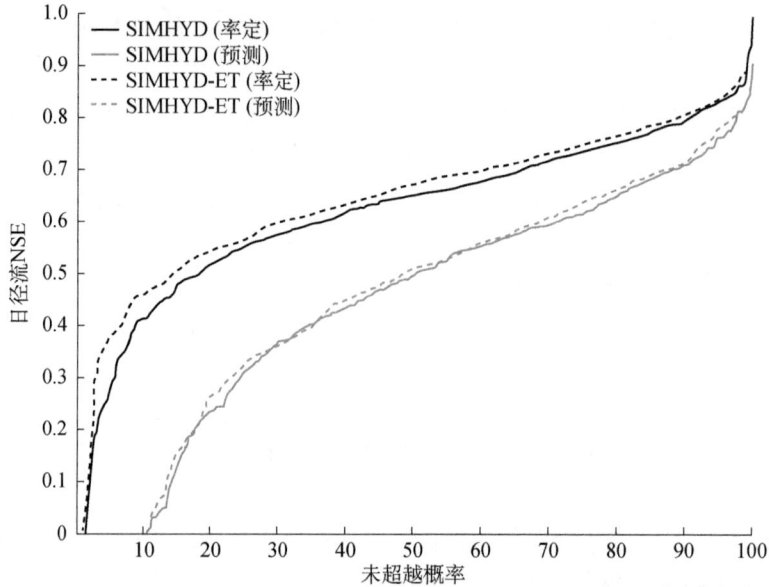

图 7-5　基于 SIMHYD（无植被动态输入）和 SIMHYD-ET（考虑植被动态输入）模型在澳大利亚 470 个流域的日径流 NSE（越接近于 1 表现越好）的表现（Zhang et al.，2011）

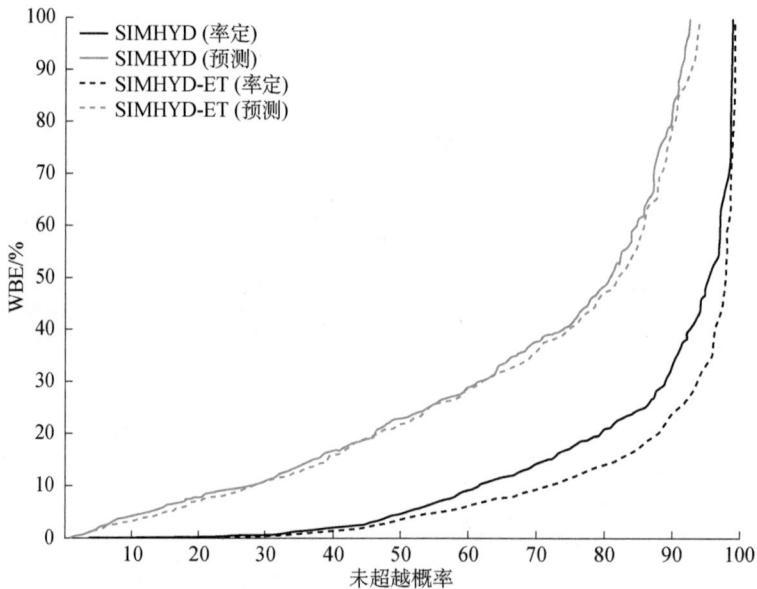

图 7-6　基于 SIMHYD（无植被动态输入）和 SIMHYD-ET（考虑植被动态输入）模型在澳大利亚 470 个流域的 WBE（越接近于 0 结果越好）的表现（Zhang et al.，2011）

　　研究结果还表明，将植被时间序列纳入降雨–径流模拟中，更有可能改善湿润、受火灾影响流域的径流估计能力，而对于较干燥的流域改善效果有限。最明显的情况出现在坦博河流域，火灾后期的年平均径流仅为 38 mm/a，约为其他三个流域年平均径流的 1/10～1/3。使用新安江-ET-Ⅲ 模型在该流域显示误差最高，表明干旱流域的降雨–径流模拟存在较大的不确定性，其植被水分利用、土壤湿度储存和水流之间的相互作用可能更为复杂。

　　此外，降雨–径流模拟的不确定性不仅受到模型输入数据质量的影响，还受到模型结构和参数化的影响。模型结构对水量平衡组分模拟具有很大影响（Butts et al.，2004）。在本研究中，新安江模型的三层蒸散发子模块被单层 PML-V1 模型（Leuning et al.，2008）取代，形成了新安江-ET 模型。模型率定表明，与新安江模型相比，新安江-ET 模型具有更好的性能。另一个不确定性来源是模型参数化。降雨径流模型参数通常仅根据观测径流进行优化。本研究以实测日径流为目标，使用全局优化方法——粒子群优化算法（PSO）对新安江模型和新安江-ET 模型进行率定校准。然而，参数率定过程仍然可能存在异参同效的问题（Gourley and Vieux，2006；Beven and Freer，2001）。未来研究应进一步降低这些不确定性。

2. 对水文信号模拟能力的提升作用

水文信号指的是流域水文特征的静态和动态指标，如径流系数、断流比例、季节流量比、流量历时曲线等（McMillan，2021；Poff et al.，1997）。由于水文信号相较于单一的径流指标更为丰富，其在近年来的相关研究中得到了很大的关注，应用领域涉及无资料流域径流预报、流域水资源管理和流域分类等方面（McMillan，2021；Zhang et al.，2014；Mahe et al.，2013；Hayhoe et al.，2007；Wagener et al.，2007）。特别是在下垫面发生变化剧烈的流域，如大范围的植被造林、退耕还林还草造成的植被变绿，水文信号会发生明显的变化，如何定量刻画水文信号变化对流域水资源管理显得尤为重要。

本研究基于蒸散发模型与水文模型耦合等前期探索，进一步发展新的能提高水文模型在低流量的模拟性能的方法，以帮助水文模型更合理、全面地描述多种径流信号。通过设计水文模型模拟试验，模拟、比较不同试验的水文信号（见第 8 章），以评估植被变绿等植被变化过程对径流信号的影响，对变化环境下的水资源管理与开发有重要意义。

1）研究区概况

近几十年来，黄河流域中游的植被出现持续变绿的现象（Gao et al.，2019；Wang et al.，2017）。本研究选取了黄河流域中游的渭河流域的 9 个子流域作为研究区 [以数字代号命名，图 7-7（a）]，其中，1～3 号流域位于上游；1 号、2 号流域为 3 号流域的子流域；5 号流域为 6 号流域的子流域。图 7-7（a）表明 9 个研究流域受水库大坝影响小，2018 年相比 2000 年植被类型发生变化 [图 7-7（b）]，且 LAI 每年约增加 0.02 [图 7-7（c）]。

2）研究数据与方法

A. 研究数据

气象数据采用了 CMFD 数据集，该数据集涵盖了中国区域近地表空气温度、比湿度、气压、10 m 风速、降水以及向下短波辐射以及长波辐射（He et al.，2020）。CMFD 数据集在中国区域精度较高，在蒸散发和水文过程模型模拟中被广泛使用（He et al.，2020，2021；Ma et al.，2019；Ren et al.，2018；Yang et al.，2017）。

遥感叶面积指数（LAI）、反照率（albedo）和发射率（emissivity）数据均来自 MODIS 卫星数据。其中，LAI 原始数据通过 wWHD 平滑方法进行除噪，以获取更合理的 LAI 时间序列（Kong et al.，2019；Zhang et al.，2019）。为与实际 LAI 时间序列中植被变绿相比较，也生成了除去年际趋势的 LAI 时间序列，用于评估 LAI 变化对水文信号的影响（Bai et al.，2020）。

(a)

(b)

(c)

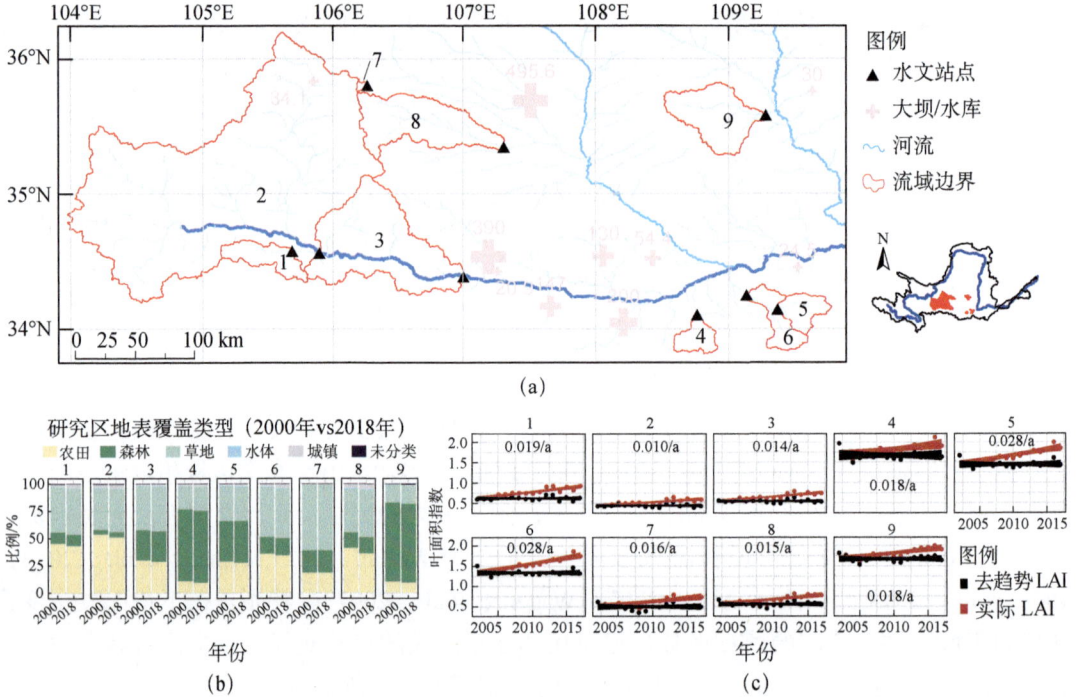

图 7-7　研究区概况（Huang et al.，2022）

（a）研究区域的位置；（b）研究区域的土地覆盖变化；（c）实际年度 LAI 和去趋势 LAI

图（a）中大坝/水库的最大调蓄量单位为 $10^6 m^3$

土地覆盖（LC）数据来自资源环境科学数据平台，其土地覆盖分为农田、森林、草地、水体、城镇和未分类六种类型。2000 年和 2018 年各流域各类型 LC 数据占比如图 7-7（b）所示。此外，模型输入的 LC 随着时间每 5 年更新一次。CO_2 数据为全球月度数据。9 个水文站 2002～2012 年逐日观测径流数据由《黄河流域水文年鉴》提供。

B. 研究方法

Huang 等（2022）通过五种改进降水产流模型来探究黄河流域植被变绿对径流信号的影响。本节研究方法见图 7-8 中步骤一。首先，在采用 PML 蒸散发模型对五种集总式概念水文模型进行改进后，选择三种加权的方法分别获取这三种方法所产生的径流时间序列和径流信号。三种方法中包括基于流量历时曲线，能够兼顾多种径流信号。以上共八种径流时间序列采用下述指标进行评价：

$$Bias = \frac{\sum_{j=1}^{m}(Q_{sim,j} - Q_{obs,j})}{\sum_{j=1}^{m} Q_{obs,j}} \tag{7-1}$$

$$NSE = 1 - \frac{\sum_{j=1}^{m}(Q_{sim,j} - Q_{obs,j})^2}{\sum_{j=1}^{m}(Q_{obs,j} - \overline{Q_{obs}})^2} \tag{7-2}$$

$$\text{lnNSE} = 1 - \frac{\sum_{j=1}^{m}(\ln Q_{\text{sim},j} - \ln Q_{\text{obs},j})^2}{\sum_{j=1}^{m}(\ln Q_{\text{obs},j} - \ln \overline{Q_{\text{obs}}})^2} \tag{7-3}$$

$$\text{ABIAS}_{i,k} = \left| \frac{\sum_{l=1}^{N} \text{sig}_{\text{sim},l} - \text{sig}_{\text{obs},l}}{\sum_{l=1}^{N} \text{sig}_{\text{obs},l}} \right| \tag{7-4}$$

$$\text{RMSE}_{i,k} = \sqrt{\frac{\sum_{l=1}^{N}(\text{sig}_{\text{sim},l} - \text{sig}_{\text{obs},l})^2}{N}} \tag{7-5}$$

$$\text{Normalized\_RMSE}_{i,k} = \frac{\text{RMSE}_{i,k} - \min(\text{RMSE}_{i,k})}{\max(\text{RMSE}_{i,k}) - \min(\text{RMSE}_{i,k})} \tag{7-6}$$

式中，$Q_{\text{obs},j}$ 和 $Q_{\text{sim},j}$ 分别为第 j 天实测流量和模拟流量，mm/d；m 为总天数；$\text{sig}_{\text{obs},l}$ 和 $\text{sig}_{\text{sim},l}$ 分别为第 i 个方法在第 l 个流域获得的第 k 个径流信号的实测值和模拟值；N 为流域总数。

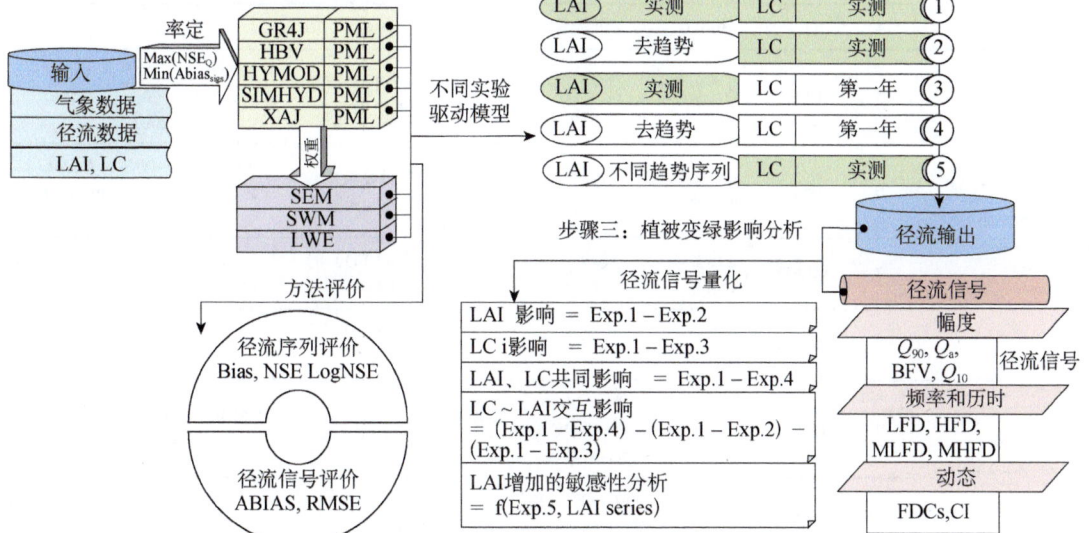

图 7-8　评估植被变绿的影响框架（Huang et al.，2022）

Exp. x：第 x 个实验的径流信号。Bias、NSE、LogNSE、ABIAS 和 RMSE 代表评估指标。Q_{a}、Q_{90}、BFV、Q_{10}、LFD、HFD、MLFD、MHFD、FDCs 和 CI 是 10 个径流信号，详见表 7-2。SEM：等权重加法；SWM：基于流量历时曲线误差分配加权法；LWE：对数加权法

　　其次，将不同植被状态作为输入，设计五种模型实验方案，获得不同的流量输出，五种方案如下。

　　（1）实际情况（实测 LAI 和 LC）。

　　（2）LAI 去趋势（实测 LC，LAI 去趋势）。

　　（3）LC-去趋势（实测 LAI，LC 保持第一年值不变）。

（4）LAI-LC-去趋势（LAI 去趋势，LC 保持第一年值不变）。

（5）LAI 敏感性试验（多种趋势情况下的 LAI，实测 LC）。

最后，通过计算不同实验模拟的径流信号差异来量化植被变绿对径流的影响。换言之，本研究量化了以下影响。

（1）LAI 增加导致的径流信号变化［方案（1）-方案（2）］。

（2）LC 变化导致的径流信号变化［方案（1）-方案（3）］。

（3）LAI 和 LC 共同影响导致径流信号变化［方案（1）-方案（4）］。

（4）LAI 和 LC 相互作用对径流信号的影响：［方案（1）-方案（4）］-［方案（1）-方案（3）］-［方案（1）-方案（2）］。

（5）此外，还通过不同 LAI 输入，分析径流信号对 LAI 增加的敏感性［方案（5）］。

表 7-2　所选径流信号特征定义（Huang et al.，2022）

类型	序号	径流信号	单位	对应的水文过程	计算方法	参考文献
幅度	1	Q_{90}	mm/d	高流量	90th 分位径流量	—
	2	Q_a	mm/a	平均流量	多年平均径流量	—
	3	BFV	mm/a	基流	采用 UKIH 方法分割的基流	UK Institute of Hydrology, 1980
	4	Q_{10}	mm/d	低流量	10th 分位径流量	—
频率和历时	5	LFD	d（多年平均值）	潜在干旱天数	流量低于 0.2×日径流平均值的多年平均天数	McMillan，2021；Addor et al.，2018；Olden and Poff，2003
	6	HFD	d（多年平均值）	潜在洪涝天数	流量高于 9×日径流中位数的多年平均天数	McMillan，2021；Addor et al.，2018；Olden and Poff，2003
	7	MLFD	d（多年最大值）	极端干旱情况	连续低流量（LFD）的最大天数	—
	8	MHFD	d（多年最大值）	极端洪涝情况	连续高流量（HFD）的最大天数	—
动态变率	9	FDCs	—	流量历时曲线（FDC）斜率	FDC 0.33 与 0.66 区间的斜率	McMillan et al.，2017；Yadav et al.，2007
	10	CI	—	FDC 形状变化率	凹度指数 $(Q_{90}-Q_1)/(Q_{99}-Q_1)$	Zhang et al.，2018

注：高、低流量阈值可以根据实际情况自定义。

3）主要结果

根据前文介绍的研究方法、评估五种耦合 PML-V2 的集总式概念水文模型及三种模型加权方法在黄河流域中游 9 个流域的模型表现，评估结果如图 7-9 所示。

从图 7-9（a）可以看出，本研究提出的基于 FDC 分段分配权重的方法——LWE 在 9 个流域的偏差值较小（−0.038±0.055），并且变化范围小于 5 种水文模型方法。LWE 在估计低流量方面表现最佳，即拥有最高的 Log NSE 值［（0.441±0.077），图 7-9（b）］。LWE 的 NSE 值也是最高的（0.660±0.007）。总之，三种综合方法的表现优于个别水文模型，LWE

不仅在总体表现上表现良好，而且当同时考虑高、低流量时，在难以模拟的低流量（Pushpalatha et al.，2012；Oudin et al.，2006）方面也表现良好。

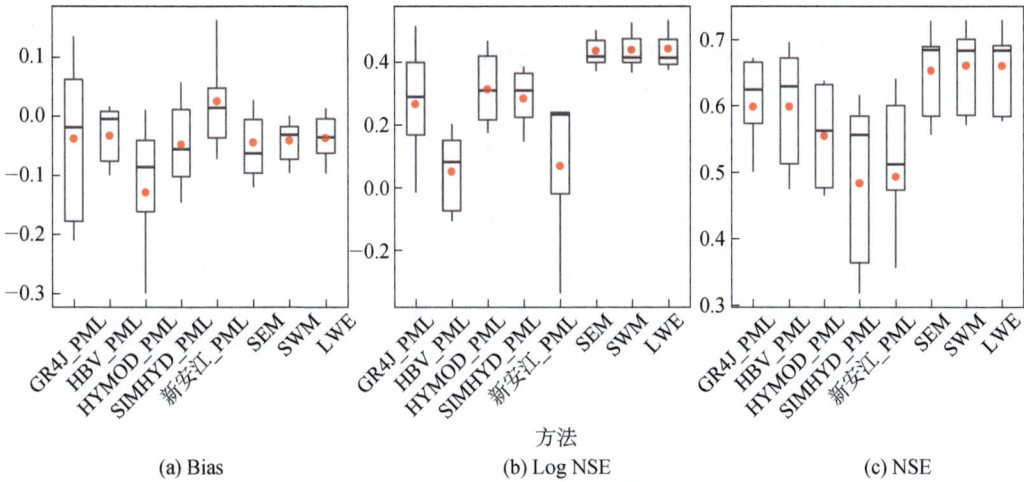

(a) Bias　　　　(b) Log NSE　　　　(c) NSE

图 7-9　五个独立模型和三种集合方法的性能表现（Huang et al.，2022）

红色圆点表示平均指标值。每个长方形图中的三条水平线分别代表第 25、第 50 和第 75 个百分位数的值。
须茎的范围从第 10 到第 90 个百分位数

　　除了径流的总体表现外，本研究还评价了上述 8 种方法在模拟径流信号方面的表现。从图 7-10（a）可以看出，在 8 种方法中，LWE 的 10 个径流信号绝对偏差（ABIAS）（0.15±0.08）相对较低，与最低 ABIAS［HYMOD_PML，（0.10±0.05）］相比相差不大。从图 7-10（b）可以看出，对于归一化 RMSE，LWE 在 10 个径流信号上的归一化 RMSE 均值（0.13±0.15）是 8 种方法中最低的。此外，由于没有一种方法能够最有效地同时模拟 10 个径流信号，因此进一步总结了每种方法在各个水文信号模拟中优于其他方法的次数。LWE 平均优于 5.6 个模型，远远优于其他方法（平均 2.2～4.8 个）。此外，LWE 在描述表征低水的低流量天数（LFD）时，具有最低的归一化 RMSE（0.28），优于其他两种加权集合方法（SWM 和 SEM 分别为 0.32 和 0.30）。

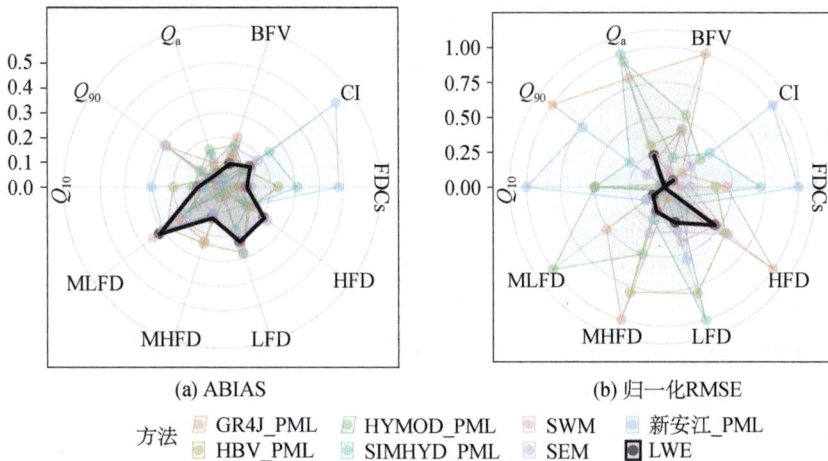

(a) ABIAS　　　　　　　　　(b) 归一化RMSE

方法　GR4J_PML　HYMOD_PML　SWM　新安江_PML
　　　HBV_PML　SIMHYD_PML　SEM　LWE

图 7-10　五种水文模型及三种加权平均方法的径流信号表现评价（Huang et al.，2022）

综上，PML 遥感蒸散发模型耦合集总式水文模型能够提升植被变化剧烈的流域径流模拟，多种耦合模型及集合可以提升流域水文信号模拟能力。

7.2 基于 PML 遥感蒸散发的水文模型率定

7.2.1 模型率定方法

遥感蒸散发数据可作为数据约束，用于率定无资料或资料稀缺地区的水文模型，已有学者在这方面进行了比较详尽的研究。Zhang 等（2020）提出了资料稀缺地区径流模拟和预测的新方法，该方法基于改进 PML 模型的全球遥感实际蒸散发产品（PML-ET）率定了水文模型。由于该方法无须径流过程数据，而直接采用遥感蒸散发数据率定模型，大大摆脱了传统模型参数化方法对实测径流资料的依赖。该方法被成功应用于澳大利亚 222 个流域，结果表明该方法在湿润地区月、年尺度能实现较好的效果，其预测结果可以与传统区域化方法匹敌，在大尺度径流模拟和预报中具有非常大的应用潜力（Zhang et al.，2020）。基于这些前期研究，Huang 等（2020）进一步提出了改进型的基于遥感数据率定水文模型方法，通过对遥感数据进行偏差校正的方法获取精度更高的研究区实际蒸散发数据、在 0.1°格网上分别率定水文模型，充分发挥了遥感数据空间连续性的优势。研究进一步表明，采用经水量平衡校正后的遥感蒸散发数据约束水文模型，可以获得更高的径流预测精度。

基于遥感蒸散发的径流模拟和预测已经在全球范围内得到了广泛的应用，并在许多地区取得了较好的效果，本章将详细描述。

7.2.2 模型率定应用效果评价

1. 澳大利亚流域的应用

1）研究区概况

Zhang 等（2020）的研究区为澳大利亚气象局提供的 222 个水文参考站，用于分析趋势和流量特征。这些流域受大坝调控小，由各州水利机构管理，具有高质量、长时间的径流观测序列。

2）研究数据与方法

A. 研究数据

本研究选用 2002～2014 年的径流数据来评价基于遥感蒸散发的无径流数据的水文模型率定方法的表现。这些流域的面积从 5～232846 km^2，80%以上的流域面积在 50～3000 km^2。所选流域涵盖了各种气候区域，其干旱指数（AI，年均潜在蒸散发与年均降水之比）跨度为 0.3～6.7，80%以上流域的 AI 在 0.75～2.35。

气候驱动数据的日时间序列来自于昆士兰自然资源和水文部门的 SILO Data Drill（www.nrw.gov.au/silo）。SILO Data Drill 包括 0.05°×0.05°（约 5 km×5 km）格网的日降雨、气温、辐射等数据，包括基于 Morton 方法估算的潜在蒸散发（Morton，1983）。在这些流域中，插值和格网化的 SILO Data Drill 数据集的质量通常较好，各地最高日空气温度、最低日空气温度、水汽压和降水的平均绝对误差分别为 1.0℃、1.4℃、0.15 kPa 和 0.40 mm/d（Jeffrey et al.，2001）。

遥感蒸散发数据来自于 GEE 中使用 500 m MODIS 遥感数据生成的 500 m 分辨率和 8 天的 PML 蒸散发产品，时间跨度为 2002～2017 年。PML 产品包括两个版本：PML-V1 和 PML-V2。PML-V1 产品采用 Penman-Monteith-Leuning 模型（Zhang et al.，2016a，2010；Leuning et al.，2008），而后续更新的 PML-V2 产品则基于耦合的总初级生产力（GPP）和 ET 的植被生理模型（Zhang et al.，2019）。

流域平均日尺度降水和潜在蒸散发数据通过格网加权平均获取，作为水文模型的输入数据。

B. 研究方法

a. 水文模型

本研究使用了集总式概念性日降雨径流模型——新安江模型和 SIMHYD 模型（图 7-1 和图 7-11），二者模型输入均为面平均日尺度降水和潜在蒸散发，且二者均有蓄水模块模拟土壤水运动和实际蒸散发过程，从结构上具备通过遥感蒸散发约束的条件；并且两个水文模型已经被广泛用于不同气候环境下的径流模拟和预测，具有良好表现（Zhang et al.，2018；Li and Zhang，2017；Zhang et al.，2009，2016b；Li et al.，2009，2014）。

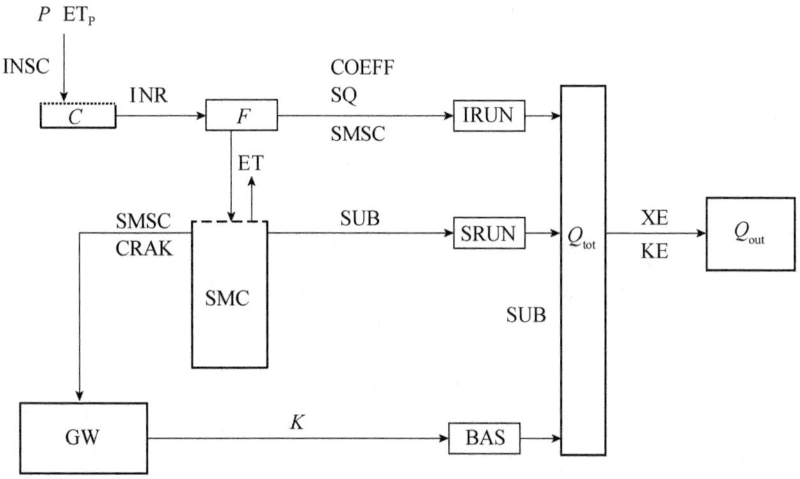

图 7-11　SIMHYD 模型结构（Zhang et al.，2020）

变量包括 P：面平均降水；ET_p：面均潜在蒸散量；C：冠层蓄水；F：净雨；IRUN：超渗地表径流；SMC：土壤蓄水；SRUN：蓄满产流及壤中流；ET：实际蒸散发；GW：地下水；BAS：基流；Q_{tot}：总径流；Q_{out}：流域出口径流。

参数包括 INSC：树冠截留容量，mm；COEFF：最大入渗损失，mm；SQ：入渗损失指数；SMSC：土壤湿度容量，mm；SUB：土壤间流比例常数；CRAK：地下水补给方程中的比例常数；K：基流线性消退参数；XE：马斯京根法演算参数（d）；KE：马斯京根法演算参数

b. 模型率定方案

模型预热期为 1995～2001 年，率定期为 2002～2014 年。本研究采用全局优化算法——遗传算法率定新安江模型中的 14 个参数和 SIMHYD 模型中的 9 个参数。通常情况下，遗传算法可以在大约 50 代搜索和每代 270 个种群大小的情况下收敛（Li and Zhang，2017）。

本研究探索了三种率定方案，每种方案通过遗传算法寻找目标函数的最小值，三种方案的目标函数分别为 $F_1 \sim F_3$：

$$F_1 = 1 - \mathrm{NSE_{ET}} \tag{7-7}$$

$$F_2 = 1 - \mathrm{NSE_{ET}} + B \tag{7-8}$$

$$F_3 = 1 - r_{\mathrm{ET}} + B \tag{7-9}$$

式中，$\mathrm{NSE_{ET}}$ 为模拟相对实测 8 天遥感蒸散发的 NSE；r_{ET} 为二者相关性；B 为平均年径流偏差。

$\mathrm{NSE_{ET}}$ 的计算公式为

$$\mathrm{NSE_{ET}} = 1 - \dfrac{\sum\limits_{i=1}^{N}(\mathrm{ET}_{\mathrm{RS},i} - \mathrm{ET}_{\mathrm{sim},i})^2}{\sum\limits_{i=1}^{N}(\mathrm{ET}_{\mathrm{sim},i} - \overline{\mathrm{ET}_{\mathrm{sim}}})^2} \tag{7-10}$$

式中，$\mathrm{ET_{RS}}$ 为 8 天遥感蒸散发（PML-ET）；$\mathrm{ET_{sim}}$ 为水文模型模拟的 8 天实际蒸散发；i 为第 i 个样本；N 为数据点的总数。

r_{ET} 的计算公式为

$$r_{\mathrm{ET}} = \dfrac{\sum\limits_{i=1}^{N}(\mathrm{ET}_{\mathrm{RS},i} - \overline{\mathrm{ET}_{\mathrm{RS}}})(\mathrm{ET}_{\mathrm{sim},i} - \overline{\mathrm{ET}_{\mathrm{sim}}})}{\sum\limits_{i=1}^{N}(\mathrm{ET}_{\mathrm{RS},i} - \overline{\mathrm{ET}_{\mathrm{RS}}})^2 \sum\limits_{i=1}^{N}(\mathrm{ET}_{\mathrm{sim},i} - \overline{\mathrm{ET}_{\mathrm{sim}}})^2} \tag{7-11}$$

B 的估算值为

$$B = \dfrac{\left| Q_{\mathrm{Fu}} - Q_{\mathrm{sim}} \right|}{Q_{\mathrm{Fu}}} \tag{7-12}$$

式中，Q_{Fu} 为经典的 Budyko 曲线之一的 Fu 模型（Zhang et al.，2004；傅抱璞，1981）估算的研究期平均年径流量；Q_{sim} 为两个水文模型模拟的平均年径流量。

以上三种方案中，方案 1 未考虑遥感蒸散发数据中可能存在的系统性偏差或误差。方案 2 和方案 3 通过比较模型模拟的年均径流量与 Fu 模型估计的年均径流量，来减少模拟径流的系统性偏差。方案 3 模型模拟的蒸散发和遥感蒸散发之间的相关性克服遥感蒸散发数据中的潜在偏差，而不是直接比较它们之间的一致性。以上方案在模型率定过程中仅采用遥感蒸散发数据率定，减少了传统水文模型率定中对观测日径流数据的依赖。

c. 采用区域化法的模型基准方案

以径流稀缺地区广泛应用于水文模型参数化的区域化方法为基准，评估上述三种遥感蒸散发率定模型的表现。本研究采用了区域化方法之一的空间邻近区法（Parajka et al.，2005；Merz and Böoschl，2004）。该方法首先使用实测日径流数据率定空间上最邻近流域的水文模型，然后将最邻近流域的率定参数移植到目标流域（假定无实测径流），并通过目标流域的气象数据驱动水文模型，获取日径流序列。在结果和讨论的后续展示中，这将被称为"基准方案"。

d. 方案评价

采用以下方法对不同方案的模拟径流进行评估，并与基准方案比较。①在 222 个流域中，获取均方根误差（RMSE）和决定系数（R^2）。②分别计算每个流域的日、月和年尺度下的径流 NSE。NSE 给予高流量更大的权重，它的取值范围在 $-\infty \sim 1$，其中 $0.4 < \text{NSE} \leqslant 0.6$ 和 NSE > 0.6 分别表示良好和优秀的径流模拟能力（Zhang and Chiew，2009）。

3）主要结果

PML-V1 和 PML-V2 的径流预测结果非常相似，因此这里仅呈现 PML-V1 的结果。图 7-12 总结了基准方案（Benchmark）和方案 1～方案 3 在 222 个流域的年径流模拟能力 [图 7-12（a）～（d）为新安江模型，图 7-12（e）～（h）为 SIMHYD 模型]。相比基准方案，方案 1～方案 3 结果较差，RMSE 比基准方案高 40 mm/a 左右，与实测年径流之间的 R^2 比基准方案结果低 0.1 左右。对于新安江模型，方案 1 表现最佳（RMSE=163 mm/a），

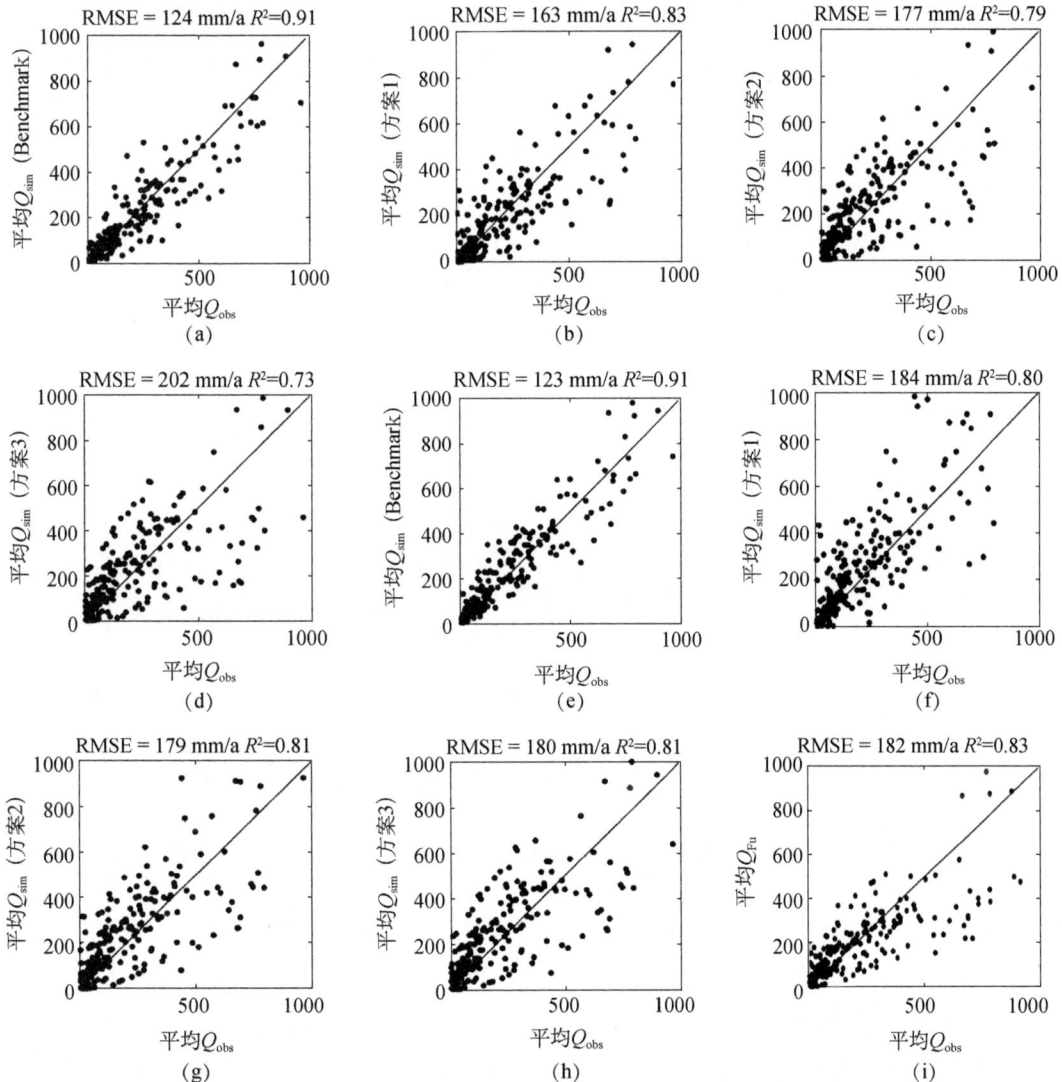

图 7-12　年平均径流量模拟值相对观测值的散点图（i）基准方案和方案 1～3 采用新安江模型的结果，（ii）基准方案和方案 1～3 采用 SIMHYD 模型的结果，以及（iii）Fu 模型的结果
（Zhang et al.，2020）

（a）～（d）为新安江模型；（e）～（h）为 SIMHYD 模型；（i）为 Fu 模型。Benchmark 为基准方案

其次是方案 2（RMSE=177 mm/a），方案 3 表现最差（RMSE=202 mm/a）。对于 SIMHYD 模型，三种方案的年径流模拟能力相似，与新安江模型方案 2 的结果接近。

尽管方案 2 和方案 3 对目标函数进行了平均年径流的约束 ［式（7-8）和式（7-9）中的 B］，其平均年径流模拟能力相对方案 1 仍然较差。这可能是由于用于约束模拟的 Fu 模型中的平均年径流的偏差/误差比方案 1 中的偏差要大（RMSE 分别为 182 mm/a 和 163 mm/a）。为进一步减少 Fu 模型估计的平均年径流的偏差，提升方案 2 和方案 3 的径流模拟能力，未来研究中可以通过实测平均年径流数据来参数化每个气候区或每种土地覆盖类型的参数，从而获得更准确的 Fu 模型估计的平均年径流（Zhang and Chiew，2012；Oudin et al.，2008）。

图 7-13 显示了 222 个流域径流偏差的范围，进一步说明了图 7-12 中呈现的结果。在新安江模型中，方案 1 的表现最佳，222 个流域中的平均年径流中位数偏差为 35%，有 75%的流域偏差低于 60%。方案 2 和方案 3 的中位数偏差约为 50%。对于 SIMHYD 而言，方案 1 的表现也为最佳，中位数偏差约为 40%，而方案 2 和方案 3 的中位数偏差约为 50%。

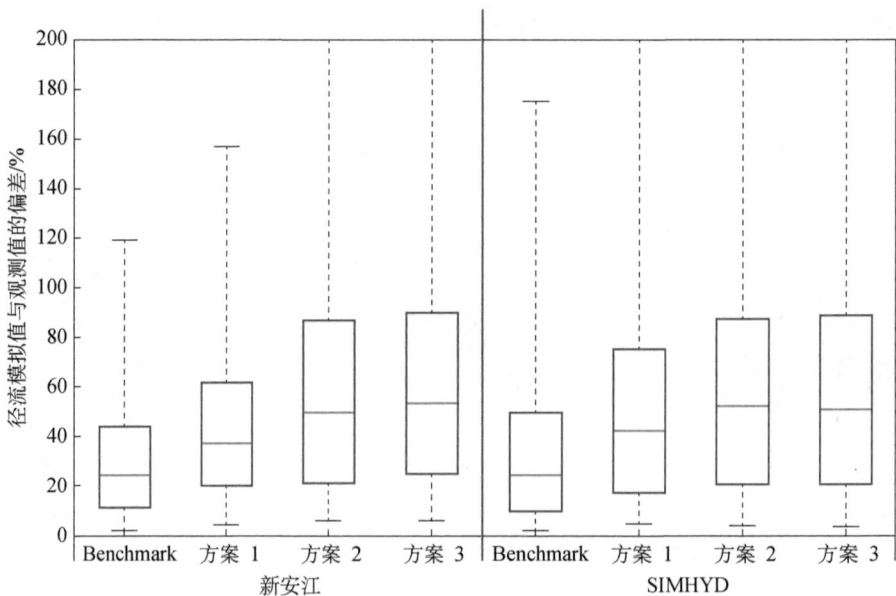

图 7-13 对于两种水文模型，基准方案（区域化法）和遥感蒸散发率定径流（方案 1～方案 3）的偏差（Bias）比较（Zhang et al.，2020）

每一箱型为 222 个流域统计的结果，包括中位数、25～75 分位数、5～95 分位数

图 7-14 总结了基准方案和三个率定方案在 222 个流域日、月和年尺度的径流预测能力。基准方案的结果合理，中位数 NSE 高于 0.5，年平均 NSE 接近 0.6，与全球其他研究区结论类似。而不采用径流数据、直接采用遥感蒸散发率定的方案结果相对较差。遥感蒸散发率定方法在日和年尺度的径流模拟中，方案 1 在采用新安江模型时最优，其中位数 NSE 为 0.25；其他方案和 SIMHYD 模型的日径流和年径流模拟较差。遥感蒸散发率定方法月尺度的模拟能力相比日、年尺度较好，体现在较高的 NSE 上，其原因可能是降水量较多

的月份径流较高，降水量较少的月份径流较低，这使得月尺度径流更容易预测。在新安江模型的方案 1 中，平均月 NSE 值超过 0.5，其中 75%流域的月 NSE 都超过 0.2。

　　为了进一步分析不同区域的结果，本研究将 222 个流域分为四个组：①南部和东南部，其雨季在冬季；②以地中海气候为主的西部；③冬季潮湿寒冷的塔斯马尼亚地区；④位于热带和亚热带地区的北部和昆士兰州。图 7-15 总结了四种方案在四个不同地区的表现。从基准方案来看，模型在塔斯马尼亚和澳大利亚北部这样的湿润地区比在西南部和东南部干旱半干旱和温带地区更适用。对于日径流，新安江模型的方案 1 和方案 2 在塔斯马尼亚

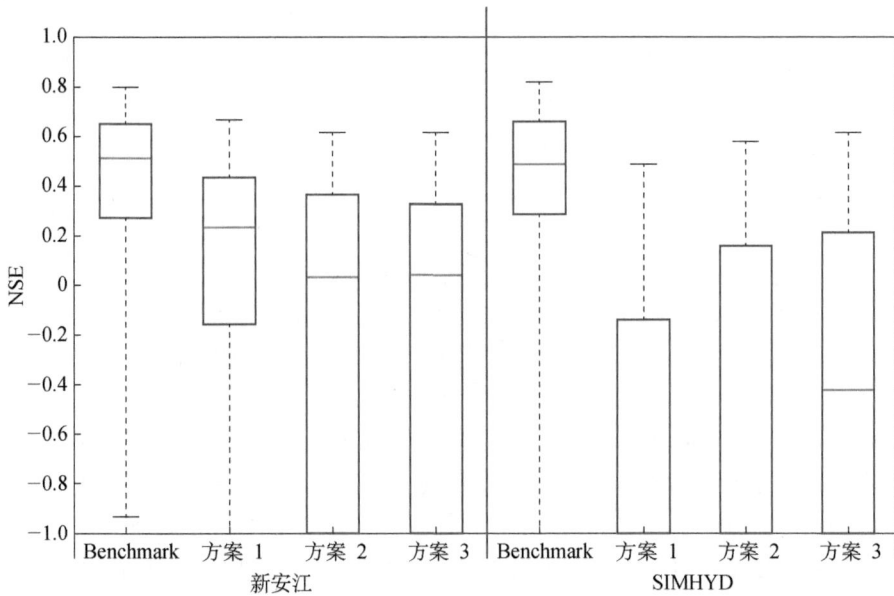

(a) 日尺度

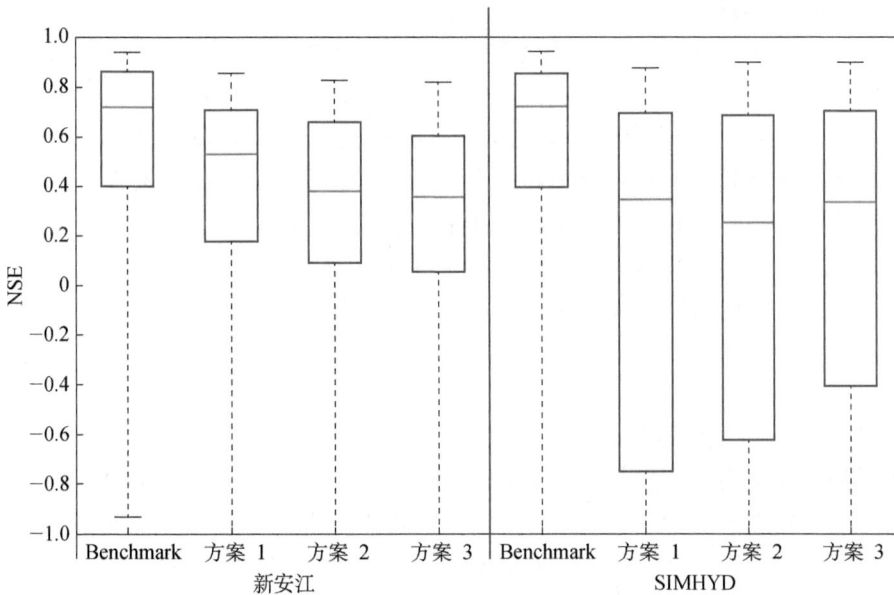

(b) 月尺度

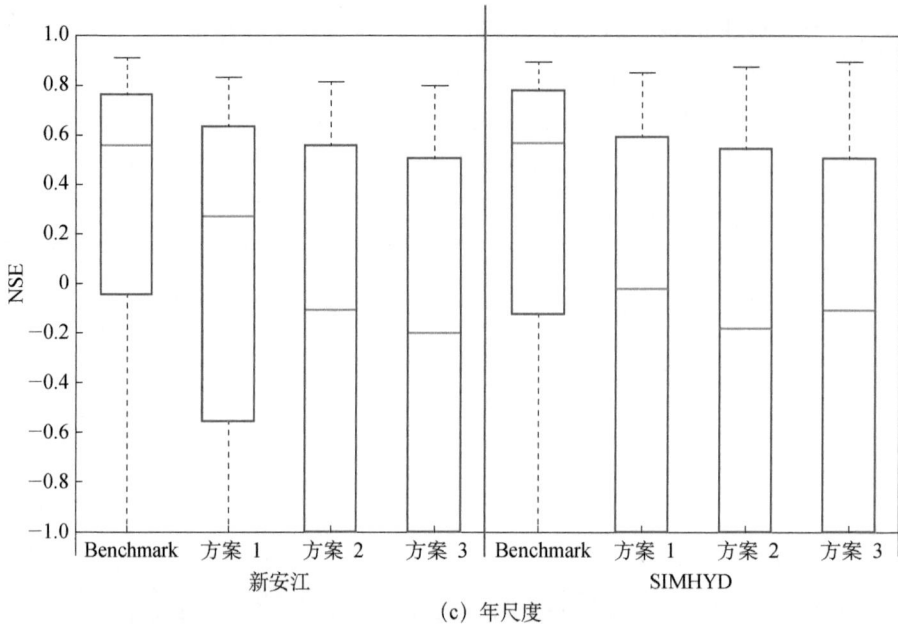

(c) 年尺度

图 7-14　模型模拟性能在日（a）、月（b）和年（c）尺度的评估（Zhang et al.，2020）
包括最邻近区域化的基准方案和遥感蒸散发率定模型的方案 1～方案 3。每一个箱型为 222 个流域的统计结果，
包括中位数、25～75 分位数、5～95 分位数

和澳大利亚北部 NSE 分别小于 0.4（差）和大于 0.4（较好），中位数大于 0.3。对于年径流，三个遥感蒸散发率定方案在塔斯马尼亚和澳大利亚北部的 NSE 也存在从差到较好的情况，中位数为 0.25，部分方案超过 0.4。此外，三种率定方案在不同的地区优点可能不尽相同。例如，对于新安江模型，方案 3 在塔斯马尼亚的年径流模拟方面表现最佳（中位数 NSE 为 0.6），三种方案在模拟日径流方面表现相似（中位数 NSE 为 0.4）。对于 SIMHYD，方案 3 在模拟年径流方面表现最佳。

进一步分析图 7-15 的月尺度结果发现方案 1～方案 3 在塔斯马尼亚、北部和昆士兰州可以非常好地模拟月尺度径流。在塔斯马尼亚，新安江和 SIMHYD 模型在所有三个方案的中位数都取得了 NSE≈0.8 的效果，约 75% 的流域显示年、月尺度 NSE 均高于 0.7。这些 NSE 值仅比基准方案稍小一点。北部和昆士兰州的月尺度径流模拟虽然较好，但仍比塔斯马尼亚差，且该地区新安江模型的结果比 SIMHYD 模型更好。

图 7-16 进一步展示了方案 1 在澳大利亚的月尺度 NSE 空间分布。两个模型在塔斯马尼亚、昆士兰沿海和北部沿海都表现良好，但在澳大利亚西部地区表现非常差。两个模型之间的主要差异在于东南部和内陆的澳大利亚北部以及昆士兰内陆地区，其中新安江模型比 SIMHYD 模型好得多。

图 7-17 中对不同气候区域的模拟结果进行了进一步的研究，展示了四种方案月尺度 NSE 与干旱指数（平均年潜在蒸发除以平均年降水）的散点图。图 7-17 中，塔斯马尼亚、北部和昆士兰这样的湿润地区模拟能力更强（NSE 大多大于 0）。当干旱指数大于 2.0 时，除了新安江模型的方案 1 和部分 SIMHYD 模型外，其他模型与方案的组合模拟月径流能力显著下降。在北部内陆流域（干旱指数>2）中，方案 1 中大多数流域的月度径流 NSE 大于

0.5，这与基准方案相当。

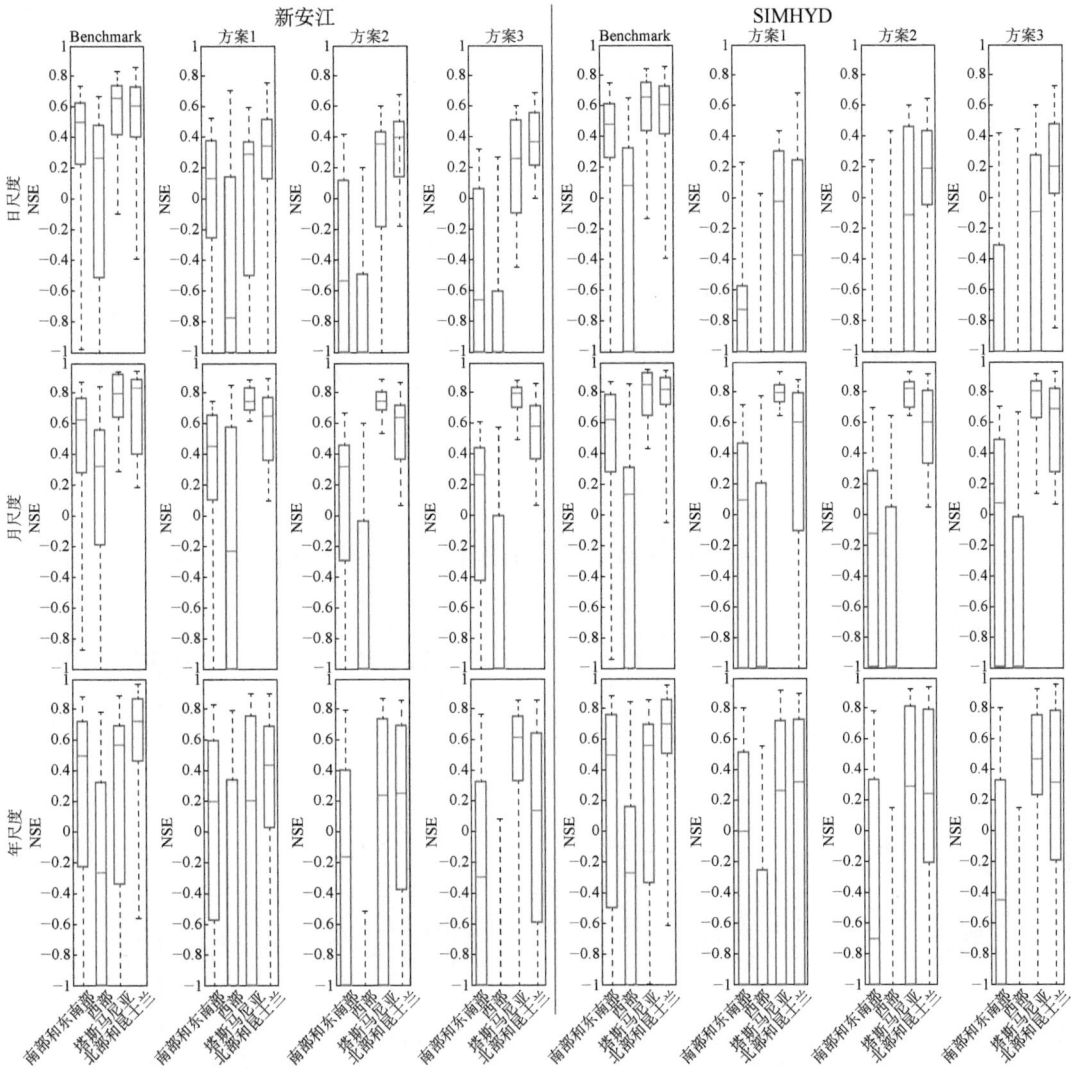

图 7-15 模型模拟性能在 4 个区域（南部和东南部、西部、塔斯马尼亚、北部和昆士兰）以及
在日、月和年尺度的评估（Zhang et al.，2020）

包括最邻近区域化的基准方案和遥感蒸散发率定模型的方案 1～方案 3。每一个箱型包括了中位数、25～75 分位数、
5～95 分位数

2. 雅砻江流域的应用

1）研究区概况

Huang 等（2020）进一步将 Zhang 等（2020）提出的方法进行了改进，应用于我国长
江流域上游的雅砻江流域。雅砻江是金沙江左岸的最大支流，起源于中国青海省玉树藏族
自治州巴颜喀拉山南麓。该河流自西北向东南流动，主流长度约为 1570 km。整个流域面
积约为 13.6 km²，呈南北条带状（96°52′E～102°48′E，26°32′N～33°58′N），位于青藏高原
东南部和云南、贵州高原西北部。该流域由北至南横跨纬度 7°以上，地理特征复杂。从北

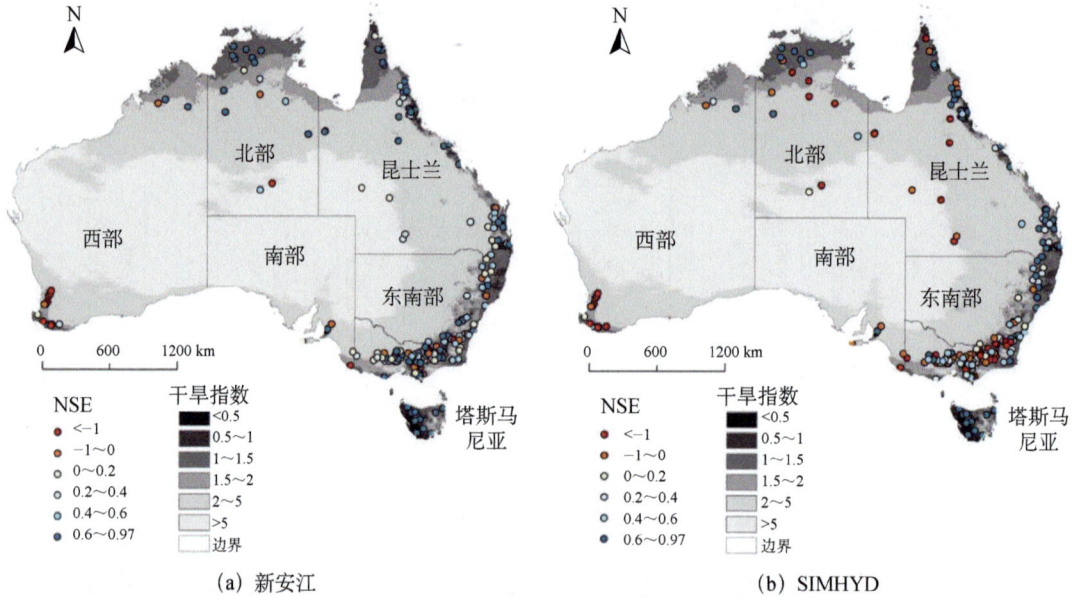

(a) 新安江　　　　　　　　　　　　　　　　(b) SIMHYD

图 7-16　基于遥感蒸散发率定模型方案 1 的月尺度模拟结果在空间上的分布特征（Zhang et al.，2020）

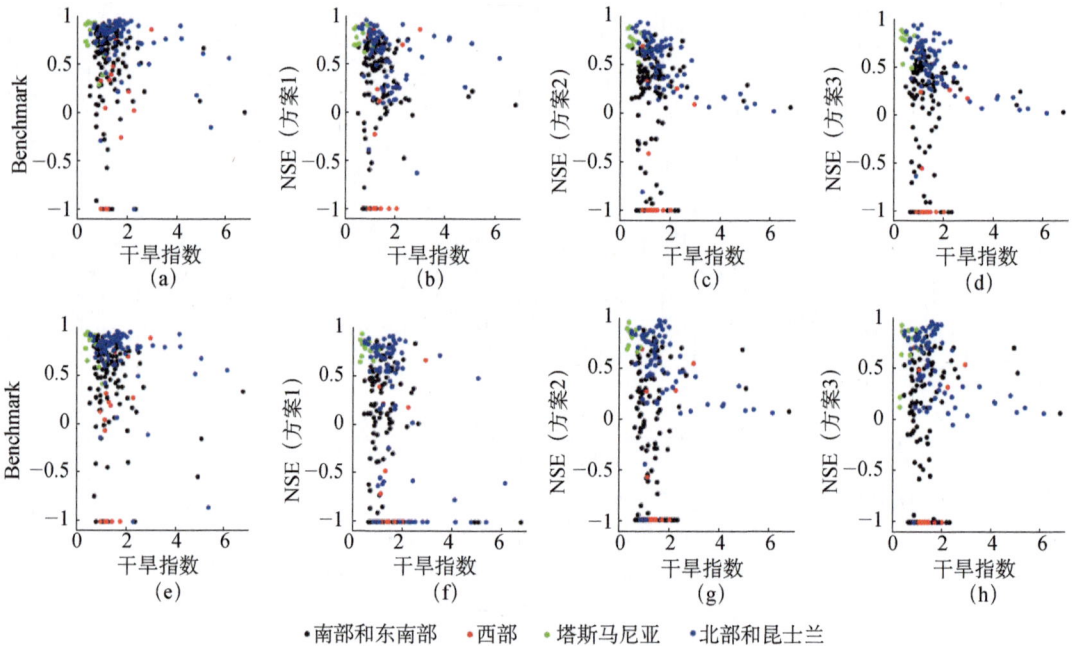

•南部和东南部　•西部　•塔斯马尼亚　•北部和昆士兰

图 7-17　四种方案月尺度 NSE 与干旱指数相关关系研究（Zhang et al.，2020）

图中包括新安江模型 [（a）～（d）] 和 SIMHYD 模型 [（e）～（h）] 的结果，NSE<−1 时按照−1 展示

到南海拔差异很大（980～5400m），地形依次包括丘陵高原、高山峡谷和河谷盆地。这些都使得流域地理在水平和垂直方向上具有极大的空间分异。此外，雅砻江流域涵盖了从湿润到半湿润的各种气候类型，具有明显的干湿季节。整个雅砻江流域的多年平均降水量约为 720mm/a，多年平均径流量为 300～400mm/a。雅砻江径流约 50%由降水形成，其余部分则由地下水和融雪（冰）补给（康尔泗等，2001）。本研究选取雅砻江流域内 30 个流域的

数据。图 7-18 展示了 30 个流域空间分布信息及其流域上下游关系。

2）研究数据与方法

A. 研究数据

本研究使用气象强迫数据集（CMFD）来驱动水文模型。该数据集详细介绍见表 7-2。

本研究使用的格点实际蒸散发数据（PML-ET）来自 PML-V2 全球蒸散发产品（Zhang et al., 2019；Gan et al., 2018），被分为植被蒸腾（E_c）、土壤直接蒸发（E_s）和冠层截留蒸发（E_i），详见第 3 章。本书通过 Fu 模型（Zhang et al., 2004；傅抱璞，1981）对该产品进行了进一步偏差校正，以提高其在水文模型应用中的适用性。

本研究所使用的陆地水储量变化值（ΔW_{GRACE}）由 GRACE 得到的陆地水储量距平值（TWSA）数据计算获得，并已经通过官方提供的比例因子校正（Landerer and Swenson，2012；Swenson and Wahr，2006）。本研究使用了来自三个中心（JPL、UTCSR 和 GFZ）的 GRACE 数据集平均值。以上遥感数据集均重采样为 0.05° 以匹配 PML 分辨率。采用雅砻江流域 30 个水文站点不等时长日径流资料作为模型效果验证的基准资料。

特别地，研究区内的两个下游流域（小得石流域和桐子林流域）在 2004~2012 年受到二滩水库调节的影响。结合观测流量数据和水库调度数据，这些流域的"天然径流量"基于水量平衡方法来还原推算。如图 7-18 所示，小得石水文站和桐子林水文站位于雅砻江干流的下游，在忽略其他人类活动的情况下，通过将二滩水电站的入流值减去出流值来获取小得石和桐子林流域的"天然径流量"序列。

B. 研究方法

a. 参数率定方案

Zhang 等（2020）提出的遥感蒸散发率定方法仅针对 PML-ET 进行率定。同期其他研究也表明，应用 GRACE 陆地水储量数据可提升水文模型的径流模拟能力（Yassin et al.,

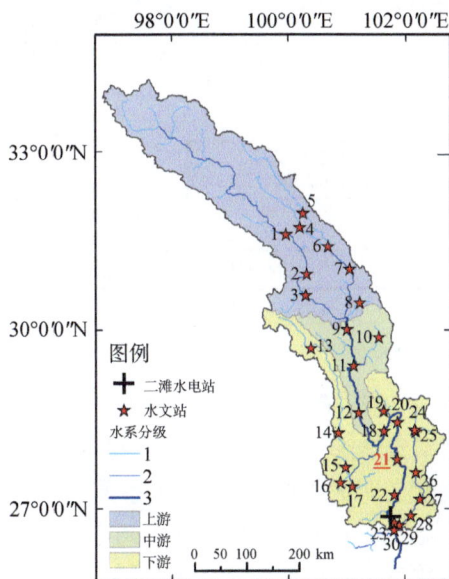

(a) 站点分布

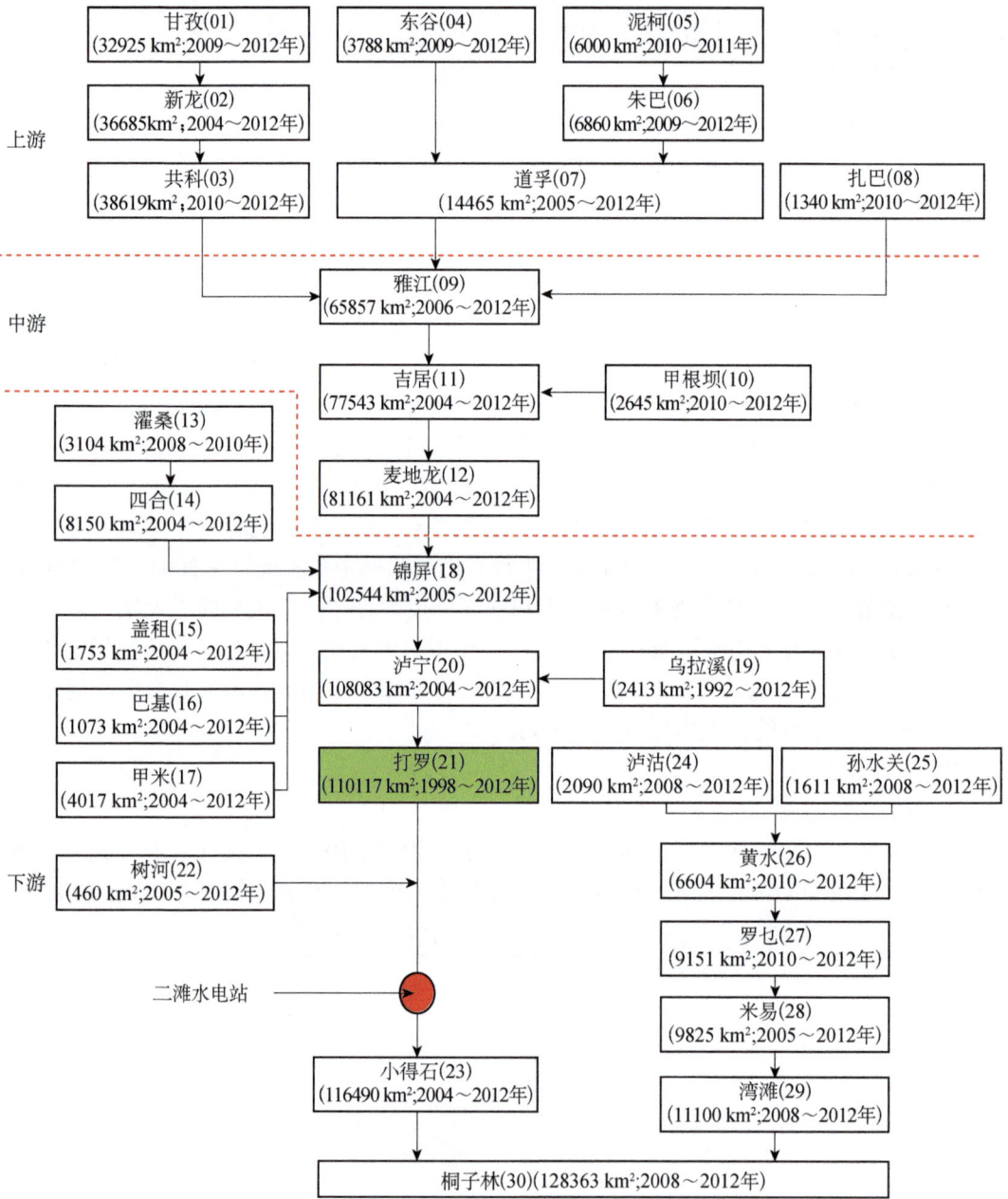

图 7-18　研究区站点分布及其流域上下游关系（Huang et al.，2020）

2017）。因此，本研究将探索不同遥感数据率定新安江水文模型（图 7-1）的方法，同时评估了不同空间尺度下的模型率定情形：格网、子流域和流域，分别在每个格网单元、每个子流域和每个流域中率定模型（即优化模型的 15 个参数）。对于格网率定，每个格网单元都有自己的参数值。对于子流域率定（子流域定义为两个水文站之间的面积），子流域面上所有格网单元具有相同的参数值，即低级支流包括一个子流域，但高级流域包括多个子流域。例如，甘孜、新龙和共科流域分别分为一个、两个和三个子流域。对于流域率定，整个流域中的所有格网单元具有相同的参数值。

综上，本研究考虑了九种率定方案（表 7-3），其中，方案 1、方案 2 采用传统方法率定水文模型，方案 3～方案 9 采用遥感数据率定水文模型。方案 1 采用日径流过程 Q 对模型进行率定，认为其模拟结果代表该模型在研究区最佳的模拟能力；方案 2 采用传统无资料地区水文模型率定方法（区域化法）（Li and Zhang，2017；Oudin et al.，2008；Merz and Böoschl，2004）；方案 3 采用 PML 实际蒸散发直接率定水文模型；方案 4～方案 6 采用校正后的 PML 蒸散发率定水文模型，其空间计算最小单元分别为格网（以 PML 格网为基准）、子流域和流域；方案 7～方案 9 在方案 4～方案 6 的基础上增加了基于 GRACE 重力卫星的水储量变化数据，控制流域土壤水含量变化。

模型率定采用一种全局优化算法——遗传算法（Konak et al.，2006；Holland，1992）优化模型参数。遗传算法的种群大小和代数分别设置为 400 和 100。通常在搜索约 50 代之后，可以达到最优点（Li and Zhang，2017）。参数的选择基于目标函数。

表 7-3　参数率定方案（Huang et al.，2020）

率定方法	格网尺度	子流域尺度	流域尺度	模型输入	目标函数
基于实测径流率定			1	CMFD-P，ETp（30 站 Q）	$F_1 = 1 - \text{NSE}_Q$，$\text{NSE}_Q = 1 - \dfrac{\sum\limits_{i=1}^{N}(Q_{obs} - Q_{sim})^2}{\sum\limits_{i=1}^{N}(Q_{obs} - \overline{Q_{obs}})^2}$
区域化法（最邻近法）			2	CMFD-P，ETp，移植的参数	
PML-ET 直接率定	3			CMFD-P，ETp，（PML-ET）	$F_2 = 1 - \text{NSE}_{ET1}$，$\text{NSE}_{ET1} = 1 - \dfrac{\sum\limits_{i=1}^{N}(\text{ET}_{PML} - \text{ET}_{SIM})^2}{\sum\limits_{i=1}^{N}(\text{ET}_{PML} - \overline{\text{ET}_{PML}})^2}$
校正后 PML-ET 率定	4	5	6	CMFD-P，ETp，（校正后 PML-ET）	$F_3 = 1 - \text{NSE}_{ET2}$，$\text{NSE}_{ET2} = 1 - \dfrac{\sum\limits_{i=1}^{N}(\text{ET}_{B-PML} - \text{ET}_{SIM})^2}{\sum\limits_{i=1}^{N}(\text{ET}_{B-PML} - \overline{\text{ET}_{B-PML}})^2}$
校正后 PML-ET+GRACE 水储量变化数据率定	7	8	9	CMFD-P，ETp，（校正后 PML-ET，GRACE）	$F_4 = (1 - \text{NSE}_{ET2}) + (1 - \text{NSE}_{\Delta W})$，$\text{NSE}_{\Delta W} = 1 - \dfrac{\sum\limits_{i=1}^{N}(\Delta W_{GRACE} - \Delta W_{SIM})^2}{\sum\limits_{i=1}^{N}(\Delta W_{GRACE} - \overline{\Delta W_{GRACE}})^2}$

注：表中数字表示方案编号。

表 7-3 中 Q_{obs} 为观测日径流量，mm；Q_{sim} 为模拟日径流量，mm；ET_{SIM}、ET_{PML} 和 ET_{B-PML} 分别为 8 天时间步长的模拟实际蒸散量、原始蒸散量输出和偏差校正后的蒸散量，mm；时间步长为 1 个月的 ΔW_{GRACE} 和 ΔW_{SIM} 分别为 GRACE 估算和新安江模型计算的土壤蓄水量变化，cm。由于径流、蒸散发和水储量变化数据时间步长不同，各目标函数时间步长也不同。F_1 为日尺度，F_2 和 F_3 为 8 天尺度，F_4 为月尺度。当目标函数达到最小值时，认为该方案模型效果达到最优。格网和子流域方式的模拟结果采用面积加权平均的方法得出各站点全流域的径流过程。本研究采用广泛应用的 NSE（Nash and Sutcliffe，1970）作为目标函

数。通过以上方案率定参数，并结合模型输入，可以得到各流域日径流模拟结果，其中格网和子流域率定的 Q_{sim} 采用面积加权平均法聚合到流域尺度。

b. 方案验证

本研究首先采用率定期和检验期分别评价了不同方案下日径流模拟能力，然后在时空尺度上评价全径流时段日、月径流模拟能力。在水文模拟中，NSE 是常用的评价指标，也是本研究中率定水文模型采用的目标函数之一（方案 1 采用径流 NSE 计算目标函数确定参数，方案 2 为方案 1 参数的最邻近法做参数移植，方案 3～方案 9 采用遥感数据计算 NSE 来确定目标函数）。因此，仅采用 NSE 评价 9 种参数率定方案的径流模拟结果是远远不够全面的，可能会片面地造成方案 1 效果最好的结果。因此，本研究除采用 NSE［式（7-2）］（Nash and Sutcliffe，1970）外，还结合 Kling-Gupta 效率系数（KGE）（Kling et al.，2012；Gupta et al.，2009）、合格率（QR）以及对数纳什效率系数（LogNSE）［式（7-3）］来综合评价 9 种参数率定方案。以上指标的公式如式（7-13）和式（7-14）所示：

$$KGE = 1 - \sqrt{\left[\frac{cov(Q_{obs}, Q_{sim})}{\sigma_{obs}^2 \sigma_{sim}^2} - 1\right]^2 + \left(\frac{\mu_{sim}}{\mu_{obs}} - 1\right)^2 + \left(\frac{\sigma_{sim}}{\sigma_{obs}} - 1\right)^2} \tag{7-13}$$

$$QR = \frac{m}{n} \tag{7-14}$$

式中，Q_{obs} 为实测径流；Q_{sim} 为模型模拟径流；m 为 ABIAS 小于 0.35 的样本数量；n 为总样本数量；cov 为协方差；μ 为平均值；σ 为标准差。日径流和月径流在评价时，式（7-13）和式（7-14）中的时间步长分别为日和月。式（7-13）中，根号内的三个分量分别表示相关系数、偏差率和变化率，均为无量纲变量。KGE 不仅考虑了径流数量还考虑了径流过程，是一个综合评价指标，即结合了模拟值和观测值的相关性、偏差和相对变异性指标。QR 是模拟径流的合格率，本研究设置阈值为绝对偏差小于 0.35 为合格。KGE 和 QR 更关注模型的整体性能。NSE 表示模型模拟中、高流量的能力，而 LogNSE 则更侧重于低流量。QR 的值在 0～1 之间变化，越接近 1 表明方案性能越好（QR=1 表示所有样本的绝对偏差都小于 0.35）。KGE、NSE 和 LogNSE 的值从 −∞ 到 1，越接近 1 表明方案性能越好。

3）主要结果

图 7-19 为 9 种率定方案下的全时段径流模拟结果比较图。该图为了更好地分析有效范围（0～1），负值在图中显示为零。图 7-19（a）、（c）、（e）、（g）表示日径流模拟的四个评价指标箱线图；图 7-19（b）、（d）、（f）、（h）表示日径流叠加后的月径流模拟箱线图。由于大部分站点年序列较短，因此本书并未评估年径流模拟结果。KGE 和 QR 更关注整体模型表现，而 NSE 和 LogNSE 更关注高流量和低流量。上述指标的范围描述了模型的稳定性，范围越小表示模型率定方案的模拟结果更加稳定，即模型模拟结果在各流域的表现都比较接近。

图 7-19 表明，PML-ET 的校正能够有效提高模拟结果精度；随着模型率定空间尺度变小，模型模拟精度提高；加入 GRACE 对校正后 PML-ET 率定水文模型方法的提升不大；9 种方案月径流模拟优于日径流模拟。由此可见，数据的偏差校正在研究区径流模拟中起到了关键作用，其原因可能是在新安江模型中，日蒸散发的总量决定了日径流总量，在总量严格约束至接近实际值时，才能保证径流过程的分配合理。值得强调的是，偏差校正过程涉及的地面观测数据只有一个站点的多年平均数据，对于资料稀缺地区来说具有重大意义。

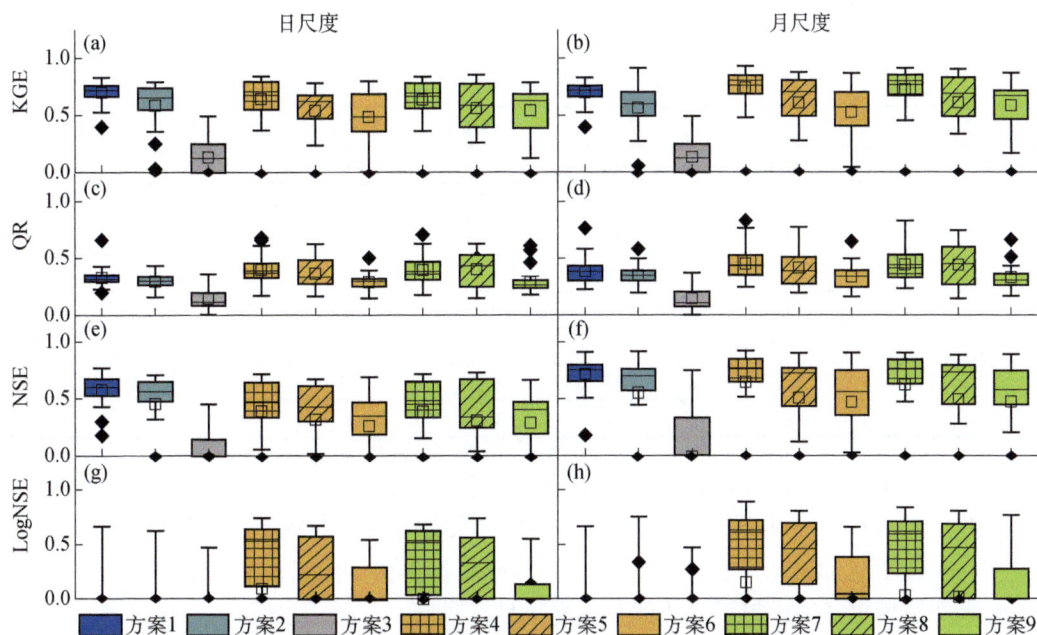

图 7-19　9 种率定方案下的全时段径流模拟结果比较（Huang et al., 2020）

表 7-4 展示了方案 3 和方案 4 在 30 个流域的评价指标均值及其差异，进一步评估了采用方案 3（使用原始 PML-ET 数据率定水文模型）和方案 4（使用偏差修正后的 PML-ET 数据率定水文模型）所得到的模拟径流在日尺度和月尺度上相对实测径流的表现。

表 7-4　方案 3 和方案 4 在 30 个流域的评价指标均值及差异（Huang et al., 2020）

评价指标		方案 3	方案 4	方案 4－方案 3
日尺度	KGE	0.13	0.65	0.52
	QR	0.15	0.40	0.25
	NSE	−0.08	0.39	0.47
	LogNSE	−4.45	0.09	4.54
月尺度	KGE	0.19	0.74	0.55
	QR	0.15	0.45	0.30
	NSE	−0.01	0.65	0.66
	LogNSE	−3.84	0.15	3.99

如表 7-4 所示，与方案 3 相比，方案 4 的径流模拟能力得到了极大的提高。在日尺度上，KGE 的均值提高了 0.52，QR 的均值提高了 0.25，NSE 的均值提高了 0.47，LogNSE 的均值提高了 4.54；在月尺度上，KGE 的均值提高了 0.55，QR 的均值提高了 0.30，NSE 的均值提高了 0.66，LogNSE 的均值提高了 3.99。因此，使用偏差修正后的 PML-ET 数据率定水文模型大大提升了使用原始 PML-ET 数据率定水文模型的径流模拟能力，且月径流模拟的改进大于日径流模拟的改进。因此，在后续分析中，我们只展示基于偏差订正的 PML-ET 率定水文模型方案（即遥感数据率定水文模型方法，方案 4～方案 9）的结果。

方案 4～方案 6 在不同空间尺度上（从格网到流域）采用偏差校正的 PML-ET 数据率定水文模型，方案 7～方案 9 在方案 4～方案 6 的基础上结合 GRACE 数据率定水文模型。

表 7-5 总结了方案 4～方案 9 在 30 个流域的评价指标均值。

表 7-5　方案 4～方案 9 在 30 个流域的评价指标均值（Huang et al.，2020）

	评价指标	方案 4	方案 5	方案 6	方案 7	方案 8	方案 9
日尺度	KGE	0.65	0.54	0.49	0.64	0.56	0.54
	QR	0.40	0.37	0.29	0.40	0.40	0.29
	NSE	0.39	0.32	0.26	0.39	0.31	0.29
	LogNSE	0.09	−0.76	−1.55	0.00	−0.19	−2.05
月尺度	KGE	0.74	0.61	0.53	0.73	0.61	0.68
	QR	0.45	0.42	0.34	0.45	0.44	0.33
	NSE	0.65	0.51	0.47	0.62	0.50	0.48
	LogNSE	0.15	−0.64	−1.36	0.03	0.02	−1.74

随着方案 4～方案 6 的空间尺度增大，径流模拟能力变差；方案 7～方案 9 的变化也类似。这些结果表明，采用遥感数据在网格上率定水文模型（方案 4 和方案 7）能够取得比其他空间尺度更优的结果。究其原因，网格遥感数据提供了丰富的空间信息，在网格尺度上率定水文模型更好地模拟了径流的空间异质性。

方案 4 与方案 7、方案 5 与方案 8 以及方案 6 与方案 9 的大部分评价指标分别相对接近。其中，方案 7 的 LogNSE 均值小于方案 4，但是 KGE、QR 和 NSE 的均值相似，表明方案 7 提供了与方案 4 相似的总体结果和更稳定的高流量模拟结果，但同时对低流量产生了负面影响，这个规律在比较方案 6 与方案 9 时也存在。当比较方案 5 与方案 8 时，方案 8 的 LogNSE 大于方案 5，表明方案 8 提升了低流量的模拟能力。这可能是因为 GRACE 数据的分辨率更接近子流域尺度。因此，加入 GRACE 率定水文模型比仅使用偏差校正的 PML-ET 率定水文模型只在子流域尺度率定时提高了日/月径流的低流量模拟能力。

方案 7 略优于方案 4，而方案 4 明显优于其他基于 PML-ET 的率定方案。因此，选择方案 4 作为遥感数据率定水文模型方法的代表，与方案 2（基准方案）进行比较。方案 4 的结果还与方案 1（采用径流率定水文模型，认为是集总式水文模型最优模拟结果）进行比较。表 7-6 显示了方案 1、方案 2 和方案 4 的评价指标平均值。

表 7-6　方案 1、方案 2 和方案 4 的评价指标平均值（Huang et al.，2020）

	评价指标	方案 1	方案 2	方案 4	方案 4-方案 1	方案 4-方案 2
日尺度	KGE	0.70	0.59	0.65	−0.05	0.06
	QR	0.33	0.30	0.40	0.07	0.10
	NSE	0.58	0.45	0.39	−0.19	−0.06
	LogNSE	−1.39	−1.93	0.09	1.48	2.02
月尺度	KGE	0.71	0.57	0.74	0.03	0.17
	QR	0.39	0.34	0.45	0.06	0.11
	NSE	0.72	0.54	0.65	−0.07	0.11
	LogNSE	−1.05	−2.63	0.15	1.20	2.78

方案 4 的日尺度 KGE、QR 和 NSE 的平均值与方案 2 相似，且方案 4 的日均 LogNSE 平均值显著大于方案 2；同时，方案 4 的月尺度评价指标平均值显著大于方案 2。即在日尺

度上，方案 4 略优于方案 2；而在月尺度上，方案 4 明显优于方案 2，其平均 NSE 和平均 QR 更接近于方案 1。方案 4 在 LogNSE 方面大于方案 1 与方案 2，表明在低流量模拟方面的能力较好。以上结果表明，经过偏差校正的遥感蒸散发数据在网格尺度模拟径流能力较强，可以用于无径流资料地区的径流模拟，其模拟能力接近甚至优于传统方案和区域化方案。

综上，与传统的区域化方法相比，采用偏差校正后的 PML-ET 可以改善水文测站稀缺流域的径流模拟。基于遥感数据率定水文模型在网格尺度上优于子流域和流域尺度，反映了遥感数据在陆地表面的时空优势。然而，在偏差校正后的 PML-ET 的基础上，进一步结合 GRACE 水储量数据仅在子流域尺度低流量模拟上提升径流模拟能力，对径流总体模拟能力的提升不大。

3. 中国不同区域的比较研究

1）研究区概况

张永强等（2023）采用该方法在中国不同区域进行了比较研究。研究区为我国受人类活动影响较小，且满足 2000 年以来日径流观测数据超过 2 年的 84 个流域，流域内水库调蓄程度小于 5%，水库调蓄程度通过水库库容与多年平均径流量之比来衡量（Linke et al.，2019）。参考资源环境科学数据平台提供的中国流域片区划分，本研究选择的 84 个流域自北向南覆盖了我国黑龙江流域、黄河流域中上游、长江流域上游及雅鲁藏布江流域。研究区大部分为上述四大流域的三级小流域［图 7-20（a）～（d）］，流域面积覆盖范围广：其中小于 1000 km^2 的流域有 17 个，介于 1000～50000km^2 的流域有 53 个，大于 5 万 km^2 的流域有 14 个［图 7-20（e）］。本研究进一步将这些流域划分为 1850 个 0.25° 的格网。自 2000 年以来，流域日径流数据长度大多为 6～10 年［图 7-20（f）］；干旱指数范围从 0.44～1.18，其中干旱指数大于 0.65 为湿润区，小于 0.65 为干旱区。本研究干旱指数采用多年平均 MSWEP 降水与 MSWX 计算得出的多年平均潜在蒸散发比值，与已有研究中公布的我国干旱指数分布图相吻合（Zomer et al.，2022）。

2）研究数据与方法

A. 研究数据

在遥感及格网产品方面，本书收集了气象格网数据［MSWX（Beck et al.，2022）、MSWEP（Beck et al.，2019）］、蒸散发格网数据［PML-V2（China）（He et al.，2022）］、GRACE 水储量数据［GWE（Tapley et al.，2004）］以及土壤水数据［SMC（Meng et al.，2021）］。在水文站点日径流数据方面，本书收集了我国 84 个水文站点的日径流观测数据。研究数据概况见表 7-7。

B. 研究方法

如图 7-21 所示，首先，将遥感气象、潜在蒸散发数据输入水文模型，即可获得蒸散发、土壤水以及径流等模型输出变量的时间序列；其次，通过采用不同模型约束数据及其对应的约束方程［形式同式（7-13），各方程变量不同］，完成水文模型的率定；最后，统一采用 KGE［式（7-13）］评估各模型约束方案的日径流预测能力。KGE 的值从 −∞ 到 1，越接近 1 表明方案性能越好。

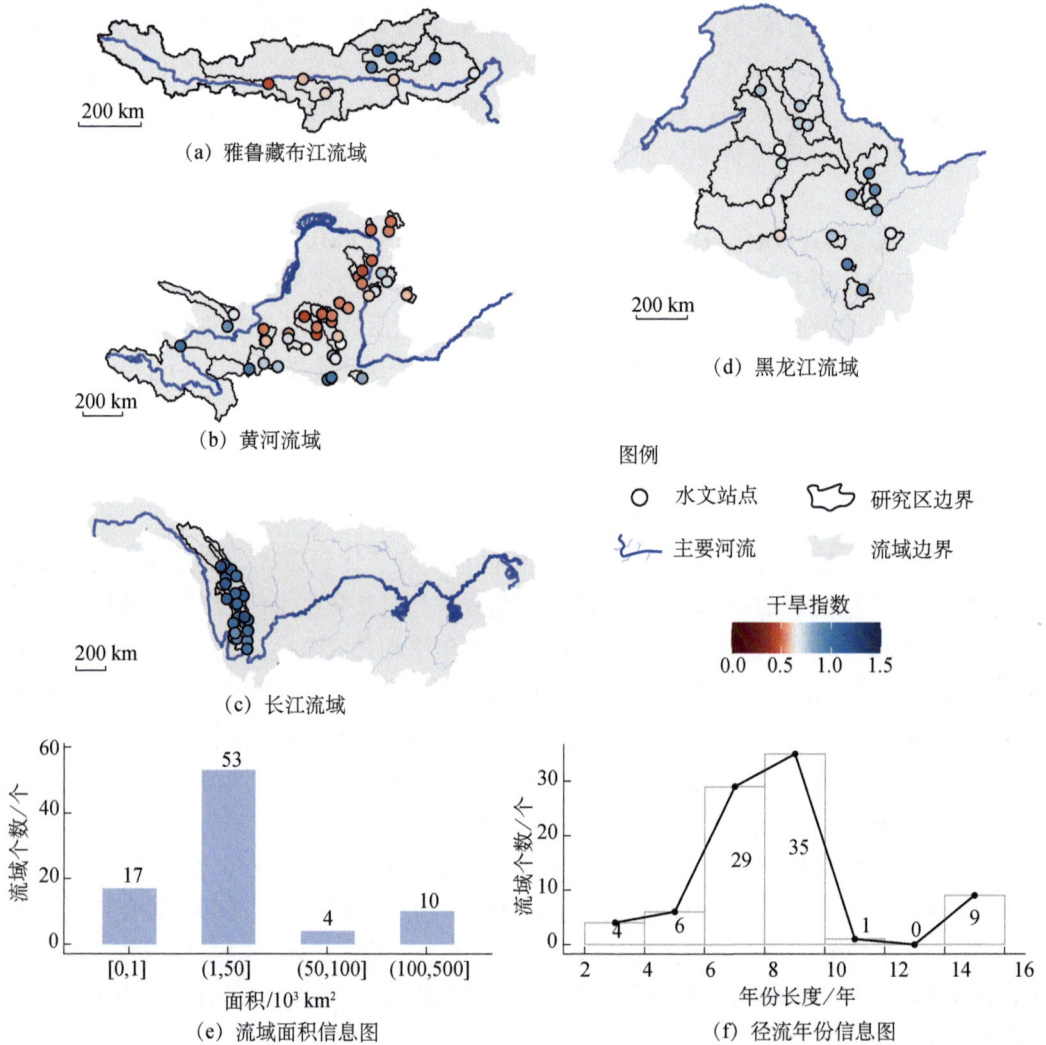

(a) 雅鲁藏布江流域

(b) 黄河流域

(c) 长江流域

(d) 黑龙江流域

图例

○ 水文站点　　 ⬡ 研究区边界

〰 主要河流　　 ▨ 流域边界

干旱指数

0.0　0.5　1.0　1.5

(e) 流域面积信息图

(f) 径流年份信息图

图 7-20　研究区概况图（张永强等，2023）

表 7-7　研究数据概况（张永强等，2023）

数据名称	数据全称	空间分辨率	时间分辨率	时间覆盖范围	数据链接
MSWEP	MSWEP（V2.8）多源加权融合降水产品	0.1°	1 天	1979 年至今	http://www.gloh2o.org/mswep/
MSWX	多源气象数据	0.1°	1 天	1979 年至今	http://www.gloh2o.org/mswx/
PML-V2（China）	中国区域 PML-V2 陆地蒸散发与总初级生产力数据集	500m	1 天	2000～2021 年	https://doi.org/10.11888/Terre.tpdc.272389
GRACE	重力卫星数据	1°	1 个月	2002～2017 年	https://developers.google.com/earth-engine/datasets/catalog/NASA_GRACE_MASS_GRIDS_LAND
SMC	中国土壤水数据	0.05°	1 个月	2002～2018 年	https://doi.org/10.5281/zenodo.4738556
日径流	我国 84 个水文站日资料	—	1 天	2000～2016 年（各个站点不同）	水文年鉴、雅砻江流域水电开发有限公司

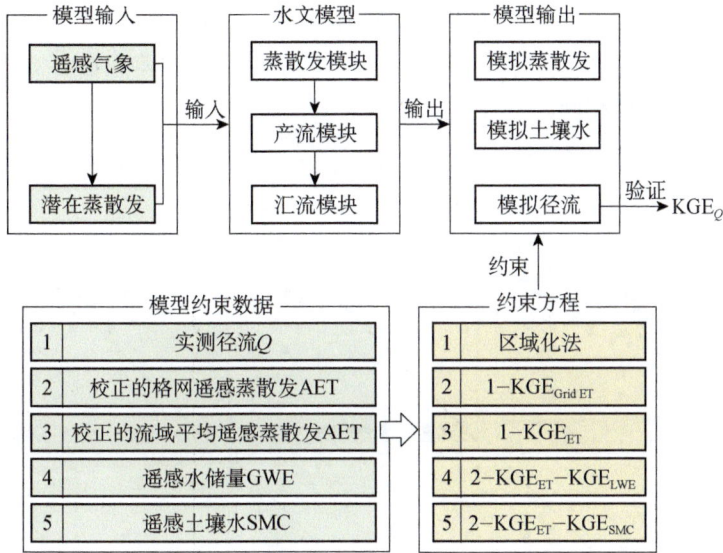

图 7-21　本研究技术路线（张永强等，2023）
约束方程中 1 表示基准方案：参数区域化法；2～5 表示遥感手段率定水文模型方案

　　本研究采用了水文研究中具有代表性的三个水文模型：HBV（Bergström and Lindström，2015；Lindström et al.，1997；Seibert，1997；Bergström，1995）、新安江（Zhao，1992，1980）以及 SIMHYD（Chiew et al.，2002）水文模型。这三种水文模型均具有蒸散发、土壤水模块，为遥感数据约束对应变量提供了条件，其中 HBV 模型是加入融雪模块的 HBV 水文模型。模型结构同 Huang 等（2022）的研究，由于本研究侧重于模型率定方案的比较，此处不再详细介绍各水文模型。

　　为探讨基于遥感数据率定水文模型方法（即实验组）是否具有优势，首先应当设定相对于遥感数据率定水文模型方法的对照组。由于本研究中假定研究区为径流数据稀缺地区，故设置对照组为目前径流数据稀缺地区水文模拟的最常用方法——区域化法（方案1）。本研究中采用了最邻近法的结果，其参数为各流域最邻近有径流数据流域采用径流 Q 率定水文模型的流域参数，其径流预测能力是其他方案的评价基准。方案 2～方案 5 为实验组，主要探索遥感数据率定水文模型方法在我国的空间分异，以及同一类型不同数据在该方法表现出的空间分异结果。方案 2 为采用校正的遥感蒸散发约束水文模型方法在 0.25° 的格网上约束水文模型，并采用面积加权平均法汇总格网径流至流域出口；方案 3 为采用校正的遥感蒸散发约束水文模型方法约束水文模型；方案 4 在方案 3 的基础上加入 GRACE 水储量动态数据（GWE）同时约束模型蒸散发和模型土壤水；方案 5 同方案 4，仅在土壤水数据方面不同，采用了我国土壤水数据（SMC）。

　　理论上，遥感数据率定水文模型方法的率定时段不受径流数据限制，可以为任意遥感数据覆盖的时段。本研究为了保持五种参数率定方案的统一性，其率定时段均采用了流域径流数据覆盖时段。每个流域率定期前两年为模型预热期。

　　3）主要结果

　　图 7-22 为遥感数据率定水文模型方法的不同约束方案（方案 2～方案 5）相对基准方

案（方案 1）在日尺度径流预测能力 KGE$_Q$ 的散点图。由图 7-22 可知，总体上，方案 2～方案 5 在日尺度上与方案 1 预测径流能力还有一定差距。这种差距在各流域、各约束方案以及各水文模型之间不尽相同。

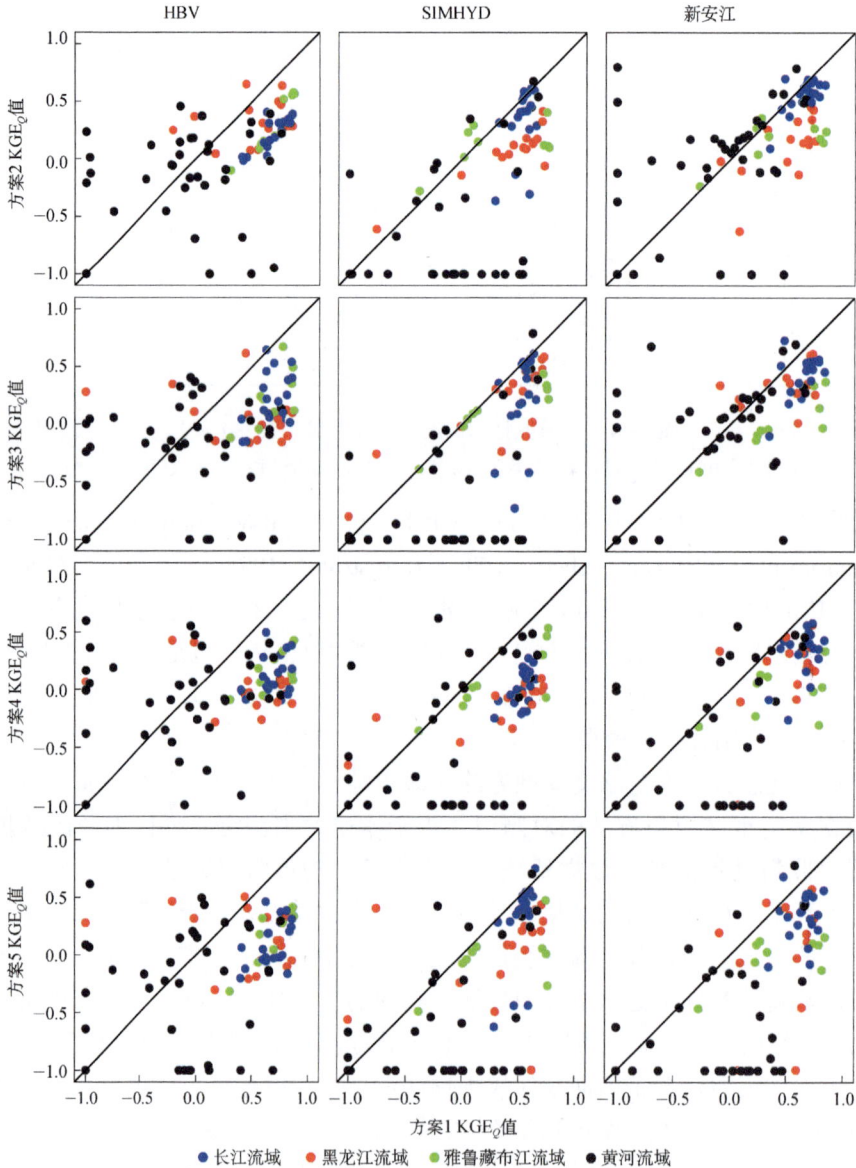

图 7-22 不同约束方案相对基准方案在日尺度径流预测能力 KGE$_Q$ 的散点图（张永强等，2023）

此图中小于−1 的值显示为−1。横纵坐标均为径流预测能力评价指标，即 KGE$_Q$。其中，横坐标为 84 个流域方案 1 的径流预测评价结果，第 1～第 4 行分别为方案 2～方案 5 径流预测评价结果；第 1～第 3 列分别表示应用 HBV、SIMHYD、新安江三种水文模型时的结果

从流域来看，各方案均在长江流域日径流预测能力最优，黑龙江流域和雅鲁藏布江流域次之，黄河流域最差。在湿润区（如雅砻江），在网格上率定新安江模型（方案 2）可以取得和传统区域化法（方案 1）接近的模型表现。在干旱区（如黄河流域），在网格

上率定新安江模型（方案 2）在多数流域可以优于传统区域化法（方案 1）的模型表现。在寒冷流域（如黑龙江流域），在网格上率定 HBV 模型（方案 2）可以取得和传统区域化法（方案 1）接近的模型表现。在高海拔流域（如雅鲁藏布江流域的部分流域），在网格上率定 SIMHYD 模型（方案 2）可以取得和传统区域化法（方案 1）接近的模型表现。

图 7-23 为方案 2 采用新安江模型的各流域 KGE_Q 空间分布图。图 7-23 中我国陆地面积采用干旱指数填充，干旱指数大于 0.65 的区域为蓝色，干旱指数小于 0.65 为红色，干旱/湿润程度越大，颜色越深。由图 7-23 可知，在湿润区，方案 2 约束新安江日尺度模型预测能力更强，日径流的 KGE_Q 更高。虽然该方案在湿润区具有较高精度，但最邻近法在湿润区已经具有很高精度，因此该方案应用于湿润区集总式水文模型时，未能超越最邻近法的结果。

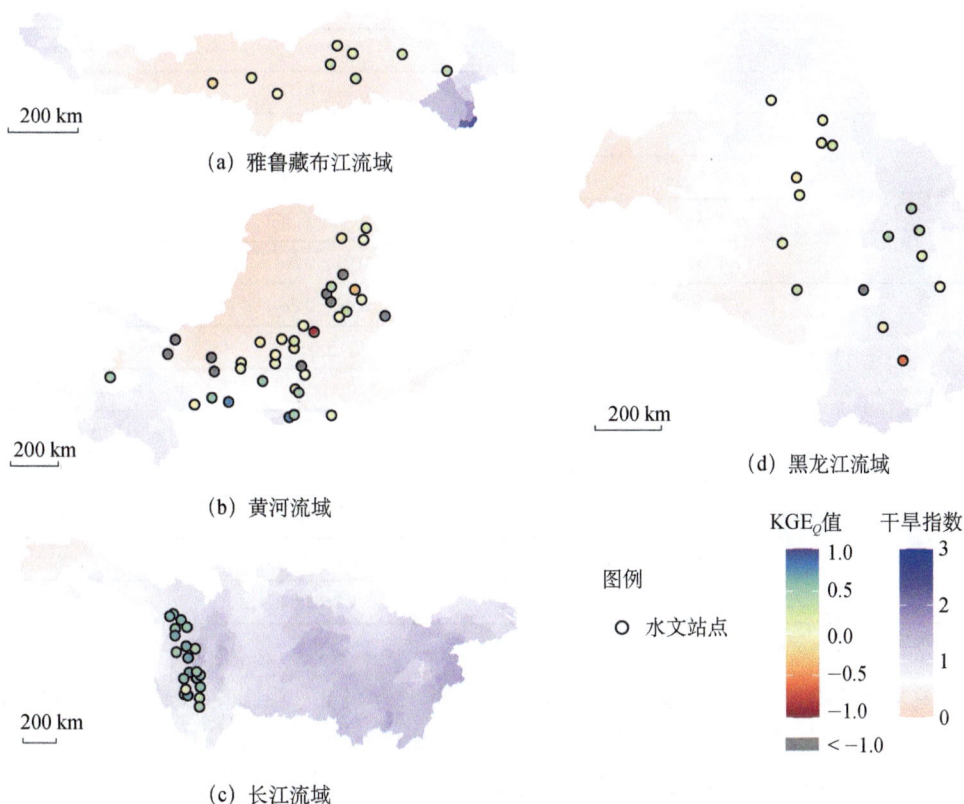

图 7-23　方案 2 采用新安江模型的各流域 KGE_Q 空间分布图（张永强等，2023）

表 7-8 汇总了不同遥感数据率定水文模型方案（方案 2～方案 5）的日径流预测能力，其中位数来自不同模型、不同流域的集合。从方案之间对比来看，格网 ET 约束 ［方案 2（0.13±2.01）］水文模型提升了流域面平均 ET 约束 ［方案 3（0.07±2.46）］的径流预测能力；而总体来看，加入土壤水数据 ［方案 4（-0.01±4.48）和方案 5（-0.03±3.37）］并未进一步提升方案 3 的径流预测能力。

表 7-8　不同方案日径流预测能力（KGE$_Q$）汇总（张永强等，2023）

	方案 2	方案 3	方案 4	方案 5
最大值	0.80	0.79	0.62	0.78
中位数±标准差	0.13±2.01	0.07±2.46	−0.01±4.48	−0.03±3.37

将方案总体结论进一步细分为各流域、各水文模型，可得到不同方案在不同流域应用不同水文模型的日径流预测能力（KGE$_Q$）汇总表（表 7-9）和方案 2～方案 5 在不同流域、不同模型的日径流预测评价结果图（图 7-24）。

表 7-9　不同方案在不同流域应用不同水文模型的日径流预测能力（KGE$_Q$）汇总（张永强等，2023）

流域	方案	HBV	SIMHYD	新安江
黑龙江流域	方案 2	0.29±0.52	0.09±0.53	0.14±0.61
	方案 3	0.06±0.21	0.29±0.38	0.34±0.55
	方案 4	−0.03±0.2	−0.05±0.22	0.21±0.9
	方案 5	0.12±0.26	0.14±0.41	0.19±1.11
雅鲁藏布江流域	方案 2	0.19±0.26	0.12±0.19	0.2±0.17
	方案 3	0.22±0.25	0.12±0.24	−0.05±0.24
	方案 4	0.13±0.17	0.02±0.3	0.02±0.22
	方案 5	0.28±0.24	0.01±0.26	0.09±0.19
长江流域	方案 2	0.22±0.13	0.42±0.28	0.58±0.14
	方案 3	0.12±0.23	0.4±0.37	0.48±0.18
	方案 4	0.08±0.16	0±0.16	0.36±0.21
	方案 5	0.05±0.19	0.4±0.36	0.37±0.2
黄河流域	方案 2	−0.11±1.29	−1.69±3.95	−0.01±1.11
	方案 3	−0.17±2.02	−2.04±4.66	0.05±1.7
	方案 4	−0.05±1.16	−0.82±6.15	−0.72±8.95
	方案 5	−0.16±2.15	−1.7±3.84	−1.17±6.41

注：表中数据为中位数±标准差。

由表 7-9 和图 7-24 可知，在格网上约束水文模型（方案 2）相比集总式约束模型（方案 3）取得更高的径流预测精度。在黑龙江流域，采用 HBV 时方案 2 优于方案 3，且方案 5 在方案 3 的基础上得到提升，方案 4 降低了方案 3 的预测能力；在采用 SIMHYD 和新安江模型时，方案 2、方案 4、方案 5 并未提高方案 3 的径流预测能力。在雅鲁藏布江流域，采用新安江模型时，方案 2 相比方案 3 径流预测能力得到提高，采用 HBV 模型时，方案 5 优于方案 3，而采用其他模型、方案，均未进一步提升集总式 ET 约束水文模型方法的能力。在长江流域，方案 2 在各水文模型上均优于方案 3，而方案 4、方案 5 在方案 3 的基础上降低了径流预测能力。在黄河流域，虽然方案 2 采用 HBV 和 SIMHYD 模型时优于方案 3，但其 KGE$_Q$ 仍然较低；而方案 2 采用新安江模型时，在部分流域相比方案 3 径流预测能力得到大幅提升，即 KGE$_Q$ 最大值得到提高。同样地，加入土壤水动态数据对方案 3 径流预测能力提升不大。同样地，结合散点图（图 7-22）来看，在方案 3 的基础上加入 GWE

数据（方案 4）或 SMC（方案 5）约束时，HBV 和 SIMHYD 的径流预测能力在部分流域相比方案 3 更优于方案 1（如部分黄河流域方案 4 与方案 5 的 KGE$_Q$ 大于 0.5，而对应流域方案 3 的 KGE$_Q$ 小于 0.5。这些流域在黄河流域属于个例，因此在表 7-9 与图 7-22 中无法体现），且在结合 SMC 时具有更高的精度，新安江模型在加入 GWE 和 SMC 后，大部分流域径流预测能力并未得到明显改进。

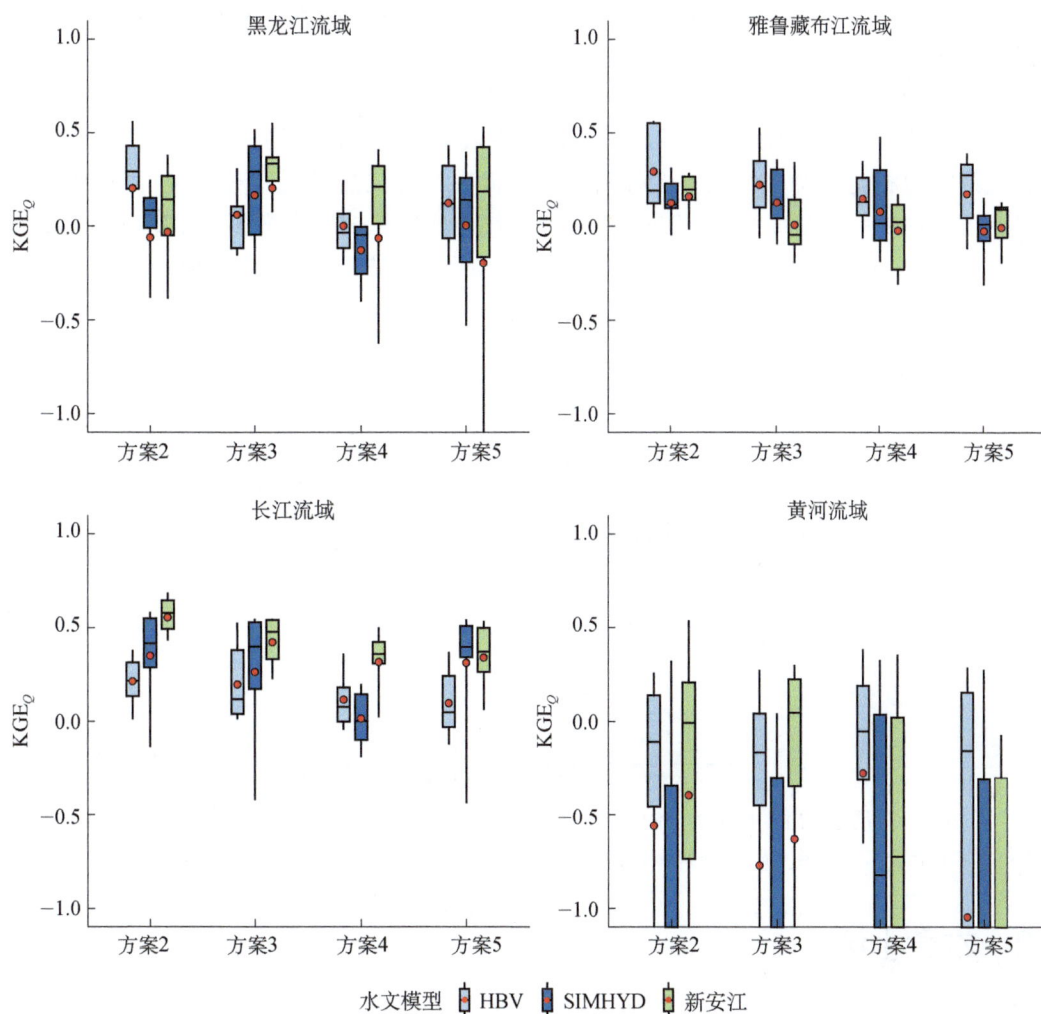

图 7-24　方案 2～方案 5 在不同流域、不同模型的日径流预测评价结果（张永强等，2023）

红点代表均值，箱体自上而下三条横线分别为 75%、50% 和 25% 分位数，竖线两端分别为 90% 和 10% 分位数

　　综上，方案 2 在湿润地区（如长江流域、其他流域的部分子流域）的日径流预测能力较强，HBV 在黑龙江和雅鲁藏布江流域加入土壤水动态数据后（方案 5）相比方案 3 进一步提升了径流预测能力。在干旱地区（如黄河流域、雅鲁藏布江的部分流域），方案 2 即使总体 KGE$_Q$ 不高，仍大幅优于方案 3，体现了该方法在干旱区的巨大潜力。

　　根据图 7-22～图 7-24 和表 7-8、表 7-9，汇总得出以下各个水文模型在研究区应用基于遥感手段预测径流的特征。

　　新安江水文模型在湿润区（如长江流域上游）应用方案 2 时，可以取得较高径流预测精度，其精度和传统区域化法（方案 1）接近，且在干旱区（如黄河流域的多数流域）可以优于传统区域化法（方案 1）的模型表现。HBV 水文模型在高海拔流域（如雅鲁藏布江流域）应用方案 2 优于其他两种水文模型，在寒冷流域（如黑龙江流域）采用方案 2 可以取得和传统区域化法（方案 1）接近的模型表现。SIMHYD 水文模型在高海拔流域（如雅鲁藏布江流域的部分流域）应用方案 2～方案 5 时，可以取得和方案 1 相似或更优的径流预测结果。

　　需要说明的是，本研究采用的 HBV 水文模型具有融雪模块，而 SIMHYD 和新安江水文模型未嵌入融雪模块，因此在黑龙江流域融积雪较多的地区，在格网上约束后两者时，其径流预测能力相比集总式约束并无显著提升。而在黑龙江流域采用移除融雪模块的 HBV 模型应用方案 2 后（图 7-25），格网（方案 2）结果比集总式（方案 3）结果差，与其他模型一致。因此，实际应用中，应采用多种水文模型提升该方法在不同流域的应用潜力。

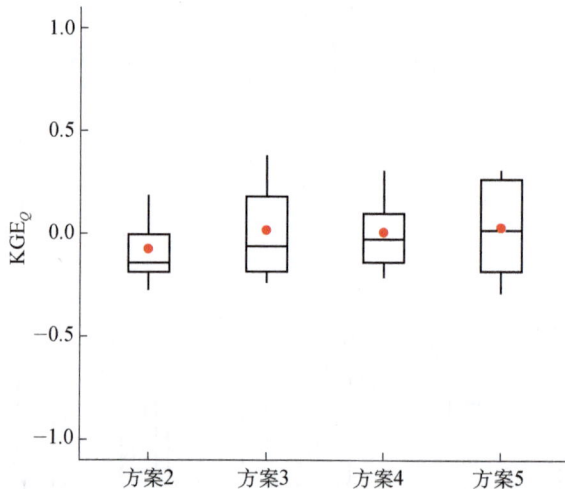

图 7-25　采用移除融雪模块的 HBV 模型在黑龙江流域的径流预测评价（张永强等，2023）

红点代表均值，箱体自上而下三条横线分别为 75%、50% 和 25% 分位数，竖线两端分别为 90% 和 10% 分位数

7.3　本章小结

　　如何改进传统的水文模型使之与遥感信息有效结合，是水文、生态、遥感等跨学科的研究方向之一。该方向具有诸多机遇与挑战，如当前挑战之一是如何建立合理的改进型水文模型，在保持模型结构相对简单的同时，能有效反映下垫面变化对不同水文过程的影响。研究发现，基于改进型的降水-产流模型可以提升下垫面变化剧烈流域（如火灾影响）的径流过程模拟能力，同时也可以模拟植被变绿对枯水流量的影响。以中国黄河流域典型子流域为研究对象，发现该地区的植被变绿速度快，不同种类的径流信号产生了变化。从幅度、频率和持续时间等方面的径流信号变化分析，低流量的变化对可用水资源具有尤其显著的影响，表明该地区面临着水资源短缺的高风险。为应对这种风险，我们迫切需要改变水资源管理政策，以有效调控干旱流域的水资源。

遥感蒸散发数据极大地拓展了水文模型在无资料地区的应用前景。在我国不同区域的测试显示，直接使用遥感蒸散发率定水文模型，其径流预测结果具有明显空间分异，在部分地区优于传统的最邻近流域参数移植方法。然而，这些结果是初步的，还需要更深入的研究来挖掘基于遥感蒸散发数据率定水文模型方法的潜力。另外，本研究暂且未考虑其他人类活动可能对径流造成的扰动。考虑到目前遥感数据率定水文模型方法的不足，未来工作将参考已有分布式水文模型在我国的应用，从遥感数据精度改进、模型选择/模型结构的改进以及分布式的遥感数据率定等方面展开，以进一步发挥遥感数据的优势。

参 考 文 献

傅抱璞. 1981. 论陆面蒸发的计算. 大气科学，5（1）：23-31.

康尔泗，程国栋，蓝永超，等. 2001. 西线南水北调雅砻江调水坝址径流模拟. 冰川冻土，（2）：139-148.

李红霞，张永强，敖天其，等. 2010. 无资料地区径流预报方法比较与改进. 长江科学院院报，27（2）：11-15.

李红霞. 2009. 无径流资料流域的水文预报研究. 大连：大连理工大学.

刘昌明，白鹏，王中根，等. 2016. 稀缺资料流域水文计算若干研究：以青藏高原为例. 水利学报，47（3）：272-282.

于瑞宏，张宇瑾，张笑欣，等. 2016. 无测站流域径流预测区域化方法研究进展. 水利学报，47（12）：1528-1539.

张永强，黄琦，刘昌明，等. 2023. 遥感数据产品率定水文模型的潜力研究. 地理学报，78（7）：1677-1690.

Addor N，Nearing G，Prieto C，et al. 2018. A ranking of hydrological signatures based on their predictability in space. Water Resources Research，54（11）：8792-8812.

Bai P，Liu X M，Zhang Y Q，et al. 2020. Assessing the impacts of vegetation greenness change on evapotranspiration and water yield in China. Water Resources Research，56（10）：e2019WR027019.

Beck H E，van Dijk A I J M，Larraondo P R，et al. 2022. MSWX：global 3-hourly 0.1° bias-corrected meteorological data including near-real-time updates and forecast ensembles. Bulletin of the American Meteorological Society，103（3）：E710-E732.

Beck H E，Wood E F，Pan M，et al. 2019. MSWEP V2 global 3-hourly 0.1° precipitation：methodology and quantitative assessment. Bulletin of the American Meteorological Society，100（3）：473-500.

Bergström S. 1995. The HBV Model//Computer Models of Watershed Hydrology. Colorado：Water Resources Publications：443-476.

Bergström S，Lindström G. 2015. Interpretation of runoff processes in hydrological modelling—experience from the HBV approach. Hydrological Processes，29（16）：3535-3545.

Beven K，Freer J. 2001. Equifinality，data assimilation，and uncertainty estimation in mechanistic modelling of complex environmental systems using the GLUE methodology. Journal of Hydrology，249（1-4）：11-29.

Boyle D. 2001. Multicriteria Calibration of Hydrologic Models. Tucson：The University of Arizona.

Butts M B，Payne J T，Kristensen M，et al. 2004. An evaluation of the impact of model structure on hydrological modelling uncertainty for streamflow simulation. Journal of Hydrology，298（1-4）：242-266.

Chiew F H S，Peel M C，Western A W. 2002. Application and Testing of the Simple Rainfall-Runoff Model SIMHYD，Mathematical Models of Small Watershed Hydrology and Applications. Water Resources Publication：335-367.

Gan R，Zhang Y Q，Shi H，et al. 2018. Use of satellite leaf area index estimating evapotranspiration and gross assimilation for Australian ecosystems. Ecohydrology，11（5）：e1974.

Gao H D，Wu Z，Jia L L，et al. 2019. Vegetation change and its influence on runoff and sediment in different landform units，Wei River，China. Ecological Engineering，141：105609.

Gourley J J，Vieux B E. 2006. A method for identifying sources of model uncertainty in rainfall-runoff simulations. Journal of Hydrology，327（1-2）：68-80.

Gupta H V，Kling H，Yilmaz K K，et al. 2009. Decomposition of the mean squared error and NSE performance criteria：implications for improving hydrological modelling. Journal of Hydrology，377（1-2）：80-91.

Hayhoe K，Wake C P，Huntington T G，et al. 2007. Past and future changes in climate and hydrological indicators in the US Northeast. Climate Dynamics，28（4）：381-407.

He J，Yang K，Tang W J，et al. 2020. The first high-resolution meteorological forcing dataset for land process studies over China. Scientific Data，7（1）：25.

He Q S，Yang J P，Chen H J，et al. 2021. Evaluation of extreme precipitation based on three long-term gridded products over the Qinghai-Tibet Plateau. Remote Sensing，13（15）：3010.

He S Y，Zhang Y Q，Ma N，et al. 2022. A daily and 500 m coupled evapotranspiration and gross primary production product across China during 2000-2020. Earth System Science Data，14（12）：5463-5488.

Holland J H. 1992. Genetic algorithms. Scientific American，267（1）：66-72.

Huang Q，Qin G H，Zhang Y Q，et al. 2020. Using remote sensing data-based hydrological model calibrations for predicting runoff in ungauged or poorly gauged catchments. Water Resources Research，56（8）：e2020WR028205.

Huang Q，Zhang Y Q，Ma N，et al. 2022. Estimating vegetation greening influences on runoff signatures using a log-based weighted ensemble method. Water Resources Research，58（12）：e2022WR032492.

Jeffrey S J，Carter J O，Moodie K B，et al. 2001. Using spatial interpolation to construct a comprehensive archive of Australian climate data. Environmental Modelling & Software，16（4）：309-330.

Kling H，Fuchs M，Paulin M. 2012. Runoff conditions in the upper Danube Basin under an ensemble of climate change scenarios. Journal of Hydrology，424：264-277.

Konak A，Coit D W，Smith A E. 2006. Multi-objective optimization using genetic algorithms：a tutorial. Reliability Engineering & System Safety，91（9）：992-1007.

Kong D D，Zhang Y Q，Gu X H，et al. 2019. A robust method for reconstructing global MODIS EVI time series on the Google Earth Engine. ISPRS Journal of Photogrammetry and Remote Sensing，155：13-24.

Landerer F W，Swenson S C. 2012. Accuracy of scaled GRACE terrestrial water storage estimates. Water Resources Research，48（4）：W04531.

Lane P N J，Feikema P M，Sherwin C B，et al. 2010. Modelling the long term water yield impact of wildfire and other forest disturbance in Eucalypt forests. Environmental Modelling & Software，25（4）：467-478.

Leuning R，Zhang Y Q，Rajaud A，et al. 2008. A simple surface conductance model to estimate regional evaporation using MODIS leaf area index and the Penman-Monteith equation. Water Resources Research，44（10）：W10419.

Li F P，Zhang Y Q，Xu Z X，et al. 2014. Runoff predictions in ungauged catchments in southeast Tibetan Plateau. Journal of Hydrology，511：28-38.

Li H X，Zhang Y Q，Chiew F H S，et al. 2009. Predicting runoff in ungauged catchments by using Xinanjiang model with MODIS leaf area index. Journal of Hydrology，370（1-4）：155-162.

Li H X，Zhang Y Q. 2017. Regionalising rainfall-runoff modelling for predicting daily runoff：comparing gridded spatial proximity and gridded integrated similarity approaches against their lumped counterparts. Journal of Hydrology，550：279-293.

Li H Y，Zhang Y Q，Vaze J，et al. 2012. Separating effects of vegetation change and climate variability using hydrological modelling and sensitivity-based approaches. Journal of Hydrology，420：403-418.

Lindström G，Johansson B，Persson M，et al. 1997. Development and test of the distributed HBV-96 hydrological model. Journal of Hydrology，201（1-4）：272-288.

Linke S，Lehner B，Dallaire C O，et al. 2019. Global hydro-environmental sub-basin and river reach characteristics at high spatial resolution. Scientific Data，6（1）：283.

Ma N，Szilagyi J，Zhang Y S，et al. 2019. Complementary-relationship-based modeling of terrestrial evapotranspiration across china during 1982-2012：validations and spatiotemporal analyses. Journal of Geophysical Research：Atmospheres，124（8）：4326-4351.

Mahe G，Lienou G，Descroix L，et al. 2013. The rivers of Africa：witness of climate change and human impact on the environment. Hydrological Processes，27（15）：2105-2114.

McMichael C E，Hope A S，Loaiciga H A. 2006. Distributed hydrological modelling in California semi-arid shrublands：MIKE SHE model calibration and uncertainty estimation. Journal of Hydrology，317（3-4）：307-324.

McMillan H K. 2021. A review of hydrologic signatures and their applications. Wiley Interdisciplinary Reviews-Water，8（1）：e1499.

McMillan H，Westerberg I，Branger F. 2017. Five guidelines for selecting hydrological signatures. Hydrological Processes，31（26）：4757-4761.

Meng X J，Mao K B A，Meng F，et al. 2021. A fine-resolution soil moisture dataset for China in 2002-2018. Earth System Science Data，13（7）：3239-3261.

Merz R，Böoschl G. 2004. Regionalisation of catchment model parameters. Journal of Hydrology，287（1-4）：95-123.

Morton F I. 1983. Operational estimates of areal evapotranspiration and their significance to the science and practice of hydrology. Journal of Hydrology，66（1-4）：1-76.

Nash J E，Sutcliffe J V. 1970. River flow forecasting through conceptual models part Ⅰ：a discussion of principles. Journal of Hydrology，10（3）：282-290.

Olden J D，Poff N L. 2003. Redundancy and the choice of hydrologic indices for characterizing streamflow regimes. River Research and Applications，19（2）：101-121.

Oudin L，Andréassian V，Mathevet T，et al. 2006. Dynamic averaging of rainfall-runoff model simulations from complementary model parameterizations. Water Resources Research，42（7）：W07410.

Oudin L，Andréassian V，Perrin C，et al. 2008. Spatial proximity，physical similarity，regression and ungaged catchments：a comparison of regionalization approaches based on 913 French catchments. Water Resources Research，44（3）：W03413.

Parajka J，Merz R，Blöschl G. 2005. A comparison of regionalisation methods for catchment model parameters. Hydrology and Earth System Sciences，9（35）：157-171.

Perrin C，Michel C，Andréassian V. 2003. Improvement of a parsimonious model for streamflow simulation. Journal of Hydrology，279（1-4）：275-289.

Poff N L，Allan J D，Bain M B，et al. 1997. The natural flow regime. BioScience，47（11）：769-784.

Pushpalatha R，Perrin C，Le Moine N，et al. 2012. A review of efficiency criteria suitable for evaluating low-flow simulations. Journal of Hydrology，420：171-182.

Ren M F，Xu Z X，Pang B，et al. 2018. Assessment of satellite-derived precipitation products for the Beijing region. Remote Sensing，10（12）：1914.

Seibert J. 1997. Estimation of parameter uncertainty in the HBV model. Hydrology Research，28（4-5）：247-262.

Swenson S，Wahr J. 2006. Post-processing removal of correlated errors in GRACE data. Geophysical Research Letters，33（8）：L08402.

Tapley B D，Bettadpur S，Ries J C，et al. 2004. GRACE measurements of mass variability in the earth system. Science，305（5683）：503-505.

UK Institute of Hydrology. 1980. Low Flow Studies Report. Wallingford：Institute of Hydrology.

Wagener T，Boyle D P，Lees M J，et al. 2001. A framework for development and application of hydrological models. Hydrology and Earth System Sciences，5（1）：13-26.

Wagener T，Sivapalan M，Troch P，et al. 2007. Catchment classification and hydrologic similarity. Geography Compass，1（4）：901-931.

Wang H，Sun F B，Xia J，et al. 2017. Impact of LUCC on streamflow based on the SWAT model over the Wei River Basin on the Loess Plateau in China. Hydrology and Earth System Sciences，21（4）：1929-1945.

Yadav M，Wagener T，Gupta H. 2007. Regionalization of constraints on expected watershed response behavior for improved predictions in ungauged basins. Advances in Water Resources，30（8）：1756-1774.

Yang F，Lu H，Yang K，et al. 2017. Evaluation of multiple forcing data sets for precipitation and shortwave radiation over major land areas of China. Hydrology and Earth System Sciences，21（11）：5805-5821.

Yassin F，Razavi S，Wheater H，et al. 2017. Enhanced identification of a hydrologic model using streamflow and satellite water storage data：a multicriteria sensitivity analysis and optimization approach. Hydrological Processes，31（19）：3320-3333.

Yildiz O，Barros A P. 2007. Elucidating vegetation controls on the hydroclimatology of a mid-latitude basin. Journal of Hydrology，333（2-4）：431-448.

Zhang L，Hickel K，Dawes W R，et al. 2004. A rational function approach for estimating mean annual evapotranspiration. Water Resources Research，40（2）：W02502.

Zhang Y Q，Chiew F H S，Li M，et al. 2018. Predicting runoff signatures using regression and hydrological modeling approaches. Water Resources Research，54（10）：7859-7878.

Zhang Y Q，Chiew F H S，Liu C M，et al. 2020. Can remotely sensed actual evapotranspiration facilitate hydrological prediction in ungauged regions without runoff calibration? Water Resources Research，56（1）：e2019WR026236.

Zhang Y Q，Chiew F H S，Zhang L，et al. 2008. Estimating catchment evaporation and runoff using MODIS leaf area index and the Penman-Monteith equation. Water Resources Research，44（10）：W10420.

Zhang Y Q，Chiew F H S，Zhang L，et al. 2009. Use of remotely sensed actual evapotranspiration to improve rainfall-runoff modeling in Southeast Australia. Journal of Hydrometeorology，10（4）：969-980.

Zhang Y Q，Chiew F H S. 2009. Relative merits of different methods for runoff predictions in ungauged catchments. Water Resources Research，45（7）：W07412.

Zhang Y Q，Chiew F H S. 2012. Estimation of mean annual runoff across southeast Australia by incorporating vegetation types into Budyko framework. Australian Journal of Water Resources，15（2）：109-120.

Zhang Y Q，Kong D D，Gan R，et al. 2019. Coupled estimation of 500 m and 8-day resolution global evapotranspiration and gross primary production in 2002-2017. Remote Sensing of Environment，222：165-182.

Zhang Y Q，Leuning R，Hutley L B，et al. 2010. Using long-term water balances to parameterize surface conductances and calculate evaporation at 0.05° spatial resolution. Water Resources Research，46（5）：W05512.

Zhang Y Q，Peña-Arancibia J L，McVicar T R，et al. 2016a. Multi-decadal trends in global terrestrial evapotranspiration and its components. Scientific Reports，6：19124.

Zhang Y Q，Vaze J，Chiew F H S，et al. 2011. Incorporating vegetation time series to improve rainfall-runoff model predictions in gauged and ungauged catchments//Modelling and Simulation Society of Australian and New Zealand. Perth：MODSIM 2011 International Congress on Modelling and Simulation：3455-3461.

Zhang Y Q，Vaze J，Chiew F H S，et al. 2014. Predicting hydrological signatures in ungauged catchments using spatial interpolation，index model，and rainfall-runoff modelling. Journal of Hydrology，517：936-948.

Zhang Y Q，Zheng H X，Chiew F H S，et al. 2016b. Evaluating regional and global hydrological models against streamflow and evapotranspiration measurements. Journal of Hydrometeorology，17（3）：995-1010.

Zhao R J. 1980. The Xinanjiang Model//Proceedings of the Oxford Symposium. Berlin：IAHS Publication：351-356.

Zhao R J. 1992. The Xinanjiang model applied in China. Journal of Hydrology，135（1-4）：371-381.

Zhou Y C，Zhang Y Q，Vaze J，et al. 2013. Improving runoff estimates using remote sensing vegetation data for bushfire impacted catchments. Agricultural and Forest Meteorology，182：332-341.

Zomer R J，Xu J C，Trabucco A. 2022. Version 3 of the Global aridity index and potential evapotranspiration database. Scientific Data，9（1）：409.

第8章 基于遥感蒸散发的水文效应研究

水资源是一切生命的物质基础，是人类社会经济发展中必不可少的重要因素。地球上不同形态的水分通过水汽输送、降雨凝结、植被截留、入渗、产汇流和蒸散发等水量交换过程形成了紧密联系的水循环系统。水循环过程影响着地球的气候、生态环境和人类生活。反过来，气候变化、区域下垫面变化和人类活动等也极易引起水文条件的改变，从而影响区域水循环，包括土壤水分的变化、地表径流的变化、地表水和地下水的重新分配，以及区域水储量的变化等。

目前基于遥感蒸散发对地表水文过程的研究，大多结合水文模型和水量平衡开展，通过在水文模型中设置不同的气候或人类活动情景，可以检测不同区域、不同时间尺度下气候变化和人类活动引起的蒸散发变化，进而根据流域水量平衡方程对水文过程及其变化进行模拟和预测。本章结合我们在此方面的研究成果，主要介绍气候和人类活动引起的下垫面变化对水文过程的影响，探讨不同水文变量对下垫面变化的响应关系和特征，以期为科学管理区域水资源和应对气候变化提供参考依据和数据支撑。

8.1 植被变绿的水文效应研究

8.1.1 植被变绿对区域土壤水分的影响

土壤水是水循环过程中的重要环节，是联系地下水和地表水的重要纽带。在植被、土壤质地等明显的时空差异以及其他因子的共同作用下，土壤水表现出强烈的空间异质性。中国北方地区生态环境脆弱，北方生态工程的实施使北方植被覆盖度增加，但是植被变化对区域内土壤含水量变化的作用仍不清楚。了解植被变化对土壤水分的影响机制有利于生态环境的稳定及可持续发展。

1. 研究区概况

黄河发源于青藏高原巴颜喀拉山北麓的约古宗列盆地，干流全长 5464 km，水位落差 4480 m，流域面积约为 79.5 万 km² （含 4.2 万 km² 内流区）（Li et al.，2021；Cuo et al.，2013）。内蒙古自治区的河口镇和河南省的桃花峪将黄河分为上游、中游、下游。黄河自西向东横跨青藏高原、内蒙古高原、黄土高原和华北平原四大地貌单元（Xie et al.，2020；Chen et al.，2016）。流域内不同地区的年降水量为 200～800 mm（Xie et al.，2020；Jing et al.，2019；Chen et al.，2016）。

本研究的研究区为黄河流域不同地区的 25 个子流域，其位置和名称见图 8-1。每个子流域的属性，包括子流域 ID、流域名称、流域出口水文站、面积、平均海拔、1981～2018 年的年均降水量（P）、年均气温（T_a）、年均潜在蒸散量（ET_p）和年均径流深度（Q）汇总于表 8-1。

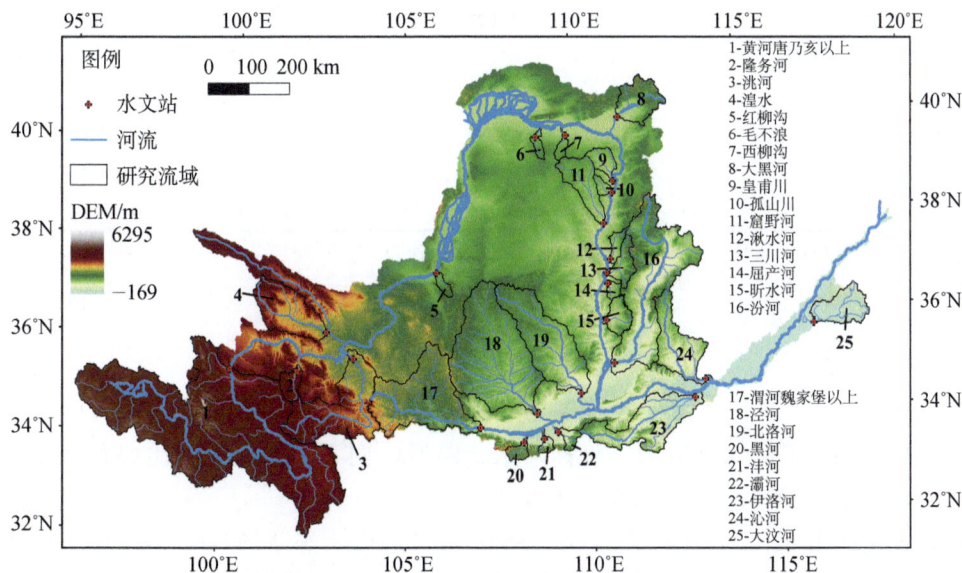

图 8-1　黄河流域的数字高程模型（DEM）和选定的 25 个子流域位置

依据从上游到下游的顺序依次显示流域 ID 和名称

表 8-1　研究区属性信息表

ID	流域名称	流域出口水文站	面积/km²	平均海拔/m	P/（mm/a）	T_a/℃	ET_p/（mm/a）	Q/（mm/a）	LAI_1980s	LAI_2000～2018
1	黄河	唐乃亥	121972	4128.22	540.63	−2.46	663.07	163.30	0.4246	0.5300
2	隆务河	同仁	2832	3641.27	461.23	−0.47	681.29	180.30	0.8304	0.9201
3	洮河	红旗	24973	3050.47	572.77	2.27	728.33	161.30	0.7278	0.8324
4	湟水	民和	15342	3023.82	425.60	1.51	771.19	102.45	0.5968	0.7229
5	红柳沟	鸣沙洲	1064	1507.2	323.64	7.85	1198.12	15.08	0.1158	0.2190
6	毛不浪	图格日格	1036	1328.51	314.29	7.79	1188.53	10.56	0.0755	0.1201
7	西柳沟	龙头拐	1157	1326.42	359.06	7.85	1226.59	18.45	0.1115	0.3144
8	大黑河	三两	6835	1490.39	392.08	4.38	1004.20	8.24	0.3684	0.4525
9	皇甫川	皇甫	3175	1153.75	406.92	7.29	993.32	22.67	0.1572	0.3065
10	孤山川	高石崖	1263	1172.4	431.72	7.61	1014.04	29.13	0.2360	0.3984
11	窟野河	温家川	8515	1257.77	425.78	7.93	1171.98	42.90	0.1200	0.2852
12	湫水河	林家坪	1873	1212.9	500.33	8.23	1095.83	25.75	0.5930	0.7681
13	三川河	后大成水	4102	1392.12	495.46	7.10	987.01	41.25	1.0672	1.1187
14	屈产河	裴沟	1023	1179.3	495.80	8.77	1057.96	20.17	0.5841	0.8311
15	昕水河	大宁	3992	1210.57	501.93	8.76	1017.58	20.97	0.8459	1.0261
16	汾河	河津	38728	1128	477.39	8.74	1006.38	14.44	0.8571	0.9713
17	渭河	林家村	30661	1911.03	515.90	6.92	860.44	47.91	0.6835	0.8620
18	泾河	张家山	43216	1423.93	509.98	8.71	988.27	29.35	0.5142	0.7298

续表

ID	流域名称	流域出口 水文站	面积/km²	平均 海拔/m	P/ （mm/a）	T_a/℃	ET_p/ （mm/a）	Q/ （mm/a）	LAI_ 1980s	LAI_ 2000~2018
19	北洛河	状头	25645	1282.1	553.89	9.09	999.35	28.3	0.7285	0.9490
20	黑河	黑峪口	1481	1695.28	792.27	6.53	703.19	285.35	1.8602	1.8826
21	沣河	秦渡镇	566	1137.95	654.11	9.10	792.15	456.69	0.7068	0.8257
22	灞河	马渡王	1601	1119.09	688.67	10.84	1004.09	278.93	1.5518	1.7594
23	伊洛河	黑石关	18563	748.66	686.41	12.35	1032.16	110.64	1.3374	1.4981
24	沁河	武陟	12880	977.14	566.19	10.17	996.66	36.52	0.9401	1.0705
25	大汶河	戴村坝	8264	217.05	840.76	13.70	1276.17	90.43	0.7959	0.9075

注：LAI_1980s 指 1981~1990 年的平均 LAI；LAI_2000~2018 指 2000~2018 年的平均 LAI。

2. 研究数据与方法

1）研究数据

本研究选定的 25 个水文站 1981~2018 年月径流量的观测数据来自于《中国水文年鉴》。1981~2018 年日气象数据，包括降水、温度、向下短波辐射、比湿和风速，来自 CMFD（He et al.，2020），空间分辨率为 0.1°。

1981~2018 年的 LAI 数据来自 GLASS 先进甚高分辨率辐射仪（AVHRR）LAI 产品（Liang et al.，2021），该数据由北京师范大学全球变化数据处理与分析中心（https://glass-product.bnu.edu.cn/）生成并发布。该 LAI 产品的空间分辨率为 0.05°，时间分辨率为 8 d，并采用 Savitzky-Golay（Savitzky and Golay，1964）滤波算法对 8 d LAI 数据进行平滑处理以及插值，以获得用于 SWAT-PML 耦合模型的 LAI 日值输入数据。

30 m 分辨率的 DEM 数据来自 NASA 先进星载热发射和反射辐射仪全球数字高程模型（ASTER GDEM）。其他基础表面数据，如土壤属性数据、土壤分布图（1∶1000000）和 20 世纪 80 年代土地利用/土地覆被（LULC）数据（1∶1000000）下载自资源环境科学数据平台。

2）研究方法

为探究植被变化对黄土高原土壤含水量的影响，本研究将 SWAT 水文模型（Arnold et al.，2012，1998；Arnold and Allen，1996）与 PML-V2 遥感蒸散发模型（Zhang et al.，2019）耦合，将 SWAT 模型中的植被截留蒸发、植被蒸腾和土壤蒸发模块用 PML-V2 模型中相应的计算过程代替，并将 SWAT 模型模拟的 LAI 数据用遥感 LAI 数据产品代替。耦合之后的模型在保持模型原有物理机制的基础上减少了模型参数的率定，降低了参数的不确定性。

应用水文站实测径流量对耦合模型进行率定与验证，图 8-2 为耦合的 SWAT-PML 模型率定和验证结果。图 8-2 数据显示，在 25 个子流域模型模拟径流量与实测径流量之间的 NSE 和 R^2 值均超过了 0.5，偏差的绝对值在率定期小于 20%。在验证期，25 个子流域中有 21 个子流域 NSE 和 R^2 值大于 0.5，有 23 个子流域偏差的绝对值小于 25%。这表明 SWAT-PML 模型在绝大多数子流域表现良好，能够应用于划分植被变绿对流域水文过程的影响。这 25 个子流域中有 2 个子流域不满足率定和验证的要求，在随后的分析中将其去除。

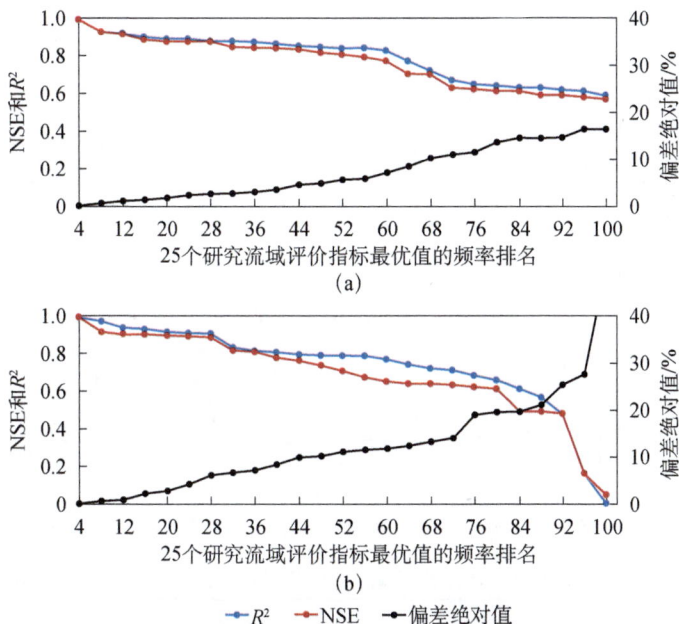

图 8-2　SWAT-PML 耦合模型的率定（a）和验证（b）结果

应用耦合的 SWAT-PML 模型，可以分析 1981～2018 年植被变绿对黄河流域 23 个子流域土壤含水量（SW）的影响。在率定好的 SWAT-PML 模型中，设置两种情景来模拟 2000～2018 年 SW 的变化过程，见图 8-3 和表 8-2。这两个情景使用相同的气象驱动来消除气候变化的影响。两个模拟情景的差异是输入的 LAI 不同。S_1 情景输入的是对应每个水文响应单元 1981～1990 年日均 LAI 时间序列，即某一天的 LAI 为 1981～1990 年该日 10 年 LAI 的平均值，它代表植被变绿之前的植被生长状况。S_2 情景输入的是对应每个水文响应单元 2000～2018 年实测的日 LAI 时间序列。植被变绿对 SW 的影响可以表示为

$$\Delta W = W_{S_2} - W_{S_1} \tag{8-1}$$

式中，ΔW 为植被变绿对水文变量（Q/ET/SW）的影响；W_{S_1} 为基于 S_1 情景模拟的水文变量（Q/ET/SW）；W_{S_2} 为基于 S_2 情景模拟的水文变量（Q/ET/SW）。

3. 主要结果

图 8-4（a）结果显示，2000～2018 年，植被变绿降低了 SW。然而，在不同子流域上，植被变绿对 SW 的影响差异明显。植被变绿导致 SW 的变化量平均值为（−4.86±3.45）mm/a。SW 相对变化量范围为 0.29%～6.76%，其中下降量最小的流域是黑河流域，下降量为−0.17 mm/a；SW 下降量最大的流域是伊洛河流域，为−14.77 mm/a。从空间分布来看，黄河流域中游和下游的变化量大于上游的变化量。

从 SW 变化（ΔSW）与 LAI 变化量（ΔLAI，2000～2018 年和 20 世纪 80 年代年均 LAI 的差值）的关系图中［图 8-4（b）］可以看出，植被变绿对 SW 的影响随着 ΔLAI 的增加而不断增加，ΔSW 与 ΔLAI 呈现出显著（$p < 0.05$）的负相关关系，即 LAI 增加越多的流域，SW 下降越多。每增加一个单位的 LAI 能够导致 SW 大约下降 45.6 mm。

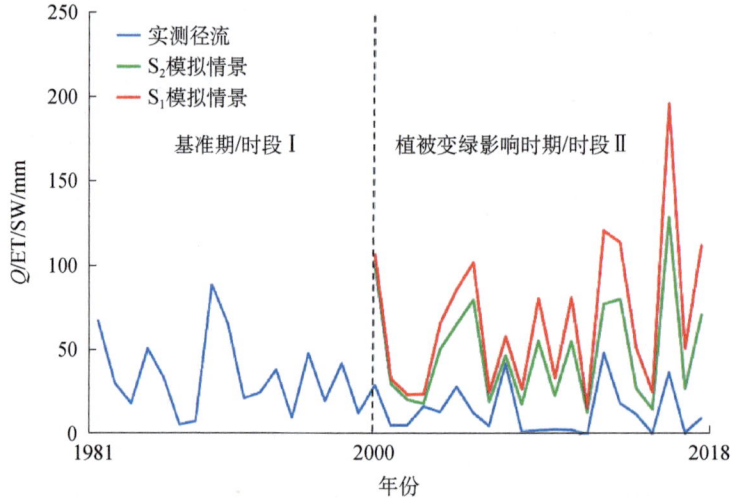

图 8-3　量化植被变绿对所选流域水文变量（Q/ET/SW）变化过程影响的两种模拟情景

表 8-2　量化植被变绿对水文变量（Q/ET/SW）变化影响的两种模拟情景

情景	气象数据	LAI 数据	Q/ET/SW
S_1	2000～2018 年	1981～1990 年日均 LAI	W_{sim}（2000～2018，LAI 1981～1990）
S_2	2000～2018 年	2000～2018 年日 LAI 序列	W_{sim}（2000～2018，satellite observed LAI）

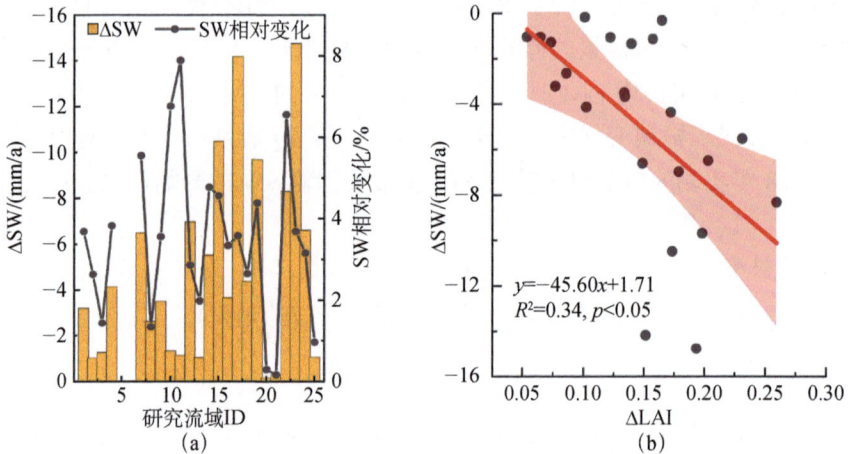

图 8-4　（a）2000～2018 年植被变绿对土壤含水量（SW）的影响；（b）SW 变化与 LAI 变化的关系
由于验证结果不佳，两个子流域（红柳沟流域和毛不浪流域）未被分析

8.1.2　植被变绿对地表径流的影响

植被是生态系统赖以生存的基础，也是连接土壤、大气和水的自然纽带（Hoffmann and Jackson，2000）。其在调控陆地水循环（Zhao et al.，2020）、减缓气候变化（Silva and Lambers，2021），以及改变土壤结构（Zhao et al.，2017）等方面发挥着重要作用。水文过程与植被变化之间存在着密不可分的联系（Gerten et al.，2004）。水文过程直接影响水的可

用性，从而影响生态系统的植被生长（Ma et al.，2021；Seddon et al.，2016；Heimann and Reichstein，2008）。而植被变化将通过改变冠层蒸腾、降雨截流和重新分配、土壤水入渗和根系吸水等来改变能量分配过程（Li et al.，2020）。因此，植被对陆地表面的水文循环过程、能量交换过程和生物地球化学循环过程至关重要。过去 20 年间，我国黄河流域经历了强烈的下垫面变化，植被变绿将对流域水文径流过程产生很大的影响。因此，本研究以黄河流域为典型流域，来分析基于遥感蒸散发的人类活动对流域径流的影响，以期厘清人类活动对径流过程的影响机理，对流域水资源管理和水资源的可持续利用具有指导意义。

1. 研究区概况

本部分研究区概况同 8.1.1 节研究区概况，见图 8-1、表 8-1（Luan et al.，2022）。

2. 研究数据与方法

本部分研究数据与方法同 8.1.1 节研究数据与方法。本研究通过耦合 SWAT 水文模型和 PML 遥感蒸散发模型，来开展植被变绿对地表径流的影响研究。在式（8-1）中，S_2 和 S_1 情景下地表径流（蒸散发）的差值即为植被变绿对黄河流域不同子流域地表径流（蒸散发）的影响。

3. 主要结果

通过在耦合的 SWAT-PML 模型中设置不同的植被情景，可以分析 1981～2018 年植被变绿对黄河流域 25 个子流域的径流和蒸散发量的影响。2000～2018 年（图 8-5），植被变绿使 Q 有所降低，使 ET 有所增加。然而，在不同子流域上，植被变绿对水文过程的影响差异明显。植被变绿使 23 个子流域 Q 的平均变化量为（−10±10.2）mm/a，其中窟野河流域 Q 的变化量最小，为−0.28 mm/a；屈产河的变化量最大，达到了−39.07 mm/a，对应的相对变化量为 0.32%～26.51%。植被变绿导致 ET 的变化量大于 Q 的变化量，ET 的增加量从窟野河流域的 0.65 mm/a 到湫水河流域的 45.35 mm/a，对应的相对变化量为 0.24%～13.51%，23 个子流域 ET 增加量的平均值为（18.54±12.77）mm/a。从空间分布来看，黄

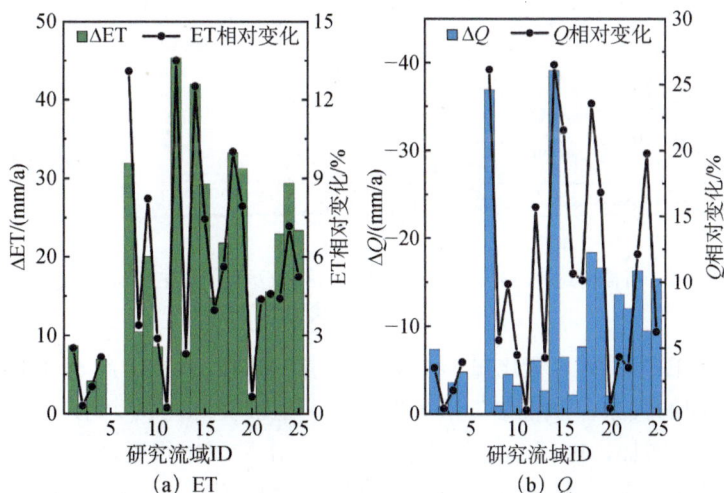

图 8-5 2000～2018 年植被变绿对 ET 和 Q 的影响

由于验证结果不佳，两个子流域（红柳沟和毛不浪）未被分析

河流域中游和下游 Q 与 ET 的变化量大于上游 Q 与 ET 的变化量。以上变化说明植被和水是相互作用的，植被生长要从土壤中吸收土壤水并发生蒸腾作用。同时，植被具有水土保持的作用，随着植被覆盖度增加，径流不断下降。由于不同流域下垫面特征存在差异，植被变绿使径流减少的程度也有较大差异。

从逐个流域来看，植被变绿对 Q 和 ET 的影响大体展现出对称的分布（图 8-6），大多数流域逐年 ΔQ 展现出波动下降的趋势，ΔET 展现出波动上升的趋势（隆务河和汾河流域除外）。随着植被覆盖度的不断增加，植被变绿对 ET 和 Q 的影响波动不断增加。即使有两个流域（隆务河和汾河流域）ΔQ 呈现增加的趋势，ΔET 呈现下降的趋势，但是 ΔQ 的平均值小于 0，ΔET 的平均值大于 0，这仍然与植被变绿使得 Q 减小、ET 增大的结果是一致的。

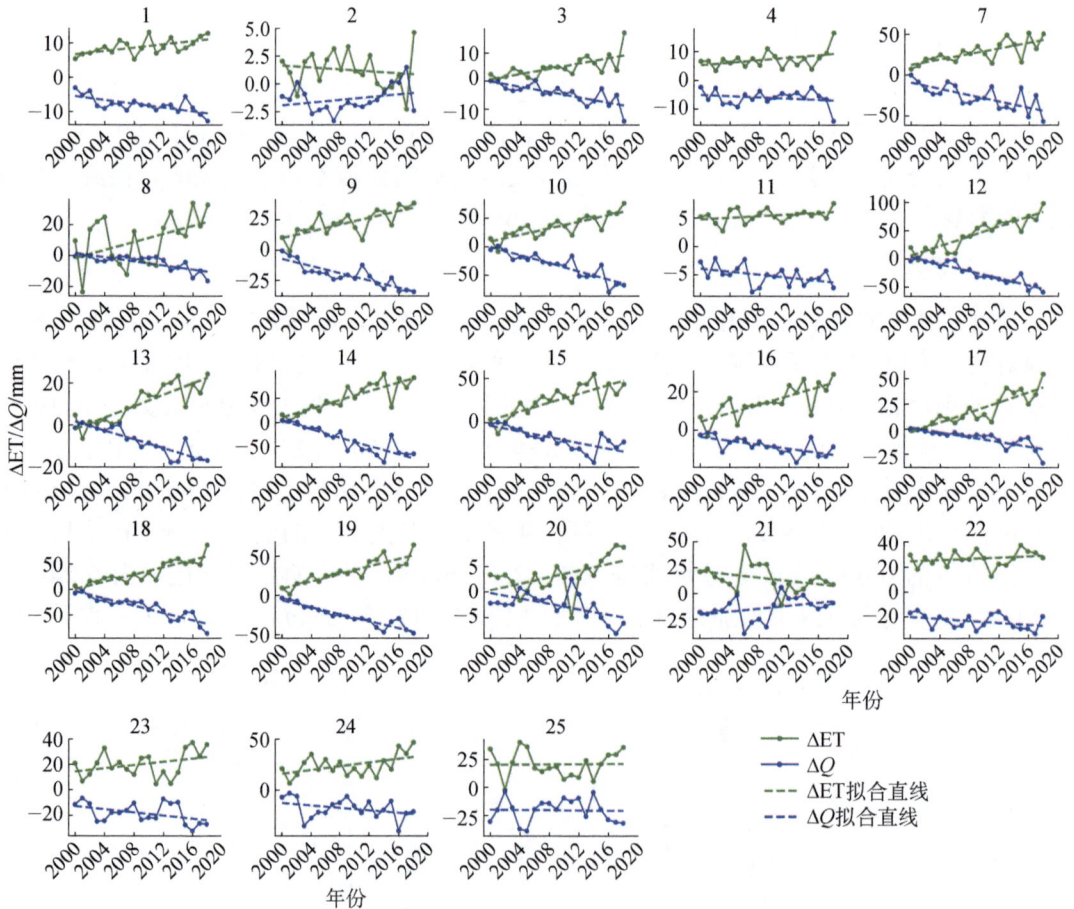

图 8-6　植被变绿对 23 个选定子流域年径流 Q 和蒸散发 ET 影响的对比
图上方的编号为子流域 ID，下同

图 8-7 展示了 ET 和 Q 的变化量与 LAI 变化量（2000～2018 年和 1981～1990 年的年均 LAI 差值）之间的关系。从图 8-7 中可以看出，植被变绿对两个水文变量的影响量随着 ΔLAI 的增加而不断增加，ET 和 Q 的变化量与 ΔLAI 呈现出很强的相关性（$p<0.05$）。ΔQ 与 ΔLAI 呈现负相关关系，而 ΔET 与 ΔLAI 呈现出正相关关系。线性关系的斜率显示出每增加一个单位的 LAI 能够导致 Q 降低约 124.95 mm，ET 增加约 161.91 mm。LAI 增加越多

的流域，Q 下降越多，而 ET 增加也越多。

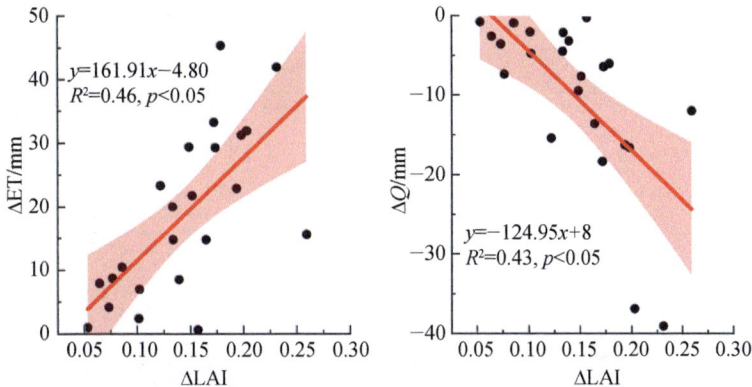

图 8-7　水文变量 Q 和 ET 的变化与 LAI 变化之间的关系

图中黑点即 1981～1990 年和 2000～2018 年 23 个选定子流域 LAI 变化引起的水文变量变化的多年平均值

将 ΔQ 和 ΔET 与 ΔLAI 之间的关系在逐年尺度上进行分析，研究发现以上相关关系也是存在的（图 8-8 和图 8-9）。ΔQ 和 ΔET 与 ΔLAI 之间关系的斜率代表了水文变量对 LAI 变化的敏感性。23 个流域中有 21 个流域显示 ΔQ 和 ΔLAI 在逐年尺度上存在显著的线性关系，只有两个流域没有通过 $p<0.05$ 的显著性检验，分别是隆务河和沁河流域。不同流域的敏感性差异较大，如在泾河流域每增加一个单位的 LAI 将引起 Q 下降大约 141.3 mm，而三川河流域每增加一个单位的 LAI 将使得 Q 下降约 31 mm。对 LAI 变化最敏感的流域是西柳沟流域，ΔQ 与 ΔLAI 的斜率为 −245.2 mm，最不敏感的流域是窟野河流域，每增加一个单位的 LAI 时 Q 仅降低 2.48 mm。

类似于 ΔQ 与 ΔLAI 的关系，ΔET 与 ΔLAI 也存在这种相关关系（图 8-9）。除了隆务河和大黑河没有通过 $p<0.05$ 的显著性检验之外，23 个流域中有 21 个流域 ΔET 与 ΔLAI 存在显著的线性关系，其中泾河流域 ΔET 与 ΔLAI 的 R^2 高达 0.94。ΔET 对 ΔLAI 的敏感性在不同流域差异较大，如泾河流域每增加一个单位的 LAI 使得 ET 增加大约 232.6 mm，而三川河流域每增加一个单位的 LAI 使得 ET 增加约 80.4 mm。ET 对 LAI 最敏感的流域是西柳沟流域，每增加一个单位的 LAI 引起 ET 增加约 283.7 mm；最不敏感的流域是窟野河流域，单位 LAI 变化引起的 ET 变化仅约 5.1 mm。

敏感性分析可定量揭示各流域植被变化对 Q 和 ET 的影响，将为流域未来的植树造林、生态治理与保护以及水资源管理提供理论依据。通过比较 Q 对 LAI 的敏感性和 ET 对 LAI 的敏感性（图 8-10）可以发现，ET 对 LAI 的敏感性大于 Q 对 LAI 的敏感性。这是由 LAI 的增加导致水分通过 ET 流失到大气中，并降低了 Q 和土壤水含量导致的，因此随着未来 LAI 继续增加，流域水亏缺情况将继续加剧。在黄河流域部分区域，盲目引入高耗水植被，已经导致土壤水资源过度消耗，形成干燥土层。因此，在植被恢复工程实施若干年后的现在，需要更加关注流域水资源短缺和管理问题。

ET 和 Q 对不同流域 LAI 变化的敏感性不同，造成这种差异的原因可能是每个流域的气候条件。为了找出造成这种差异的可能原因，我们研究了 ET 和 Q 对 LAI 的敏感性与代表流域干旱程度的潜在蒸散发/降水（ET_p/P）之间的关系（图 8-11）。ET_p/P 越高，代表流

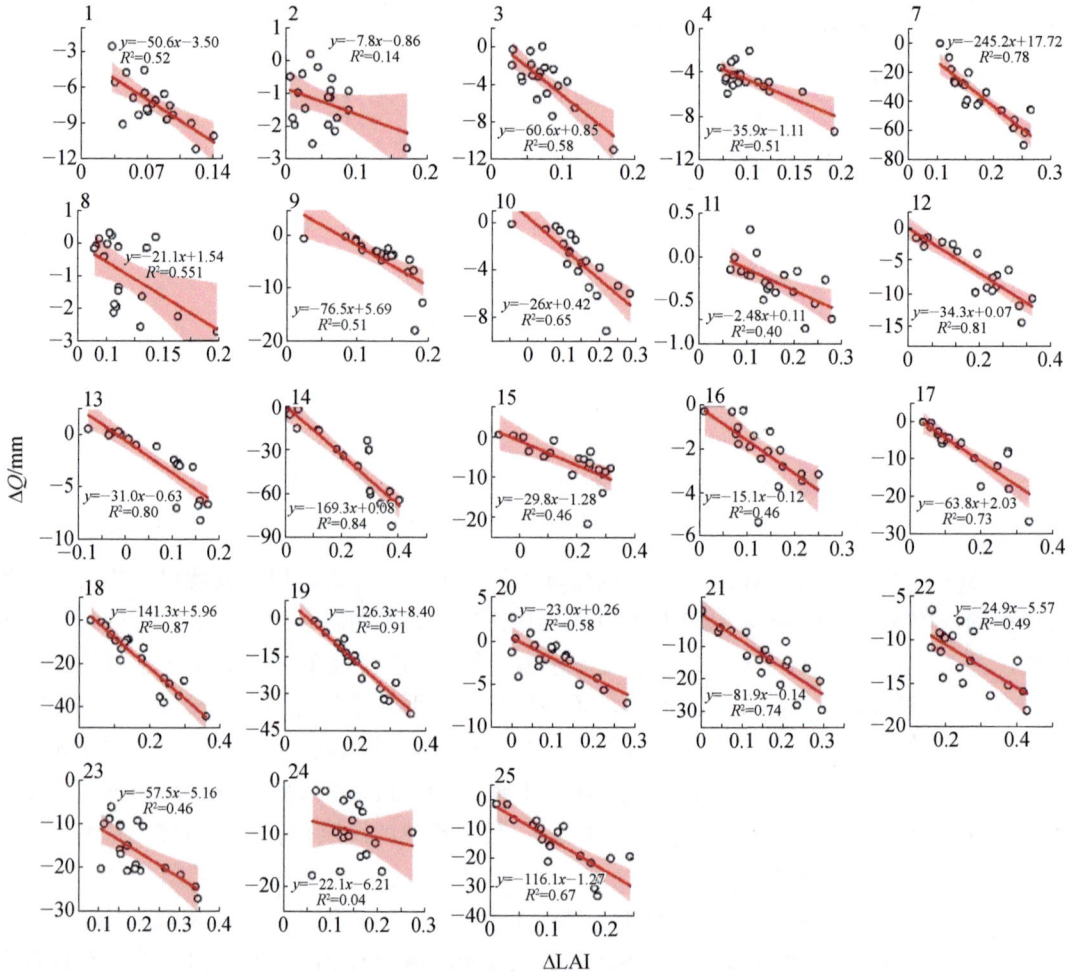

图 8-8　23 个子流域径流 Q 变化对 LAI 变化的敏感性分析

域越干燥（Novick et al.，2016）。如图 8-11 所示，ET 和 Q 对 LAI 变化的敏感性与 ET_p/P 呈显著线性相关关系（$p<0.05$），ET 和 Q 对 LAI 变化的敏感性随着 ET_p/P 的增加而增加，即流域越干燥，ET 和 Q 对 LAI 变化越敏感，反之亦然。这突出了在制定植树造林政策时应当考虑水资源和气候条件的重要性，以避免对比较干旱的流域进一步造成水资源的亏缺，加剧流域的水资源危机。

8.1.3　植被变绿对径流信号的影响

　　植被变化不仅在径流量级上影响水文过程，更在径流频率、历时、时序以及动态变化上对其产生影响。然而，目前国内外关于径流信号应用于人类活动影响的研究大多是综合的、更偏重量级变化的，而关于频率、历时、时序以及动态变化四个方面的定量研究相对匮乏，缺少量化的人类活动与量化的径流信号一一对应的敏感性分析。径流信号可以为识别过去和未来径流变化的原因与影响等方面的研究提供基础。因此，发展一种提高水文模型在低流量表现的方法，可以更合理、全面地描述多种径流信号，在此基础上结合水文模

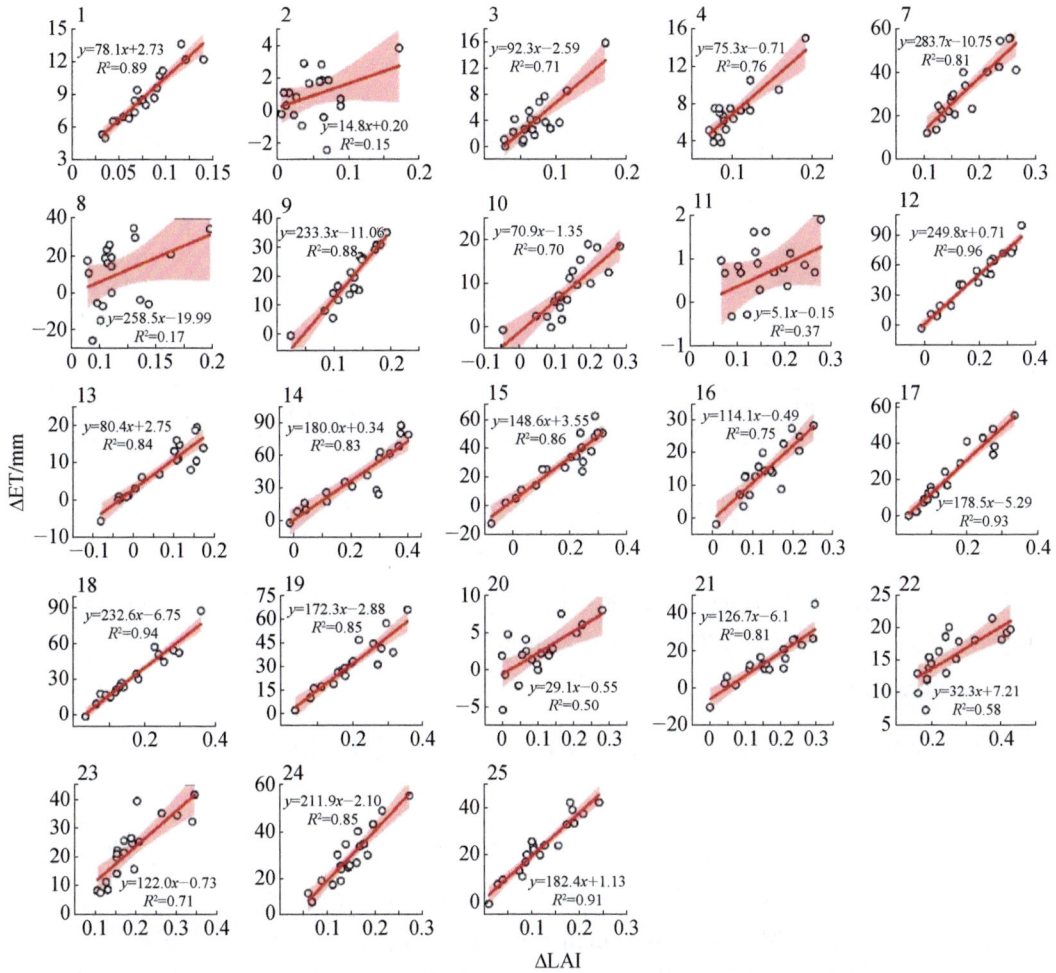

图 8-9 23 个子流域蒸散发 ET 变化对 LAI 变化的敏感性分析

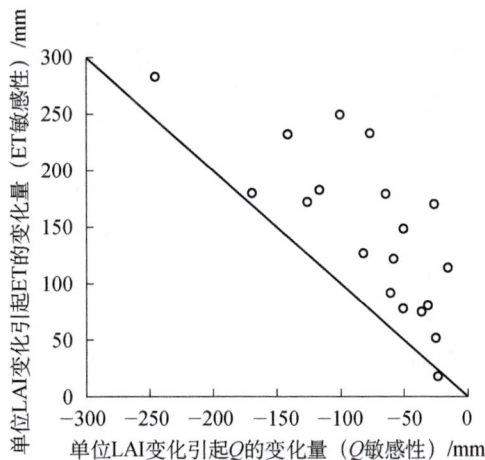

图 8-10 Q 和 ET 变化对 LAI 变化的敏感性的比较

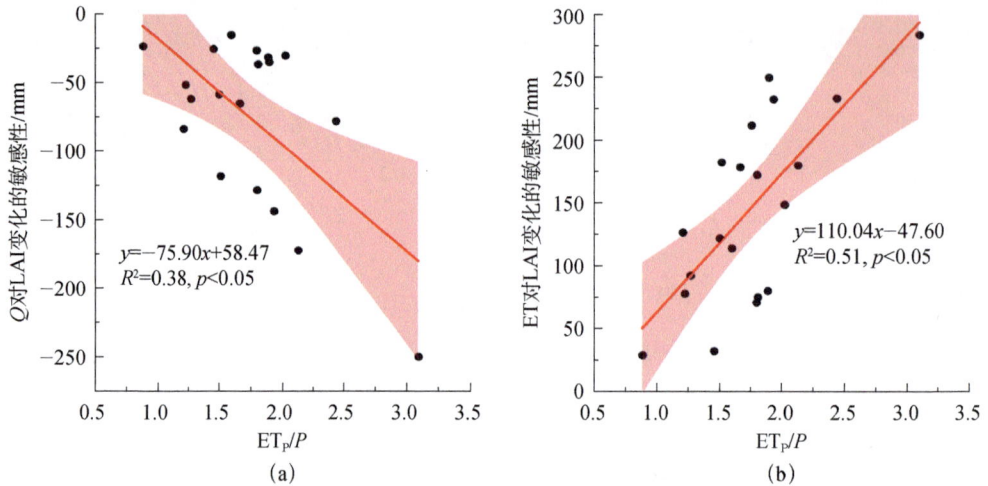

图 8-11 Q 和 ET 对 LAI 变化的敏感性与流域干旱程度（年均潜在蒸散量与年平均降水量的比值，ET_p/P）的关系

型模拟试验，通过模型比较的方法，评估植被变绿对径流信号的影响程度，对植被变化剧烈的黄河流域中下游水资源管理与开发具有重要意义。

1. 研究区概况

本部分研究区同 7.1.2 节中"对水文信号模拟能力的提升作用"的研究区。

2. 研究数据与方法

本部分研究数据同 7.1.2 节中"对水文信号模拟能力的提升作用"的研究数据，研究方法同 7.1.2 节图 7-8 的步骤 1、步骤 3。即在 7.1.2 节的基础上进一步探索，将不同植被状态作为输入，设计五种模型实验方案，获得不同的流量输出。五种方案具有相同的模型参数，仅模型植被动态输入不同。其中，方案（1）的输入为实际情况（实测 LAI 和 LC）；方案（2）的输入为 LAI 去趋势（实测 LC，LAI 去趋势）；方案（3）的输入为 LC-去趋势（实测 LAI，LC 保持第一年值不变）；方案（4）的输入为 LAI-LC-去趋势（LAI 去趋势，LC 保持第一年值不变）；方案（5）的输入为不同速率的 LAI。

最后，通过计算不同实验模拟的径流信号差异来量化植被变绿对径流的影响。换言之，本研究量化了以下因素的影响。

（1）叶面积指数（LAI）增加导致的径流信号变化［方案（1）–方案（2）］。

（2）植被覆盖类型（LC）变化导致的径流信号变化［方案（1）–方案（3）］。

（3）LAI 和 LC 共同影响导致径流信号变化［方案（1）–方案（4）］。

（4）LAI 和 LC 相互作用对径流信号的影响：［方案（1）–方案（4）］–［方案（1）–方案（2）］–［方案（3）–方案（2）］。

（5）此外，还通过不同 LAI 输入，分析径流信号对 LAI 增加的敏感性［方案（5）］。

3. 主要结果

1）黄河流域中游径流信号对植被变绿的响应

LWE 模拟年份为 2003～2017 年共 15 年，15 年被平均分为三个 5 年期间：第一阶段

（2003～2007 年）、中期（2008～2012 年）和最后阶段（2013～2017 年）。图 8-12 总结了植被绿化（包括 LAI 变化、LC 变化、LAI 和 LC 变化，以及 LAI 和 LC 相互作用）对 9 个流域在 10 个径流信号方面的影响变化。由图 8-12 可知，LAI 的增加贡献了大量对径流信号的变化，而 LC 的变化对径流信号变化影响不大，且 LAI 和 LC 的交互影响也较小，LC 引起的平均径流信号变化接近于零。因此，以下部分主要侧重于展示 LAI 增加引起的径流信号变化。

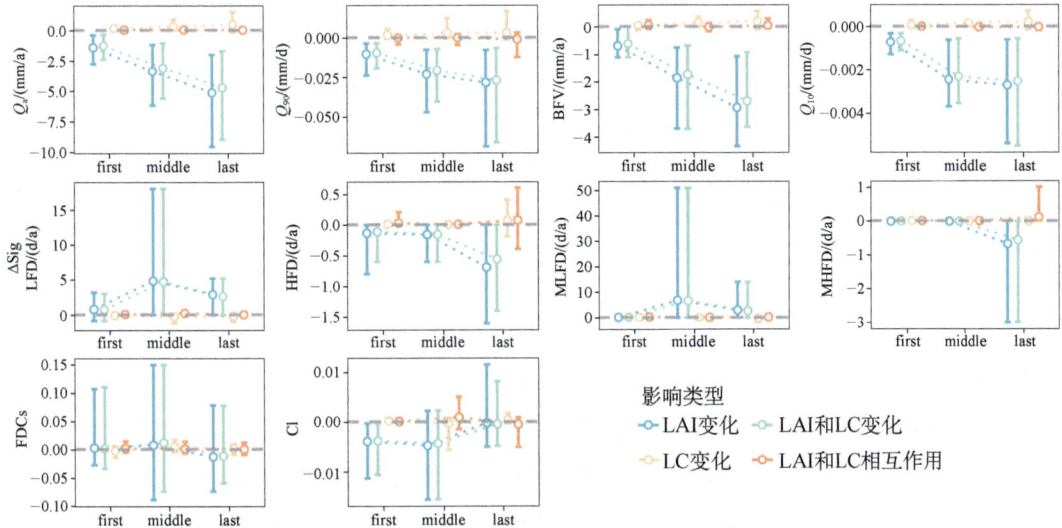

图 8-12　LWE 模拟植被变化导致的径流信号变化（ΔSig）

first 表示第一阶段（2003～2007 年）；middle 表示中期（2008～2012 年）；last 表示最后阶段（2013～2017 年）

　　总体而言，LAI 的增加导致量级信号的下降，即 Q_a、Q_{90}、BFV、Q_{10} 的变化均为负值。同时，低流量频率和历时信号（LFD、MLFD）增加，而高流量频率和历时信号（HFD、MHFD）则相反，表明绿化下发生极端干旱事件的风险增加。然而，LAI 的增加对动态信号的影响甚微，表现为 CI 和 FDCs 变化不大。

　　由于后 10 年径流信号变化较大，因此接下来集中分析研究区后 10 年径流信号变化情况。图 8-13 进一步显示了 LWE 模拟后 10 年各流域的绝对径流信号变化（ΔSig）和相对径流信号百分比变化（ΔSig_r）。ΔSig_r 是由 ΔSig 除以静态植被输入的 Sig 得到的。虽然量级信号都是减少的，但仍存在流域间差异。Q_a 与 BFV、Q_{90} 与 Q_{10} 流域间的分布形态两两相似，而频率、历时和动态信号的流域间分布模式没有显著相似关系。与图 8-12 的结果类似，频率和历时特征的变化表明极端干旱事件的风险增加（如在 7 号流域，LFD 从 61.0 d 增加到 72.6 d），而特大洪水事件的风险减少（如在 7 号流域，HFD 从 13.2 d 减少到 12.7 d，减少了 0.5 d）。另外，动态信号（CI、FDCs）的变化较小。

　　随着植被变绿，9 个流域的幅度信号的相对变化率在-4.5%左右。相比之下，低流量的频率和历时信号具有相对较大的范围。所有流域 LFD 的相对变化范围为 4.00%～19.02%，平均为 10.81%。HFD 范围为-13.51%～-1.16%，MLFD 范围为 0%～49.45%，MHFD 范围为-21.43%～0%。此外，7 号流域的 MLFD 和 LFD 都是最大的。频率和历时信号对当地生态环境至关重要，其变化越大，影响越大。不同流域的流量动态信号变化略有差异，但其

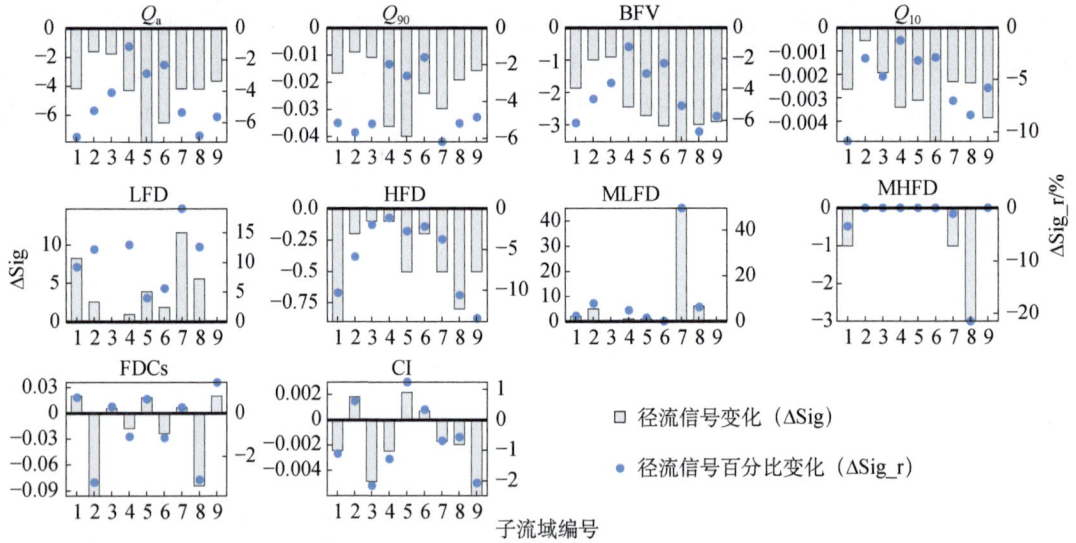

图 8-13 LWE 模拟后 10 年各流域的径流信号变化（ΔSig）和径流信号百分比变化（ΔSig_r）

数值都相对较小。

2）黄河流域中游径流信号对 LAI 增加的敏感性分析

设计多组不同趋势的 LAI 输入，计算后 10 年（LAI 开始变化的第 6～15 年）每个流域的径流信号随 LAI 增加的绝对变化速率（图 8-14）和相对变化速率（图 8-15）。

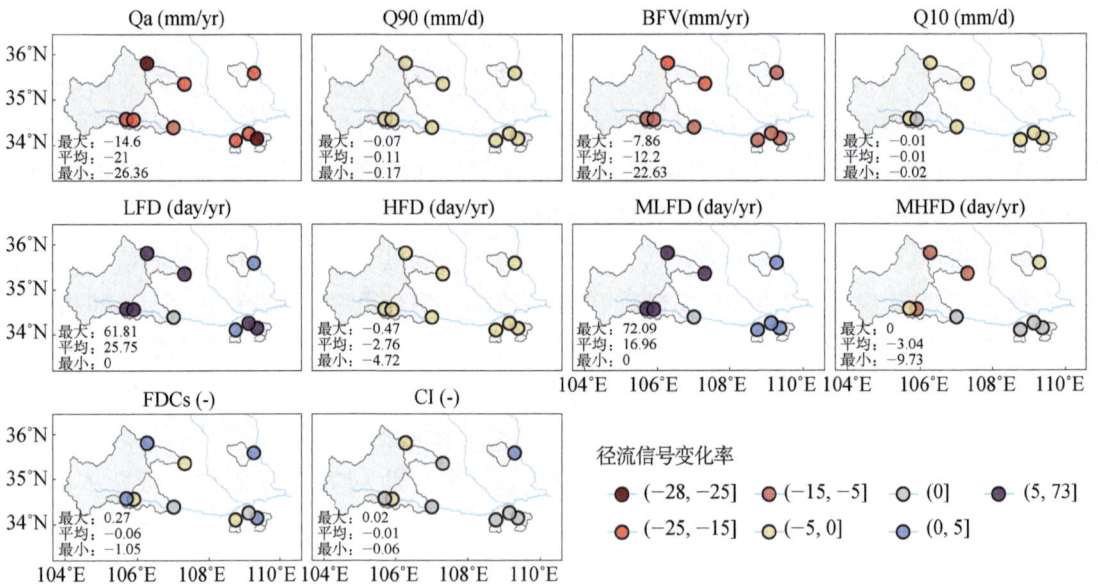

图 8-14 后 10 年径流信号变化随 LAI 增加的绝对变化速率空间分布图

如图 8-14 所示，所有的量级信号都有一定程度的减少，而且每个量级信号的空间分布是均匀的。Q_a [（-21.00±4.14）mm/a] 下降的一般原因是 BFV [（-12.20±4.70）mm/a] 下降。Q_{90} 的下降幅度超过 Q_{10}，说明高流量的变化可能比低流量的变化更明显。

图 8-14 中，低流量（LFD 和 MLFD）的频率和历时信号变化率分别增加（25.8±

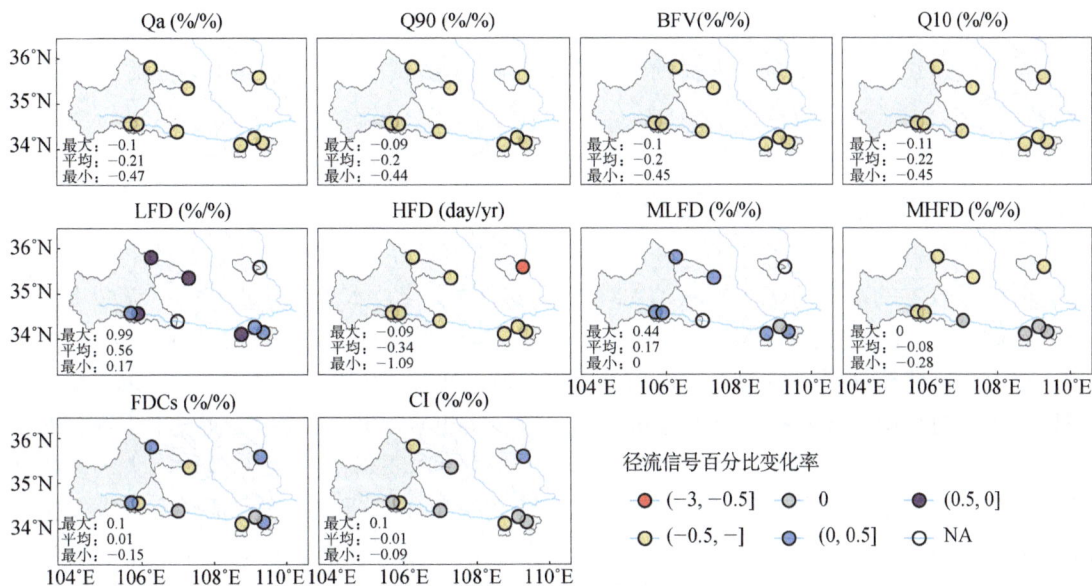

图 8-15　后 10 年径流信号变化随 LAI 增加的相对变化速率空间分布图

25.7）d 和（17.0±24.2）d。同时，高流量（HFD 和 MHFD）的频率和历时信号分别减少（2.8±1.4）d 和（3.0±4.0）d。也就是说，随着 LAI 增大，每年低流量天数更多，高流量天数更少。并且低流量频率和历时信号比高流量信号变化率更大，即对植被变绿更为敏感。综上所述，频率和历时信号的变化表明了随着 LAI 增加，可利用水资源在时间上也减少。

不同流域的动态信号变化率可为正或负，导致 FDCs（−0.06±0.40）和 CI（−0.01±0.02）的平均值接近零。动态变化率可能受到流域位置、干旱性等多重属性的影响，导致动态信号变化不明显。图 8-15 给出了在 LAI 增加 1% 的情况下，后 10 年径流信号变化随 LAI 增加的相对变化速率空间分布图。整体来看，所有幅度信号的衰减不超过 0.5%，平均变化值在−0.20% 左右。这是因为虽然 LAI 是 PML-V2 ET 模型的重要输入之一，但计算出的实际 ET 随后受到各个水文模型中土壤储水量的约束，然后对模型输出进行加权，得到 LWE 的径流序列。因此，在大多数情况下，LAI 增加 1 个百分点将导致相对径流量级信号变化小于 1%。

从频率和历时信号来看，LAI 每增加 1%，LFD 的增加范围为 0.17%～0.99%，平均值为 0.56%。MLFD 增加范围为 0%～0.44%，平均值为 0.17%。高流量频率和历时信号的减少小于低流量信号的增加，其变化值分别为−0.34%±0.30% 和−0.08%±0.11%。与图 8-14相比，FDCs 和 CI 显示了类似的模式。

综上所述，LAI 每增加 1%，径流信号的减少基本不超过 1%。与幅度信号相比，LFD和 HFD 对 LAI 的增加更为敏感，LAI 增加 1%，LFD 平均增加 0.56%，HFD 平均减少0.34%，而幅度信号仅减少 0.20%。这些结果表明，随着植被变绿，可利用水资源正在减少。对于动态信号，LAI 的变化并未导致大多数流域的 FDCs 和 CI 发生显著变化。

本研究表明，植被变绿对可用水资源尤其是低流量径流信号产生重大影响。总体而言，作为黄河流域中植被变绿最显著的干旱和半干旱流域，渭河流域因径流幅度、频率和持续时间的变化，体现了其在水资源短缺方面面临高风险。本研究通过耦合蒸散发模型与水文模型，量化了植被变绿对径流信号的影响，凸显了在中国干旱流域有效调控水资源的迫切性。

8.2　森林大火的水文效应研究

遥感蒸散发的水文效应应用除了体现在探究植被变化、水土保持措施等对流域土壤水分、蒸散发、径流及径流信号的影响外，还可以用来分析森林大火的水文效应。

野火是自然植被区发生的不受控制及难以预测的火情。其中，大型火灾（mega-fire），简称大火，通常指火烧面积大于 1 万 hm^2 的火情（Collins et al.，2021）。而发生于森林的大火影响更大，不仅可直接造成生命和财产损失，更能间接影响碳循环和气候。大火对植被结构和土壤属性的影响是深远的，可能持续数月乃至数年。研究发现，通常有大火发生的流域在大火后的数年间，径流量要高于无大火发生的流域。其潜在解释包括以下两方面：一是植被结构的破坏导致了蒸散发过程及其组分的变化（Collar et al.，2021；Nolan et al.，2015），二是大火可通过高温改变土壤拒水性，进一步影响土壤下渗和产流过程（Ebel and Moody，2017；Moody et al.，2013）。因此，森林大火通过改变植被和土壤的结构与属性，进一步改变植被蒸散发和土壤水文过程，进而引发一定程度的流域水文效应，影响蒸散发、径流、陆地水储量等水文过程（Xu et al.，2022）。

本节以 2009 年澳大利亚东南部的维多利亚州森林大火为例，研究了 8 个受大火影响的典型流域，结合当地的气象驱动和通量观测约束，提升了 PML-V2 遥感蒸散发模型在模拟蒸散发动态以及森林大火效应上的精度。利用改进的配对流域方法定量分离森林大火作用，并进一步结合径流、降水等数据进行水量平衡推导，以揭示森林大火后流域蒸散发的变化过程，及其对径流、陆地水储量等水文过程的影响。

8.2.1　森林大火对径流的影响

1. 研究区概况

澳大利亚东南部，通常指新南威尔士州和维多利亚州，是全球野火最为频发的地区之一。该区域的气候主要受大气环流和海温影响，气候波动性大，而且干旱频发，其覆盖的温带常绿阔叶林和混交林是全球典型的森林大火发生区。例如，澳大利亚东南部于 2019 年下半年持续至 2020 年初的森林大火，是澳大利亚东南部自有记录以来的最大规模的森林火灾，烧毁了该区域约 21% 的温带森林（Boer et al.，2020）。又如发生于 2009 年 2 月的维多利亚州森林大火，在多年干旱的前期影响下，伴随着高温热浪，火灾规模较大，影响严重。特别是，森林大火在墨尔本市以东的森林水源地蔓延，在一定程度上影响了该市的供水安全（图 8-16）。

近年来，森林大火在澳大利亚东南部愈演愈烈，与全球变暖下的极端干旱相关联。例如，2001～2009 年的千禧年干旱，是澳大利亚东南部自有记录以来最为严重的干旱之一（van Dijk et al.，2013）。受大气环流异常影响，尤其是数次厄尔尼诺事件，该区域在千禧年

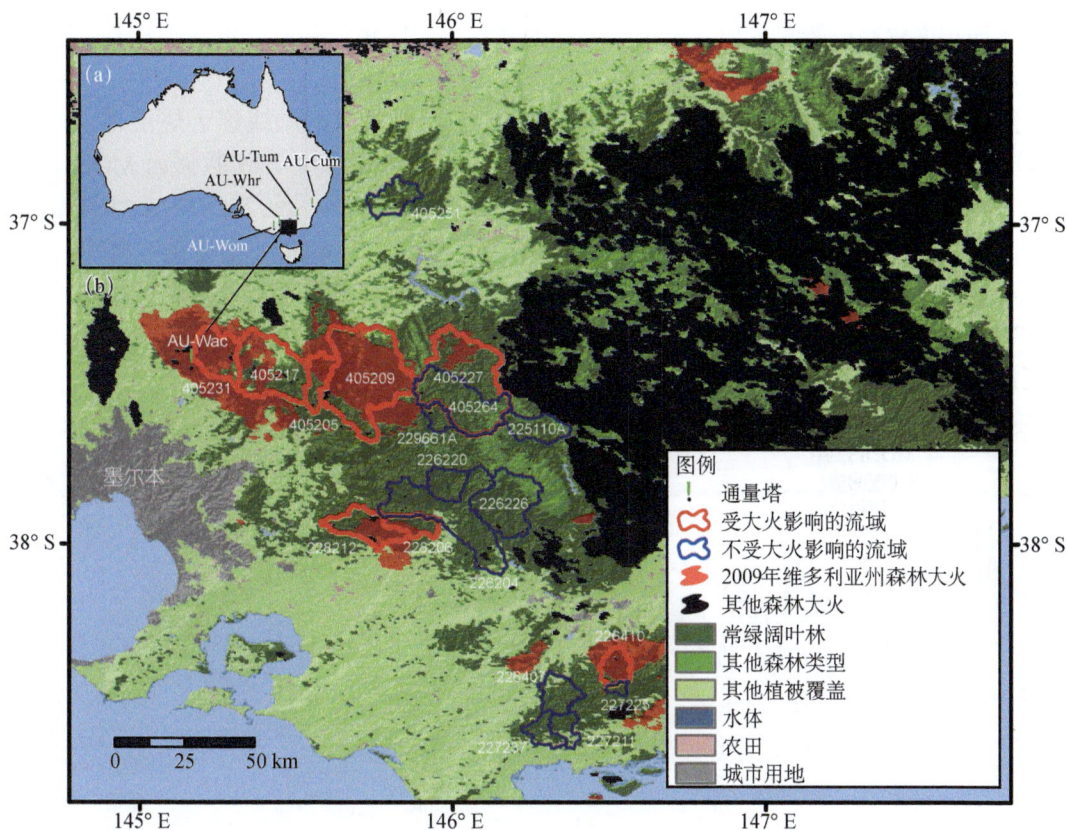

图 8-16　澳大利亚东南部研究区中受 2009 年森林大火影响和未受森林大火影响的流域

图中数字为流域编号

干旱期间的年降水量持续低于中位数。而在前期干旱和多场大火后的 2010～2011 年，在连续两年拉尼娜事件的背景下，澳大利亚东南部的气候转入湿润期，又经历了大规模的极端降水和洪水过程（Ummenhofer et al., 2015）。这种气候条件的变化，尤其是年际尺度的气候波动，可能与森林大火导致的陆面过程变化共同影响了研究区的水文过程。因此，定量分析森林大火对流域蒸散发、径流和陆地水储量等过程的影响，对变化环境下的区域水资源管理有重要意义。

以 2009 年维多利亚州森林大火为例，选取了 8 个受森林大火影响的典型流域（火烧面积相对于流域面积占比大于 10%）（图 8-16）。这些流域受人类活动影响较小，而受森林大火影响，流域火烧面积占比在 12%～89%。其中，405231 流域为火烧面积最大的流域（89%）。405264 流域是相对于 405227 流域的上游流域，具有最低的火烧面积占比（12%）。此外，还选取了 12 个未受森林大火影响或受森林大火影响较低的流域（历史时期火烧面积占比之和小于 10%），作为与火烧流域对比的控制流域。

2. 研究数据与方法

气象格网数据为基于站点气象观测数据插值获得 0.05°（约 5km 分辨率）的覆盖全澳大利亚的 SILO 气象数据集（Jeffrey et al., 2001）。该数据集在澳大利亚东南部由于观测站点较密集而精度较高。研究主要使用了日尺度的降水、太阳短波辐射、水汽压、最低温度、最高温度等数据。

遥感数据集主要为 MODIS 卫星数据集。其中，火烧面积，或称火烧迹地（burned area），为 500 m 分辨率的 MCD64A1 产品（Giglio et al.，2018）。LAI 数据为 MOD15A2H 产品（Myneni et al.，2015）。由于云、雪等噪声信息的影响，原始的 MODIS LAI 数据存在一定的质量、缺失问题。为保证时间序列的连续性，使用了 wWHd 平滑方法对原始 LAI 数据进行数据平滑（Kong et al.，2019）。经测试，发现平滑后的遥感 LAI 数据能在站点尺度（图 8-17）和流域尺度上（图 8-18）定量描述植被 LAI 在森林大火影响下的剧烈下降及其快速恢复过程。

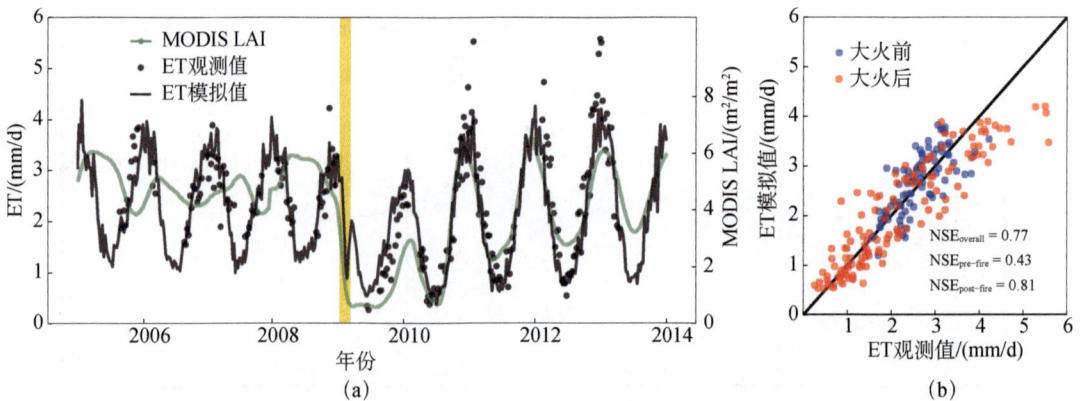

图 8-17 以 AU-Wac 通量站为例，在 8 天尺度上检验 PML-V2 模型对大火影响下蒸散发变化过程的模拟能力
（a）MODIS LAI、观测和模拟 ET 的时间序列对比；（b）观测−模拟对比散点图
图（a）中黄色柱形表示 2009 年发生森林大火，下同

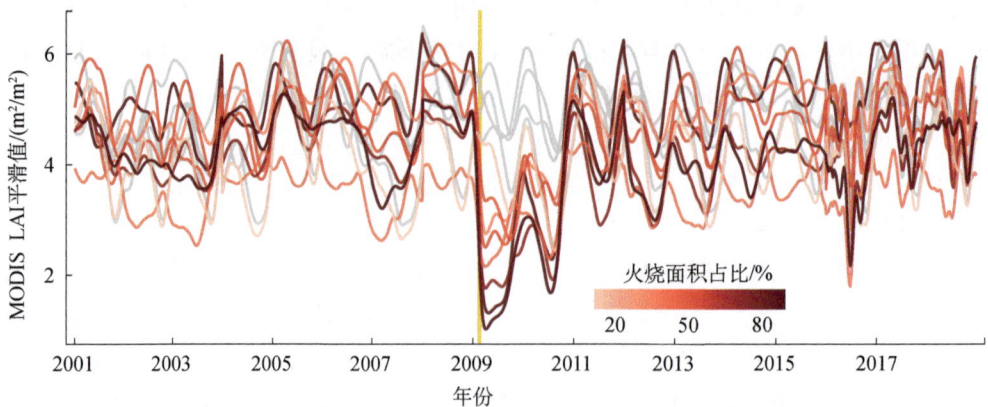

图 8-18 通过 wWHd 滤波方法平滑的流域 8 天平均 LAI 数据
每一条时间序列为受森林大火影响流域（根据火烧面积占比标为不同深浅的红色）以及未受森林大火主要影响的流域（标为灰色）

基于 PML-V2 遥感蒸散发模型（Zhang et al.，2019），结合当地的气象驱动和典型测站的通量观测数据约束，能更高精度地模拟气候波动和森林大火共同影响下的蒸散发变化过程。模型所需的气象驱动数据以 SILO 气象数据集为主，而其他数据如长波辐射、风速等则使用全球 GLDAS-2.1 气象驱动数据集（Beaudoing and Rodell，2020）。此外，研究区附

近有 5 个以温带常绿阔叶林为植被覆被类型的通量观测站（AU-Wac、AU-Tum、Au-Cum、AU-Whr、AU-Wom）［图 8-16（a）］。其中，AU-Wac 站点的通量塔在 2009 年维多利亚森林大火中被毁，在大火后重建［图 8-16（b）］，涵盖了大火发生前后约 6 年的通量观测数据（图 8-17）。这些通量数据由澳大利亚-新西兰通量观测网（OzFlux）提供（Beringer et al.，2016），且是全球通量观测项目 FLUXNET2015 的一部分（Pastorello et al.，2020）。

　　为支持模型在常绿阔叶林下垫面的重新率定，对 30 min 分辨率原始通量数据进行质量控制、插补，并进一步筛选和保留了直接观测和高质量插补数据占比高于 50% 的 8 天平均蒸散发数据（Ma et al.，2021）。考虑到模拟蒸散发动态（由所有通量站数据代表，all）及蒸散发对森林大火的响应（以 AU-Wac 通量站数据为代表）的同等重要性，本研究基于 NSE 构建了以下目标函数（F）来率定 PML-V2 模型：

$$F = 2 - NSE_{AU\text{-}Wac} - NSE_{all} \tag{8-2}$$

　　率定和验证结果显示 PML-V2 模型的拟合效果较好。在率定模式下，PML-V2 模型对受森林大火影响的 AU-Wac 通量塔的拟合 NSE 高达 0.77（图 8-17），对所有通量塔数据的整体模拟 NSE 为 0.771［图 8-19（a）］。在交叉验证模式下，即每个站点的模拟参数都根据其他站点整体率定的结果来获得，发现交叉验证模拟效果同样较好，NSE 为 0.76［图 8-19（b）］。同时，模拟结果稳定，每个单独站点的模拟效果 NSE 基本在 0.5 以上。这些站点尺度率定和交叉验证的结果表明，PML-V2 模型具有高精度且稳定的模拟蒸散发动态以及森林大火效应的能力，其生产的数据集能满足本研究所需。

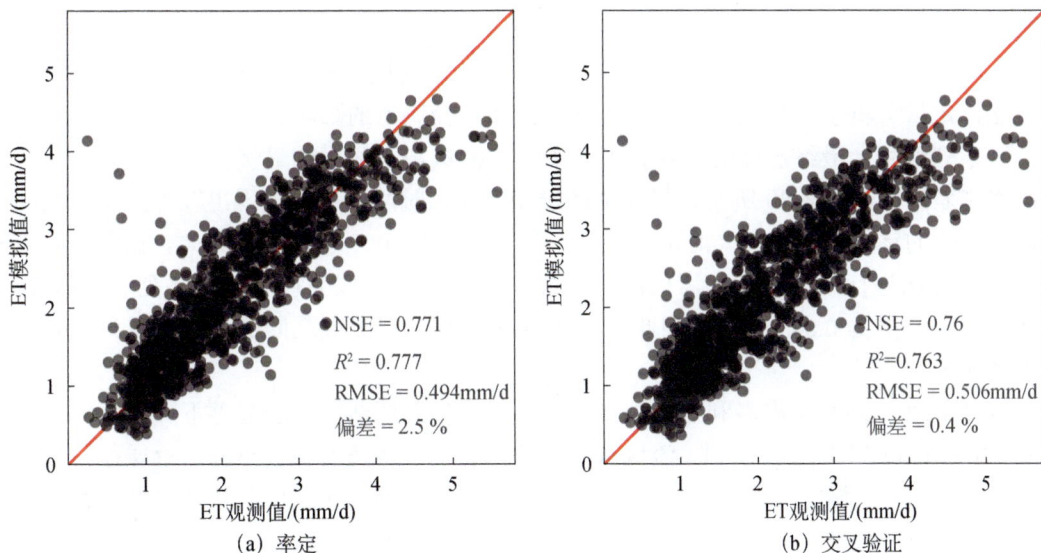

图 8-19　PML-V2 遥感蒸散发模型在率定模式和交叉验证模式下的整体模拟效果

　　配对流域法（paired catchment method，PCM）通常被认为是检测植被变化对流域水文过程影响的最简单、最稳健的方法（Bren and Lane，2014；Brown et al.，2005；Hornbeck et al.，1993）。该方法假定两个具有类似的气候、植被、土壤的配对流域，应有相似的水文过程。而在植被变化后（如森林大火后），受影响的实验流域与未受影响的控制流域之间的水文过程差异，可被视为植被变化的作用。但传统的配对流域实验常应用于相邻的、植被覆盖相似的小流域。由于森林大火覆盖范围可能较广，将该方法用于森林大火相关研究具有一定的挑战性。因为如果实验流域与控制流域之间的距离较远，流域之间的年降水量可能存在一定差异而影响配对流域结果。此外，传统配对流域方法主要用于径流分析，其他水文过程方面的应用研究较少。

本研究通过校正降水差异的配对流域分析方法（precipitation-corrected PCM），将其拓展应用于完整的流域水量平衡变化（径流、蒸散发）归因分析上（Xu et al.，2022）。在大火前，受森林大火影响的流域年蒸散发/径流（y_b，mm/a），可用附近控制流域的年蒸散发/径流（y_c）来进行模拟，并考虑流域间降水差异（$DP_{b,c}$，mm/a）：

$$y_b = y_{b,sim} + \varepsilon = \alpha_1 y_c + \alpha_2 DP_{b,c} + \beta + \varepsilon \tag{8-3}$$

式中，$y_{b,sim}$ 为模拟的不受森林大火影响的流域 b 的年蒸散发/径流量；α_1 和 α_2 分别为 y_c 和 $DP_{b,c}$ 对 y_b 的系数。

假设配对流域关系在大火后依然维持，由于实验流域受森林大火影响，流域之间的差异即视为森林大火的作用（Δy_{fire}，mm/a）：

$$\Delta y_{fire} \approx y_b - y_{b,sim} \tag{8-4}$$

限于 MODIS 产品的覆盖范围，PML-V2 模拟的蒸散发数据仅在 2001~2018 年可用。而降水和径流的数据在 1982~2018 年基本可用。因此，在使用改进的配对流域分析方法时，2009 年森林大火前分别有 8 年和 27 年的数据可用于流域配对和相似性建模，而森林大火后有 10 年的数据可用于评估森林大火对蒸散发和径流过程的影响。

3. 主要结果

本研究以 8 个受 2009 年维多利亚森林大火影响的流域为典型案例，基于改进的配对流域方法，定量分析了森林大火对流域年蒸散发和年径流量的影响。通过检验水文通量相似性的一系列过程，最终选择的受森林大火影响的流域与其配对的最优控制流域之间具有最低的水文差异。如图 8-20 所示，尽管蒸散发和径流在时间序列中表现出较大的年际波动，但流域之间的年际变化在大火前相似，其主要差异始于 2009 年的森林大火。在利用改进的配对流域方法进行线性转换和考虑降水差异后，大火前流域间径流时间序列 R^2 为 0.79~0.97，蒸散发 R^2 为 0.64~0.98。因此，2009 年大火后两组流域之间的差异可视为森林大火的水文效应。

研究发现，2009 年维多利亚森林大火导致了当年流域蒸散发的显著下降（流域间平均下降 136 mm/a）[图 8-20（c）]。流域蒸散发的变化过程伴随着植被蒸腾、冠层截留蒸发的减少和土壤蒸发的增加（图 8-21）。而自第 2 年开始，森林大火的影响快速降低，在第 5 年后已经处于较低水平。

与蒸散发相比，流域径流响应相对滞后，且其变化幅度要大得多 [图 8-20（f）]。径流变化高峰大多发生在森林大火后的第 2 年或第 3 年，峰值大于 100 mm/a。在不同流域间，径流变化的最大值发生于火烧面积占比为 75% 的 405209 流域，为 373 mm/a。随着流域从森林大火影响中恢复，这种影响逐步降低。通过 8 个流域的对比分析发现，流域火烧面积占比与其水文影响存在显著的线性关系。整体上，森林大火的水文效应与时间、流域火烧面积占比有关。特别地，由于蒸散发与径流变化在年际尺度上存在非同步特征，尤其是量

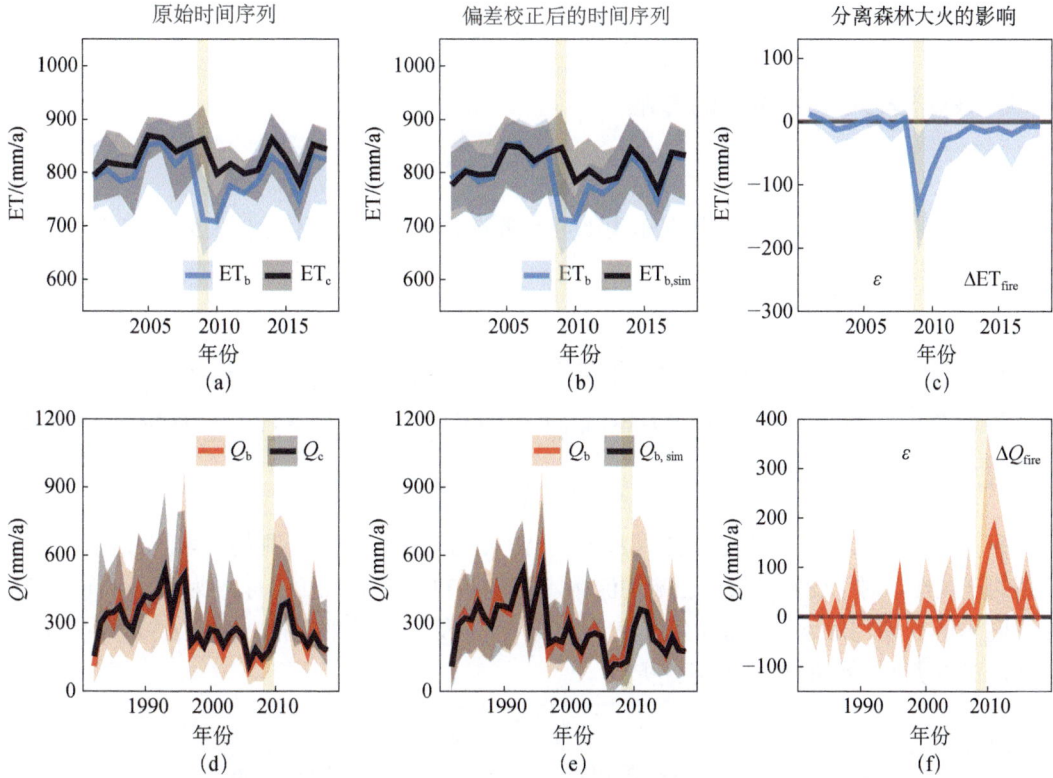

图 8-20　基于改进的配对流域方法量化森林大火对流域蒸散发（ET）和径流（Q）的影响

垂直的黄色线表示 2009 年维多利亚森林大火的时间。其中，第一列为原始数据，第二列为进行偏差校正（线性转换和校正降水差异影响）之后的数据，第三列为观测和模型预测之间的差值，在森林大火前表现为模拟误差（ε），在森林大火后认为主要是森林大火的作用（ΔET_{fire} 和 ΔQ_{fire}）。图中实线为未受森林大火影响的参考流域（c）和受森林大火影响的流域（b）的平均值，其阴影的上下边界分别表示最大值和最小值

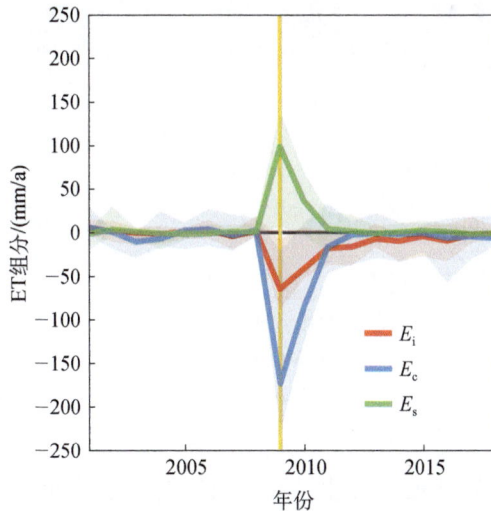

图 8-21　使用基于相似性的配对流域方法分析流域蒸散发组分对森林大火的响应

图中实线表示研究区 8 个受森林大火影响流域的平均值，其阴影的上下区间分别表示流域集合的最大值和最小值。PML-V2 模型模拟的蒸散发组分包含植被蒸腾（E_c）、土壤蒸发（E_s）和冠层截留蒸发（E_i）三部分

级上的不一致性，揭示了流域陆地水储量的可能变化。

8.2.2 森林大火对水储量的影响

1. 研究区概况

本节采用的研究区为澳大利亚东南部，主要选择了受 2009 年森林大火影响的 8 个典型流域，与 8.2.1 节为同一研究区。

2. 研究数据与方法

基于水量平衡关系，流域尺度的年尺度陆地水储量变化（ΔS，mm/a）可由其他三个水量平衡要素推导获得：流域年降水总量（P，mm/a）、蒸散发量（ET，mm/a）和径流量（Q，mm/a）：

$$\Delta S = P - \text{ET} - Q \tag{8-5}$$

研究发现，水量平衡推导的流域尺度的 ΔS 与 GRACE 卫星观测的区域尺度的 ΔS 具有较高的一致性。对于受森林大火影响的流域，R^2 为 0.73，而全部流域的 R^2 为 0.70（图 8-22）。这表明本研究使用的水量平衡数据（P、ET、Q），及其水量平衡推导项（ΔS）具有较高的精度，可以支撑后续的水量平衡分析。

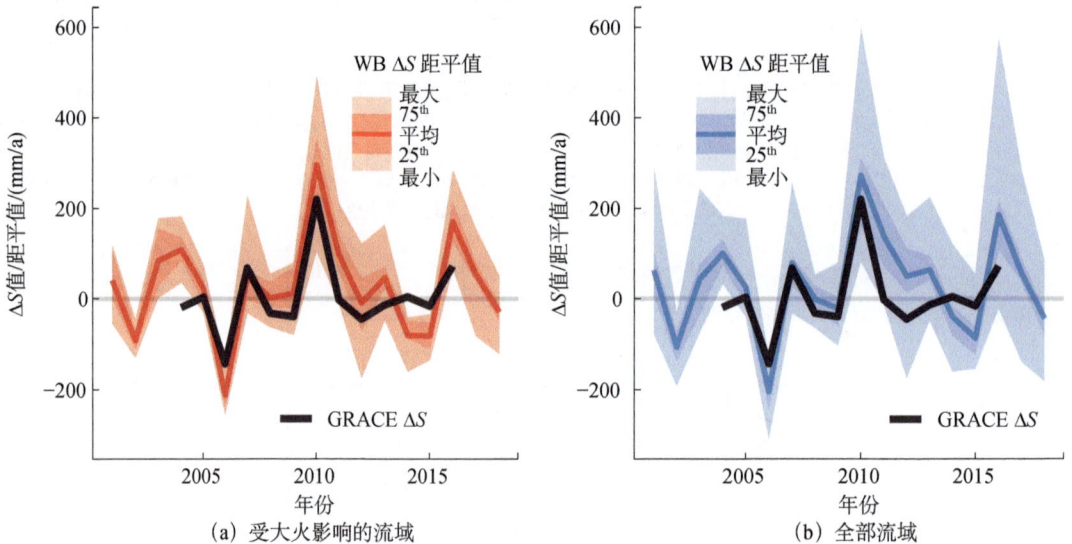

（a）受大火影响的流域　　　　　　　　（b）全部流域

图 8-22　水量平衡推导的流域陆地水储量变化（WB ΔS）数据与 GRACE 观测的区域陆地水储量变化（GRACE ΔS）数据的相对比较

GRACE ΔS 由原始数据在每年 12 月之间的差异计算获得，仅在 2004～2016 年可用

与蒸散发和径流的巨大变化不同，研究发现配对流域之间的降水从长期来看并不存在明显的差异。因此，尽管森林大火可能导致区域尺度降水的变化，但并未改变区域降水格局。在假定降水影响较小（$\Delta P_{\text{fire}} = 0$）的情况下，森林大火对流域陆地水储量的影响（$\Delta S_{\text{fire}}$）可通过水量平衡关系推导获得：

$$\Delta S_{\text{fire}} \approx \Delta P_{\text{fire}} - \Delta \text{ET}_{\text{fire}} - \Delta Q_{\text{fire}} \tag{8-6}$$

3. 主要结果

假设森林大火对降水的影响相对较小，通过森林大火导致的蒸散发和径流的变化可推导出大火导致的流域陆地水储量变化（ΔS_{fire}）。研究发现，流域蒸散发和径流对森林大火的非同步响应伴随着流域陆地水储量在不同阶段的变化。在森林大火事件发生后的第 1 年，由于蒸散发的下降大于径流的增加，推断流域陆地水储量相对增加（平均 66.4 mm/a）。但在森林大火事件发生后的第 2～第 5 年，流域陆地水储量急剧下降，伴随着径流量增加的滞后响应和蒸散发下降的快速恢复。这种水文影响随时间快速恢复，在大火发生 5 年后已处在较低水平［图 8-23（a）］。

对森林大火后 10 年（2009～2018 年）的结果进行汇总发现，2009 年维多利亚森林大火在不同流域间平均减少了（33±20）mm/a（平均值±标准差）的蒸散发，增加了（68±32）mm/a 的径流［图 8-23（b）］。由于研究使用的蒸散发数据经站点观测数据验证、径流数据为观测值、陆地水储量数据与 GRACE 观测有一定程度的对比，因此径流和蒸散发变化的不平衡性可能暗示了流域陆地水储量平均下降（35±22）mm/a。从机理上，除植被变化导致的蒸散发变化以外，森林大火对土壤水力要素的影响可能也改变了下渗和地表径流过程，共同导致了径流和陆地水储量的变化。综上，本研究基于结合通量观测的蒸散发模拟，提供了一种新的基于配对流域方法的流域水文响应分析思路，以 2009 年维多利亚森林大火为例，发现了蒸散发和径流响应在时间上的非同步特征，假设了流域水储量的变化过程。然而，森林大火的水文响应机制仍需长期研究，以服务不同区域和环境下的水资源管理。

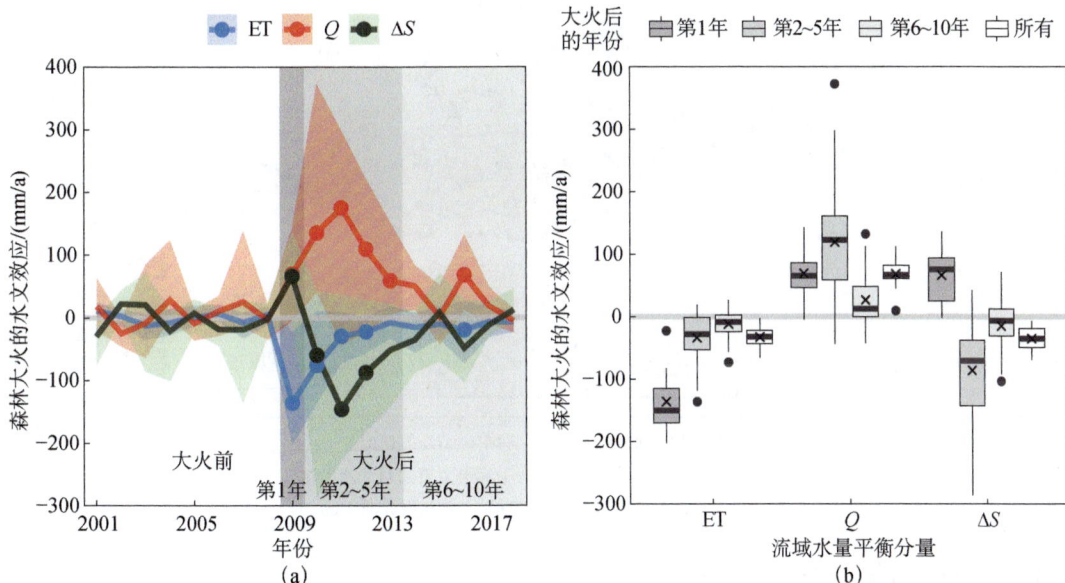

图 8-23　森林大火导致的水量平衡要素变化在时间上的非同步响应

（a）时间序列变化；（b）对不同时间段进行分组的箱线图。图（a）中不同颜色的实线表示水量平衡要素对森林大火响应过程的平均值，其阴影的上下边界表示最大值和最小值。森林大火前的值可提供模型计算森林大火后变化的误差的参考信息。图（a）中实点表示存在显著性变化的点（$p<0.05$）。由于森林大火主要发生于 2009 年 2 月初，设定 2009 年为森林大火后的第 1 年。图（b）中的交叉形状表示每个分组的平均值

8.3　基于遥感蒸散发对区域水储量变化及归因的研究

黄河流域主要包括青藏高原东北部及黄土高原，该区域一直以来遭受严重的土壤侵蚀问题。为解决这一严重的生态环境问题，中国自1999年起实施了国家级生态环境工程——"退耕还林"，以提高该区域的植被覆盖率（Yao et al.，2018；Zhang et al.，2016；Wang et al.，2015）。植被恢复不仅影响区域土壤结构（Lin et al.，2019），同时还会对区域水循环过程产生影响（Wang and Hejazi，2011；Xie and Cui，2011）。然而，现有研究很少全面探究植被恢复对黄河流域可用水资源［即陆地水储量（TWS）］的影响。为实现在气候变化和土地利用变化综合影响下的水资源可持续管理，了解该区域水储量变化（ΔS）及其驱动因子变得十分重要（Alley et al.，2002）。

8.3.1　研究区概况

研究区选取了黄河流域的9个子流域，其中2个位于干流（图8-24）。

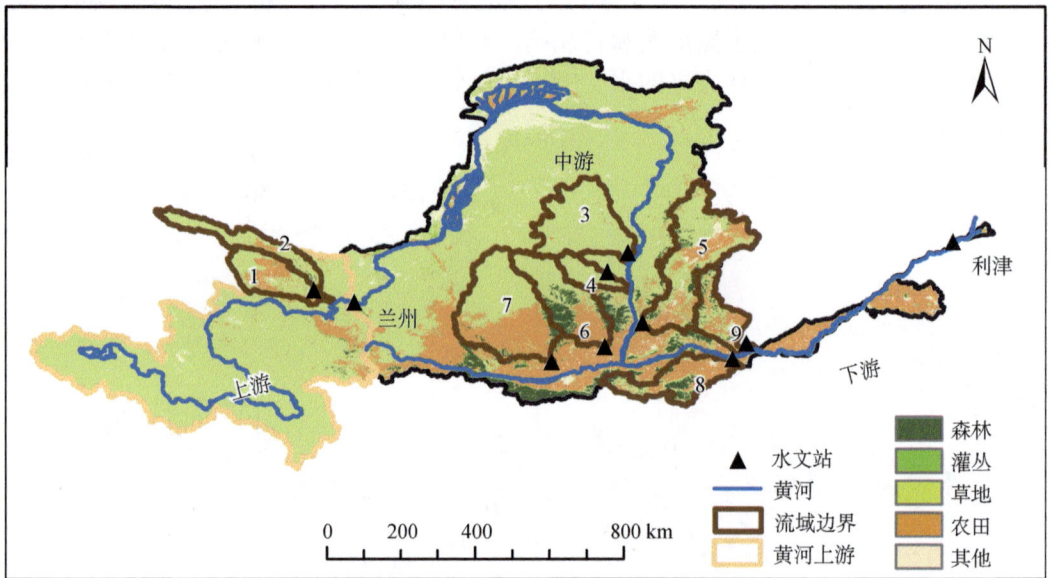

图8-24　研究区概况（Li et al.，2020）

该图包括9个支流径流站及其控制区域，以及黄河干流上主要的两个流量测站（兰州和利津）。基础地图使用2003年的MODIS土地利用数据生成

8.3.2　研究数据与方法

1. 研究数据

大区域的蒸散发（ET）数据可以使用多种方法模拟。其中，基于卫星遥感数据的方法受到很大关注，主要是因为其在时空分辨率上有很大的优势。本研究使用的蒸散发（ET_{PML}）数据来自于遥感水碳耦合模型PML-V2生成的2003～2016年8 d和500 m分辨率

的数据。

降水（P）数据来自 CMFD，时间范围为 2003～2016 年，空间分辨率为 0.1°×0.1°，时间分辨率为 1 d。

全球陆地水储量（TWS）距平数据来自 GRACE 基于 RL05 球谐函数提供的 TWS 距平平均值，空间分辨率为 1.0°×1.0°。2002 年发射的 GRACE 卫星可以有效评估大区域水储量变化（ΔS）。该数据集通过观测地球重力场的时空变化来提供每月全球 TWS 变化。GRACE 数据集有三个不同的数据处理中心，包括德国波茨坦地学中心（GFZ）、得克萨斯大学空间研究中心（CSR）和喷气推进实验室（JPL）。为了减少数据不确定性，我们对三个中心的数据进行了平均，以计算 GRACE TWS 距平。

土地利用类型数据来自 NASA 数据集中心。数据为 MODIS 土地覆被数据集，使用 Friedl 的全球土地覆盖算法和 IGBP 分类生成（MCD12Q1 的第 6 版），空间分辨率为 500 m，时间分辨率为年，时间范围为 2003～2016 年。

2003～2016 年叶面积指数（LAI）数据来自 MODIS 的 MCD15A3H 第 6 版产品，时空分辨率分别为 500 m 和 4 d。

2003～2016 年的日径流数据来自中国水利部门，并按年尺度整合以计算流域年度 ΔS 及其趋势［式（8-8）和式（8-9）］。

2. 研究方法

1）水储量变化

根据水量平衡方程，流域年度水储量变化的计算公式为

$$\Delta S_{\text{PML}} = P - \text{ET} - Q \tag{8-7}$$

式中，ΔS_{PML} 为年水储量变化；P 为年降水量；ET 为年蒸散量；Q 为年径流量。由于 ET 是从遥感产品 PML-V2 获得的，因此 ΔS 表示为 ΔS_{PML}。

根据 GRACE 数据，水储量变化的计算公式为

$$\Delta S_{\text{GRACE}} = \text{GRACE}_i - \text{GRACE}_j \tag{8-8}$$

式中，GRACE 为水储量值；脚标 i、j 为日期，分别代表某年及前 1 年的第 1 个月。

2）趋势分析

本研究使用 Mann-Kendall Tau（Tau-b）和 Sen 方法，分别在子流域尺度和整个流域尺度上对 ΔS_{PML} 和 ΔS_{GRACE} 进行趋势分析（T）。

Mann-Kendall 检验的计算公式为

$$S = \sum_{i=1}^{n-1}\sum_{j=i+1}^{n}\text{sgn}(x_j - x_i) \tag{8-9}$$

$$\text{sgn}(x_j - x_i) = \begin{cases} 1, & x_j - x_i > 0 \\ 0, & x_j - x_i = 0 \\ -1, & x_j - x_i < 0 \end{cases} \tag{8-10}$$

$$\text{Var}(s) = \frac{n(n-1)(2n+5) - \sum_{i=1}^{m} t_i(t_i-1)(2t_i+5)}{18} \tag{8-11}$$

式中，n 为数据点的数量；x_i 和 x_j 为时间序列 i 和 j（$j>i$）中的数据值；m 为绑定组的数量；t_i 为范围 i 的连接数。绑定组是一组具有相同值的样本数据。当样本数量 $n>10$ 时，使用式（8-12）计算标准正态检验统计量 Z_s：

$$Z_s = \begin{cases} \dfrac{s-1}{\sqrt{\text{Var}(s)}}, & s>0 \\ 0, & s=0 \\ \dfrac{s+1}{\sqrt{\text{Var}(s)}}, & s<0 \end{cases} \tag{8-12}$$

Sen（1968）开发了非参数过程，用于估计 N 对数据样本中的趋势斜率，计算公式为

$$Q_k = \frac{x_j - x_i}{j-i}, \quad i=1,\cdots,N \tag{8-13}$$

式中，N 为 N 对数据的样本，如果每个时间段内只有一组数据，则 $N=n(n-1)/2$，否则为 $N<n(n-1)/2$，其中 n 为观测值的总数。

将 N 个 Q_i 的值从小到大排列，斜率的中值或 Sen 斜率计算公式为

$$Q_{\text{med}} = \begin{cases} Q_{\left[\frac{n+1}{2}\right]}, & N\text{为奇数} \\ \dfrac{Q_{[n+2]} + Q_{\left[\frac{n+2}{2}\right]}}{2}, & N\text{为偶数} \end{cases} \tag{8-14}$$

Q_{med} 反映了数据趋势，其值表示趋势的陡峭程度。要确定斜率的中值在统计上是否与零不同，应获得 Q_{med} 在特定概率下的置信区间。

关于时间斜率的置信区间可以按如式（8-15）计算：

$$C_\alpha = Z_{1-\alpha/2}\sqrt{\text{Var}(s)} \tag{8-15}$$

式中，$\text{Var}(s)$ 由式（8-11）计算得到；$Z_{1-\alpha/2}$ 从标准正态分布表获得。本研究在两个显著性水平（$\alpha=0.01$ 和 $\alpha=0.05$）下计算置信区间。

3）植被覆盖变化对水储量的影响

为了分离植被变化对水储量或 ΔS 的影响，本研究使用不同的土地覆盖和植被数据分别在 PML-V2 模型中设置两个不同的实验估算得到 ET。第一个是"动态"实验，它使用动态植被和每年连续的土地覆盖类型来驱动 PML-V2 模型（Zhang et al.，2019）。第二个是"静态"实验，在整个研究期（2003～2016 年）使用 2003 年植被数据（土地覆盖、LAI、反照率和发射率）来驱动 PML-V2 模型。除了植被输入的差异外，两个实验有相同的气候数据输入。因此，两者之间的差异可用于分离植被覆盖变化对 TWS 的影响。更具体地说，植被覆盖变化对 ΔS 的影响是通过两个实验之间的 ET 差异（动态条件下的 ET_{PML} 减去静态条件下的 ET_{PML}）计算得到的。因此，植被覆盖变化对 ΔS 的影响表示为

$$\Delta S_{\text{v}} = \Delta S_{\text{dynamic}} - \Delta S_{\text{static}} \tag{8-16}$$

式中，ΔS_{v} 为两个实验之间的 ΔS 差值；$\Delta S_{\text{dynamic}}$ 为使用从动态实验中获得的 ET_{PML} 计算的 ΔS；ΔS_{static} 为使用从静态实验中获得的 ET_{PML} 计算的 ΔS。

8.3.3　主要结果

图 8-25 显示，2003～2016 年，黄河流域的降水趋势空间分布不均，北部地区降水量增加了 10 mm/a，而南部地区降水量减少了 8 mm/a，但大部分地区降水趋势变化不显著。黄河流域的 LAI 略有增加，其中东南部地区增加幅度较大，增幅可达 0.03（m²/m²）/a（$p<0.01$）。蒸散发 ET 除在黄河流域北方地区外，其他地区均呈增加趋势。总之，LAI 和 ET 在 2003～2016 年有所增加；降水呈现混合趋势，南部减少，但中游增加；GRACE 数据模拟的水储量变化呈下降趋势。

将从 GRACE 获取的（ΔS_{GRACE}）与水平衡方程计算得到的水储量变化（ΔS_{PML}）进行比较［图 8-25（e）］，两种方法获得的 ΔS 趋势在 2003～2016 年均为负值。对于整个黄河流域，ΔS_{PML} 的趋势为 -5.1 mm/a²，其与 ΔS_{GRACE}（-3.3 mm/a²）接近，ΔS_{GRACE} 与 ΔS_{PML} 的相

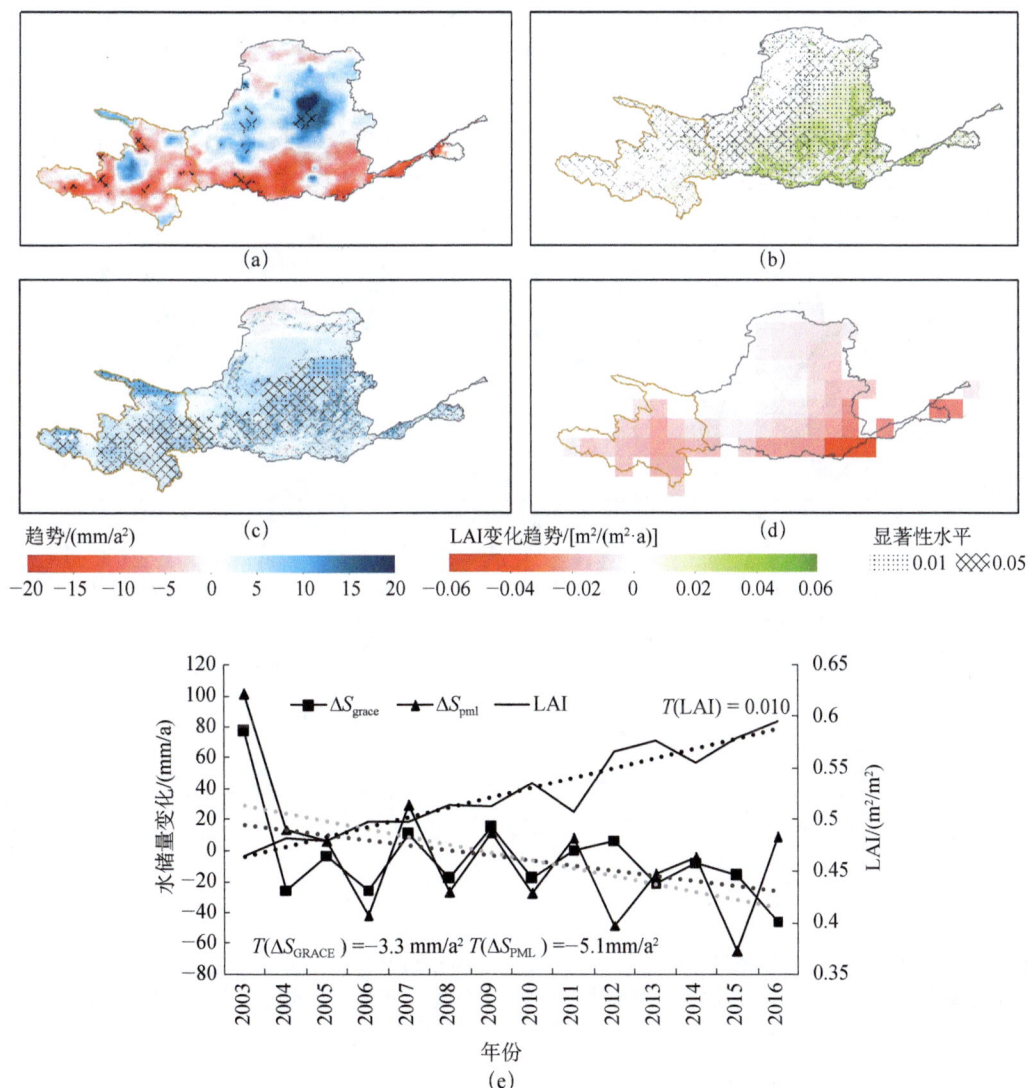

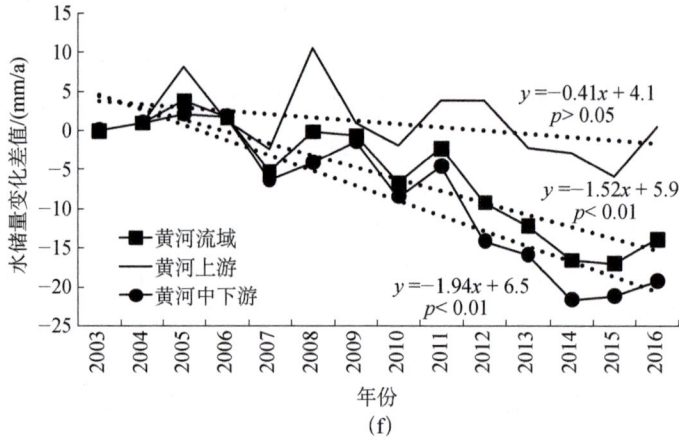

图 8-25　黄河流域（YRB）中由植被变化驱动的水储量变化（Li et al.，2020）

（a）降水；（b）叶面积指数（LAI）；（c）PML-V2 模型得到的实际蒸散发（ET）；（d）GRACE 卫星数据得到的黄河流域 2003～2016 年的水储量变化（ΔS）的年度趋势；（e）整个黄河流域的水储量和 LAI 的年度变化；（f）使用两个模拟实验（动态减去静态）分离出植被覆盖变化对 ΔS 的影响。（a）～（d）中黄河上游由橙色线条标示

关系数为 0.69（$p<0.01$）。此外，在黄河流域的 9 个子流域中，$\Delta S_{\mathrm{GRACE}}$ 和 ΔS_{PML} 之间存在良好的总体一致性（图 8-26）。

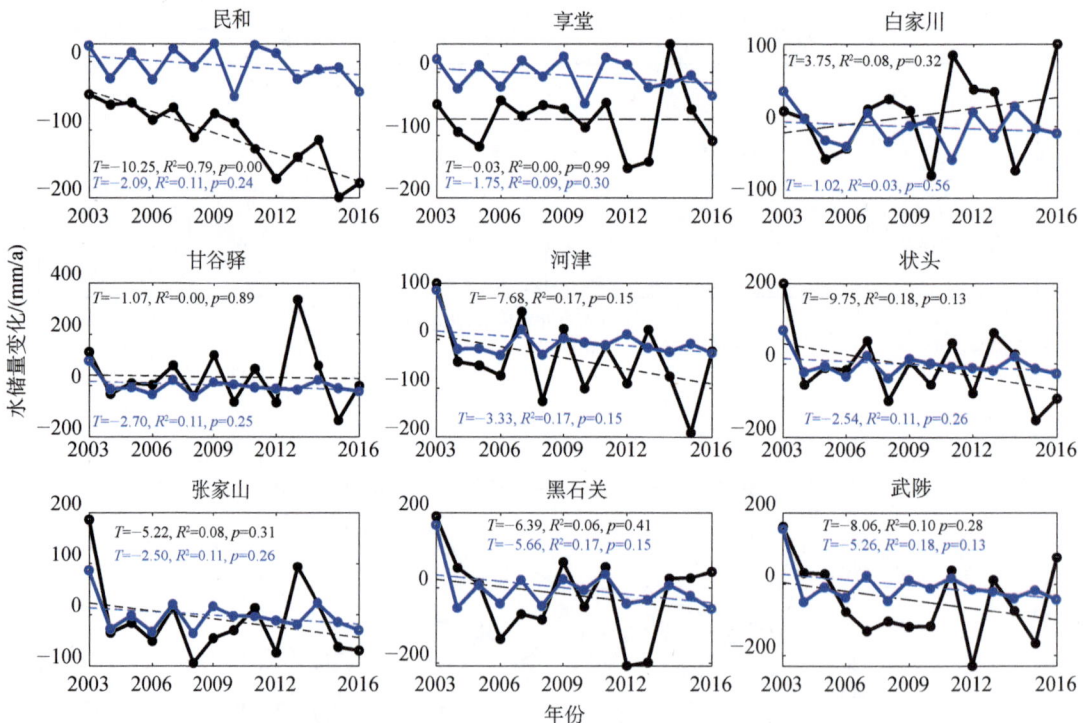

图 8-26　2003～2016 年黄河流域 9 个集水区（其位置如图 8-24 所示）的水储量变化（Li et al.，2020）

民和和享堂集水区位于黄河流域上游；白家川、甘谷驿、河津、状头、张家山集水区位于黄河流域中游；黑石关和武陟集水区位于黄河流域下游。黑线和蓝线分别表示 ΔS_{PML} 和 $\Delta S_{\mathrm{GRACE}}$

　　植被变化导致的水储量变化（ΔS_{v}）可以使用两个实验的差值进行分离。图 8-25（f）显示黄河流域不同区域的 ΔS_{v} 有所下降。其中，ΔS_{v} 在黄河流域上游略有下降（0.41 mm/a），在

黄河中下游下降显著（1.94 mm/a，$p<0.01$）。对于整个黄河流域，ΔS_v 显著减少 1.52 mm/a（$p<0.01$）。其中，ΔS_v 在 2010～2016 年的下降速度要明显高于 2003～2009 年。因此，植被覆盖变化驱动的水储量变化主要发生在 2010～2016 年黄河流域的中下游。

　　总体而言，2003～2016 年黄河流域的水储量变化明显。其中，黄河流域南部（中下游）的水储量变化下降幅度大于其他地区。降水量减少、叶面积指数和蒸散发增加是黄河流域水储量下降的主要因素。

　　由于退耕还林政策的实施，黄河流域的生态环境在过去 20 年得到了较大的改善。黄土高原的植被覆盖率从 1999 年的 31.6% 增加到 2013 年的 59.6%（Chen et al.，2015），有效控制了该地区的土壤侵蚀（Zhang et al.，2016）。植被条件的变化可导致明显的水储量变化。在黄河上游，植被变化在控制水储量变化中作用不明显。但在黄河中下游，植被变化在控制水储量变化中起着重要作用，并且黄河流域的水储量变化主要集中在中下游。

　　不同植被类型对黄河流域水储量下降的贡献在不同区域有所不同。在黄河上游，水储量减少主要在农田，其次是森林、草地和其他。然而，在黄河中下游，水储量下降主要集中在森林，其次是农田、灌丛、草地和其他（图 8-27）。这主要是退耕还林使得黄土高原（黄河中下游）森林面积大幅扩大导致叶面积指数增加而造成的。

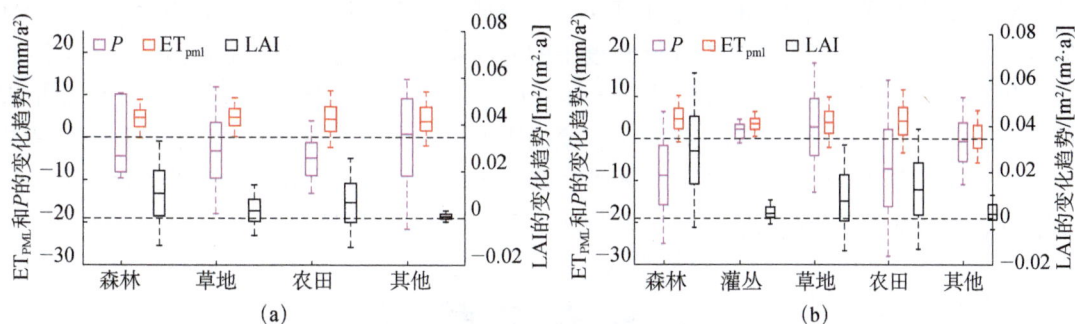

图 8-27　黄河流域上游（a）和黄河流域中下游（b）不同土地覆被类型的 LAI、P 和 ET_{pml} 变化趋势（Li et al.，2020）

　　综上所述，黄河流域水储量变化在 2003～2016 年呈下降趋势，尤其是在东南部地区。黄土高原农田和森林的叶面积指数大幅增加是蒸散发增加和陆地水储量减少的最大贡献因素。植被变化导致黄河水储量减少量可达 1.2 km³/a，对区域水资源产生十分严重的影响。为实现对区域水资源的可持续管理，需要对区域的生态平衡和水文影响进行更多的研究。

8.4　本章小结

　　水文循环过程受到气候变化和人类活动的综合影响，降雨、蒸散发、径流等过程发生明显的改变。变化环境对水资源和水文循环的影响研究已成为国内外学者研究的热点，尤其是人类活动造成的水资源短缺和供需矛盾变化成为水资源管理面临的严峻挑战。蒸散发作为连接外部环境和水文过程的重要变量，是研究水文循环对变化环境响应的关键。而大范围、高时空分辨率遥感蒸散发模型和大数据的快速发展为基于水量平衡理论对地表水文过程的研究提供了良好的契机。

本章通过将遥感蒸散发与水文模型或水量平衡理论相结合，探讨了人类活动和气候变化引起的下垫面变化对流域水文循环的影响。以中国黄河流域典型子流域为研究对象进行研究，结果表明，人类退耕还林活动使得区域植被指数增加，有效改善了生态环境，但同时也改变了流域水储量、土壤蓄水、径流和径流信号等的时空特征。较干燥的流域对植被变化更敏感，而较湿润的流域则相反。植被变绿使得黄河流域蒸散发增加，进而引起了水储量、土壤蓄水和径流的减少，土地覆被类型的变化是主要原因，其中森林和耕地叶面积指数的大幅增加是导致蒸散发增加和陆地水储量减少的最大因素。进一步地，植被变绿导致的径流减少主要表现为基流流量的减少；径流频率和持续时间虽然每年只有几天变化，但相对变化范围较大；每年的总小流量日数增加，而总大流量日数减少；流量频率和持续时间特征的变化速度比幅值特征的变化速度更快，变化范围更广。因此，植被变绿将对低流量产生巨大影响，这将影响区域水资源的可用性。因此，迫切需要改变水资源管理政策，以有效推动中国干旱流域的水资源可持续利用。

以澳大利亚东南部受森林大火影响的流域为例进行研究，结果表明，森林大火导致流域蒸散发显著下降，尤其是从第 2 年开始迅速降低，而流域径流响应相对滞后，且其变化幅度更大；蒸散发与径流变化在年际尺度上的非同步性伴随着流域陆地水储量在不同阶段的变化，第 1 年相对增加，而第 2～第 5 年急剧下降。因此，森林大火除影响下垫面植被而导致蒸散发变化以外，其对土壤水力要素的影响也改变了下渗和地表径流过程，二者共同导致了径流和陆地水储量的变化。本章内容为森林大火的水文响应机制的长期研究提供了理论与数据基础，为不同区域和环境下的水资源管理提供参考依据。

参 考 文 献

Addor N，Nearing G，Prieto C，et al. 2018. A ranking of hydrological signatures based on their predictability in space. Water Resources Research，54（11）：8792-8812.

Allen R G，Pereira L S，Raes D，et al. 1998. Crop Evapotranspiration-Guidelines for Computing Crop Water Requirements. Rome：Food and Agriculture Organization of the United Nations.

Alley W M，Healy R W，LaBaugh J W，et al. 2002. Flow and storage in groundwater systems. Science，296（5575）：1985-1990.

Arnold J G，Allen P M.1996. Estimating hydrologic budgets for three Illinois watersheds. Journal of Hydrology，176（1-4）：57-77.

Arnold J G，Moriasi D N，Gassman P W，et al. 2012. SWAT：model use，calibration，and validation. Transactions of the ASABE，55（4）：1491-1508.

Arnold J G，Srinivasan R，Muttiah R S，et al. 1998. Large area hydrologic modeling and assessment. Part Ⅰ：model development. Journal of the American Water Resources Association，34（1）：73-89.

Beaudoing H，Rodell M. 2020. GLDAS Noah Land Surface Model L4 3 hourly 0.25×0.25 degree V2.1. Greenbelt：

Goddard Earth Sciences Data and Information Services Center（GES DISC）.

Bergström S，Lindström G. 2015. Interpretation of runoff processes in hydrological modelling—experience from the HBV approach. Hydrological Processes，29（16）：3535-3545.

Bergström S. 1995. The HBV Model//Computer Models of Watershed Hydrology. Highlands Ranch：Water Resources Publications：443-476.

Beringer J，Hutley L B，McHugh I，et al. 2016. An introduction to the Australian and New Zealand flux tower network——OzFlux. Biogeosciences，13（21）：5859-5916.

Boer M M，de Dios V R，Bradstock R A. 2020. Unprecedented burn area of Australian mega forest fires. Nature Climate Change，10（3）：171-172.

Boyle D P，Gupta H V，Sorooshian S. 2003. Multicriteria Calibration of Hydrologic Models. Tucson：University of Arizona.

Bren L J，Lane P N J. 2014. Optimal development of calibration equations for paired catchment projects. Journal of Hydrology，519：720-731.

Brown A E，Zhang L，McMahon T A，et al. 2005. A review of paired catchment studies for determining changes in water yield resulting from alterations in vegetation. Journal of Hydrology，310（1-4）：28-61.

Chen J，Shi H，Sun L，et al. 2016. Yellow River Basin//Singh V P. Handbook of Applied Hydrology. Second Edition. New York：McGraw Hill：100.

Chen Y P，Wang K B，Lin Y S，et al. 2015. Balancing green and grain trade. Nature Geoscience，8（10）：739-741.

Chiew F H S，Peel M C，Western A W. 2002. Application and testing of the simple rainfall-runoff model SIMHYD//Singh V P，Frevert D K. Mathematical Models of Small Watershed Hydrology and Applications. Water Resources Publication.

Collar N M，Saxe S，Rust A J，et al. 2021. A CONUS-scale study of wildfire and evapotranspiration：spatial and temporal response and controlling factors. Journal of Hydrology，603：127162.

Collins L，Bradstock R A，Clarke H，et al. 2021. The 2019/2020 mega-fires exposed Australian ecosystems to an unprecedented extent of high-severity fire. Environmental Research Letters，16（4）：044029.

Cuo L，Zhang Y X，Gao Y H，et al. 2013. The impacts of climate change and land cover/use transition on the hydrology in the upper Yellow River Basin，China. Journal of Hydrology，502：37-52.

Dong F F，Javed A，Saber A，et al. 2021. A flow-weighted ensemble strategy to assess the impacts of climate change on watershed hydrology. Journal of Hydrology，594：125898.

Ebel B A，Moody J A. 2017. Synthesis of soil-hydraulic properties and infiltration timescales in wildfire-affected soils. Hydrological Processes，31（2）：324-340.

Gerten D，Schaphoff S，Haberlandt U，et al. 2004. Terrestrial vegetation and water balance-hydrological evaluation of a dynamic global vegetation model. Journal of Hydrology，286（1-4）：249-270.

Giglio L，Boschetti L，Roy D P，et al. 2018. The Collection 6 MODIS burned area mapping algorithm and product. Remote Sensing of Environment，217：72-85.

He J，Yang K，Tang W J，et al. 2020. The first high-resolution meteorological forcing dataset for land process studies over China. Scientific Data，7（1）：25.

Heimann M，Reichstein M. 2008. Terrestrial ecosystem carbon dynamics and climate feedbacks. Nature，451（7176）：289-292.

Hoffmann W A，Jackson R B. 2000. Vegetation-climate feedbacks in the conversion of tropical savanna to grassland. Journal of Climate，13（9）：1593-1602.

Hornbeck J W，Adams M B，Corbett，E S，et al. 1993. Long-term impacts of forest treatments on water yield：a summary for Northeastern USA. Journal of Hydrology，150（2-4）：323-344.

Jeffrey S J，Carter J O，Moodie K B，et al. 2001. Using spatial interpolation to construct a comprehensive archive of Australian climate data. Environmental Modelling & Software，16（4）：309-330.

Jing W L，Yao L，Zhao X D，et al. 2019. Understanding terrestrial water storage declining trends in the Yellow River Basin. Journal of Geophysical Research：Atmospheres，124（23）：12963-12984.

Kong D D，Zhang Y Q，Gu X H，et al. 2019. A robust method for reconstructing global MODIS EVI time series on the Google Earth Engine. ISPRS Journal of Photogrammetry and Remote Sensing，155：13-24.

Li C C，Zhang Y Q，Shen Y J，et al. 2020. LUCC-driven changes in gross primary production and actual evapotranspiration in Northern China. Journal of Geophysical Research：Atmospheres，125（6）：e2019JD031705.

Li X J，Zhang Y Q，Ma N，et al. 2021. Contrasting effects of climate and LULC change on blue water resources at varying temporal and spatial scales. Science of the Total Environment，786：147488.

Liang S L，Cheng J，Jia K，et al. 2021. The global land surface satellite（GLASS）product suite. Bulletin of the American Meteorological Society，102（2）：E323-E337.

Lin M，Biswas A，Bennett E M. 2019. Spatio-temporal dynamics of groundwater storage changes in the Yellow River Basin. Journal of Environmental Management，235：84-95.

Luan J K，Miao P，Tian X Q，et al. 2022. Estimating hydrological consequences of vegetation greening. Journal of Hydrology，611：128018.

Ma N，Szilagyi J，Zhang Y Q. 2021. Calibration-free complementary relationship estimates terrestrial evapotranspiration globally. Water Resources Research，57（9）：e2021WR029691.

McMillan H K. 2021. A review of hydrologic signatures and their applications. Wiley Interdisciplinary Reviews-Water，8（1）：e1499.

Mcmillan H，Westerberg I，Branger F. 2017. Five guidelines for selecting hydrological signatures. Hydrological Processes，31（26）：4757-4761.

Moody J A，Shakesby R A，Robichaud P R，et al. 2013. Current research issues related to post-wildfire runoff and erosion processes. Earth-Science Reviews，122：10-37.

Myneni R，Knyazikhin Y，Park T. 2015. MOD15A2H MODIS/Terra Leaf Area Index/FPAR 8-Day L4 Global 500m SIN Grid V006. NASA EOSDIS Land Processes DAAC.

Nolan R H，Lane P N J，Benyon R G，et al. 2015. Trends in evapotranspiration and streamflow following wildfire in resprouting eucalypt forests. Journal of Hydrology，524：614-624.

Novick K A，Ficklin D L，Stoy P C，et al. 2016. The increasing importance of atmospheric demand for ecosystem water and carbon fluxes. Nature Climate Change，6（11）：1023-1027.

Olden J D，Poff N L. 2003. Redundancy and the choice of hydrologic indices for characterizing streamflow regimes.

River Research and Applications，19（2）：101-121.

Oudin L，Andréassian V，Mathevet T，et al. 2006. Dynamic averaging of rainfall-runoff model simulations from complementary model parameterizations. Water Resources Research，42（7）：2005WR004636.

Pastorello G，Trotta C，Canfora E，et al. 2020. The FLUXNET2015 dataset and the ONEFlux processing pipeline for eddy covariance data. Scientific Data，7（1）：225.

Perrin C，Michel C，Andréassian V. 2003. Improvement of a parsimonious model for streamflow simulation. Journal of Hydrology，279（1-4）：275-289.

Pushpalatha R，Perrin C，Le Moine N，et al. 2012. A review of efficiency criteria suitable for evaluating low-flow simulations. Journal of Hydrology，420：171-182.

Savitzky A，Golay M J E. 1964. Smoothing and differentiation of data by simplified least squares procedures. Analytical Chemistry，36（8）：1627-1639.

Seddon A W R，Macias-Fauria M，Long P R，et al. 2016. Sensitivity of global terrestrial ecosystems to climate variability. Nature，531（7593）：229-232.

Seibert J. 1997. Estimation of parameter uncertainty in the HBV model. Hydrology Research，28（4-5）：247-262.

Sen P K. 1968. Estimates of the regression coefficient based on Kendall's Tau. Journal of the American Statistical Association，63（324）：1379-1389.

Silva L C R，Lambers H. 2021. Soil-plant-atmosphere interactions：structure，function，and predictive scaling for climate change mitigation. Plant and Soil，461（1-2）：5-27.

UK Institute of Hydrology. 1980. Low Flow Studies Reports. Wallingford：Institute of Hydrology.

Ummenhofer C C，Sen Gupta A，England M H，et al. 2015. How did ocean warming affect Australian rainfall extremes during the 2010/2011 La Niña event? Geophysical Research Letters，42（22）：9942-9951.

van Dijk A I J M，Beck H E，Crosbie R S，et al. 2013. The millennium drought in Southeast Australia（2001-2009）：natural and human causes and implications for water resources，ecosystems，economy，and society. Water Resources Research，49（2）：1040-1057.

Wagener T，Boyle D P，Lees M J，et al. 2001. A framework for development and application of hydrological models. Hydrology and Earth System Sciences，5：13-26.

Wang D B，Hejazi M. 2011. Quantifying the relative contribution of the climate and direct human impacts on mean annual streamflow in the contiguous United States. Water Resources Research，47（10）：W00J12.

Wang Q F，Zheng H，Zhu X J，et al. 2015. Primary estimation of Chinese terrestrial carbon sequestration during 2001-2010. Science Bulletin，60（6）：577-590.

Xie P X，Zhuo L，Yang X，et al. 2020. Spatial-temporal variations in blue and green water resources，water footprints and water scarcities in a large river basin：a case for the Yellow River Basin. Journal of Hydrology，590：125222.

Xie X H，Cui Y L. 2011. Development and test of SWAT for modeling hydrological processes in irrigation districts with paddy rice. Journal of Hydrology，396（1-2）：61-71.

Xu Z W，Zhang Y Q，Zhang X Z，et al. 2022. Bushfire-induced water balance changes detected by a modified paired catchment method. Water Resources Research，58（11）：e2021WR031013.

Yadav M，Wagener T，Gupta H. 2007. Regionalization of constraints on expected watershed response behavior for improved predictions in ungauged basins. Advances in Water Resources，30（8）：1756-1774.

Yao Y T，Piao S L，Wang T. 2018. Future biomass carbon sequestration capacity of Chinese forests. Science Bulletin，63（17）：1108-1117.

Zhang B Q，He C S，Burnham M，et al. 2016. Evaluating the coupling effects of climate aridity and vegetation restoration on soil erosion over the Loess Plateau in China. Science of The Total Environment，539：436-449.

Zhang S L，Yang Y T，Mcvicar T R，et al. 2018. An analytical solution for the impact of vegetation changes on hydrological partitioning within the budyko framework. Water Resources Research，54（1）：519-537.

Zhang Y Q，Kong D D，Gan R，et al. 2019. Coupled estimation of 500 m and 8-day resolution global evapotranspiration and gross primary production in 2002-2017. Remote Sensing of Environment，222：165-182.

Zhang Y，Peng C H，Li W Z，et al. 2016. Multiple afforestation programs accelerate the greenness in the "Three North" region of China from 1982 to 2013. Ecological Indicators，61：404-412.

Zhao D，Xu M X，Liu G B，et al. 2017. Effect of vegetation type on microstructure of soil aggregates on the Loess Plateau，China. Agriculture，Ecosystems & Environment，242：1-8.

Zhao M，Geruo A，Zhang J E，et al. 2020. Ecological restoration impact on total terrestrial water storage. Nature Sustainability，4（1）：56-62.

Zhao R J. 1980. The Xinanjiang Model//Proceedings of the Oxford Symposium. Berlin：IAHS Publication：351-356.

Zhao R J. 1992. The Xinanjiang model applied in China. Journal of Hydrology，135（1-4）：371-381.

第 9 章　基于遥感蒸散发的干旱研究

干旱是指某一地区在较长时间内降水不足或蒸散发过度导致的水资源负面平衡（Faiz et al.，2023；Ma et al.，2021；McKee et al.，1993；Wilhite and Glantz，1985）。在联合国政府间气候变化专门委员会（IPCC）的第五次报告中，科学证据证实了自 1950 年以来天气模式向极端方向转变（IPCC，2013）。尽管干旱无法预防，但准确的时空特征信息对制定应急计划以减轻其潜在影响至关重要（Faiz et al.，2021）。自 19 世纪开始至今，研究学者利用降水、土壤水、温度和植被指数等信息，开发了不同的指标来评估干旱（McKee et al.，1993）。最早的干旱指数考虑了降水和气温对作物的影响，基于气象站点的长时间序列降水和气温数据建立了干旱指数（Vicente-Serrano and López-Moreno，2005；McKee et al.，1993；Palmer，1965）。随着遥感技术的发展，研究学者提出了基于植被指数、温度和降水等数据建立干旱监测遥感指数（Faiz et al.，2021，2020；Rajsekhar et al.，2015；Mavromatis，2007）。发展至今，基于气象数据和遥感数据的综合干旱指数越来越多。通常干旱分为气象干旱（与降水不足有关）、水文干旱（与河流流量不足有关）、农业干旱（与土壤湿度下降有关）和社会经济干旱（当上述所有干旱事件都对社会产生负面影响时）（Faiz et al.，2021）。例如，标准化降水指数（SPI）通常用于分析气象干旱事件；标准化径流指数（SSI）用来分析水文干旱（Shukla and Wood，2008）；标准化土壤水分指数（SSMI）可用于分析土壤水分或农业干旱（Farahmand and AghaKouchak，2015）。

9.1　典型干旱指数的定义和方法

9.1.1　典型气象干旱指数

早期的干旱指数中有几种应用较为广泛的典型气象干旱指数，其中一个指数是帕尔默干旱严重指数（PDSI）（Palmer，1965）。PDSI 是通过计算实际降水量与作物在合适条件下生长所需的土壤含水量之间的差异得到的干旱监测指标，虽然被广泛使用，但在不同气候条件和不同区域之间，PDSI 的适用性遭到了质疑（Faiz et al.，2022a）。另外一个指数是由 McKee 等（1993）提出的标准化降水指数（SPI），已被广泛用于监测气象干旱（Faiz et al.，2020；Kalisa et al.，2020；Liu et al.，2018）。SPI 是一种多尺度干旱指数，可在 1～48 个月的任何时间尺度上使用。然而，在全球变暖的情况下，SPI 的应用受到限制，因为它忽视了温度对干旱的影响。为了弥补这个缺陷，Vicente-Serrano 等（2010）提出了标准化降水蒸散指数（SPEI），考虑了潜在蒸散发和降水之间的相互作用来监测干旱（Faiz et al.，2022b；Du et al.，2013；Kogan et al.，2012）。SPEI 是通过计算标准化降水（供水）

和潜在蒸散发（需水）之间的差异而构建的，在一定程度上考虑了田间供需的差异，被认为是比 SPI 更能代表干旱的指标。虽然 SPEI 得到了广泛的认可和应用，但也存在自身的局限，SPEI 没有考虑土壤中的水分平衡，不能代表土壤系统中水分供需失衡对作物的影响。

9.1.2　典型农业干旱指数

由于土壤水分与农业干旱密切相关，因此在制定干旱指数时，土壤湿度被用于概念化作物的可用水分。土壤水分被用作监测农业干旱的指标，它以不同形式被使用（Pelaez-Samaniego et al.，2013），包括土壤水分百分位数（Shukla and Wood，2008；Luo and Wood，2007）、标准化土壤水分指数（SSMI）（Dutra et al.，2008）和土壤水分异常（Sheffield and Wood，2008，2007）。其中，SSMI 是众多干旱指数中的一种，被广泛应用于农业、生态学和水资源管理等领域，是一种用于描述土壤水分状况的干旱指数。它是基于土壤湿度数据的标准化指数，用于分析和监测农业干旱的程度（Carrão et al.，2016）。换句话说，土壤水分在不同时间尺度上的积累对于相应的长期气候学而言，与降水积累类似（张强等，2020；McKee et al.，1993）。由于数据的时间积累，土壤水分百分位数或土壤水分异常具有更高的持续性。SSMI 作为干旱指标的概率性干旱预测框架，允许描述不同时间尺度（如 3 个月、6 个月、12 个月）的土壤水分状况（Dai et al.，2020）。SSMI 在干旱监测和预警中具有广泛的应用。它可以帮助农民和水资源管理者及时了解土壤水分状况，指导灌溉和水资源利用，以减轻干旱对农作物和生态系统的影响。

9.1.3　典型水文干旱指数

水文干旱指数以不同的方式表达异常现象，可以根据绝对值或偏差来定义。例如，偏离预定义阈值的百分比，如年平均降水量、径流，或任何其他变量。它们还可以用一种相对的方式来定义，根据百分位数或历史排名来表达干旱的严重程度。由于标准化降水指数是目前全球干旱监测和早期预警系统中最常用的指数（Bachmair，2016），能够对空间和时间上的干旱进行公平和一致的比较。因此，有研究者们借鉴 SPI 的计算模式，将干旱指数标准化也应用在水文界的水文变量中，如径流和河道流量（Vicente-Serrano et al.，2012；Shukla and Wood，2008）。其中，标准化径流指数（SSI）作为一种基于概率指数的方法，越来越多地用来监测水文干旱。

通过对径流量的标准化计算，SSI 能够消除季节性和地区性的差异，从而更准确地描述流域的干旱程度。SSI 通过将径流量标准化，消除了季节性和地区性的影响，提供了更为准确的干旱评估结果。其计算过程主要包括以下步骤：①收集流域内长期的径流量观测数据；②计算基准期：选择一个适当的历史时间段，通常选取流域内的长期平均径流量作为基准期；③通过对每个时间段的径流量与基准期的平均值进行比较，计算出标准化径流量；④将标准化径流量转化为标准正态分布，并据此计算 SSI。

SSI 在水资源管理中具有重要意义（Faiz et al.，2019，2023；Shamshirband et al.，2020；Vicente-Serrano et al.，2012；McCabe et al.，2008）。通过定期对流域 SSI 进行监测，可以及时发现干旱事件并预警，为水资源调度和管理提供科学依据。此外，SSI 还可以用于评估不同水资源管理策略的效果，优化水资源利用方案。随着气候变化的不断加剧，干旱事件频发并且愈演愈烈。SSI 在灾害预警中扮演着关键角色。当 SSI 值超过一定阈值时，可视为干旱事件的发生，从而触发相应的灾害预警和救援措施（Tijdeman et al.，2020）。

9.2　基于遥感蒸散发的干旱指数

在干旱灾害发生后，相关部门需要在第一时间及时分析干旱灾害现状，了解干旱灾害发生规模和特征，有针对性地制定相应救灾和避灾措施。干旱会影响植被长势，对人们正常生产、生活产生影响，相应的遥感图像也会呈现不同特征（张强等，2020；王霞，2012；郭玉川，2007）。关于干旱灾害发生规模和形态特征的信息都可由遥感影像提取，针对目标区域全面细致地分析旱灾发生点和隐患点，从而对灾害规模、分布以及发展趋势等进行掌握（Zhu et al.，2023；Liu，2022；易永红，2008）。此外，还可对干旱灾害发生地进行区域划分，分级管理干旱灾害，严密监控干旱灾害可能出现的地区，为建立干旱灾害监测网络提供基础资料（张强等，2020）。

尽管干旱指数方面已经有大量研究，但在捕捉干旱事件方面仍存在不一致性。例如，在评估干旱对农业的影响时，土壤湿度可能并不是主要关注点。因为异常的气象条件会导致土壤湿度不够，从而对植被造成损害并抑制光合作用。此外，计算方法和数据可用性也限制了评估的准确性。例如，潜在蒸散发（ET_P）在调节水亏缺方面起着重要作用，因为它代表大气从土壤湿度、湖泊水域、陆地降水和径流中获得水蒸气的能力。然而，ET_P 并不反映实际土壤水储量（Feng and Fu，2013）。相反，实际蒸散发（ET）是来自植被表面、植被蒸腾和土壤的水含量（Ma et al.，2021；Wang et al.，2020a；Fisher et al.，2017）。因此，仍然需要努力构建能够预测即将发生的干旱事件的系统，并通过考虑数据集和计算框架的局限性来促进我们对农业干旱过程的理解。

9.2.1　基于遥感蒸散发的综合干旱指数构建

通过将水文气候观测与土壤湿度数据结合在一起，Faiz 等（2022b）构建了一个综合干旱指数（CDI）。综合干旱指数整合了三个指标，包括改进的降雨异常指数（RAI_m）、水量平衡异常指数（WBAI）（该指数使用潜在蒸散发和降水计算水量平衡），以及基于实际蒸散发（ET）的湿度指数（MI）。

考虑湿度指数的 CDI 的计算如式（9-1）所示：

$$CDI = a \times RAI_m + b \times WBAI + c \times \frac{P - ET}{\overline{P - ET}} MI \qquad (9-1)$$

式中，a、b、c 为 RAI_m、WBAI、MI 的系数。根据中国的《气象干旱等级》（GB/T 20481—2017），系数 a、b、c 是通过将指标（RAI_m、WBAI 和 MI）的平均值（<-0.5）除以 2001～2018 年指标（RAI_m、WBAI 和 MI）的峰值负值来获得的。使用这些系数的目的是得到与《气象干旱等级》中的干旱分类类似的结果。RAI_m、WBAI 和 MI 是基于极端干旱（或湿润）时期、气候水量平衡和实际蒸散发数据（PML 模型）进行计算的，而不是直

接输入降水和蒸散发值。

RAI$_m$ 的计算如式（9-2）所示：

$$\text{RAI}_m = \pm \text{scale factor} \times \left(\frac{R_i - \overline{R}}{\overline{E} - \overline{R}} \right) \tag{9-2}$$

式中，±scale factor 为缩放因子；R_i 和 R 分别为任意月份 i 的总降水量和基准期（2001～2018 年）在该月的中位数月降水量；E 为基准期极端降水总量中最高 10%（>90th 百分位数）和最低 10%（<10th 百分位数）的平均值。对于 R_i-R 为正的情况，使用大于 90th 百分位数的事件；对于 R_i-R 为负的情况，使用小于 10th 百分位数的事件。±scale factor 在 $R_i<R$ 时为负，在 $R_i>R$ 时为正。WBAI 的计算方式与 RAI$_m$ 类似，只是使用了水量平衡的值替换降水值：

$$\text{WBAI} = \pm \text{scale factor} \times \left(\frac{W_i - \overline{W}}{\overline{E} - \overline{W}} \right) \tag{9-3}$$

式中，W_i 和 W 分别为任意月份 i 的气候水量平衡总量和基准期（2001～2018 年）在该月的中位数月水量平衡；E 为基准期极端水量平衡中最高 10%（>90th 百分位数）和最低 10%（<10th 百分位数）的平均值。对于 W_i-W 为正的情况，使用大于 90th 百分位数的事件；对于 W_i-W 为负的情况，使用小于 10th 百分位数的事件。±scale factor 在 $W_i<W$ 时为负，在 $W_i>W$ 时为正。在式（9-2）和式（9-3）中，缩放因子的值是通过 SPI 和 RAI$_m$ 分布的比较测试得出的，对于这两个指数，缩放因子的值是 1.7。该缩放因子可以用于标准化指数，使不同的干旱指数可以在应用中进行比较。

9.2.2　基于遥感蒸散发的改进型干旱指数（MDI）构建

另外，通过利用 ET、土壤湿度缺失（SD）和气候水平衡，我们重新构建了一种干旱指数——MDI。采用了简化的土壤水平衡模型，以概括中国不同农业气候区域植被的气候影响。该研究的主要目标包括：利用传统干旱指数来评估干燥条件；基于不同干旱指数评估干燥趋势；对 MDI 进行干旱指数验证，验证与作物产量、光合作用数据和先前的干旱事件之间的关系。主要目标是了解干旱如何对不同农业气候区域的植被产生影响。

MDI 的计算使用与计算 SPEI 相同的公式。SPEI 是基于降水（P）和潜在蒸散发（ET$_P$）之间的差异进行计算的（ET$_P$ 由 FAO 定义的 Penman-Monteith 公式计算得出）。SPEI 的基本方程如式（9-4）所示：

$$\text{DI} = P_i - \text{ET}_{P,i} \tag{9-4}$$

式中，DI 代表水分亏缺，而 P_i 和 ET$_{P,i}$ 分别为降水和潜在蒸散发。为了更好地理解植物可利用水分与气候之间的相互作用，我们采用了基于 FAO 桶式方法的土壤湿度平衡模型，并用土壤湿度缺失和实际蒸散发（ET）替代了 ET$_P$（Allen et al.，1998）。通过添加其他变量，MDI 可表示为

$$\text{MDI}_x^* = P_{x-y} - (\text{ET}_x + \text{SD}_{x-1}) \tag{9-5}$$

式中，MDI$_x^*$ 为水分异常；P_{x-y} 为当前月份的总降水量（$x-y$=1 代表 1 个月滞后，$x-y$=2 代

表 2 个月滞后，依次类推）；ET_x 为当前月份（x）的实际蒸散发；SD_{x-1} 为上个月的土壤湿度缺失。SD 是根据可用水容量（AWC）和土壤湿度（SM）进行计算的，也可以使用总体和径向可用水来计算 SD。有关总体和径向可用水的土壤质地测量数据可在 FAO56 手册的表 19 和表 22 中找到（Allen et al.，2006）。在式（9-1）中，P 取自上个月（1 个月滞后），以获得可用水源的历史效应。MDI 的归一化过程与计算 SPEI 的过程相同。MDI 具有与 SPEI 相同的基本特征，因此可以在任何时间尺度上计算。

9.2.3　基于遥感蒸散发的干旱指数应用及与传统干旱指数的对比研究

1. CDI 与传统干旱指数相比的结果

将提出的 CDI 与帕尔默干旱严重指数（PDSI）、标度作物产量指数（SCYI）、评估综合干旱指数（EIDI）和标准化径流指数（SSI）在中国地区进行了应用，并比较它们的干旱监测能力，对提出的 CDI 进行了评估。结果表明，CDI 与 PDSI 在监测根据原地经纬度获得的 2417 个网格单元的干旱方面表现良好。与 PDSI 相比，在季节性玉米和小麦方面，CDI 与 SCYI 的正相关性更高。与 PDSI 相比，CDI 在检测轻度至极端干旱事件方面的误报率较低。

基于干旱指数程度划分标准（Zhang X et al.，2019；Zhang Y et al.，2019；Barriopedro et al.，2012），对中国 2006 年和 2010～2011 年报告的干旱月份进行了 CDI、PDSI 和 EIDI 的比较分析（Faiz et al.，2022b）。结果表明，在选定的时期内，这些指标反映了类似的湿润和干旱模式，但在某些情况下，CDI 相对于 PDSI 和 EIDI 表现更优越。2006 年 8 月，CDI 捕捉到安徽、湖北、贵州、重庆、四川和浙江的干旱，这些地区遭受了巨大的损失（超过 11 亿美元），这也在许多研究中进行了报告，但 PDSI 没有指示出湖北的干旱。另外，针对同一地区 CDI 和 PDSI 显示出严重的干旱，而 EIDI 则捕捉到的是轻微干旱（图 9-1）。

同样，2010～2011 年，CDI 和 PDSI 捕捉到中国大部分地区（华北和西南地区）的冬季干旱，但 EIDI 捕捉到的湿润模式比干旱模式更多（图 9-2 和图 9-3）。PDSI 对温度变化非常敏感，可能会高估干旱条件（Shen et al.，2019；Sheffield et al.，2012），这也解释了为何与 CDI 相比，PDSI 捕捉到不同的干旱结果。该结果与先前的研究（Peña-Gallardo et al.，2019；Sun and Yang，2012；Mavromatis，2007）一致，这些研究显示多尺度指标相比于 PDSI 的性能更好，而 EIDI 相对于 CDI 捕捉不同干旱事件的性能要差一些，EIDI 是基于干旱天数和 SPI，这些指标是根据降水数据集获得的，而 CDI 则基于实际蒸散发以及使用区域系数对 CDI 进行分类，这可能是 CDI 捕捉更多干旱事件的原因。

2. MDI 与传统干旱指数的比较

利用卫星土壤水分数据和 PML-V2 遥感蒸散发数据集的地表蒸散量，通过修订的干旱指数（MDI）重新改进了传统的标准化降水蒸散指数（SPEI），并评估了中国 2417 个站点网格的干旱程度。研究中将 MDI 与自校准帕尔默干旱严重指数（scPDSI）、SPEI 和 CDI 进行了比较，并利用日光诱导叶绿素荧光（植被光合作用）（SIF）和归一化植被指数

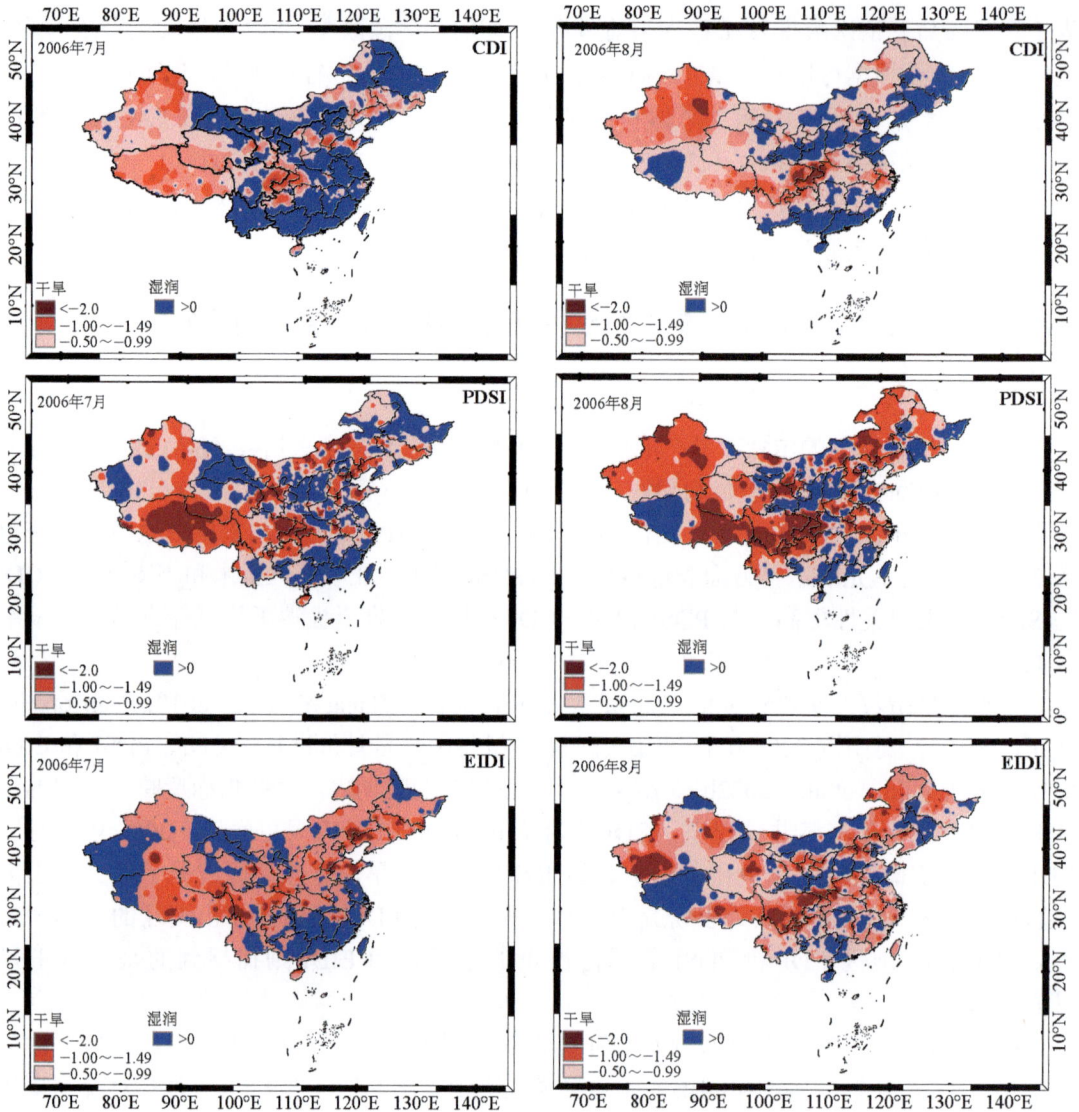

图 9-1 CDI、PDSI 和 EIDI 在干旱月份（2006 年 7～8 月）中捕获的干旱和湿润模式
（Faiz et al.，2022b）

（NDVI）数据集（包括作物产量）进行了独立评估。结果表明，在捕捉干旱对植被光合作用的影响方面，MDI 与 CDI 的性能相当，但高于 scPDSI 和 SPEI。使用 MDI、CDI 和 scPDSI 评估的中国北方和南方地区植被生产力受干旱影响显著，与 SPEI 相比，MDI 与小麦、玉米和水稻产量呈正相关。MDI 受到植被生产力的显著影响，但仍有必要在今后的工作中改进干旱指数，用于农业干旱研究。

研究中还使用 MDI 与其他指数（scPDSI、CDI 和 SPEI3）来识别中国的干旱和湿润情况（图 9-4 和图 9-5）。MDI、CDI 和 scPDSI 是以月为单位计算的，而 SPEI 是以 3 个月为单位测量的，以捕捉农业干旱。MDI 在 2010 年、2011 年和 2015 年表现出良好的适用性，这与《中国水旱灾害防御公报》（CFDDPB）的内容相符，并且 MDI 成功地在 2010 年和

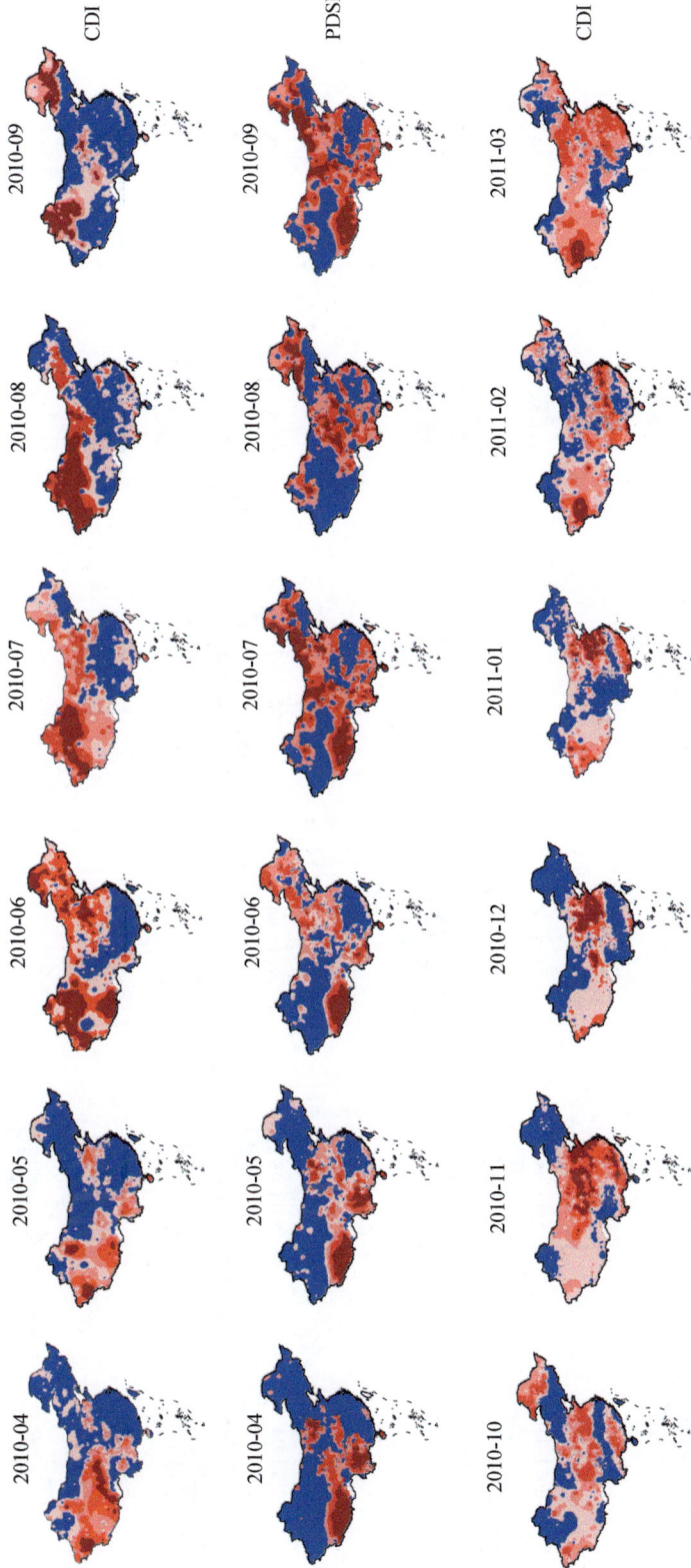

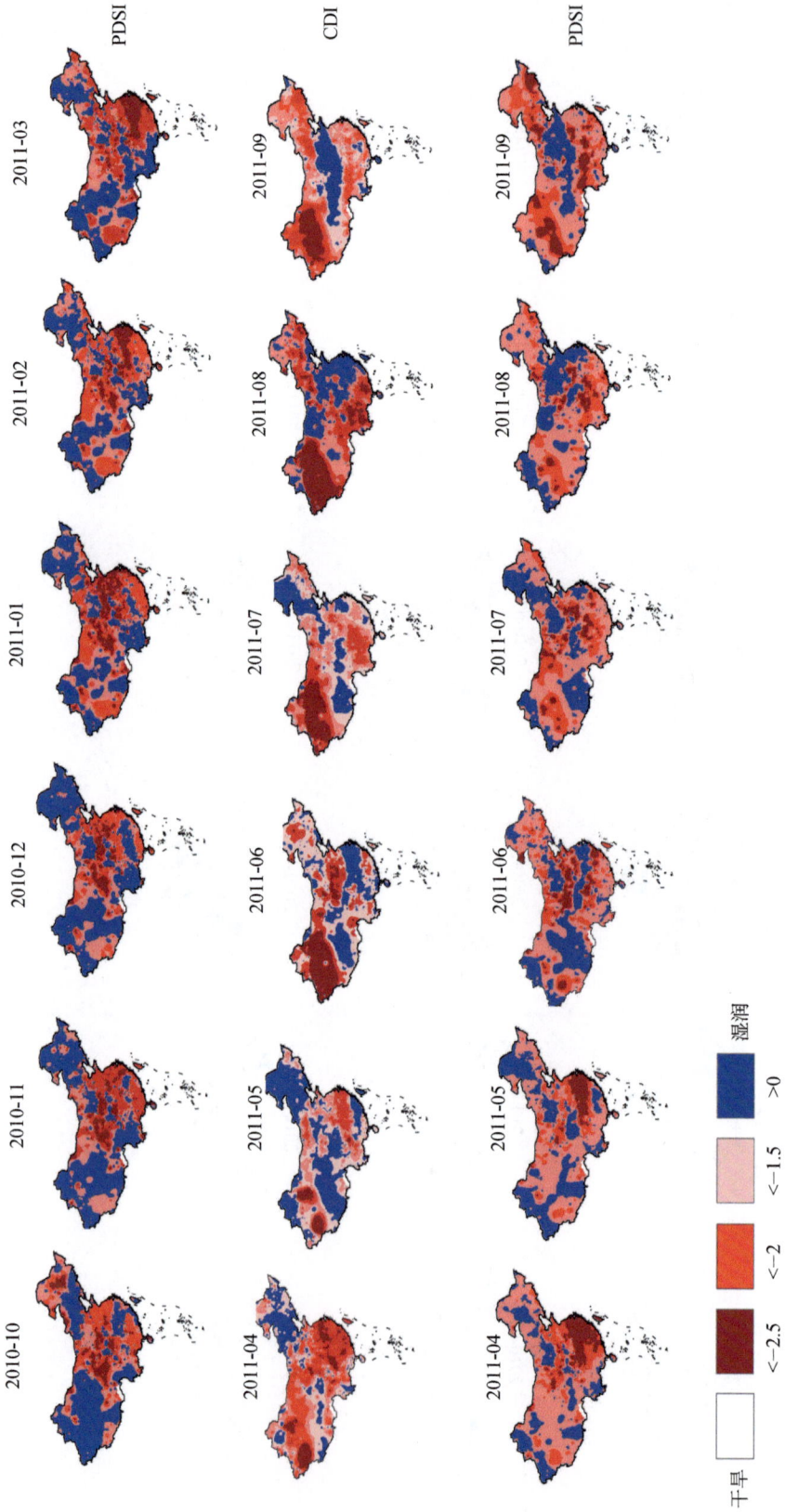

图 9-2 CDI 和 PDSI 在干旱月份捕获的干旱和湿润模式（2010 年 4 月~2011 年 9 月）（Faiz et al., 2022b）

各个图上方的数字表示日期（年-月），如 2010-04 表示 2010 年 4 月。图中空白处表示无数据。下同

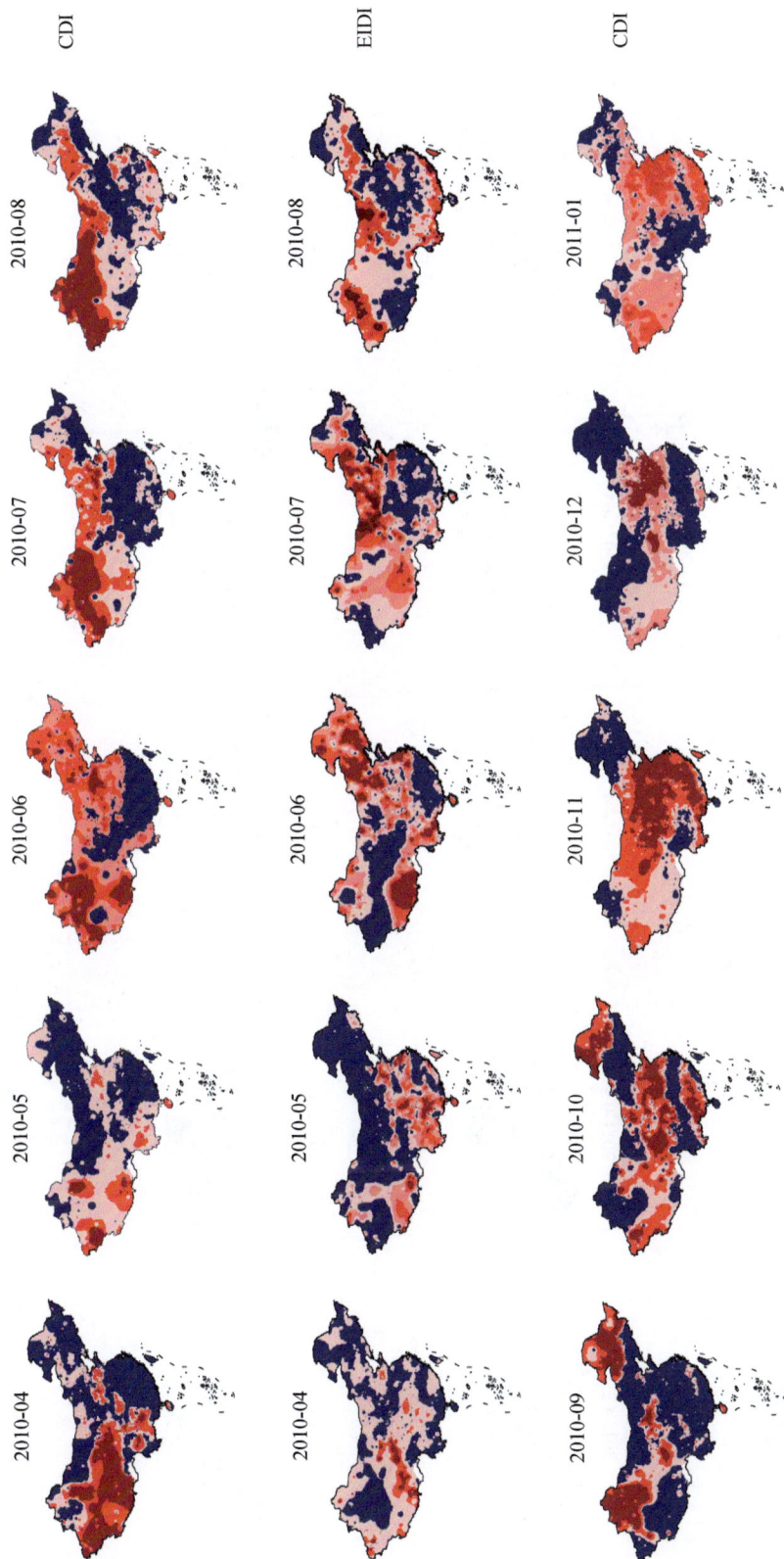

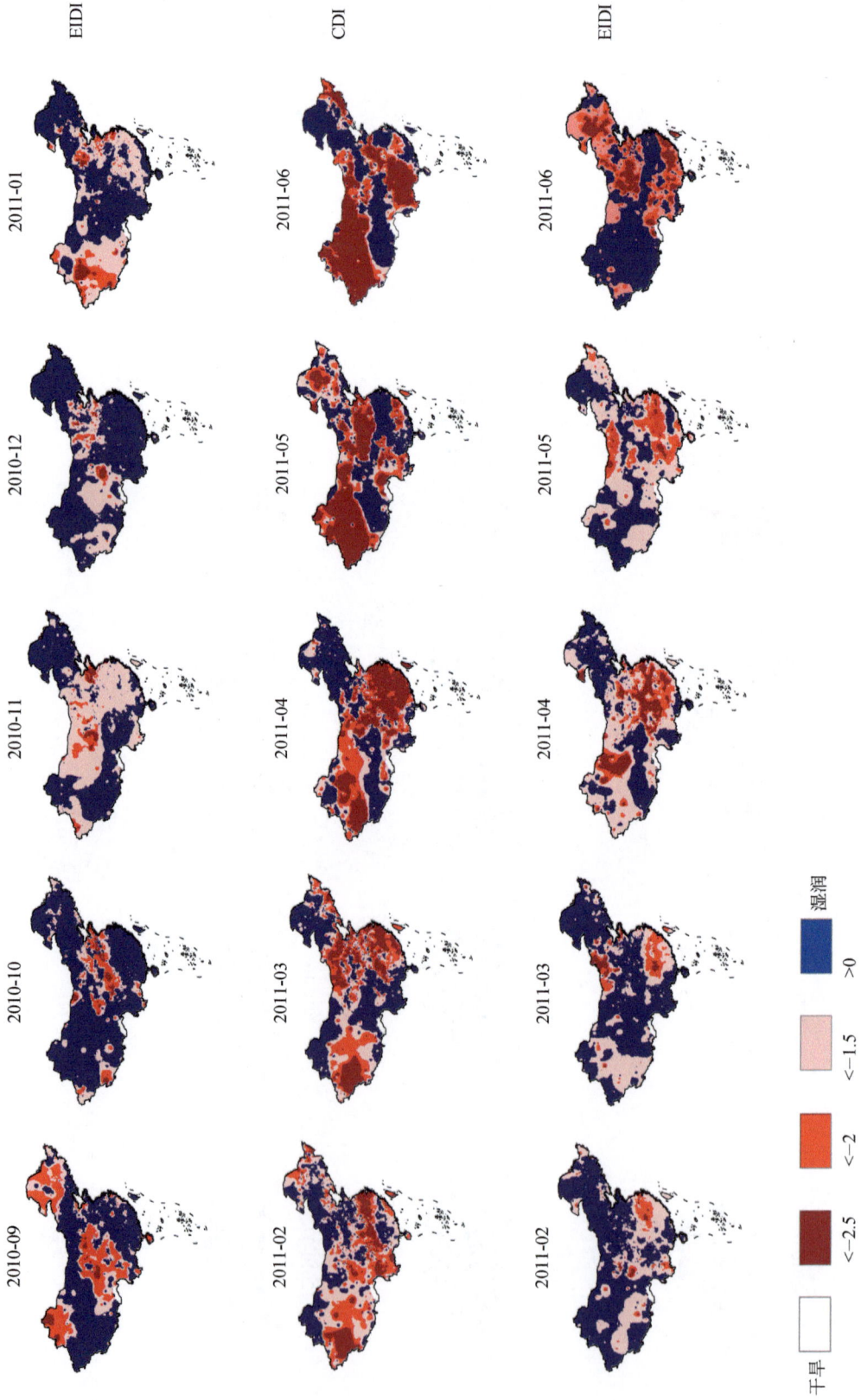

图 9-3　CDI 和 EIDI 在干旱月份捕获的干旱和湿润模式（2010 年 4 月~2011 年 6 月）（Faiz et al., 2022b）

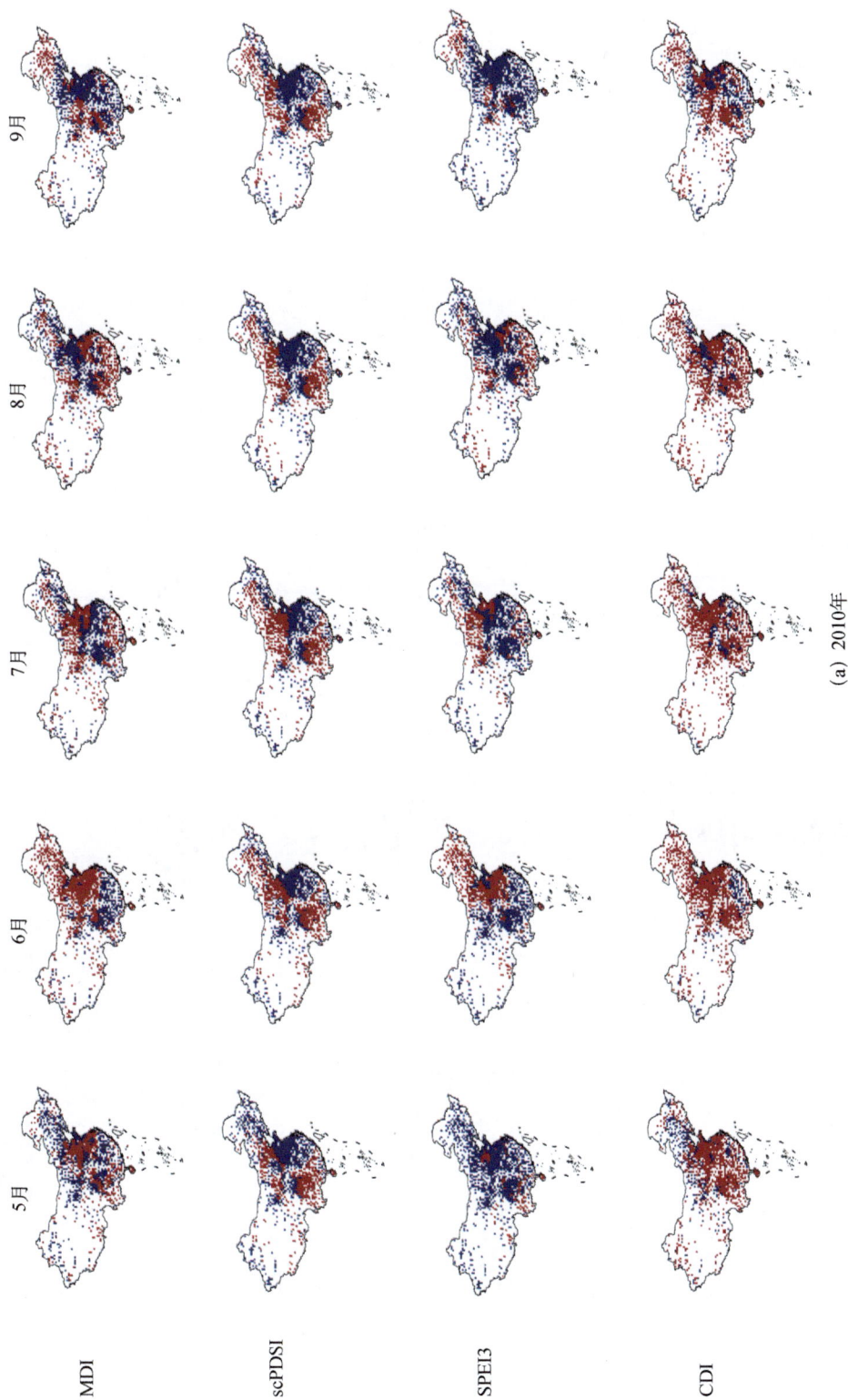

（a）2010年

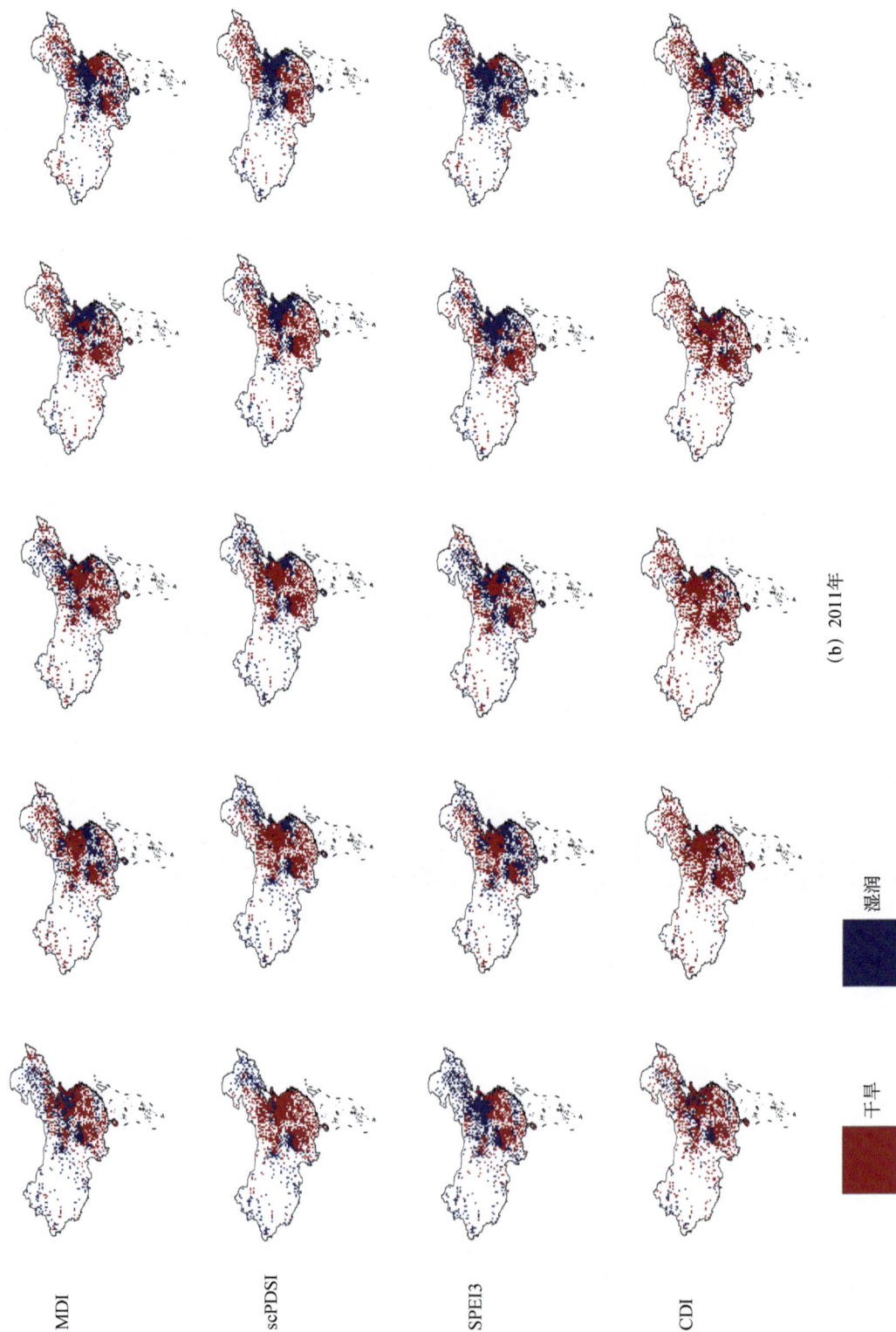

(b) 2011年

MDI

scPDSI

SPEI3

CDI

湿润

干旱

图 9-4　2010 年和 2011 年夏季由 MDI、scPDSI、SPEI3、CDI 确定的干旱和湿润模式（Faiz et al.，2022a）

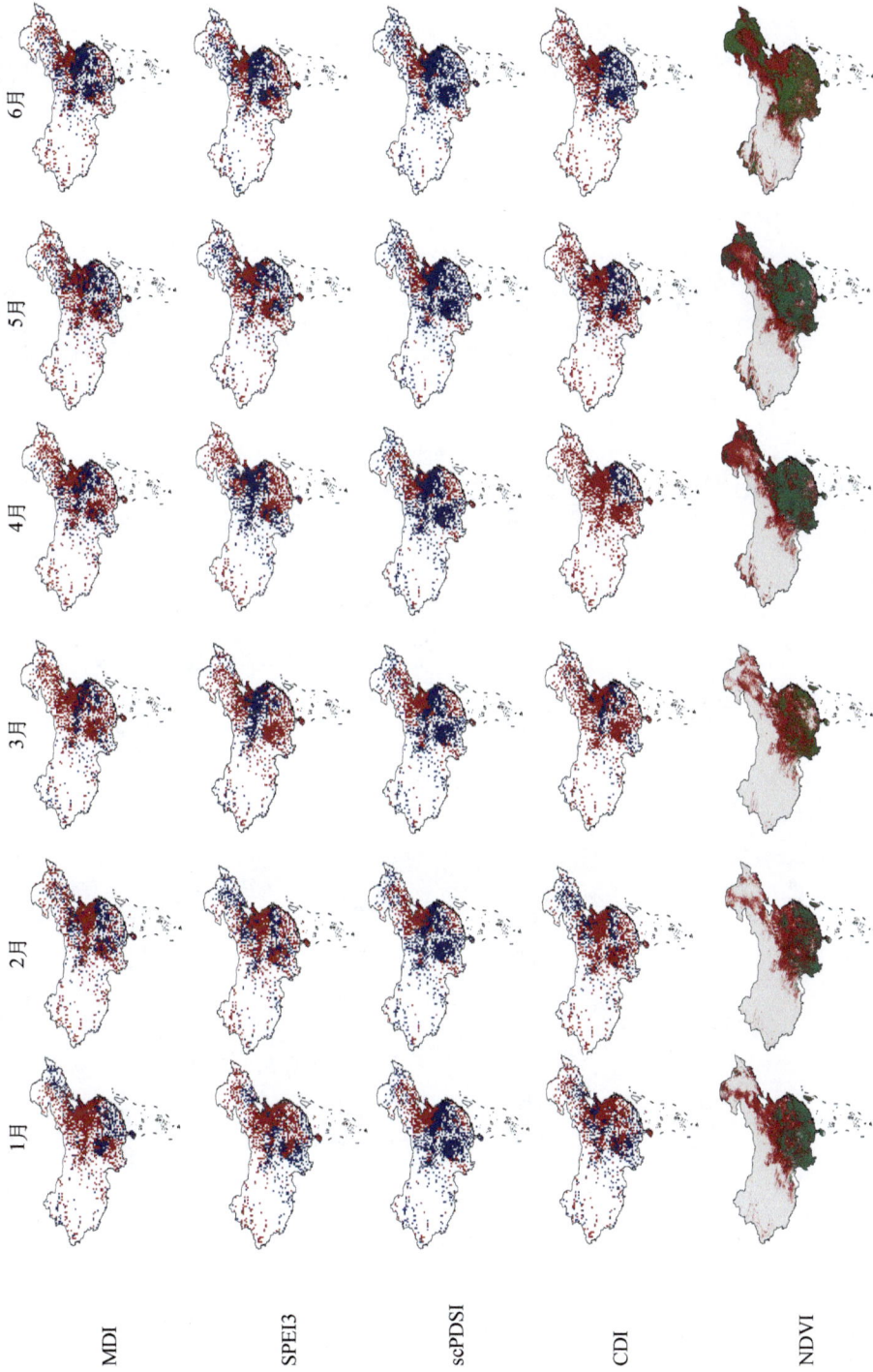

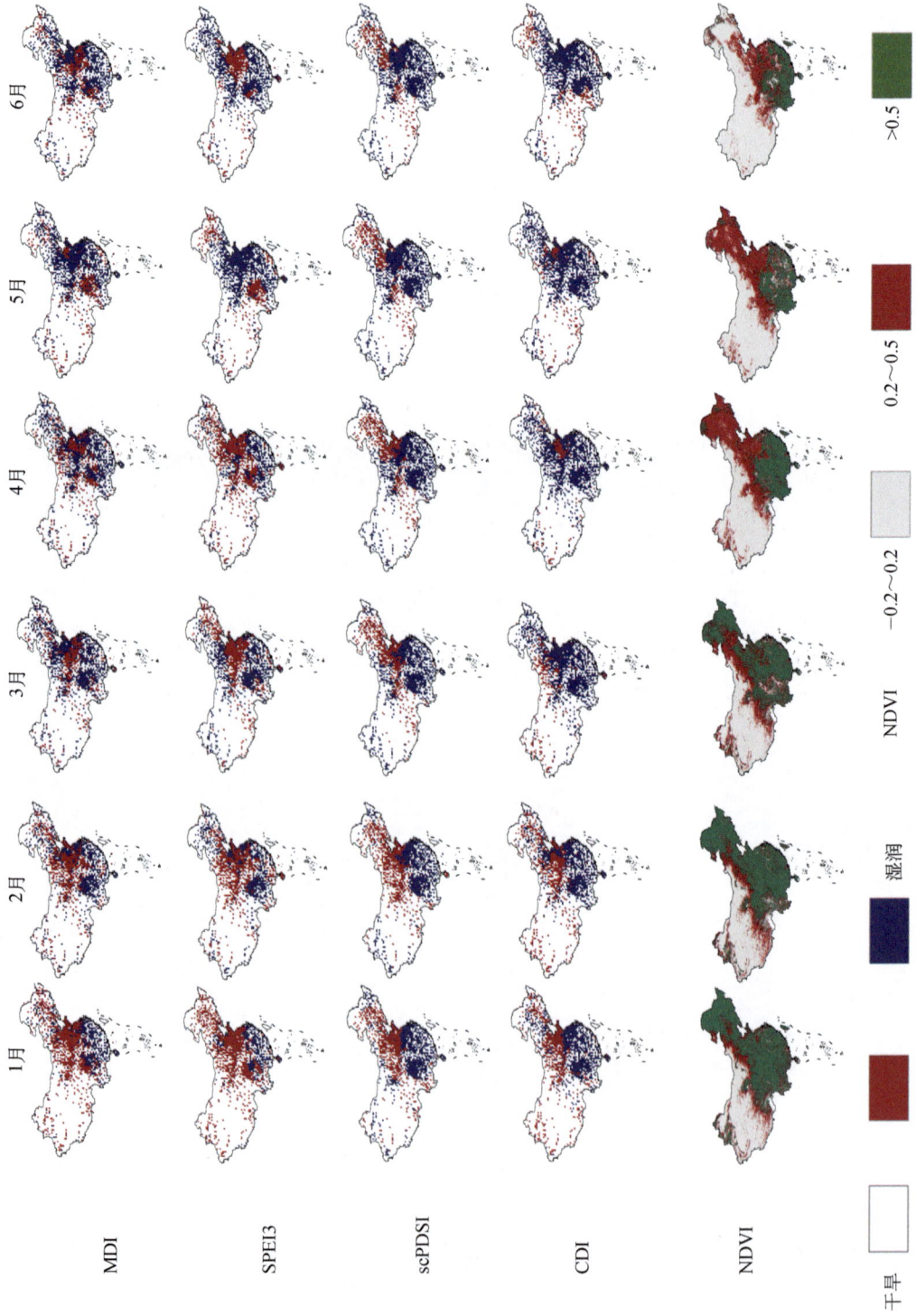

图 9-5　通过 MDI、scPDSI、SPEI3 的干旱模式识别及其在 2015 年与 NDVI 的比较（Faiz et al., 2022a）

2011 年夏季识别了干旱。SPEI3、scPDSI、CDI 和 MDI 在干旱的空间分布上具有相似性，表明 MDI 在捕捉研究区域的干旱方面具有良好的准确性。例如，2010 年和 2011 年 5 月，MDI 像 CDI 一样很好地捕捉到云南省的干旱情况。MDI 还确定了内蒙古、黑龙江、华北和西南地区的干旱以及 2011 年 5~7 月的持续干旱。此外，观察到 MDI 对干旱恢复的监测更为敏感，在不同地区检测到的干旱程度最大。但是，在雨季 CDI 监测到的干旱事件比 MDI 更多。为了验证干旱情况，还计算了 2015 年的 NDVI（图 9-5），然后对比了不同干旱指数。NDVI 显示，内蒙古、新疆、山东、河北、北京和天津地区具有中等植被覆盖（NDVI=0.2~0.5）。MDI 和 CDI 在这些地区有效地捕捉到干旱，而 scPDSI 在这些地区的大多数观测站网格点显示出湿润模式。总体而言，与 CFDDPB、scPDSI、CDI 和 SPEI3 相比，MDI 具有良好的适用性和准确性，能够反映研究区域的干旱情况。

图 9-6 显示了采用 Mann-Kendall 趋势检验获得的中国 2001~2018 年 MDI、CDI、scPDSI 和 SPEI3 的干旱趋势。MDI 监测到重庆、四川、浙江和湖北地区呈明显干旱的趋势（$p<0.05$）。而大部分地区显示出非显著（$p>0.05$）的干旱趋势，在华北、华东和东北部分地区的一些观测站网格点显示出湿润趋势。相反，CDI 和 SPEI3 在大部分研究区域显示出显

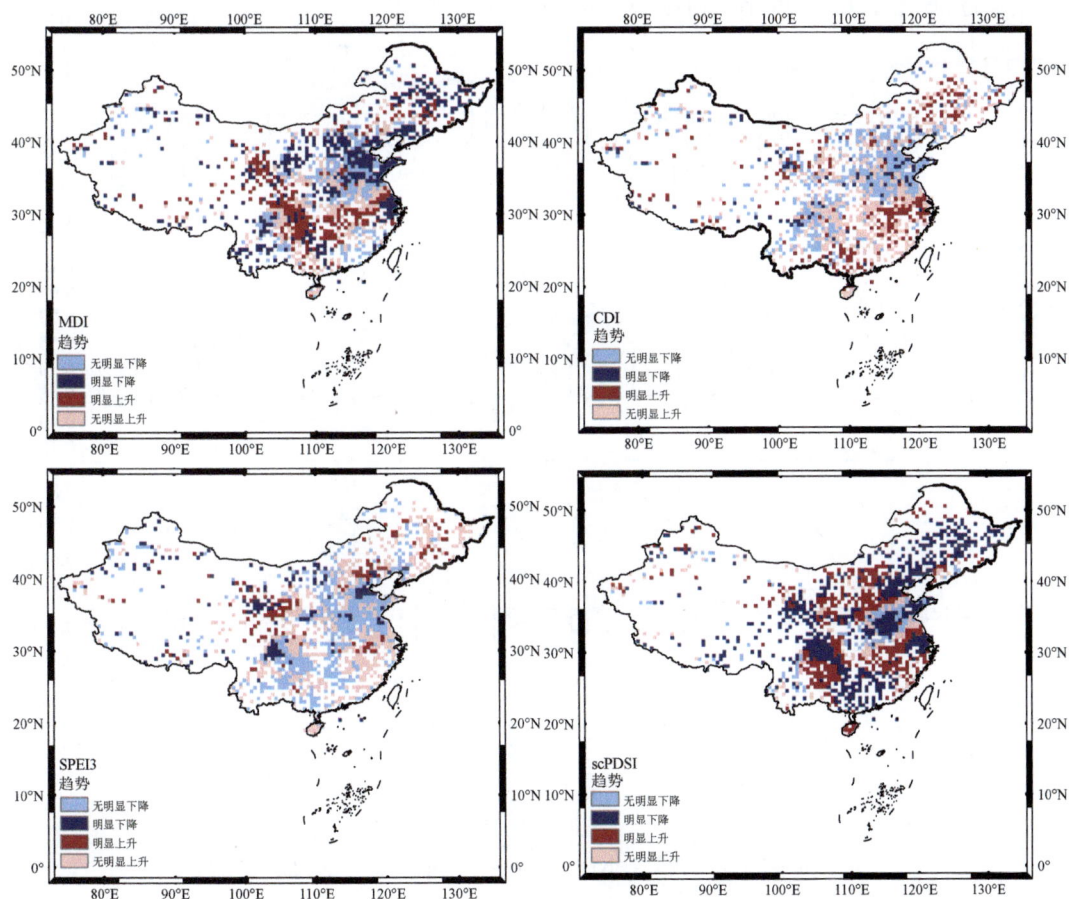

图 9-6　采用 Mann-Kendall 趋势检验获得的 2001~2018 年中国地区 MDI、CDI、scPDSI 和 SPEI3 的干旱趋势
（Faiz et al.，2022a）

著和非显著的湿润趋势。与 MDI 相比，scPDSI 显示出较大范围的干旱趋势。MDI 是基于土壤湿度缺乏和实际蒸散发计算的，SPEI3 仅基于降水和潜在蒸散发计算，而 scPDSI 使用固定的土壤/地表特性参数。MDI 每个位置都考虑了土壤湿度缺乏和实际蒸散发，使得它对于评估研究区域的湿润和干旱更全面。而在 CDI 计算中，气象参数的使用占比达 80%以上，这可能是其表现类似于 SPEI 的干旱和湿润趋势的原因之一。

图 9-7 显示了干旱指数（MDI、CDI、scPDSI 和 SPEI3）对 NDVI 的响应。不同植被类型（草地、农田）对干旱指数的响应不同。结果显示，夏季干旱降低了草地和农田的 NDVI。例如，在四川省和山东省，干旱指数对 NDVI 的响应呈现出类似的下降模式，而在黑龙江省，干旱指数显示出不同的情况。2010 年夏季，干旱指数显示干旱，而 NDVI 却达到了>0.5 的值，表明该网格点的植被绿度很高。黑龙江是一个寒冷的地区，通常农作物种植在 4 月底开始。2010 年 5 月的低 NDVI 值表明可能有云、水或者由温度升高而导致的冻结土壤融化的水分。山东省的情况是，2010 年 8 月显示出湿润，NDVI 也很高，而在 2011 年 5 月，干旱指数也显示了干旱，四川省的情况类似。总体而言，所有干旱指数对 NDVI 的响应都是令人满意的，但 CDI 在黑龙江省略微优于其他指数。

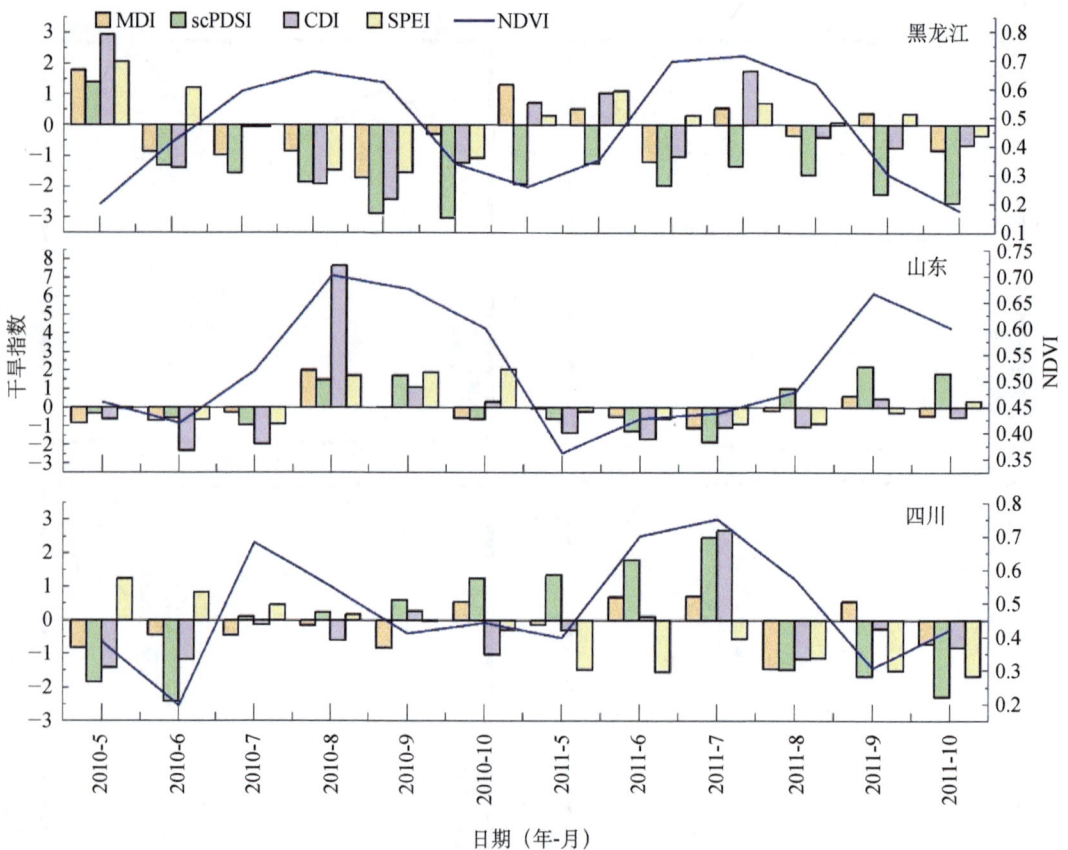

图 9-7　干旱指数对 NDVI 的响应（Faiz et al.，2022a）

图 9-8 显示了在生长季内研究区域干旱指数与日光诱导叶绿素荧光（SIF）的相关性。指数与 SIF 呈正相关，表明植被光合作用立即对水分压力做出反应。结果显示，与 CDI、 scPDSI 和 SPEI3 相比，MDI 在大量农田像素上显示出与 SIF 的正相关性。MDI 的最大相关系数为 0.42，高于 CDI 和 SPEI3 的 0.41，且高于 scPDSI 的 0.39。在东北、西南和东部地区，MDI 与 SIF 呈良好的相关性，而 scPDSI 和 SPEI3 在大部分像素上未能捕捉到正相关性。在树木覆盖和草地方面，MDI 呈现正相关的像素数量最多，而 CDI 少于 MDI 但高于 scPDSI 和 SPEI3。这表明与其他干旱指数相比，MDI 可能是监测植被光合作用异常的适当选项。

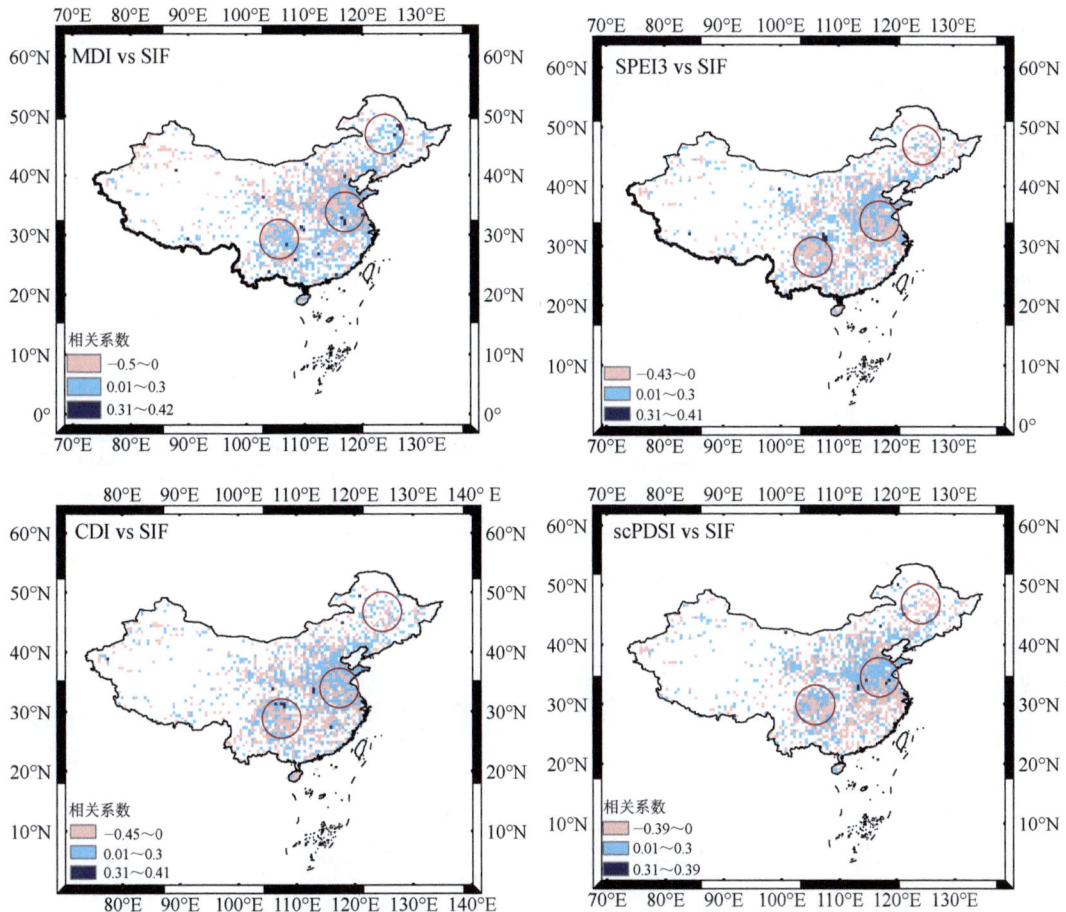

图 9-8　生长季节干旱指数与日光诱导叶绿素荧光（SIF）的相关性（Faiz et al.，2022a）

三个圆圈表示 MDI 与其他指数相比在捕获正相关方面表现良好

另外，农作物产量异常被用来评估 MDI、CDI、SPEI3 和 scPDSI 在研究区域的表现，为此使用了三种主要作物（水稻、玉米和小麦）的数据集来评估它们的异常情况。在分析过程中，观察到作物对不同干旱事件的水分胁迫非常敏感。MDI 与东北地区的玉米产量异常、中部地区的水稻产量异常以及北部和西南地区的小麦产量异常都呈现出正相关，但在一些地区（东部和西南地区的小麦）显示了负相关。对于水稻产量异常，三个地区中有两个地区显示出负相关，但幅度较其他指数小。CDI 在产量异常方面的表现与 MDI 相当。在大多数情况下，MDI 显示出较高的相关系数值，超过其他指数（图 9-9）。

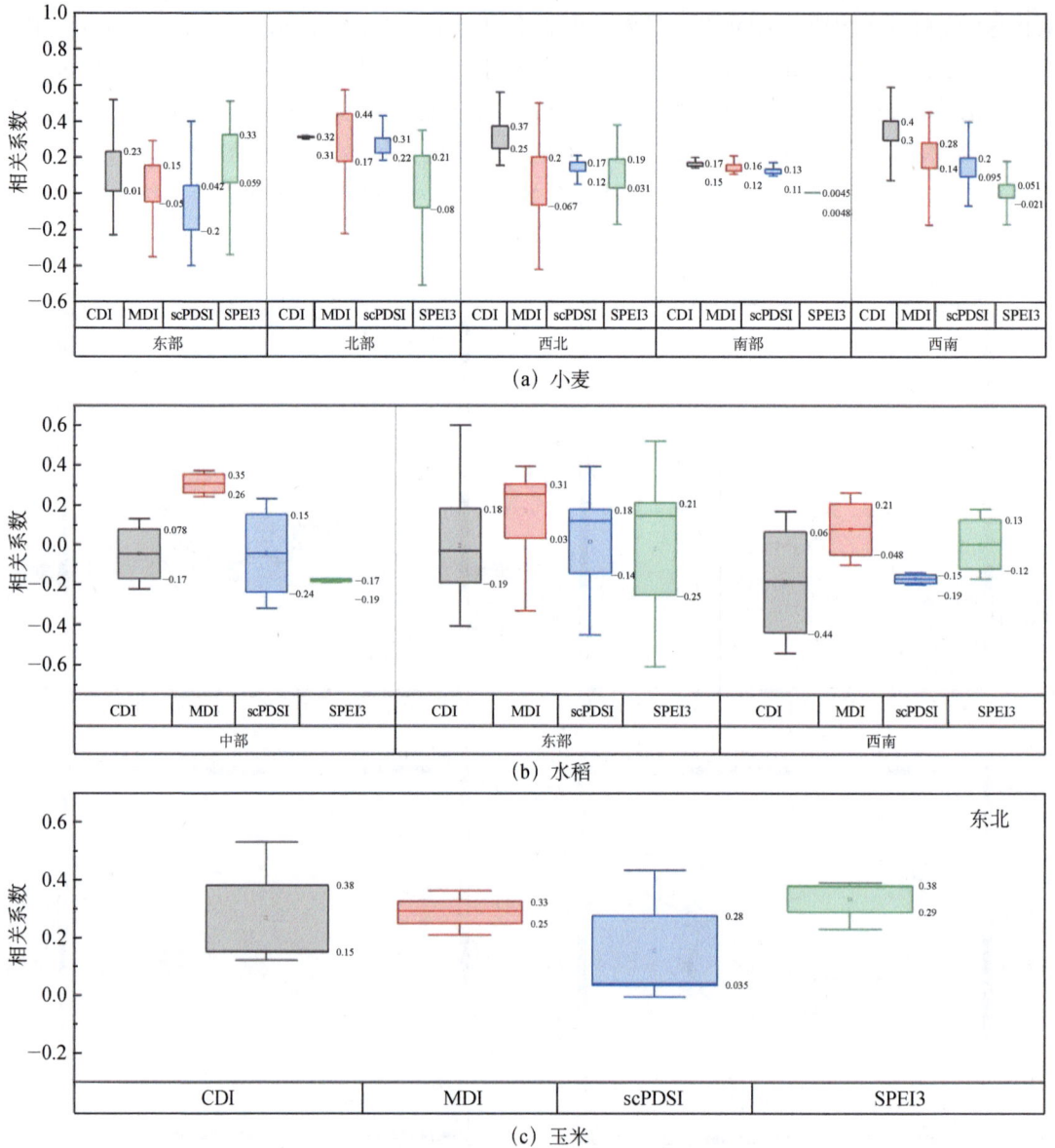

(a) 小麦

(b) 水稻

(c) 玉米

图 9-9　干旱指数与作物产量异常的关系（Faiz et al.，2022a）

对选定省份的作物平均产量异常进行相关分析，以评估其与干旱指数的关系。箱形图显示了各地区在农业气候区的相关系数范围

通过比较 MDI 与 CDI、SPEI 和 scPDSI，监测研究区域内不同植被类型在干旱方面的表现。MDI 在监测农田和草地的干旱方面表现出与 CDI 相似的性能，但优于 SPEI 和 scPDSI。一些研究发现，自然气候是影响植被生长的关键因素（Chen et al.，2020；Zhang et al.，2020；Dubovyk et al.，2016）。因此，MDI 基于土壤湿度亏缺、实际蒸散发和降水对 SPEI 进行了重新审视。SPEI 仅关注潜在蒸散发，这不足以代表地表水过程（Zargar et al.，2011）。在蒸散发的理论公式中，潜在蒸散发与大气状态变量、大气水含量和辐射能量相关，因此在充足供水的条件下，潜在蒸散发只能反映大气对水的需求。相反，实际蒸散发与实际水量收支密切相关，考虑了土壤蒸散发和植被蒸腾机制。因此，MDI 能够获得更好

的地表条件来监测区域内的干旱。在与研究区域的其他干旱指数比较中，MDI 显示出比 SPEI 和 scPDSI 更明显的优势。然而，MDI 在应用中也存在一些固有局限性，如用于计算土壤湿度亏缺的卫星土壤湿度数据的准确性可能会影响其表现。土壤湿度数据集仅为表层土壤湿度，深度为 0~10cm，实际土壤湿度可能不同。因此，需要实时数据集来评估 MDI 的实际准确性。另外，MDI 与某些地区的水稻和小麦产量呈负相关，可能是因为这些地区的生态环境结构较好，因此强大的生态环境对干旱变化具有较强的抵抗力。

3. 总结

本节主要介绍了基于遥感蒸散发建立干旱指数的一些研究，主要包括 CDI、MDI 的定义和计算方式，以及这两种指数在中国干旱事件中的应用比较分析。其中，CDI 与其他指数相比，更好地表现出潜在蒸散发、水量平衡、降水和土壤湿度之间相互作用的特征，从而提高了其检测农业和气候干旱的能力。CDI 捕捉到的极端事件及其与先前研究的比较显示了 CDI 在检测干旱条件方面的优势。CDI 与 SSI 的验证表明，在研究区域中，CDI 与其他干旱指数（如 PDSI）都捕捉到一致的水文干旱特征。与 PDSI 相比，CDI 在大多数情况下与尺度化的作物产量指数具有更好的相关性。

另外，在捕捉干旱对植被光合作用的影响方面，MDI 与 CDI 的性能相当，高于 scPDSI 和 SPEI。使用 MDI、CDI 和 scPDSI 评估的中国北方和南方地区植被生产力受干旱影响显著，与 SPEI 相比，MDI 与小麦、玉米和水稻产量呈正相关。

总的来说，目前每种干旱指数都存在局限性，这些局限性可能与数据集、地理条件和理论背景有关。举例来说，scPDSI 是干旱指数发展历史上的一个重要里程碑，旨在评估半干旱气候区的干旱情况，但在其他气候条件下，其不确定性更大（Heim，2002）。Yang 等（2017）使用了 SPEI、scPDSI 和其他不同的干旱指数，发现每个指数在不同的气候条件下表现不同。MDI 是基于土壤湿度数据集和实际蒸散发构建的，因此其与 SPEI 和 scPDSI 的比较在不同的气候区域显示出不同的结果。某些地区与农作物产量呈负相关的情况揭示了需要实际土壤湿度来捕捉这些地区的干旱情况，并重新评估 MDI 的性能。这种不确定性也可能与产量数据的粗分辨率有关。之前的研究也显示，农作物产量与干旱指数之间的相关性较差（Mokhtar et al.，2022；Prabnakorn et al.，2018），植物在应对水分胁迫时，与生物量分配之间存在复杂的相互作用，灌溉实践也可能影响农作物产量（Pang et al.，2010）。因此，评估干旱指数的性能时，考虑作物生长过程和农业管理是极为重要的。

9.3　不同类型干旱传递规律研究

了解和探索气候变化下由气象干旱引起的水文干旱或土壤水分干旱对干旱预警至关重要。通常气象干旱与农业干旱或水文干旱之间的赤字转换表示干旱传递，它取决于区域地理特征和气候（Wu et al.，2020）。因此，两次干旱之间的赤字积累时间，如气象干旱所反映的农业干旱或水文干旱的赤字积累时间，被称为传播时间（Wu et al.，2020；Barker et al.，2016；Eltahir and Yeh，1999）。值得注意的是，在若干水文条件下，人类活动、城市化、灌溉、土地覆盖变化和水坝可能会显著改变水文过程的关键组成部分，如渗透和蒸发，从而影响干旱传播（Ding et al.，2021；van Loon et al.，2016；van Loon and Laaha，2015）。

9.3.1　基于游程理论的气象−农业−水文干旱传递规律框架

目前，国内外对干旱在不同地区间传播的研究采用了不同的方法，如相关性分析、游程理论、交叉小波变换或非线性响应等（Bevacqua et al.，2021；Wu et al.，2021a，2021b；Apurv and Cai，2020；Li et al.，2020）。当计算从气象干旱到土壤湿度、农业干旱或水文干旱的传播时间（干旱传播时间）时，每种方法都有其优缺点。例如，Barker 等（2016）和 Zhou 等（2021）使用相关性分析来确定从气象干旱到水文干旱的可能传播时间，发现该时间在英国为 1 个月或 2 个月，在中国的珠江流域为 2～6 个月。Wu 等（2021a）采用非线性模型，发现埃塞俄比亚阿瓦什河流域的干旱传播时间为 7 个月，在珠江流域为 1.92～2.418 个月。同样，Zhao 等（2014）使用游程理论方法，并报告在中国西北地区为 4 个月。Ho 等（2021）基于日尺度的游程理论发展了一种新方法来计算气象干旱和水文干旱之间的时间偏移。他们认为，与时间偏移框架相比，使用相关性分析解释传播时间时存在歧义。Shi 等（2022）提供了一种使用因果性分析来计算传播时间的新视角，并得出因果性分析与相关性分析相比更有效的结论。他们还鼓励使用因果性分析，并反对过度使用相关性分析。Shin 等（2018）使用贝叶斯条件概率理论来了解气象干旱到水文干旱传播的联系。他们得出结论：聚合时间尺度越高，气象传播到水文的概率越高。Wang 等（2020b）使用交叉小波变换方法量化了气象干旱和水文干旱之间的关系，并发现水文干旱滞后于气象干旱。

农业干旱和水文干旱与气象干旱类似，具有多个干旱特征 [如峰值强度（I）、幅度（M）和持续时间（D）等]。游程理论可用于在定义的临界水平（<−0.5）下捕获这些干旱特征（Yevjevich，1967）。图 9-10 展示了本研究中利用游程理论定义干旱特征的概括图。通常情况下，较短的持续时间比长持续时间具有更高的频率特征（Ge et al.，2016）。一般来说，干旱事件的持续时间是通过定义的临界水平计算的，当指数值低于规定的临界水平时，干旱的累积缺口被定义为气象干旱，而 I 是干旱指数在干旱期间的最大绝对值。

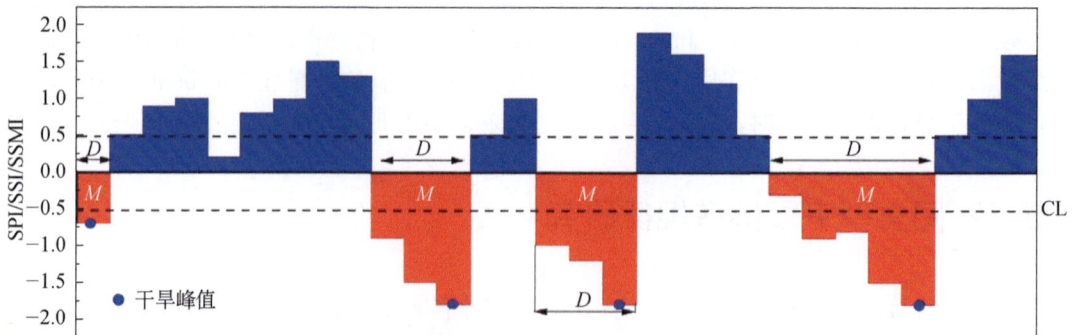

图 9-10　利用游程理论定义干旱特征的概括图（Faiz et al.，2023）

D 表示干旱持续时间；M 表示量级；CL 表示临界水平

游程理论也称轮次理论，是分析时间序列的一种方法。该理论可以描述为：在连续出现同类事件的前后为另一类事件，图 9-11 展示了评估干旱特征传递规律的框架。当灾害指数低于某一阈值，且持续时间超过一定长度时，则认为灾害事件发生。干旱事件的蔓延时间（干旱传播时间）是指在径流干旱或土壤干旱之前气象干旱持续的时间。干旱传播时间是发生在两个干旱事件之间的间隔时间。为此，我们对干旱指数进行了时间序列分析。为了消除季节性频率变异，利用月尺度降水序列的 3 个月滑动平均值计算了气象干旱指数。考虑主要的干旱时段来计算干旱传播时间，因为较短的干旱时段可能会导致干旱传播时间估计不一致。为此，当指数值小于某一特定的阈值时 [如在 Faiz 等（2023）的研究中此阈值设置为–0.5]，则将计算到的干旱月份作为干旱事件发生的时间。干旱传播时间开始于气象干旱达到最高强度时，结束于农业干旱或水文干旱事件达到最高强度时。

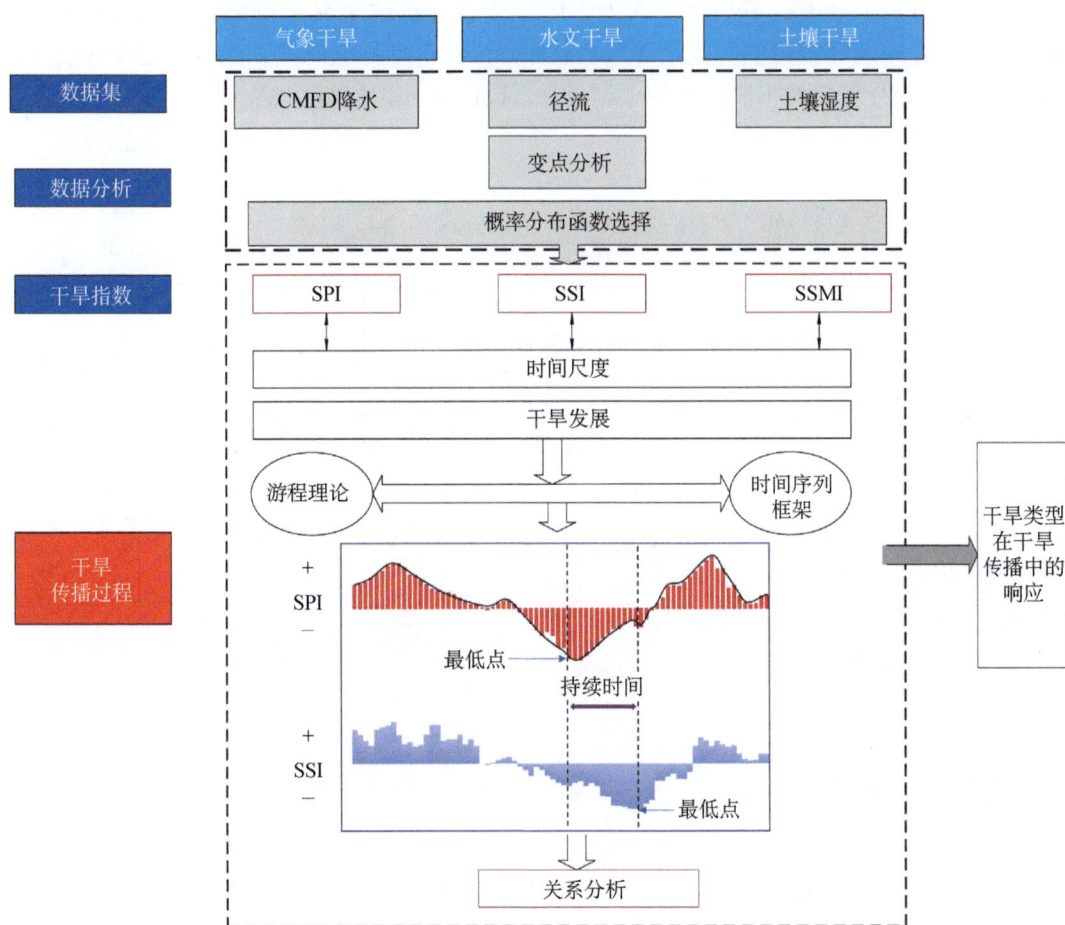

图 9-11 基于游程理论定义干旱特征的技术流程图（Faiz et al.，2023）

9.3.2 黄河流域气象–农业–水文干旱传递规律

黄河流域（YRB）平均流域面积为 $7.95×10^5 km^2$，黄河流域从西向东跨越青藏高原、内蒙古高原、黄土高原、华北平原，气候以湿润半湿润、干旱半干旱为主。黄河流域上游至下游的降水量在 368～648mm，月际变化较大（Zhu et al.，2023；Xie et al.，2020）。位于黄河流域的黄土高原每年都面临严重的水土流失问题（Shi and Shao，2000），大部分人口高度依赖农业。虽然采取了许多措施来解决水土问题，但该地区也面临着与气候相关的挑战，如气候极端事件（热天气和热浪）的增加以及强降水的减少（Sun et al.，2015）。

本研究采用三种广泛使用的干旱指数（SPI、SSI、SSMI）来表示干旱的分类和从气象干旱到农业干旱与水文干旱的传播（Faiz et al.，2021；Barker et al.，2016；van Loon et al.，2016；McKee et al.，1993）。为了获得流域范围内的干旱状况，选择了上游、中游和下游流域，而不是采用整个流域的平均值。图 9-12 和图 9-13 显示了黄河流域 3 个子流域的干旱模式。气象干旱和水文干旱空间格局相似，但在土壤湿度干旱方面，干旱集中在 1979～2002 年的 4～11 月。2002 年后，大通河流域几乎没有土壤干旱。此外，为了指出由上述流域中土壤湿度不均匀干旱模式所导致的人为影响，变点分析结果显示黄河流域的变点年份为 1990 年。研究中选择较短的时间尺度（1 个月）计算干旱持续时间，因为在这个尺度下，SPI、SSI 和 SSMI 可以捕捉到更多的干旱事件（Faiz et al.，2021；Wu et al.，2021a）。在分

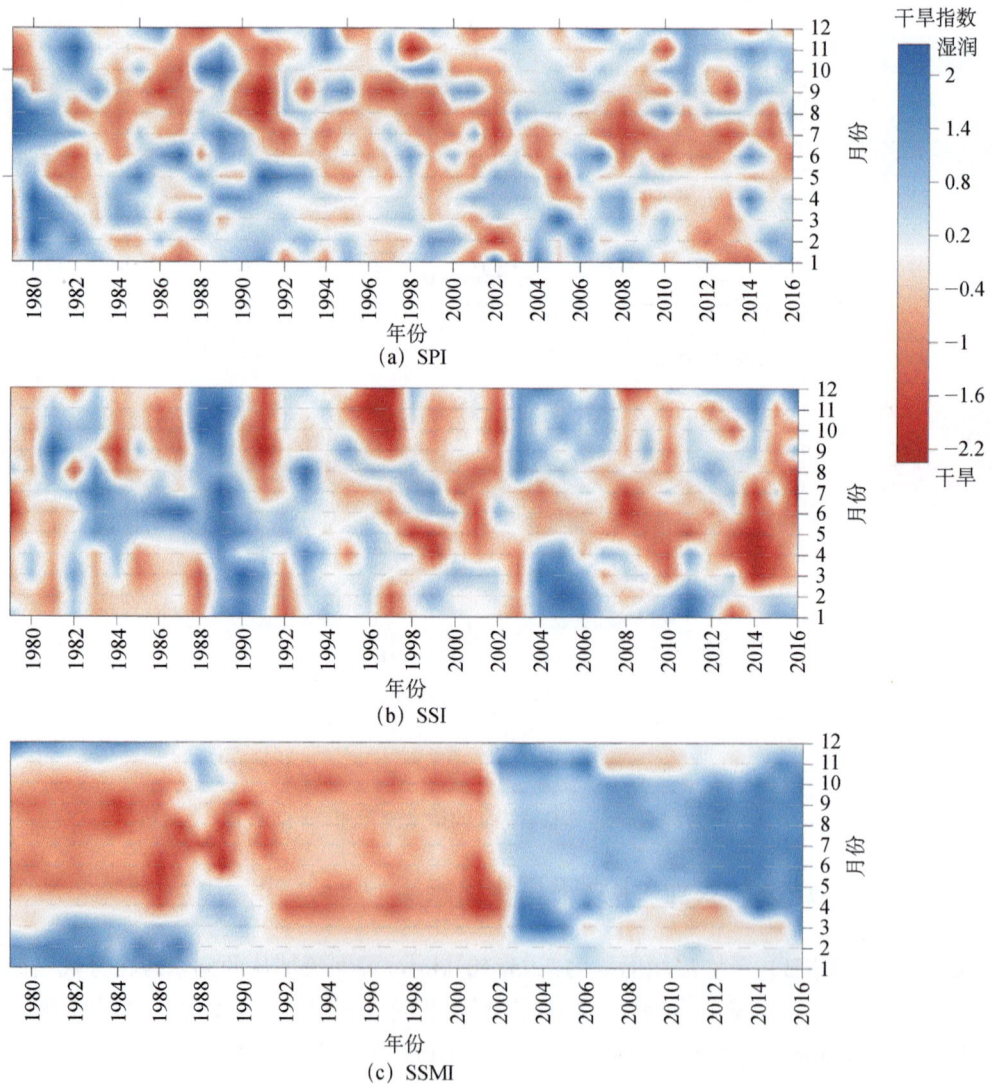

图 9-12　黄河流域大通河子流域 SPI、SSI、SSMI 显示的 1979～2016 年的月干旱格局（Faiz et al.，2023）

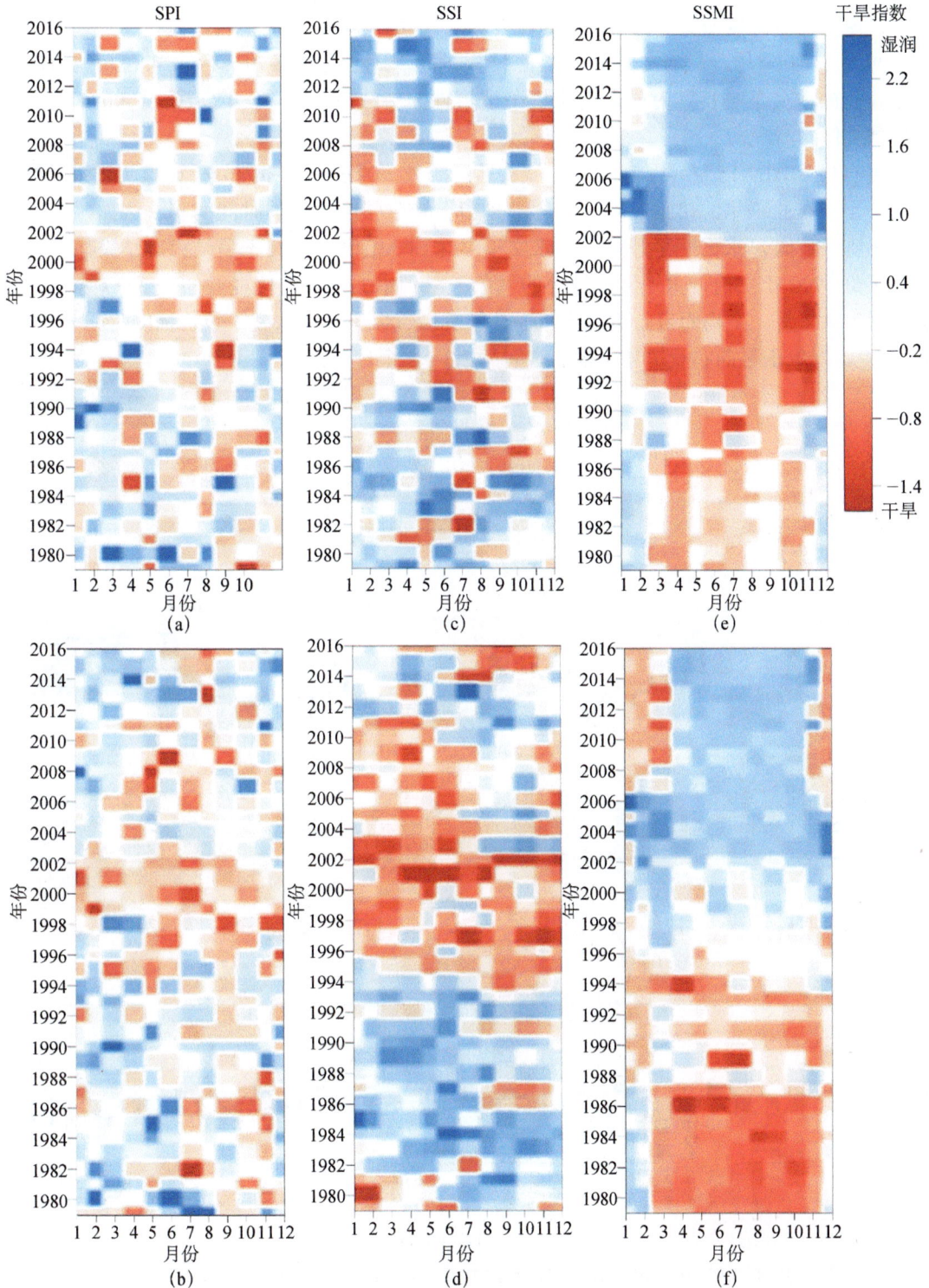

图 9-13　黄河流域汾河（上）、渭河（下）子流域 SPI、SSI、SSMI 显示的 1979～2016 年的月干旱格局
（Faiz et al.，2023）

析中发现，黄河流域在变点之前的气象干旱事件持续时间在 1~3 个月，而在变点之后，持续时间为 2~4 个月。在水文干旱和农业干旱方面，黄河流域 1979~1990 年在一些流域显示出较长的水文干旱持续时间，但土壤干旱事件的持续时间在 3~9 个月。1990 年之后，观察到类似的情况。

图 9-14 和图 9-15 展示了在黄河流域大通河流域，通过时间序列分析计算从气象干旱到水文干旱和农业干旱的传播时间。不同干旱指标峰值强度之间的时间间隔。例如，当气象干旱达到峰值时，水文干旱开始；当水文干旱达到峰值时，水文干旱结束。结果显示，在变点年份 1990 年之前，大通河流域中的气象干旱到水文干旱的传播时间为 2~7 个月，变点之后为 4 个月。平均而言，黄河流域 3 个子流域气象干旱向水文干旱传播的时间为 3.4~8.3 个月，气象干旱向农业干旱传播的时间为 2.3~5 个月。

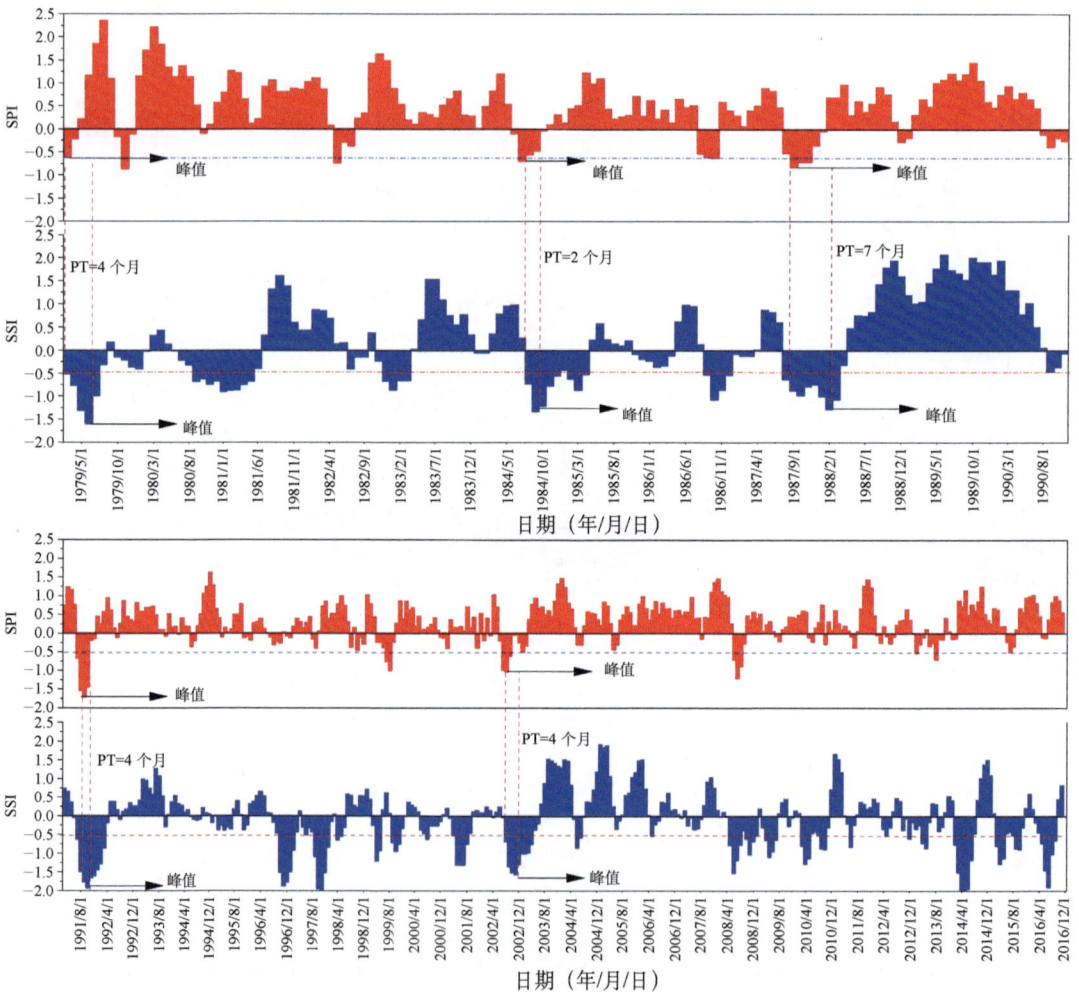

图 9-14 利用时间序列框架进行大通河流域变点分析前后气象干旱到水文干旱的传播
（Faiz et al.，2023）

图 9-16 展示了黄河流域 3 个子流域的 SPI、SSI 和 SSMI 交叉小波功率谱，以分析不同干旱指数之间的相关性。较粗的等高线表示与红噪声相比的显著置信水平（95%），相位箭

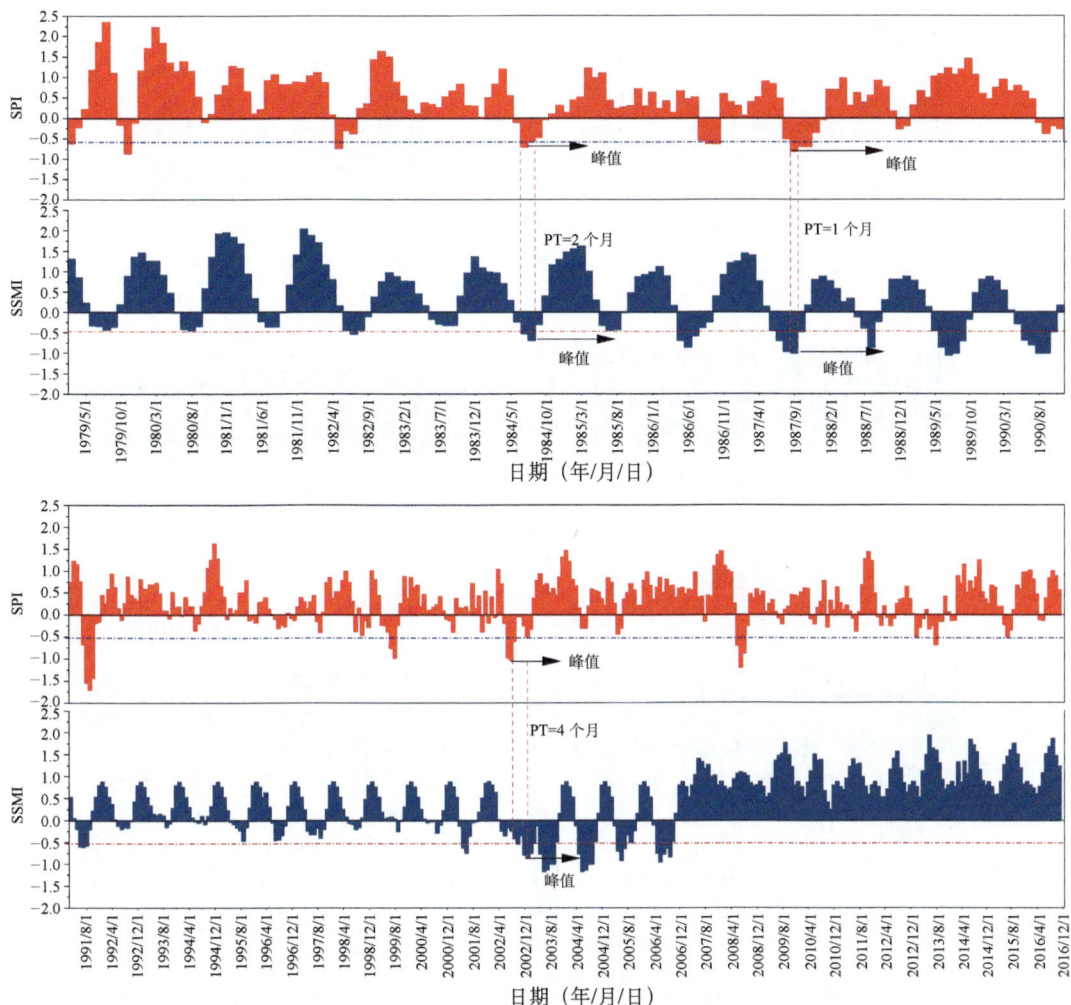

图 9-15 利用时间序列框架分析大通河流域变点分析前后气象干旱到土壤水分干旱的传播
（Faiz et al.，2023）

头显示了相对相位关系。颜色条代表小波能量，黑色圆锥表示影响区域。通过计算相位角来测试任意两个指标时间序列之间的关系和相互作用。当两个指标时间序列的相位角为 0° 时，箭头方向指向下，而在 180° 相位角时，箭头方向指向左。同样，当箭头方向为垂直向下 90° 时，表示第一个序列领先第二个序列 3 个月，而当箭头方向为垂直向上 90° 时，表示第二个序列领先第一个序列 3 个月。图 9-16 显示 3 个子流域的 SPI 和 SSI 时间序列之间大多数箭头都在右侧。在大通河流域、汾河流域和渭河流域，SPI 和 SSI 在 16～20 个月（2001～2004 年）、12～14 个月（2008～2009 年）和 8～12 个月（2008～2009 年）处有显著的正相关。对于 SPI 和 SSMI 时间序列，2007 年之后，大通河流域、汾河流域和渭河流域分别在 14～16 个月（2008～2014 年）、14～15 个月（2008～2010 年）和 13～15 个月（2007～2016 年）处显示出负相关。SPI 和 SSI 之间的相位角约为 30°，显示两个时间序列之间存在 2～3 个月的滞后。而对于 SPI 和 SSMI，大多数箭头在 30°～45°，因此这两个时间序列约滞后 3 个月。

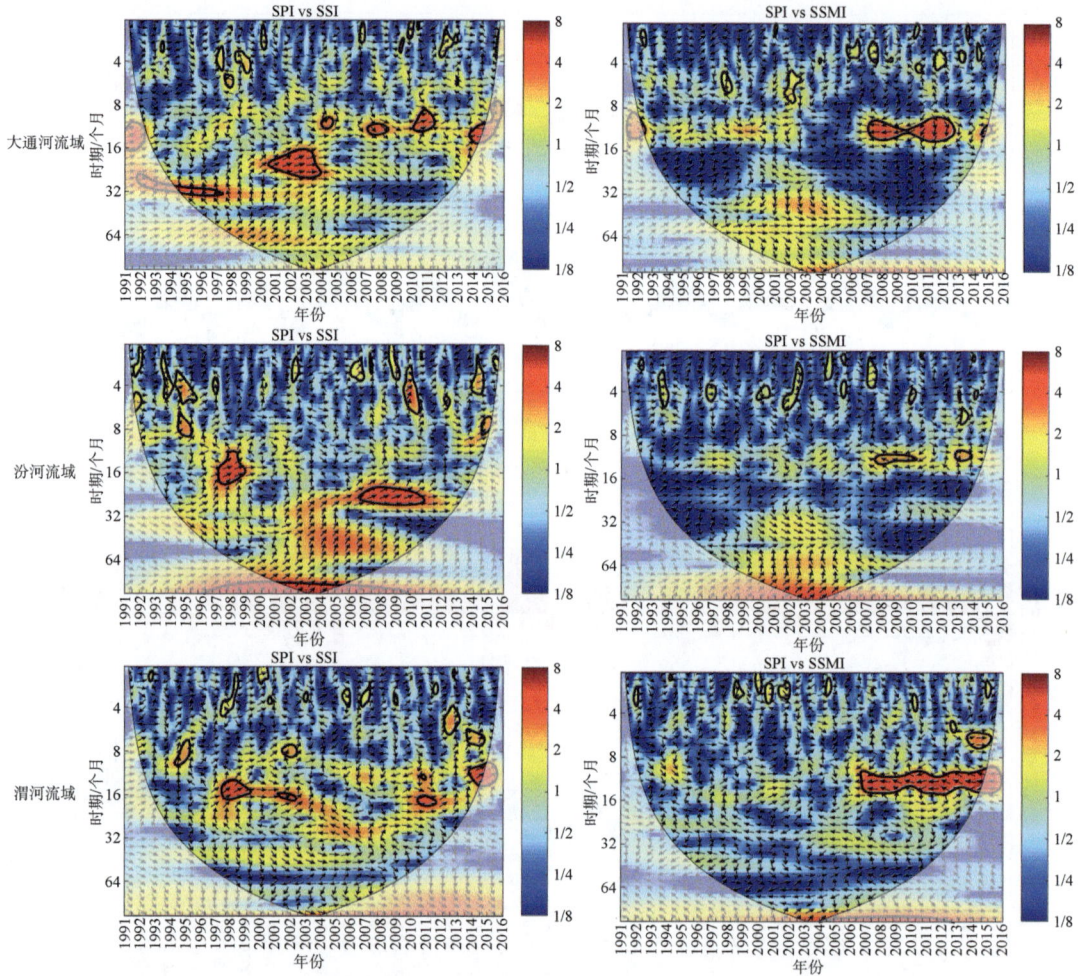

图 9-16　黄河流域不同流域的 SPI、SSI、SSMI 的交叉小波功率谱（Faiz et al.，2023）

9.3.3　海河流域气象-农业-水文干旱传递规律

海河流域（HRB）平均流域面积为 $3.206 \times 10^5 \ km^2$。海河流域覆盖了中国北方人口最多的地区——华北平原，气候属于大陆性季风、半干旱和半湿润气候（Xie et al.，2020；Tao et al.，2014）。其年均降水量约为 539mm，在粮食生产中起着重要的作用。小麦和玉米是流域主要种植的两种作物。在玉米生长季节，水需求主要由降雨满足，但小麦生长季节主要通过灌溉满足。频繁的干旱事件导致农业生产不稳定。统计数据显示，该地区每 3 年会有一年遭受两次干旱袭击（Liu et al.，2018；Hao et al.，2012）。因此，仍然有必要对干旱特征及其从气象干旱传播到另一种干旱类型（农业或水文）的情况进行区域性调查，以了解干旱的早期预警。

图 9-17 和图 9-18 显示了海河流域内 3 个子流域（石匣里水文站，滦县水文站和三河水文站）的干旱模式。在农业干旱方面，干旱条件主要集中在 1979～2002 年的 4～11 月。2002 年之后几乎没有干旱发生。此外，为了指出人为影响导致的上述不均匀干旱模式，变

点分析结果显示海河流域的变点在 1980 年和 2000 年。因此，我们根据变点分析将时间序列分段，以计算不同干旱指数的特征。

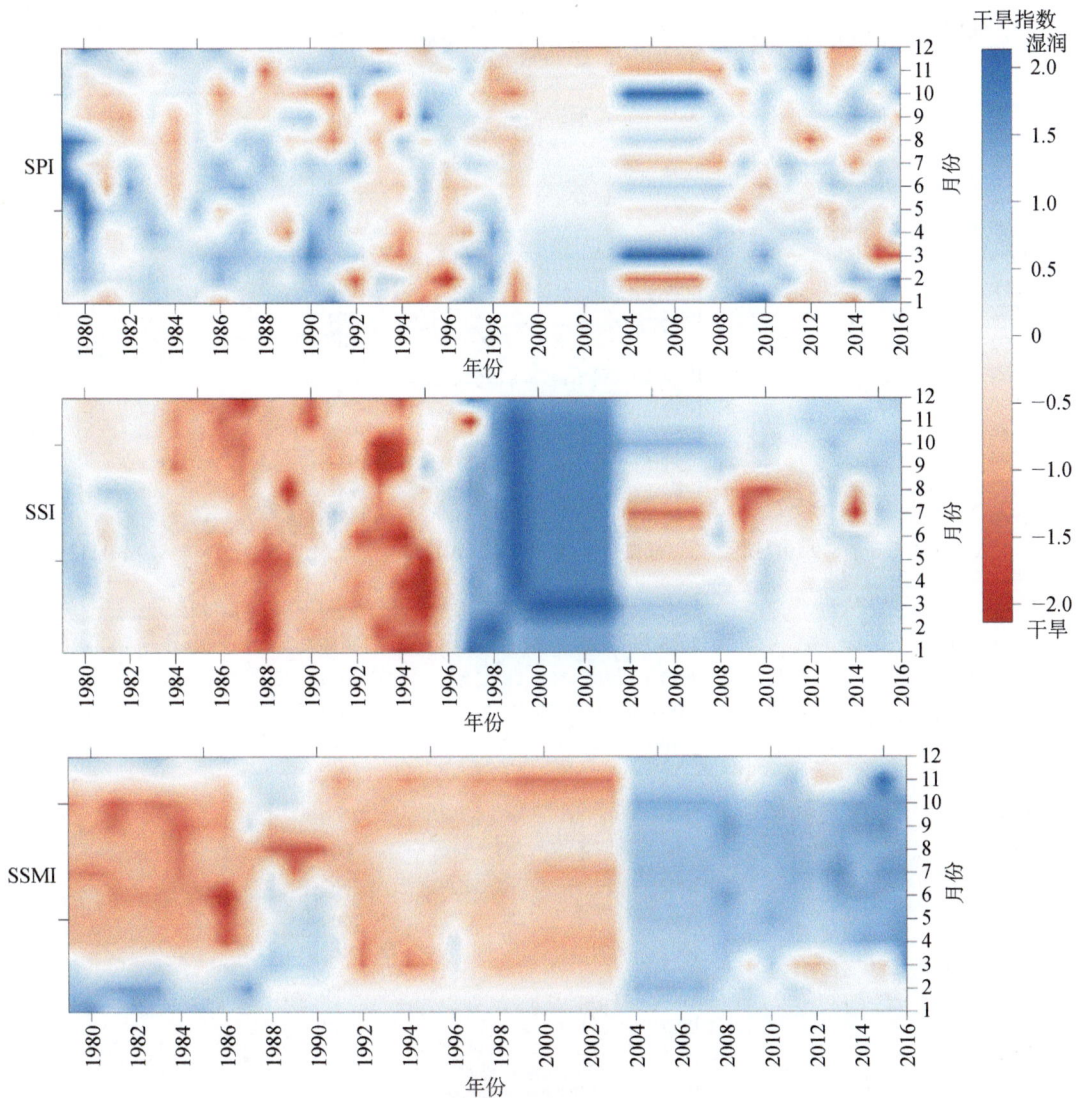

图 9-17 海河流域石匣里水文站 SPI、SSI、SSMI 显示的 1979～2016 年月干旱格局（Faiz et al.，2023）

图 9-19、图 9-20 展示了海河流域滦河子流域，通过时间序列分析计算从气象干旱到水文干旱和农业干旱的传播时间。滦县子流域，变点年份之前气象干旱向水文干旱传播的时间为 1～15 个月，变点年份之后没有干旱传播。平均而言，海河流域 3 个子流域气象干旱向水文干旱传播的时间为 2.8～7.7 个月，气象干旱向农业干旱传播的时间为 2.3～8.5 个月。对于海河流域来说，水文、农业干旱事件的持续时间高于气象干旱事件。先前的研究也证明了较长时间的水文和农业干旱事件可能包含许多较短的气象干旱事件（Guo et al.，2020）。

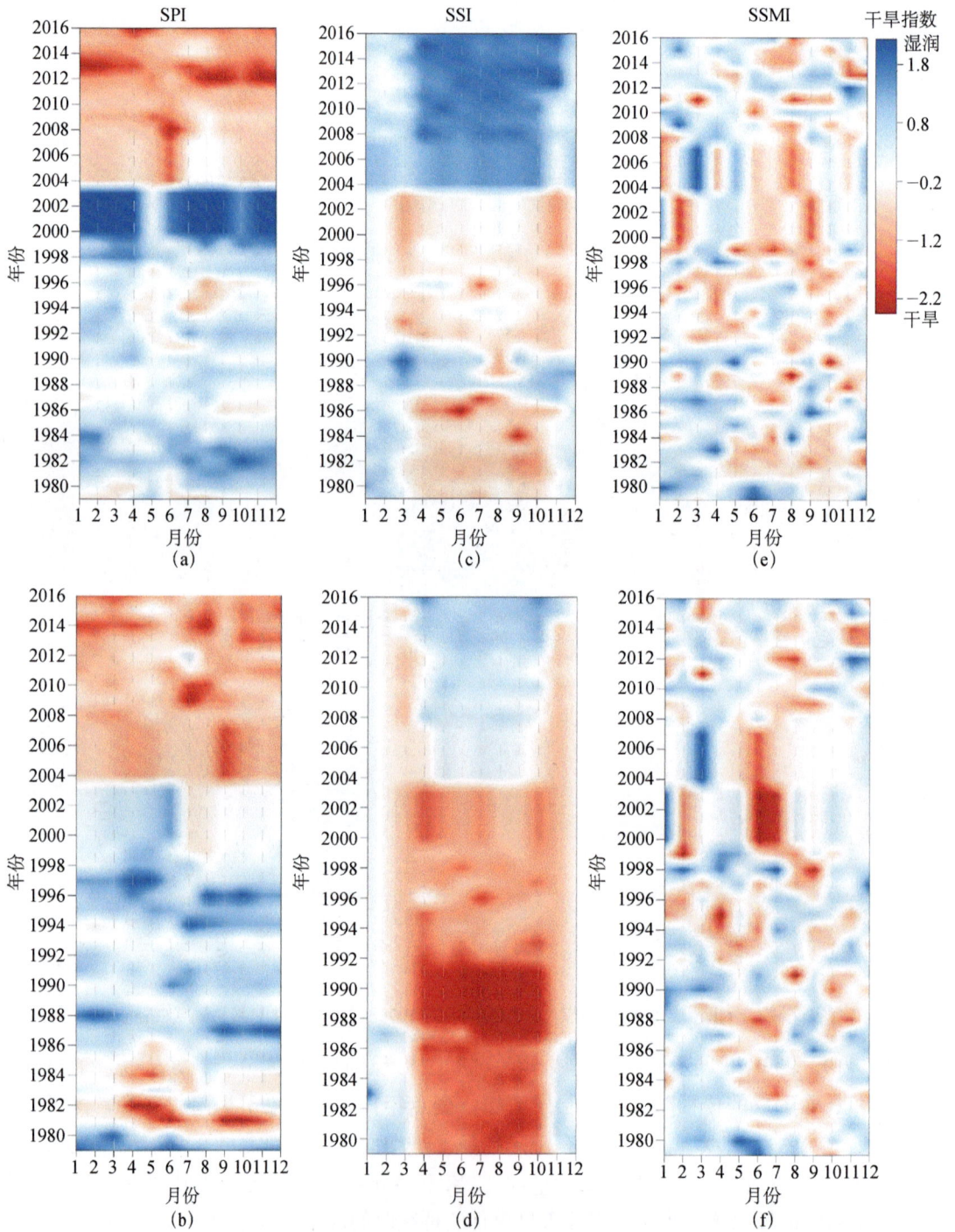

图 9-18 海河流域滦县（上）和三河（下）水文站 SPI、SSI、SSMI 显示的 1979～2016 年月干旱格局
（Faiz et al.，2023）

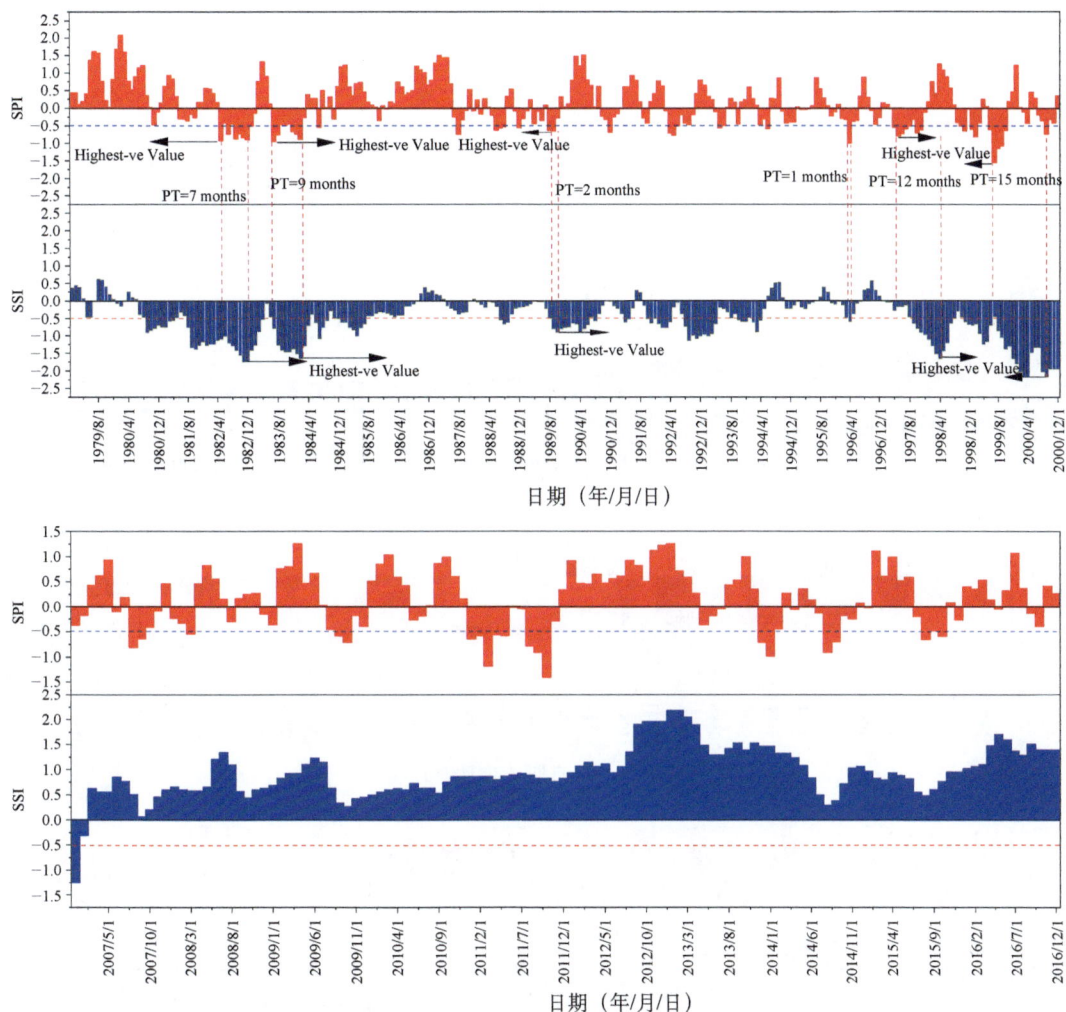

图 9-19　利用时间序列框架进行滦河流域变点分析前后气象干旱到水文干旱的传播（Faiz et al.，2023）

　　海河流域的 SPI 和 SSI 的交叉小波功率谱（图 9-21）显示，在 1981～1985 年（滦县①）、1987～1990 年（三河）和 1981～1988 年、1990～1999 年（石匣里）分别在 10～16 个月、10～16 个月，8～15 个月和 8～16 个月显示出显著的相关性。同样，SPI 和 SSMI 在滦县（2008～2010 年的 12～16 个月）、三河（2009～2013 年的 4～16 个月）和石匣里（2008～2010 年的 12～16 个月、2009～2011 年的 5～8 个月、2011～2016 年的 4～12 个月）流域显示出正相关性。SPI 和 SSI 之间的相位角约为 30°，表明这些流域的 SPI 和 SSI 之间有 2～3 个月的滞后。SPI 和 SSMI 之间大多数箭头的角度在 30°～45°，因此这两个时间序列之间有几乎 3 个月的滞后。时间序列分析比相关性分析更适合用来计算传播时间，因为时间序列之间的相关性在不同时间段内不同。因此，可以将时间序列分析应用于不同地区的干旱监测预警中。

---

　　① 2018 年，撤销滦县，设立滦州市。

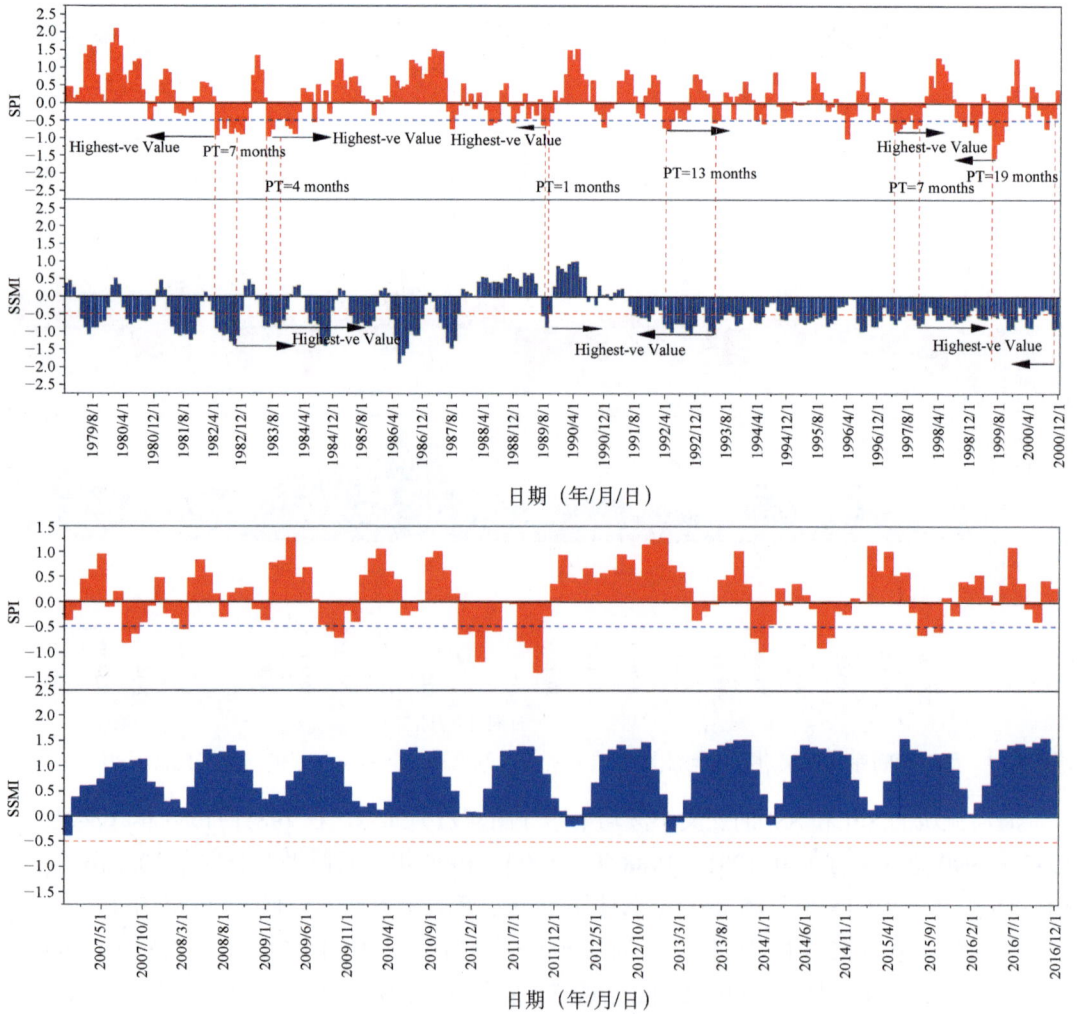

图 9-20　利用时间序列框架进行滦河流域变点分析前后气象干旱到土壤水分干旱的传播
（Faiz et al.，2023）

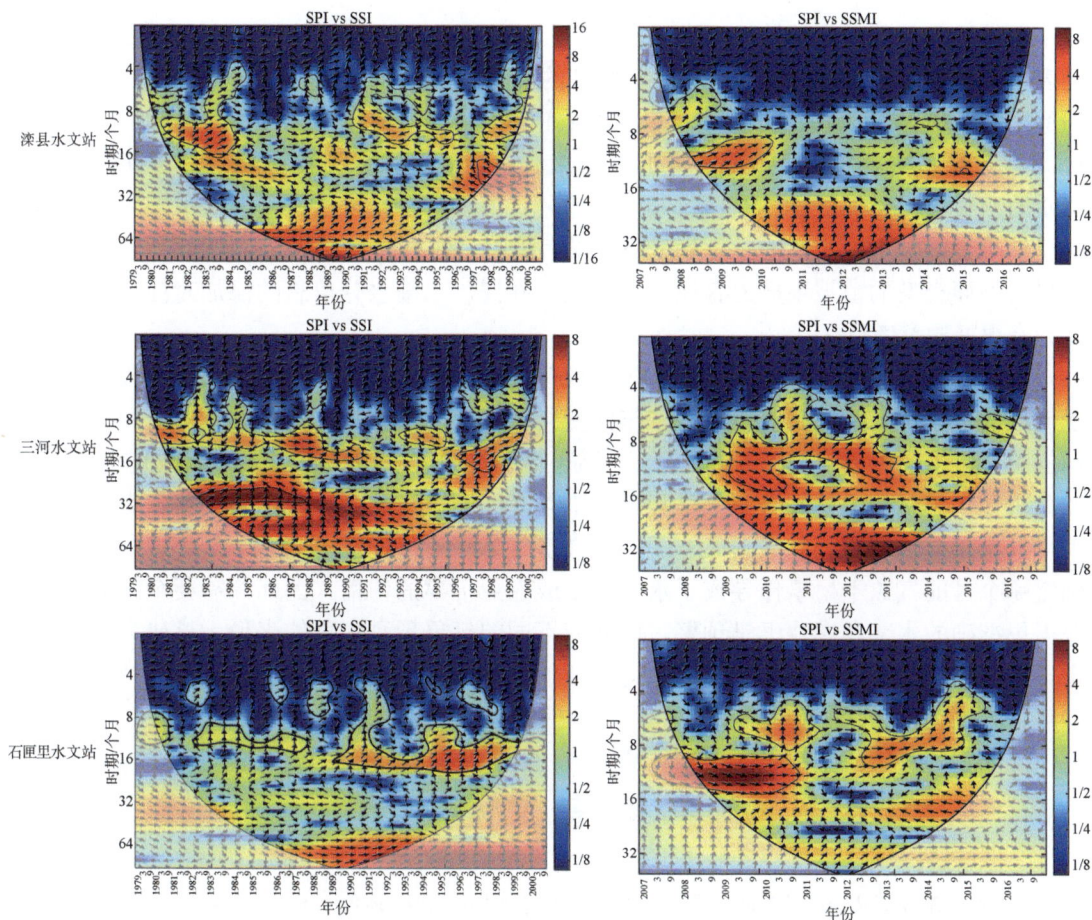

图 9-21　海河流域不同流域的 SPI、SSI 和 SSMI 交叉小波功率谱（Faiz et al.，2023）

9.4　本章小结

本章对不同类型的典型干旱指数进行了梳理与介绍，尤其重点介绍了基于遥感蒸散发的干旱指数 CDI 和 MDI，并以黄河流域和海河流域为例，详述了基于游程理论的不同类型的干旱传递规律和干旱传播特征。

其中，CDI 将气候干旱指数 RAI_m（考虑降水）、水量平衡指数 WBAI（考虑水量平衡）和湿度指数 MI（基于实际蒸散发和降水）进行了组合。并与其他经典干旱指数相比，CDI 更好地表征了潜在蒸散发、水量平衡、降水和土壤湿度之间的相互作用特征，从而提高了其检测农业和气候干旱条件的能力，可用于评估农业和气候干旱条件。CDI 捕捉到的极端事件及与先前研究的对比显示，CDI 在检测干旱条件方面具有优势。与 SSI 的验证显示，CDI 在研究区内捕捉到与其他指数（PDSI）相当的水文干旱。在大多数情况下，相较于 PDSI，CDI 与缩放后的作物产量指数有更好的相关性。若进一步研究大气环流变化和干旱趋势之间的关系，并应用计量经济模型，将有助于解释干旱对农业的损失和影响。

MDI 利用土壤湿度缺乏和实际蒸散量对传统的 SPEI 方程进行了重新考察，以评价其在不同植被条件下的生长性能。进一步地，比较了 MDI 和 CDI、scPDSI 和 SPEI 在干旱中的表现。与 scPDSI 和传统 SPEI 相比，修订的干旱指数 MDI 在研究区干旱监测中具有良好的适用性。MDI 适合用于评价干旱对主要农田地区 SIF（植被光合作用）的影响。此外，MDI 在监测和捕获作物产量异常方面也令人满意。MDI 与玉米和水稻产量呈正相关，但 CDI 的相关性明显优于 MDI。Faiz 等还使用了近似的 NDVI 来研究干旱对植被生产力的影响。结果表明，中国北部地区受到干旱的显著影响。进一步分析表明，MDI 所捕获的夏季干旱对不同类型的植被生产力有较大的影响。同样，土壤水分信息的添加对提高干旱监测能力有很好的参考意义。

根据对黄河流域和海河流域干旱传递规律的描述，发现：①在所选的时间段内，不同子流域的干旱传播时间在一年内和多年内变化；②干旱指数与干旱传播时间之间存在着密切的关系，干旱传播时间在 1～15 个月（海河流域）和 1～19 个月（黄河流域）；③交叉小波分析显示了气象干旱到农业干旱和水文干旱之间的稳定关系，表示为气象、农业和水文干旱具有相似的相移和共振频率特征；④许多气象干旱事件在不同的月份集中发生，很难确定哪个月的气象干旱事件导致了水文干旱或农业干旱的传播。因此，需要全面的方法来获得更准确的水文和农业干旱预警，以适应不同的气象预测。总的来说，该研究有助于改进干旱传播机制，提高干旱监测的能力，并加深对地区水资源预防、管理和可持续规划的理解。

参 考 文 献

郭玉川. 2007. 基于遥感的区域蒸散发在干旱区水资源利用中的应用. 乌鲁木齐：新疆农业大学.

王霞. 2012. 基于 SEBAL 模型的极端干旱气候区域蒸散发的遥感估算. 乌鲁木齐：新疆农业大学.

易永红. 2008. 植被参数与蒸发的遥感反演方法及区域干旱评估应用研究. 北京：清华大学.

张强，姚玉璧，李耀辉，等. 2020. 中国干旱事件成因和变化规律的研究进展与展望. 气象学报，78（3）：500-521.

Allen R G，Pereira L S，Raes D，et al. 1998. Crop Evapotranspiration-Guidelines for Computing Crop Water Requirements-FAO Irrigation and Drainage Paper 56. Rome：FAO.

Allen R G，Pruitt W O，Wright J L，et al. 2006. A recommendation on standardized surface resistance for hourly calculation of reference ETo by the FAO56 Penman-Monteith method. Agricultural Water Management，81：1-22.

Apurv T，Cai X M. 2020. Drought propagation in contiguous U. S. watersheds：a process-based understanding of the role of climate and watershed properties. Water Resources Research，56（9）：e2020WR027755.

Bachmair S. 2016. Drought indicators revisited：the need for a wider consideration of environment and society. Wiley Interdisciplinary Reviews-Water，3：516-536.

Barker L J，Hannaford J，Chiverton A，et al. 2016. From meteorological to hydrological drought using standardised indicators. Hydrology and Earth System Sciences，20（6）：2483-2505.

Barriopedro D，Gouveia C M，Trigo R M，et al. 2012. The 2009/10 drought in China：possible causes and impacts on vegetation. Journal of Hydrometeorology，13（4）：1251-1267.

Bevacqua A G，Chaffe P L B，Chagas V B P，et al. 2021. Spatial and temporal patterns of propagation from meteorological to hydrological droughts in Brazil. Journal of Hydrology，603：126902.

Carrão H，Russo S，Sepulcre-Canto G，et al. 2016. An empirical standardized soil moisture index for agricultural drought assessment from remotely sensed data. International Journal of Applied Earth Observation and Geoinformation，48：74-84.

Chen Z F，Wang W G，Fu J Y. 2020. Vegetation response to precipitation anomalies under different climatic and biogeographical conditions in China. Scientific Reports，10：830.

Dai M，Huang S Z，Huang Q，et al. 2020. Assessing agricultural drought risk and its dynamic evolution characteristics. Agricultural Water Management，231：106003.

Ding Y B，Gong X L，Xing Z X，et al. 2021. Attribution of meteorological，hydrological and agricultural drought propagation in different climatic regions of China. Agricultural Water Management，255：106996.

Du L T，Tian Q J，Yu T，et al. 2013. A comprehensive drought monitoring method integrating MODIS and TRMM data. International Journal of Applied Earth Observation and Geoinformation，23：245-253.

Dubovyk O，Landmann T，Dietz A，et al. 2016. Quantifying the impacts of environmental factors on vegetation dynamics over climatic and management gradients of central Asia. Remote Sensing，8（7）：600.

Dutra E，Viterbo P，Miranda P M A. 2008. ERA-40 reanalysis hydrological applications in the characterization of regional drought. Geophysical Research Letters，35（19）：1-5.

Eltahir E A，Yeh P J F. 1999. On the asymmetric response of aquifer water level to floods and droughts in Illinois. Water Resources Research，35（4）：1199-1217.

Faiz M A，Liu D，Fu Q，et al. 2019. Multi-index drought characteristics in Songhua River Basin，Northeast China. Climate Research，78（1）：1-19.

Faiz M A，Liu D，Fu Q，et al. 2020. Assessment of dryness conditions according to transitional ecosystem patterns in an extremely cold region of China. Journal of Cleaner Production，255：120348.

Faiz M A，Zhang Y Q，Ma N，et al. 2021. Drought indices：aggregation is necessary or is it only the researcher's choice? Water Supply，21（8）：3987-4002.

Faiz M A，Zhang Y Q，Tian X Q，et al. 2022a. Drought index revisited to assess its response to vegetation in different agro-climatic zones. Journal of Hydrology，614：128543.

Faiz M A，Zhang Y Q，Tian X Q，et al. 2023. Time series analysis for droughts characteristics response to propagation. International Journal of Climatology，43（3）：1561-1575.

Faiz M A，Zhang Y Q，Zhang X Z，et al. 2022b. A composite drought index developed for detecting large-scale drought characteristics. Journal of Hydrology，605：127308.

Farahmand A，AghaKouchak A. 2015. A generalized framework for deriving nonparametric standardized drought indicators. Advances in Water Resources，76：140-145.

Feng S，Fu Q. 2013. Expansion of global drylands under a warming climate. Atmospheric Chemistry and Physics，13（19）：10081-10094.

Fisher J B，Melton F，Middleton E，et al. 2017. The future of evapotranspiration：global requirements for ecosystem functioning，carbon and climate feedbacks，agricultural management，and water resources. Water

Resources Research，53（4）：2618-2626.

Ge Y，Apurv T，Cai X M. 2016. Spatial and temporal patterns of drought in the Continental U. S. during the past century. Geophysical Research Letters，43（12）：6294-6303.

Guo Y，Huang S Z，Huang Q，et al. 2020. Propagation thresholds of meteorological drought for triggering hydrological drought at various levels. Science of the Total Environment，712：136502.

Hao L，Zhang X Y，Liu S D. 2012. Risk assessment to China's agricultural drought disaster in county unit. Natural Hazards，61：785-801.

Heim R R. 2002. A review of twentieth-century drought indices used in the United States. Bulletin of the American Meteorological Society，83（8）：1149-1166.

Ho S，Tian L，Disse M，et al. 2021. A new approach to quantify propagation time from meteorological to hydrological drought. Journal of Hydrology，603：127056.

IPCC. 2013. Climate Change 2013：the Physical Science Basis. Contribution of Working Group I to the Fifth Assessment Report of the Intergovernmental Panel on Climate Change. Cambridge：Cambridge University Press.

Joiner J，Guanter L，Lindstrot R，et al. 2013. Global monitoring of terrestrial chlorophyll fluorescence from moderate-spectral-resolution near-infrared satellite measurements：methodology，simulations，and application to GOME-2. Atmospheric Measurement Techniques，6（2）：2803-2823.

Kalisa W，Zhang J H，Igbawua T，et al. 2020. Spatio-temporal analysis of drought and return periods over the East African region using standardized precipitation index from 1920 to 2016. Agricultural Water Management，237：106195.

Kogan F，Salazar L，Roytman L. 2012. Forecasting crop production using satellite-based vegetation health indices in Kansas，USA. International Journal of Remote Sensing，33（9）：2798-2814.

Li R H，Chen N C，Zhang X，et al. 2020. Quantitative analysis of agricultural drought propagation process in the Yangtze River Basin by using cross wavelet analysis and spatial autocorrelation. Agricultural and Forest Meteorology，280：107809.

Liu X F，Zhu X F，Pan Y Z，et al. 2018. Performance of different drought indices for agriculture drought in the North China Plain. Journal of Arid Land，10（4）：507-516.

Liu Z F. 2022. Evaluation of remotely sensed global evapotranspiration data from inland river basins. Hydrological Processes，36（12）：e14774.

Luo L，Wood E F. 2007. Monitoring and predicting the 2007 U.S. drought. Geophysical Research Letters，34（22）：L22702.

Ma N，Szilagyi J，Zhang Y Q. 2021. Calibration-free complementary relationship estimates terrestrial evapotranspiration globally. Water Resources Research，57（9）：e2021WR029691.

Mavromatis T. 2007. Drought index evaluation for assessing future wheat production in Greece. International Journal of Climatology，27（7）：911-924.

McCabe M F，Wood E F，Wójcik R，et al. 2008. Hydrological consistency using multi-sensor remote sensing data for water and energy cycle studies. Remote Sensing of Environment，112（2）：430-444.

McKee T B，Doesken N J，Kleist J R. 1993. The relationship of drought frequency and duration to time scales.

Proceedings of the 8th Conference on Applied Climatology，17（22）：179-183.

Mokhtar A，He H M，Alsafadi K，et al. 2022. Assessment of the effects of spatiotemporal characteristics of drought on crop yields in Southwest China. International Journal of Climatology，42（5）：3056-3075.

Palmer W C. 1965. Meteorological Drought. Washington D.C.：U.S. Weather Bureau.

Pang H C，Li Y Y，Yang J S，et al. 2010. Effect of brackish water irrigation and straw mulching on soil salinity and crop yields under monsoonal climatic conditions. Agricultural Water Management，97（12）：1971-1977.

Pelaez-Samaniego M R，Yadama V，Lowell E，et al. 2013. A review of wood thermal pretreatments to improve wood composite properties. Wood Science and Technology，47：1285-1319.

Peña-Gallardo M，Vicente-Serrano S M，Domínguez-Castro F，et al. 2019. The impact of drought on the productivity of two rainfed crops in Spain. Natural Hazards and Earth System Sciences，19（6）：1215-1234.

Prabnakorn S，Maskey S，Suryadi F X，et al. 2018. Rice yield in response to climate trends and drought index in the Mun River Basin，Thailand. Science of the Total Environment，621：108-119.

Rajsekhar D，Singh V P，Mishra A K. 2015. Multivariate drought index：an information theory based approach for integrated drought assessment. Journal of Hydrology，526：164-182.

Shamshirband S，Hashemi S，Salimi H，et al. 2020. Predicting standardized streamflow index for hydrological drought using machine learning models. Engineering Applications of Computational Fluid Mechanics，14（1）：339-350.

Sheffield J，Wood E F，Roderick M L. 2012. Little change in global drought over the past 60 years. Nature，491（7424）：435-438.

Sheffield J，Wood E F. 2007. Characteristics of global and regional drought，1950−2000：analysis of soil moisture data from off-line simulation of the terrestrial hydrologic cycle. Journal of Geophysical Research：Atmospheres，35（2）：L02405.

Sheffield J，Wood E F. 2008. Projected changes in drought occurrence under future global warming from multi-model，multi-scenario，IPCC AR4 simulations. Climate Dynamics，31：79-105.

Shen Z X，Zhang Q，Singh V P，et al. 2019. Agricultural drought monitoring across Inner Mongolia，China：model development，spatiotemporal patterns and impacts. Journal of Hydrology，571：793-804.

Shi H，Shao M G. 2000. Soil and water loss from the Loess Plateau in China. Journal of Arid Environments，45（1）：9-20.

Shi H，Zhao Y，Liu S，et al. 2022. A new perspective on drought propagation：causality. Geophysical Research Letters，49（2）：e2021GL096758.

Shin J Y，Chen S，Lee J H，et al. 2018. Investigation of drought propagation in the republic of Korea using drought index and conditional probability. Terrestrial，Atmospheric and Oceanic Sciences，29（2）：1-8.

Shukla S，Wood A W. 2008. Use of a standardized runoff index for characterizing hydrologic drought. Geophysical Research Letters，35（2）：L02405.

Sun C H，Yang S. 2012. Persistent severe drought in Southern China during winter-spring 2011：large-scale circulation patterns and possible impacting factors. Journal of Geophysical Research：Atmospheres，117（D10）.

Sun Q H，Miao C Y，Duan Q Y，et al. 2015. Temperature and precipitation changes over the Loess Plateau between 1961 and 2011，based on high-density gauge observations. Global and Planetary Change，132：1-10.

Tao F L，Zhang Z，Xiao D P，et al. 2014. Responses of wheat growth and yield to climate change in different climate zones of China，1981−2009. Agricultural and Forest Meteorology，189：91-104.

Tijdeman E，Stahl K，Tallaksen L M. 2020. Drought characteristics derived based on the standardized streamflow index：a large sample comparison for parametric and nonparametric methods. Water Resources Research，56（10）：e2019WR026315.

van Loon A F，Gleeson T，Clark J，et al. 2016. Drought in the anthropocene. Nature Geoscience，9（2）：89-91.

van Loon A F，Laaha G. 2015. Hydrological drought severity explained by climate and catchment characteristics. Journal of Hydrology，526：3-14.

Vicente-Serrano S M，Beguería S，López-Moreno J I. 2010. A multiscalar drought index sensitive to global warming：the standardized precipitation evapotranspiration index. Journal of Climate，23（7）：1696-1710，1712，1714.

Vicente-Serrano S M，López-Moreno J I，Beguería S，et al. 2012. Accurate computation of a streamflow drought index. Journal of Hydrologic Engineering，17（2）：318-332.

Vicente-Serrano S M，López-Moreno J I. 2005. Hydrological response to different time scales of climatological drought：an evaluation of the standardized precipitation index in a mountainous Mediterranean Basin. Hydrology Earth System Sciences，9（5）：523-533.

Wang F，Wang Z M，Yang H B，et al. 2020a. A new copula-based standardized precipitation evapotranspiration streamflow index for drought monitoring. Journal of Hydrology，585：124793.

Wang F，Wang Z，Yang H，et al. 2020b. Comprehensive evaluation of hydrological drought and its relationships with meteorological drought in the Yellow River basin，China. Journal of Hydrology，584：124751.

Wilhite D A，Glantz M H. 1985. Understanding：the drought phenomenon：the role of definitions. Water International，10（3）：111-120.

Wu J，Chen X，Love C A，et al. 2020. Determination of water required to recover from hydrological drought：perspective from drought propagation and non-standardized indices. Journal of Hydrology，590：125227.

Wu J，Chen X，Yao H，et al. 2021a. Multi-timescale assessment of propagation thresholds from meteorological to hydrological drought. Science of the Total Environment，765：144232.

Wu J，Chen X，Yuan X，et al. 2021b. The interactions between hydrological drought evolution and precipitation-streamflow relationship. Journal of Hydrology，597：126210.

Xie P，Zhuo L，Yang X，et al. 2020. Spatial-temporal variations in blue and green water resources，water footprints and water scarcities in a large river basin：a case for the Yellow River basin. Journal of Hydrology，590：125222.

Yang Q，Li M，Zheng Z，et al. 2017. Regional applicability of seven meteorological drought indices in China. Science China Earth Sciences，60（4）：745-760.

Yevjevich V M. 1967. Objective Approach to Definitions and Investigations of Continental Hydrologic Droughts. Fort Collins：Colorado State University.

Yuan Z，Yan D H，Yang Z Y，et al. 2015. Temporal and spatial variability of drought in Huang Huai Hai River basin，China. Theoretical Applied Climatology，122：755-769.

Zargar A，Sadiq R，Naser B，et al. 2011. A review of drought indices. Environmental Reviews，19：333-349.

Zhang P，Cai Y，Yang W，et al. 2020. Contributions of climatic and anthropogenic drivers to vegetation dynamics indicated by NDVI in a large dam-reservoir-river system. Journal of Cleaner Production，256：120477.

Zhang X，Li M，Ma Z，et al. 2019. Assessment of an evapotranspiration deficit drought index in relation to impacts on ecosystems. Advances in Atmospheric Sciences，36：1273-1287.

Zhang Y，Kong D，Gan R，et al. 2019. Coupled estimation of 500 m and 8-day resolution global evapotranspiration and gross primary production in 2002−2017. Remote Sensing of Environment，222：165-182.

Zhao L，Lyu A，Wu J，et al. 2014. Impact of meteorological drought on streamflow drought in Jinghe River Basin of China. Chinese Geographical Science，24：694-705.

Zhou Z，Shi H，Fu Q，et al. 2021. Characteristics of propagation from meteorological drought to hydrological drought in the Pearl River Basin. Journal of Geophysical Research：Atmospheres，126（4）：e2020JD033959.

Zhu W，Wang Y，Jia S. 2023. A remote sensing-based method for daily evapotranspiration mapping and partitioning in a poorly gauged basin with arid ecosystems in the Qinghai-Tibet Plateau. Journal of Hydrology，616：128807.

第 10 章　基于遥感蒸散发的作物耗水规律研究

　　水是生命之源，社会经济的稳定发展和人类文明的进步都离不开水。近年来，随着经济和人口的快速发展，社会对水资源的需求量也不断加大。由于水资源的不可再生性，其供给量不仅没有增加，甚至还将继续减少，水资源供需矛盾日益突出。由于对水资源的高度依赖，农业生产成为增加全球水资源压力的主要人类活动。水资源短缺正日益威胁着高度缺水农业区的粮食安全和可持续发展。

　　我国是农业大国，农业用水量占用水总量的 60%以上，其中 90%以上用于农田灌溉。农业用水总量不足，具有很大的改进和提升潜力。此外，水资源的匮乏导致地表水的过量引用和地下水的严重超采，地下水位大幅下降，导致水土资源和生态环境逐渐恶化。尤其是我国北方地区，降雨稀少，水资源时空分布不均衡问题较严重，灌溉开采量不断加大，水资源开发利用率超过国际公认的 40%的警戒线，农业用水和生态用水矛盾越加尖锐，这不仅为地区的粮食安全带来很大挑战，还严重制约着我国经济社会的稳定和可持续发展。

　　目前农业水资源的研究中，主要围绕提高对农业耗水规律的认识、改进农业用水的效率、为农业用水管理提供政策支持等方面，因此本章采用基于遥感的蒸散发模型及遥感数据来估算并分析中国主要粮食作物耗水、灌溉需水量及其用水亏缺量的时空演变规律，以期为中国未来可持续的农业用水和粮食生产提供理论基础和数据支撑。

10.1　作物耗水规律的研究背景和方法

10.1.1　作物耗水规律研究涉及的基本概念

　　作物耗水量是农业用水的基础，通常也用 ET 表示，其核心是作物耗水机制，即作物蒸发蒸腾量。作物 ET 是水文循环的重要环节，更是农业高效用水、流域水资源科学配置和地区水利规划的基本依据。准确测定或估算作物 ET 是农业生产中制定合理灌溉制度的前提，也是促进农业节水的关键，对有效管理农业用水、提高农业水资源利用效率、实现水资源可持续开发利用意义重大。作物 ET 的测定分为单株尺度、农田（冠层）尺度和区域尺度。

　　对于单株尺度的 ET，主要指的是作物蒸腾量，通常采用茎流计法准确测定单株的液流速度而计算得到（Zhang et al.，2011），同时可以保持植株和周围生长环境的完整性。

　　农田尺度的 ET 是进行精确农田灌溉管理的基础，相比单株尺度的 ET，其受到更多的关注。农田尺度 ET 主要包括作物蒸腾和棵间蒸发。作物蒸腾是指作物根系从土壤中吸入体内的水分，通过叶片气孔扩散到大气中的现象；棵间蒸发是指植株间土壤或田面的水分蒸发。

区域尺度的 ET 是指在一个特定的地理区域内，所有作物在其生长季节内蒸散发量的总和。区域尺度作物 ET 的计算通常基于气象数据、土壤特性和作物类型等因素，是制定合理的灌溉制度、优化配置区域水资源的基础，常用于农业水资源管理和灌溉规划等领域。遥感技术是快捷有效地监测区域 ET 的方法。通常将遥感技术与能量平衡方程或 Penman-Monteith（P-M）模型相结合来计算区域 ET（Li and Lyons，1999）。基于能量平衡方程先计算出净辐射量、土壤热通量和感热通量，然后将潜热通量作为能量平衡方程的余项求出，从而得到 ET；基于 P-M 模型时，遥感数据与具有空间代表性的地面气象资料和植被指数等相结合，计算得到 ET（Moran et al.，1996）。

作物灌溉需水量（IWD）是指为了满足作物生长所需的水分而需要提供的灌溉水量。作物在生长过程中需要水分来满足其植株蒸腾、棵间蒸发和生理代谢的需求。在自然条件下，由于气候、地形、水文地质、土壤等多方面原因，水资源在时空上分配不均衡，降雨在年内和年际间变化较大，因而使作物所需水量往往得不到适时适量的满足。当降水量不足以支撑其用水需求时，需要进行灌溉，灌溉使用的水量即作物灌溉需水量。作物灌溉需水量的计算通常考虑作物蒸散发量、有效降水量和土壤水储量等因素，具体计算方法可以根据作物类型、生长季节、气候条件和土壤特性等因素而有所不同。作物灌溉需水量的准确计算对于合理安排灌溉水资源、提高农作物产量和保护水资源具有重要意义。

作物用水亏缺量（AWD）是指作物在生长季节中所需的水量超过了可获得水量之间的差值，反映了农业用水的供需矛盾。简而言之，作物用水亏缺量是指作物所需水分的供应不足，导致作物无法获得足够的水分来满足其生长和发育的需求。作物用水亏缺量的计算通常涉及作物的蒸散发量、有效降水量、灌溉水量、土壤水储量和可供给水量等因素。当作物用水亏缺量较大时，作物可能会出现水分胁迫，导致生长受限、产量下降甚至作物死亡。因此，准确评估作物用水亏缺量可以为缓解农业用水供需矛盾、制定相关政策提供科学依据。

10.1.2　作物耗水规律的估算方法

1. 作物耗水量

作物耗水量（ET）的测定和估算方法较多，发展较为成熟。直接测定法有水量平衡法和涡度相关法等，估算模型包括作物系数法、Penman-Monteith（P-M）单层模型、Shuttleworth-Wallace（S-W）双源模型和多源模型等。

（1）水量平衡法是测定农田作物 ET 最基本的方法，主要通过计算某一农田单元内水分收入和支出的差值来得到作物 ET。其不受微气象学中影响因素的限制，可被用于非均匀下垫面和不同的天气条件，适用范围较为广泛，常被用作其他方法的验证标准。但水量平衡法只能给出一段时间内（如 7 天或更长时段）的总耗水量，不能解释作物 ET 的短期动态变化过程。水量平衡公式如式（10-1）所示：

$$ET = P + I + W - D - R - \Delta S \tag{10-1}$$

式中，ET 为作物耗水量；P 为降水量；I 为灌溉量；W 为地下水补给量；D 为深层渗漏量；R 为地表径流量；ΔS 为土壤水变化量。

（2）涡度相关法基于涡度相关理论，通过直接测量作物群体冠层上方的温度、风速和水汽等来计算下垫面的潜热和感热而得到作物 ET（Shuttleworth，2007），具有明确的物理意义和较高的测量精度，也常被用作衡量其他方法的标准（Li et al.，2008）。其观测范围可至几千米，能够获得精度较高的 ET 动态变化（Wilson et al.，2002）。但其易购买和维护成本较高，且存在能量不闭合的现象，可能会低估作物 ET（Wilson et al.，2002），需要复杂的插补与校正方法。

（3）作物系数法是一种间接估算作物 ET 的方法，最初在联合国粮食及农业组织（FAO）灌溉和排水文件第 24 号中。该方法将参考作物蒸发蒸腾量乘以作物系数得到实际 ET（Allen et al.，1998），一般分为单作物系数法和双作物系数法。单作物系数法将作物蒸腾和土壤蒸发看作一个整体，系数被合并为一个 K_c。双作物系数法将作物蒸腾和土壤蒸发分开，利用两个对应系数 K_c 和 K_e 分别估算（Allen et al.，1998，2005），可以根据不同的下垫面和土壤水分对 ET 及其动态变化进行量化（Allen et al.，2005）。单作物系数法计算公式为

$$\mathrm{ET} = K_c \mathrm{ET}_0 \tag{10-2}$$

双作物系数法计算公式为

$$\mathrm{ET} = (K_{cb} + K_e)\mathrm{ET}_0 \tag{10-3}$$

式中，ET 为作物耗水量；ET_0 为参考作物蒸发蒸腾量；K_c 为作物系数；K_{cb} 和 K_e 分别为基础作物系数和土壤水分蒸发系数。其中，ET_0 的计算公式为

$$\mathrm{ET}_0 = \frac{0.408\varDelta(R_n - G) + \gamma\dfrac{900}{T + 273}u_2(e_s - e_a)}{\varDelta + \gamma(1 + 0.34u_2)} \tag{10-4}$$

式中，ET_0 为参考作物蒸发蒸腾量，mm/d；$\varDelta$ 为饱和水汽压–温度曲线上的斜率，kPa/℃；R_n 为净辐射，MJ/（$m^2 \cdot$ d）；G 为土壤热通量，MJ/（$m^2 \cdot$ d）；γ 为湿度计常数，kPa/℃；T 为空气温度，℃；u_2 为 2 m 高度的风速，m/s；e_s 为饱和水汽压，kPa；e_a 为实际水汽压，kPa。

（4）P-M 单层模型以能量平衡原理为基础，通过平衡计算求出蒸发蒸腾过程所消耗的能量，然后将能量通过折算系数换算为水量，即得到作物 ET。根据这一理论以及水汽扩散理论，1948 年 Penman 提出了有名的 Penman 公式来计算作物 ET，1963 年他又提出了基于单叶气孔的植物蒸腾计算式，1965 年 Monteith 在 Penman 等的基础上考虑空气动力学参数的变化，提出了适用于作物 ET 计算的阻力模式，即 P-M 单层模型见式（1-2）。大量研究表明，P-M 单层模型可以很好地估算作物 ET，在干燥和湿润气候条件下均能得到准确度较高的结果，已被国内外学者广泛应用于 ET 的计算中（Allen et al.，1998；Zhao et al.，2010；Saadi et al.，2015）。

（5）S-W 双源模型是在 P-M 单层模型的基础上构建的用于区分作物冠层蒸腾和土壤蒸发的双源模型，能很好地模拟农田水分从土壤到大气以及从植物体到大气的传输过程，有效地提高了 ET 估算精度，得到了广泛的应用（Villalobos et al.，2009）。因此，在作物 ET 的估算过程中，对于各项阻力的准确计算是得到 ET 精确结果的重要保障。但由于 S-W 双源模型需要参数较多，过程精细且严格，很难应用到大尺度区域上进行流域 ET 的计算。

（6）多源模型。农业系统往往是非单一、多元化的复杂系统，基于此，在 S-W 双源模型的基础上，Wallace 于 1997 年提出了多源模型，计算下垫面具有多种作物的农田 ET。该

模型将阻力在不同的冠层高度进行划分，同时考虑多种阻力在平均冠层高度处的相互作用，然后将各蒸发源的 ET 由冠层和空气动力学阻力进行系数加权平均，最终得到整个冠层的 ET。Verhoef 和 Allen（2000）又将模型扩展为四源模型，Brenner 和 Incoll（1997）提出了 Clumping 多源模型（C 模型），将土壤蒸发分为有冠层遮盖和无冠层遮盖两项，而作物蒸腾项的计算保持不变。但多源模型在计算 ET 过程中，由于参数众多、计算烦琐、需要数据较多而难以推广，具有一定的局限性。参数误差在计算过程中逐渐累积，模型估算精度很难保证。

（7）区域尺度作物 ET 的估算通常结合遥感技术，将遥感技术与能量平衡方程或 P-M 单层模型相结合来计算区域 ET（Li and Lyons，1999）。基于能量平衡方程先计算出净辐射量、土壤热通量和感热通量，然后将潜热通量作为能量平衡方程的余项求出，从而得到 ET；基于 P-M 单层模型时，遥感数据与具有空间代表性的地面气象资料和植被指数等相结合，计算得到 ET（Moran et al.，1996）。基于以上理论，发展了几种常见的遥感 ET 模型，包括 SEBAL 模型（Bastiaanssen et al.，1998）、植被指数−温度梯形模型（Moran et al.，1996）、瞬时地表−空气温差半经验模型（Carlson et al.，1995）和 PML 模型（Zhang et al.，2019）等。其中，PML-V2 模型是一个基于 Penman-Monteith 方程（Monteith，1965）的由遥感数据驱动的碳水耦合模型，它将光合作用模型（Farquhar et al.，1980）和冠层导度模型（Yu et al.，2004）结合在一起，可以用来估算作物 ET 和总初级生产力（GPP）（Gan et al.，2018；Zhang et al.，2016，2019）。PML-V2 通过三个分项来估算 ET：植被蒸腾（E_t）、土壤蒸发（E_s）和冠层截留蒸发（E_i）。在全球和区域范围内，PML-V2 估算的 ET 产品与 EC 站点观测的蒸散发以及水量平衡法估算的蒸散发相比，具有很好的一致性，并且与其他 ET 产品相比表现也更好。

当计算区域作物耗水总量时，可将作物蒸散发量与作物种植面积相乘得到：

$$\text{AWC} = \sum_{i=1}^{n} \frac{1}{10^2} \text{ET}_i \times A_i \tag{10-5}$$

式中，AWC 为作物总耗水量，km^3/a；ET 为作物在其生长期间的蒸散发量，mm/a；A 为作物种植面积，10^6 hm^2；i 为作物类型，如玉米、小麦和水稻等；n 为总的作物类型数量；$1/10^2$ 为单位转换系数。

2. 作物灌溉需水量

每种作物的灌溉需水量（IWD）为作物生育期 ET 与生育期有效降水量（$P_{\text{effective}}$）的差值，然后乘以作物灌溉面积。尽管不同地区的不同作物可能采用不同灌溉方法（如大水漫灌、滴灌、喷灌等），但在本研究中主要关注年度 IWD 的变化，灌溉方法不是影响 IWD 的关键因素。因此，本研究采用了具有普适性的作物 IWD 计算方法，以获得总的 IWD（Cao et al.，2020；Zhang L et al.，2020；Petra and Stefan，2002）：

$$\text{IWD} = \sum_{i=1}^{n} \frac{1}{10^2} \times [(\text{ET} - P_{\text{effective}})_i \times A_i] \tag{10-6}$$

式中，IWD 为作物灌溉需水量，km^3/a；ET 为实际蒸发量，mm/a；$P_{\text{effective}}$ 为生长季有效降水量，mm/a；A 为灌溉面积，10^6 hm^2；i、n 和 $1/10^2$ 的意义与式（10-5）相同。

有效降雨指作物生长期间从降雨入渗中补充的可用水量（Patwardhan et al.，1990）。$P_{effective}$ 与降雨的数量、强度和持续时间，以及土壤质地、土地覆盖、地形等有关。本研究采用 FAO 和美国农业部（USDA）推荐的有效降水量的计算方法（Smith，1992）：

$$P_{effective} = \begin{cases} P(4.17 - 0.2P)/4.17, & P < 8.3 \\ 4.17 + 0.1P, & P \geqslant 8.3 \end{cases} \tag{10-7}$$

3. 作物用水亏缺量

作物用水亏缺量（AWD）为作物灌溉需水量与农业可用水量之间的差值。其计算方法如式（10-8）所示：

$$\text{AWD} = \sum_{i=1}^{n} (\text{ET} - P_{effective} - Q_{avi})_i \tag{10-8}$$

式中，AWD 为作物用水亏缺量，mm/月；ET 为作物蒸散量，mm/月；$P_{effective}$ 为有效降水量，其计算方法同前；Q_{avi} 为农业可用水量，本研究中采用 WaterGAP 2.2d 模型的供水量与农业用水比例系数的乘积作为农业可用水量（mm/月）；i 和 n 的意义与式（10-6）相同。需要注意的是，当计算作物用水亏缺量体积量时，需将以上作物用水亏缺量与作物种植面积相乘。由于本研究是在栅格尺度上分析作物用水亏缺量的季节时空变化及其归因分析，因此在计算作物用水亏缺量时使用了单位面积用水亏缺量，而未与作物种植面积相乘。

10.2 基于遥感蒸散发的区域作物耗水规律研究

10.2.1 中国主要粮食作物的空间分布和时间动态

作物空间分布数据是遥感蒸散发模型的必要驱动数据之一。本研究使用的主要粮食作物（玉米、小麦和水稻）的分布和物候数据集来源于 Luo 等（2020a，2020b），原始数据空间分辨率为 1 km。该数据是中国三大粮食作物的高精度分布数据集，数据与统计数据之间的 $R^2 > 0.8$，物候误差 <10 天。为便于模型应用，本研究使用最邻近插值算法，将作物分布和物候数据的空间分辨率重采样至 0.0125°。

图 10-1 展示了 2003 年、2005 年、2010 年、2015 年和 2018 年中国三大主要粮食作物玉米、小麦、水稻的空间分布情况。对于每种作物来说，其空间分布格局基本保持一致。三种作物中，玉米在中国的分布最为广泛，包括东北、华北和西南地区，纬度分布范围为 23°N～49°N，经度范围为 100°E～127°E 和 129°E～133°E，约占粮食作物种植总面积的 86.7%。小麦主要集中分布在华北平原以及山西、甘肃和新疆的部分地区，纬度范围为 30°N～38°N，经度范围为 111°E～120°E 和 103°E～105°E，约占主要粮食作物种植总面积的 85.8%。水稻分布也较为广泛，主要集中在东北平原、西南地区和东南地区，在东北平原（约占总种植面积的 14.7%），水稻主要沿河流分布，纬度范围为 44°N～48°N，经度范围为 122°E～128°E 和 130°E～134°E。在中国西南部和东南部（种植面积比例约是东北平原的 5.4 倍），水稻主要集中在长江中下游平原、四川盆地、云贵高原梯田和珠江三角洲，纬度范围为 22°N～33°N，经度范围为 103°E～122°E（Luo et al.，2020b）。

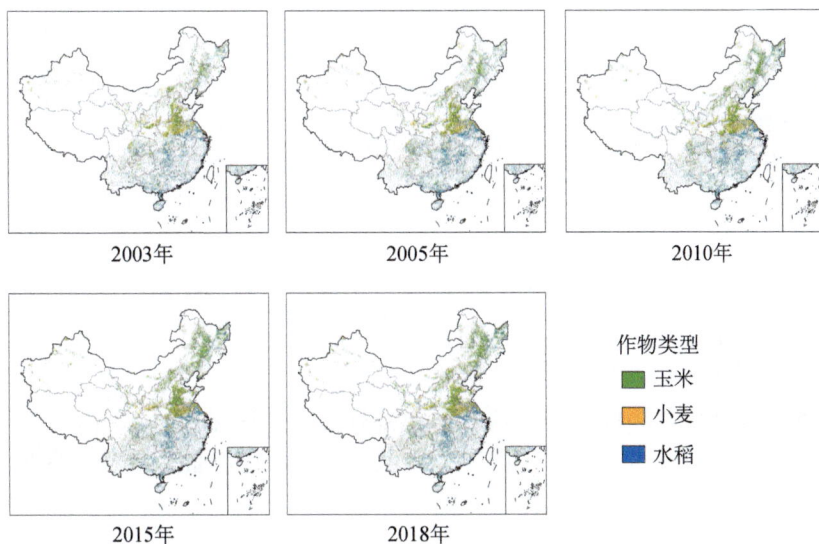

图 10-1　中国主要粮食作物（玉米、小麦、水稻）的空间分布（Luo et al.，2020b）

图 10-2 为 2003～2018 年玉米、小麦、水稻种植面积及其总种植面积的变化趋势。三种作物的总种植面积均有所增加，其中玉米种植面积增加速度最快，为每年 $1.28×10^6$ hm²/a，其次为水稻（$1.5×10^5$ hm²/a）和小麦（$5×10^4$ hm²/a）。本研究进一步统计了南方和北方地区各作物种植面积的变化情况。南方和北方地区划分情况见 10.2.2 节研究区概况。在中国北方，玉米种植面积占其总种植面积的 78%以上，并以 $1.13×10^6$ hm²/a 的速率增加；北方小麦和水稻种植面积增速分别为 $1.0×10^5$ hm²/a 和 $2.1×10^5$ hm²/a，占其总种植面积的比例分别由

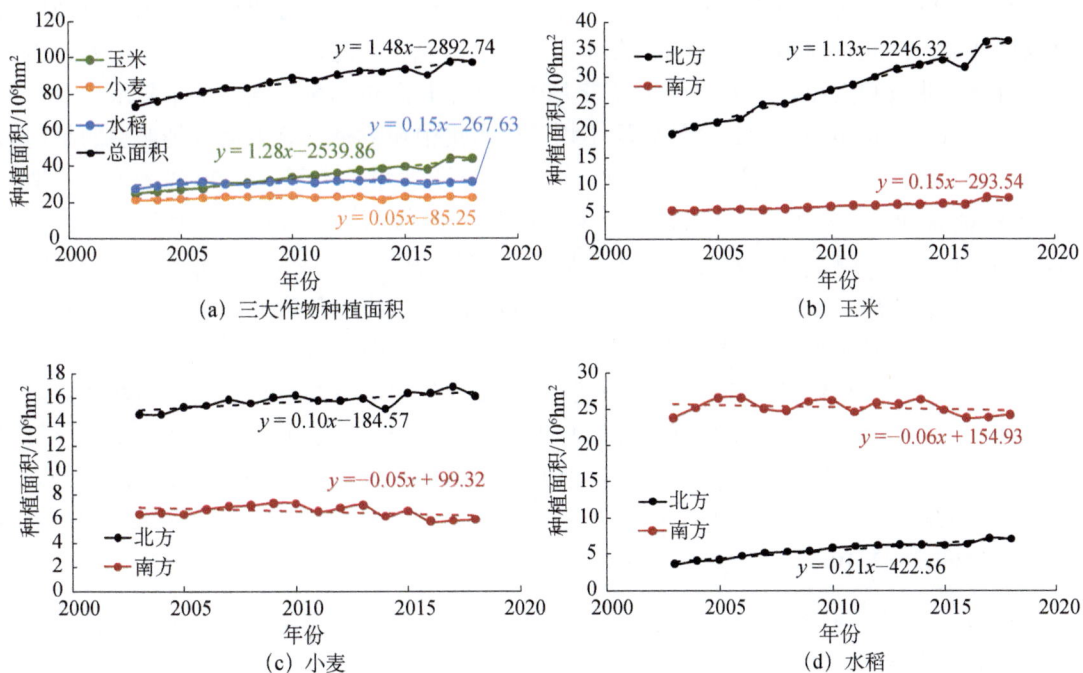

图 10-2　2003～2018 年中国主要粮食作物（玉米、小麦、水稻）种植面积及其总种植面积的变化趋势
（Luo et al.，2020b）

2003 年的 70%和 13%增加到 2018 年的 73%和 22%。而在南方，虽然玉米种植面积有所增加，但其占玉米总种植面积的比例由 2003 年的 21%减少到 17%；小麦和水稻种植面积分别以 5×10^4 hm²/a 和 6×10^4 hm²/a 的速率在减少，种植比例分别由 2003 年的 30%和 87%减少到 2018 年的 27%和 77%。

从空间分布来看，有 64%的作物种植面积呈增长趋势，平均每年增长 0.38%，36%的作物种植面积平均每年减少 0.41%。具体而言，玉米、小麦和水稻种植面积呈现增长趋势的比例分别为 84.4%、48.0%和 58.7%。其中，玉米种植面积增长速率从北向南逐渐减小，华北平原、西北和东北的增长率比西南和长江平原高出 6 倍以上。小麦种植面积在西南、西北和东北地区明显下降，在小麦主产区华北平原的南部和东部地区明显增加，其减少和增加部分基本相互抵消，因此小麦种植面积随着时间的推移保持相对稳定。水稻最大的种植面积扩张发生在黑龙江省，其种植面积扩张的区域大于种植面积减少的区域，总体上仍呈现增长趋势（Luo et al.，2020b）。

10.2.2　中国主要粮食作物耗水的演变特征

本研究以占中国 80%以上耕地面积和 90%以上粮食产量的三大粮食作物（玉米、小麦和水稻）为研究目标，利用碳-水耦合模型（PML-V2 模型）（Gan et al.，2018；Zhang et al.，2019）和遥感数据估算了 2003～2018 年中国北方和南方的主要粮食作物耗水情况，并对其进行了分析。

1. 研究区概况

本研究以中国南方和北方为研究区，以行政区划分南方和北方边界。中国北方地区主要包括甘肃、河北、河南、黑龙江、吉林、辽宁、宁夏、青海、山东、陕西、山西、内蒙古、新疆、北京和天津。北方主要是温带大陆性气候和温带季风气候，全年降水量少，年降水量在 200～800 mm，而且季节分配不均，降水集中在夏季。北方地区是典型的旱地农业，主要种植有粮食作物玉米和小麦，以及东北地区有少量的水稻。近 20 年来，北方地区农业种植面积已经增加了 1.5 倍，由 2003 年的 3.911×10^5 km² 增加到 2019 年的 5.972×10^5 km²。中国南方主要包括安徽、福建、广东、广西、贵州、海南、湖北、湖南、江苏、江西、四川、云南、浙江、西藏、重庆和上海。南方以热带亚热带季风气候为主，夏季高温多雨，冬季温和少雨，降水量在 800 mm 以上，山地迎风坡降水较多。南方水能资源丰富，河流湖泊较多，长江中下游地区分布最为集中，主要有鄱阳湖、洞庭湖、太湖等。南方地区主要商品粮基地包括长江三角洲、江淮平原、江汉平原、成都平原、鄱阳湖平原、洞庭湖平原、珠江三角洲等，主要种植农作物为水稻，兼顾少量玉米和小麦。近 20 年来，南方地区农业种植面积基本保持稳定，由 2003 年的 3.347×10^5 km² 增加到 2019 年的 3.498×10^5 km²（图 10-1）。

2. 研究数据与方法

1）研究数据

涡度相关数据：本研究使用来自 9 个涡度相关（EC）通量塔观测到的 ET 和总初级生

产力（GPP）数据来率定和验证 PML-V2 模型（Gan et al.，2018；Zhang et al.，2016，2019）参数。玉米和小麦的 EC 通量数据来源于国家青藏高原科学数据中心和国家生态科学数据中心，水稻的 EC 通量数据来自 Xu 等（2017）。EC 通量塔提供的原始数据是 30 min 时间分辨率的潜热通量（LE）和生态系统净初级生产力（NEE）。本研究首先使用 REddyProc 在线插值程序（Wutzler et al.，2018）和边际分布采样方法（Reichstein et al.，2005）对原始 EC 通量缺失数据进行插值，然后利用 LE 除以水分蒸散潜热（2.45 MJ/kg）计算得到观测的 ET，由公式关系 GPP=−NEE+R_{eco}（生态系统呼吸）计算得到 GPP，进而将 30 min 数据计算为 8 d 时间间隔的日平均值，以使其与 PML-V2 驱动数据的时间分辨率保持一致，最终得到的 8 d 时间间隔的 ET 数据将用于 PML-V2 模型的率定与验证。用于 PML-V2 模型校准和交叉验证的 EC 系统站点的详细信息如表 10-1 所示。

表 10-1　用于 PML-V2 模型校准和交叉验证的 EC 系统站点的详细信息

EC 站点	位置	高度/m	观测高度/m	作物类型	年份	参考文献
密云	40.63° N，117.32° E	350.0	26.7	玉米	2008～2010	Jia et al.，2012；Liu et al.，2013
大兴	39.62° N，116.43° E	20.0	3.0	玉米、小麦	2008～2010	Jia et al.，2012；Liu et al.，2013
馆陶	36.52° N，115.13° E	30.0	15.6	玉米、小麦	2008～2010	Jia et al.，2012；Liu et al.，2013
怀来	40.35° N，115.79° E	480.0	5.0	玉米	2013～2019	Guo et al.，2020；Liu et al.，2013
栾城	37.53° N，114.41° E	50.1	3.5	玉米、小麦	2007～2013	Zhang Y et al.，2020
禹城	36.83° N，116.57° E	28.0	2.0	玉米、小麦	2003～2010	Zhao et al.，2021
盈科	38.86° N，100.41° E	1519.1	2.8	玉米	2008～2011	Li et al.，2009；Liu et al.，2018
大满	38.86° N，100.37° E	1556.0	4.5	玉米	2012～2019	Liu et al.，2011，2018
昆山	31.25° N，120.95° E	17.5	2.5	水稻	2015～2016	Xu et al.，2017

气象数据和遥感驱动数据：PML-V2 模型的输入驱动数据包括气象数据（即降水、气温、气压、风速、向下短波辐射、向下长波辐射和比湿）、CO_2 浓度数据、叶面积指数（LAI）数据、反照率和地表发射率。其中，气象数据来自于 CMFD，空间分辨率为 0.1°，时间尺度为 8 d（He et al.，2020）。月尺度的 CO_2 浓度数据来自 NOAA 全球监测实验室的数据（https://gml.noaa.gov/ccgg/trends/data.html）。LAI、反照率和地表发射率分别来自于 MODIS Collection 6 的 MCD15A3H、MCD43A3 和 MOD11A2 产品（Myneni et al.，2015；Schaaf and Wang，2015；Wan et al.，2015），其时空分辨率分别为 500 m 和 4 d、500 m 和 1 d、500 m 和 8 d。

作物分布与物候数据：本研究中玉米、小麦和水稻的空间分布和物候数据集来源于 Luo 等（2020a，2020b），数据空间分辨率为 1 km。该数据是中国三大粮食作物的高精度分布数据集，数据与统计数据之间的 $R^2>0.8$，物候误差<10 d。

本研究使用双线性插值（气象和遥感驱动数据）和最邻近插值（作物分布与物候数据）算法，将气象、LAI、反照率、地表发射率、作物分布和作物物候数据的空间分辨率统一重采样至 0.0125°，便于后续计算。

2）研究方法

本研究首先利用 CMFD 气象数据、MODIS Collection 6 的 LAI、反照率和地表发射率等数据，分别针对每种主要粮食作物（即玉米、小麦和水稻）的土地利用类型，以中国 9

个农田 EC 通量塔（表 10-1）观测的 ET 和 GPP 为目标变量，对 PML-V2 中的参数进行率定和验证。在率定过程中，使用 MATLAB 中的模式搜索算法（pattern search algorithm），将每种作物的所有数据序列作为输入；在交叉验证过程中，本研究使用可以评价模型稳健性的留-交叉验证方法（Zhang et al.，2019）来评估模型估算的 ET 和 GPP 与率定过程估算的 ET 和 GPP 的差异。在率定和交叉验证过程中，通过最小化目标函数（F）来优化每种作物的 11 个关键参数（Zhang and Post，2018）。目标函数 F 的计算方法如式（10-9）～式（10-11）所示：

$$F = 2 - (\text{NSE}_{\text{ET}} + \text{NSE}_{\text{GPP}}) + 5\left|\ln(1 + \text{PBIAS}_{\text{ET}})\right|^{2.5} + 5\left|\ln(1 + \text{PBIAS}_{\text{GPP}})\right|^{2.5} \qquad (10\text{-}9)$$

$$\text{NSE} = 1 - \frac{\sum_{i=1}^{n}(Q_{\text{sim},i} - Q_{\text{obs},i})^2}{\sum_{i=1}^{n}(Q_{\text{obs},i} - \overline{Q}_{\text{obs}})^2} \qquad (10\text{-}10)$$

$$\text{PBIAS} = \frac{\sum_{i=1}^{n}Q_{\text{sim},i} - \sum_{i=1}^{n}Q_{\text{obs},i}}{\sum_{i=1}^{n}Q_{\text{obs},i}} \qquad (10\text{-}11)$$

式中，NSE 为纳什效率系数；PBIAS 为模型百分比偏差；$Q_{\text{obs},i}$ 为 EC 站点的观测 ET 或 GPP；$Q_{\text{sim},i}$ 为 PML-V2 模型估算的 ET 或 GPP。

图 10-3 为每种作物率定和交叉验证过程中观测和估算的 ET、GPP 之间的 NSE 与 PBIAS 值。由图 10-3 可知，估算 ET 和 GPP 与三种作物 EC 观测值都很一致。率定的 NSE 中值在 0.66～0.87［图 10-3（a）和（b）］，率定的 PBIAS 中值小于±0.05［图 10-3（c）和（d）］，根据 Moriasi 等（2007）、Zhang 和 Chiew（2009）的评价标准，率定的 PML-V2 模型在模拟各种作物的 ET 和 GPP 方面表现良好，率定结果较理想。图 10-3 也显示从率定到交叉验证，NSE 和 PBIAS 值的差异很小，这也表明 PML-V2 模型对于估算每种作物 ET 和 GPP 的表现足够稳定，模拟效果良好，可以用于中国三种主要粮食作物 ET 的模拟。

本研究采用 9 组玉米参数、5 组小麦参数和 3 组水稻参数，在中国范围内以 0.0125° 的网格单元运行 PML-V2 模型。PML-V2 模型使用所有 EC 站点（或多年）数据率定的参数对每种作物的 ET 进行估算，以作为最终 ET 结果。而采用多组参数模拟得到的多组 ET 来计算标准差，并将其作为模型的不确定性进行考虑。总不确定性计算方法为（Almeida Silva et al.，2018）

$$\delta Y = \sqrt{(\delta x_1)^2 + (\delta x_2)^2 + (\delta x_3)^2} \qquad (10\text{-}12)$$

$$\delta x = \sqrt{\frac{1}{m}\sum_{k=1}^{m}(x_k - \overline{x})^2} \qquad (10\text{-}13)$$

式中，δY 为作物总产量或耗水量的总不确定性；δx 为每种作物的所有参数组估算结果的标准差；x_1、x_2、x_3 分别为玉米、小麦和水稻；m 为参数组个数；x_k 为每组参数的估算结果；$\overline{x}$ 为每种作物所有参数组估算结果的平均值。

遥感蒸散发模型率定好后，将模型估算得到的 ET 与各种作物种植面积相乘，即可得

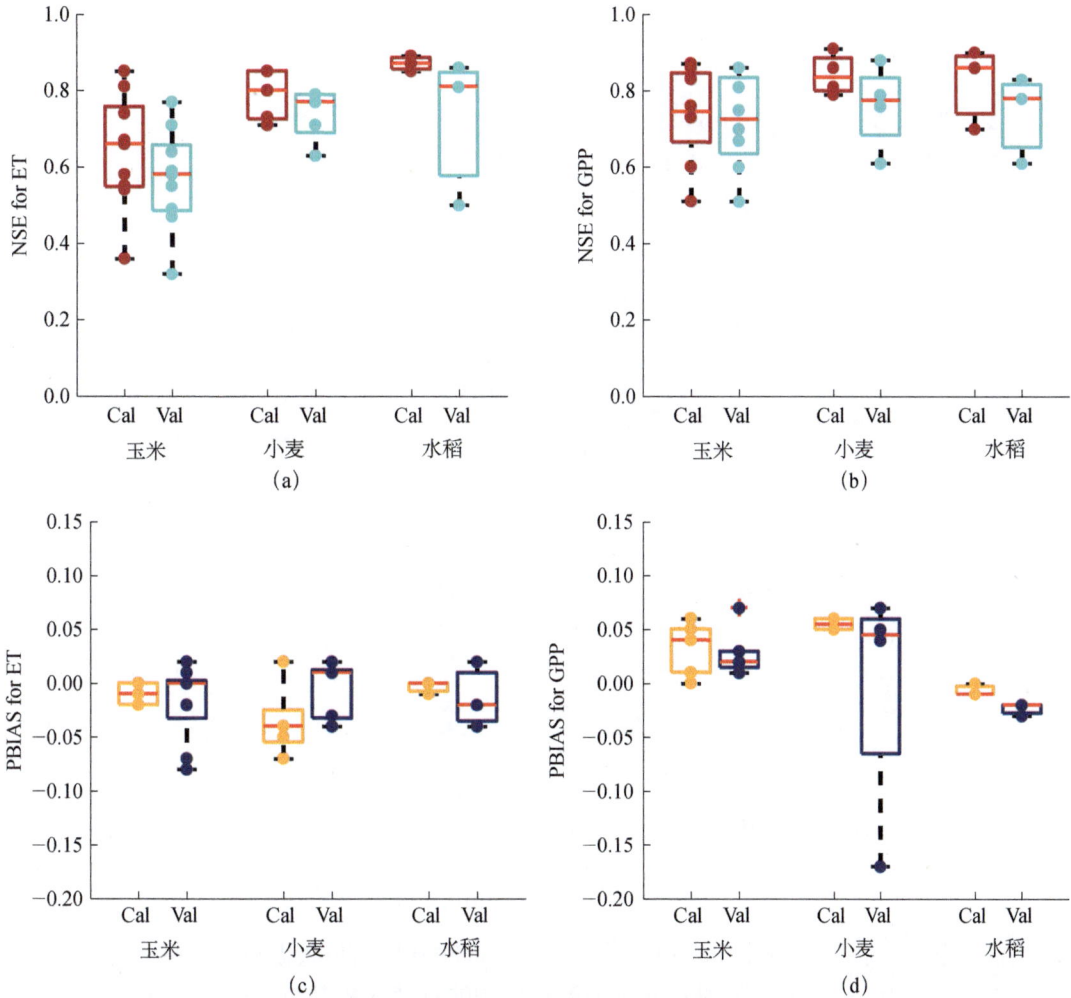

图 10-3 PML-V2 模型率定和验证结果

（a）ET 的 NSE 结果；（b）GPP 的 NSE 结果；（c）ET 的 PBIAS 结果；（d）GPP 的 PBIAS 结果。ET 表示实际蒸散发量；
GPP 表示总初级生产量；NSE 表示纳什效率系数；PBIAS 表示模型百分比偏差；Cal 表示率定；Val 表示交叉验证

到不同作物生育期耗水情况，计算方法见 10.1.2 节。

3. 主要结果

图 10-4（a）显示，2003～2018 年中国三大粮食作物总耗水量显著增加（$p<0.05$）。南方 AWC 从 2003 年的（148.37±4.57）km³/a 增加到 2018 年的（177.46±5.16）km³/a，增长率为 0.95 km³/a²。虽然 2007 年之前北方 AWC 低于南方，但 2007 年之后超过了南方，并于 2018 年增加到（218.28±17.53）km³/a。图 10-5 不同作物耗水数据表明，北方 AWC 增加主要是由于玉米 AWC 的大量增加，约占总耗水量的 75%。虽然南方小麦 AWC 呈下降趋势，但这对南方总 AWC 的增长趋势影响较小，因为小麦耗水量仅约占南方总 AWC 的 1/7。

通过归因分析进一步研究了影响 2003～2018 年主要粮食作物总耗水量变化的主要因素（即种植面积和单位面积的实际 ET）的相对贡献率。图 10-4（b）显示，北方种植面积的扩大主导了作物总 AWC 的增加，其贡献率为 89%。而南方总 AWC 的增加主要是由单位面积

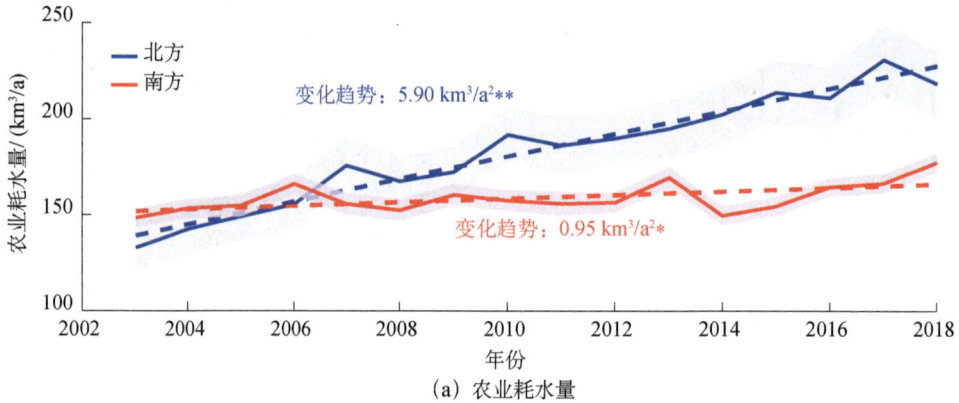

(a) 农业耗水量

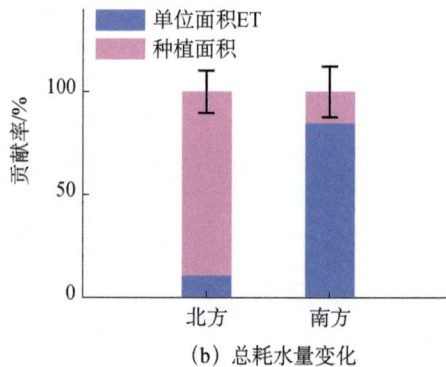

(b) 总耗水量变化

图 10-4　2003～2018 年中国北方和南方地区 PML-V2 模型估算的农业耗水量的变化趋势及
总耗水量变化的归因分析

*表示 $p<0.05$；**表示 $p<0.01$。下同

ET 增加引起的。图 10-5（d）～（f）所示的三大作物种植面积数据也可以解释这一结果。图 10-5 显示 2003～2018 年中国北方三大粮食作物的种植面积都有显著增加（$p<0.01$），其中玉米种植面积的增长率最高，为 1.16×10^{6} hm²/a，其次是水稻的 2.1×10^{5} hm²/a 和小麦的 1.0×10^{5} hm²/a。而南方小麦和水稻种植面积的减少对总 AWC 的负面影响抵消了部分玉米种植面积增加对总 AWC 的积极影响，导致南方种植面积扩大对作物总 AWC 的影响较小 [图 10-6（a）～（c）]。此外，虽然南方水稻种植面积略有减少 [图 10-5（f）]，但其总 AWC 仍然增加 [图 10-5（c）]，也证实了南方作物耗水量的增加是由单位面积 ET 增加主导的 [图 10-6（c）]。

10.2.3　中国主要粮食作物灌溉需水量的时空演变特征

灌溉占全球用水量的 70%以上，对农业生产极为重要（Ding et al.，2017）。耕地扩张可能导致灌溉量的变化，影响农业用水分配和管理以及水资源的可持续性。本研究在获得作物耗水量的基础上，计算了三种主要粮食作物生育期的灌溉需水量（IWD），即 AWC 与有效降水量的差值，并将其与有效降水量进行比较，结果见图 10-7。

2003～2018 年，北方 IWD 显著增加（$p<0.05$），而南方 IWD 下降。在北方有效降水量增加的背景下，其 IWD 仍然显著增加（$p<0.05$），表明增加的有效降水量不能满足作物生

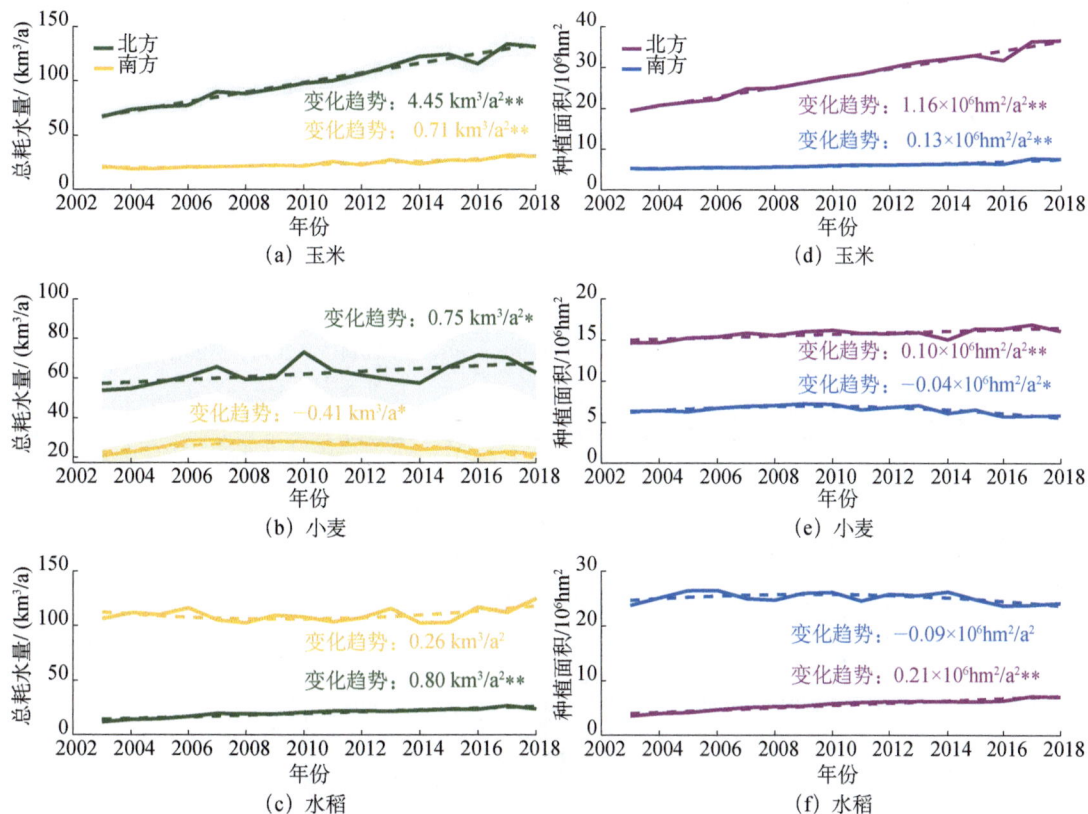

图 10-5 2003~2018 年中国北方和南方玉米、小麦和水稻的总耗水量（左列）和种植面积（右列）的
时间序列

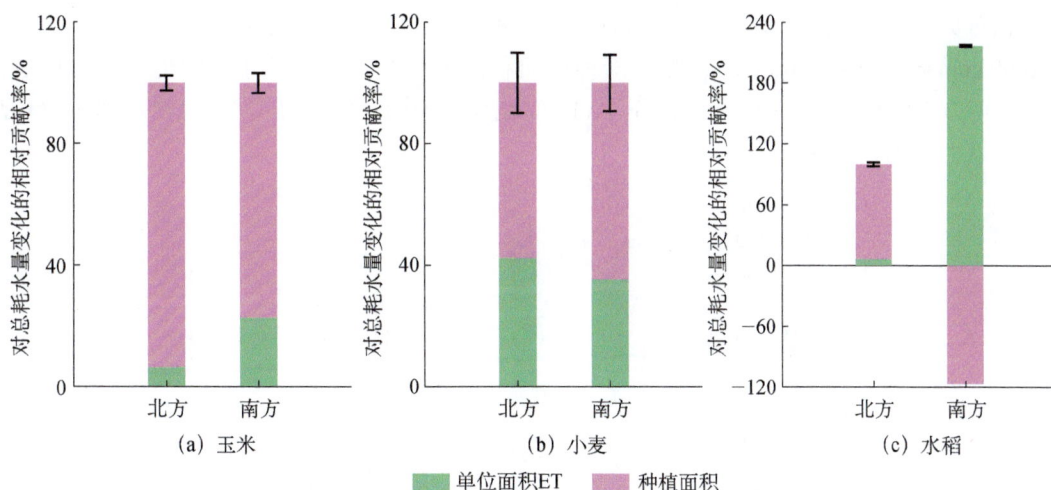

图 10-6 2003~2018 年中国北方和南方玉米、小麦和水稻的种植面积与单位面积 ET
对总耗水量变化的相对贡献率

长所消耗的水量，北方农业水资源一直处于亏缺状态。与之相比，南方 IWD 呈现显著减少趋势（−0.61 km³/a²），而有效降水量呈现显著增加趋势（0.89 km³/a²），说明南方农业用水亏缺状态得到了一定的缓解，并且可以将节省下的灌溉需水量用于其他行业，在一定程度

上支撑其经济发展。

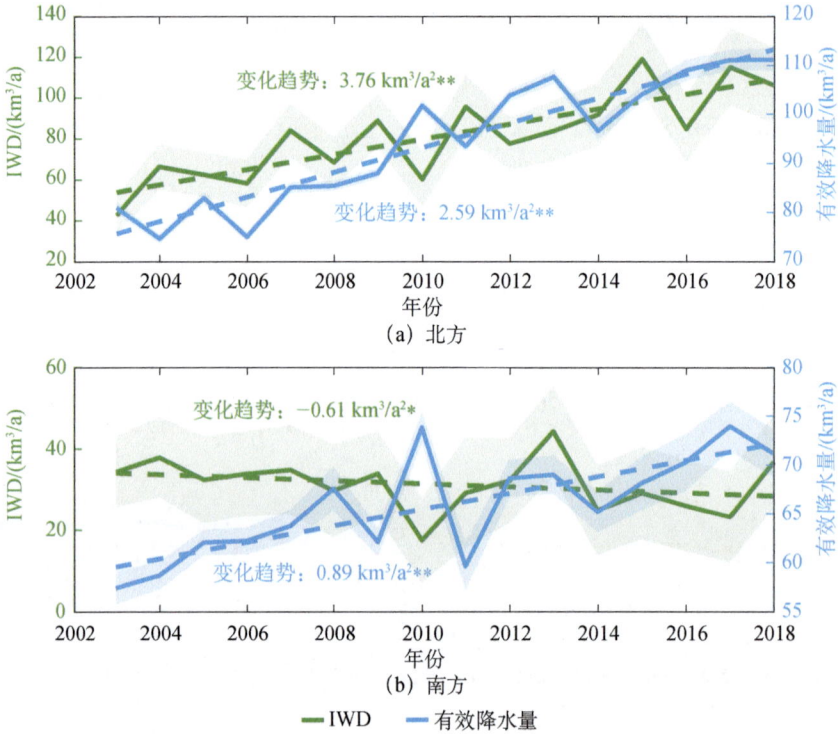

图 10-7 作物生育期总灌溉需水量（IWD）和有效降水量的时间序列

与北方作物总 AWC 增加的原因相似，北方 IWD 的增加主要是由种植面积的扩张引起的，相对贡献率为 62%。北方玉米 IWD 增长速度为 2.50 km^3/a^2，其次是小麦和水稻，分别为 0.60 km^3/a^2 和 0.34 km^3/a^2，因此玉米种植面积的扩张是造成北方 IWD 增加的最主要因素。而南方 IWD 的变化是由单位面积 IWD 的减少引起的（图 10-8）。其中，水稻 IWD 的减少是最主要因素（图 10-9）。

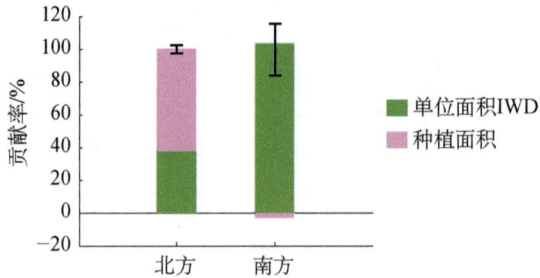

图 10-8 中国北方和南方 IWD 变化的归因分析

虽然北方 IWD 总体上在增加，但其趋势在不同地区有很大差异。在新疆西北部和华北平原，IWD 呈现显著的增长趋势（$p<0.05$），增长率约为 $2×10^5$ m^3/a^2 ［图 10-10（a）～（c）］，这对农业水资源的供应和可持续性构成了较大威胁。相比之下，东北和南方地区 IWD 主要呈现下降趋势，下降速率分别约为 $2×10^5$ m^3/a^2 和 $4×10^5$ m^3/a^2 ［图 10-10（a）、图

10-10（d）、图 10-10（e）］，表明这两个地区的农业缺水状况没有恶化。

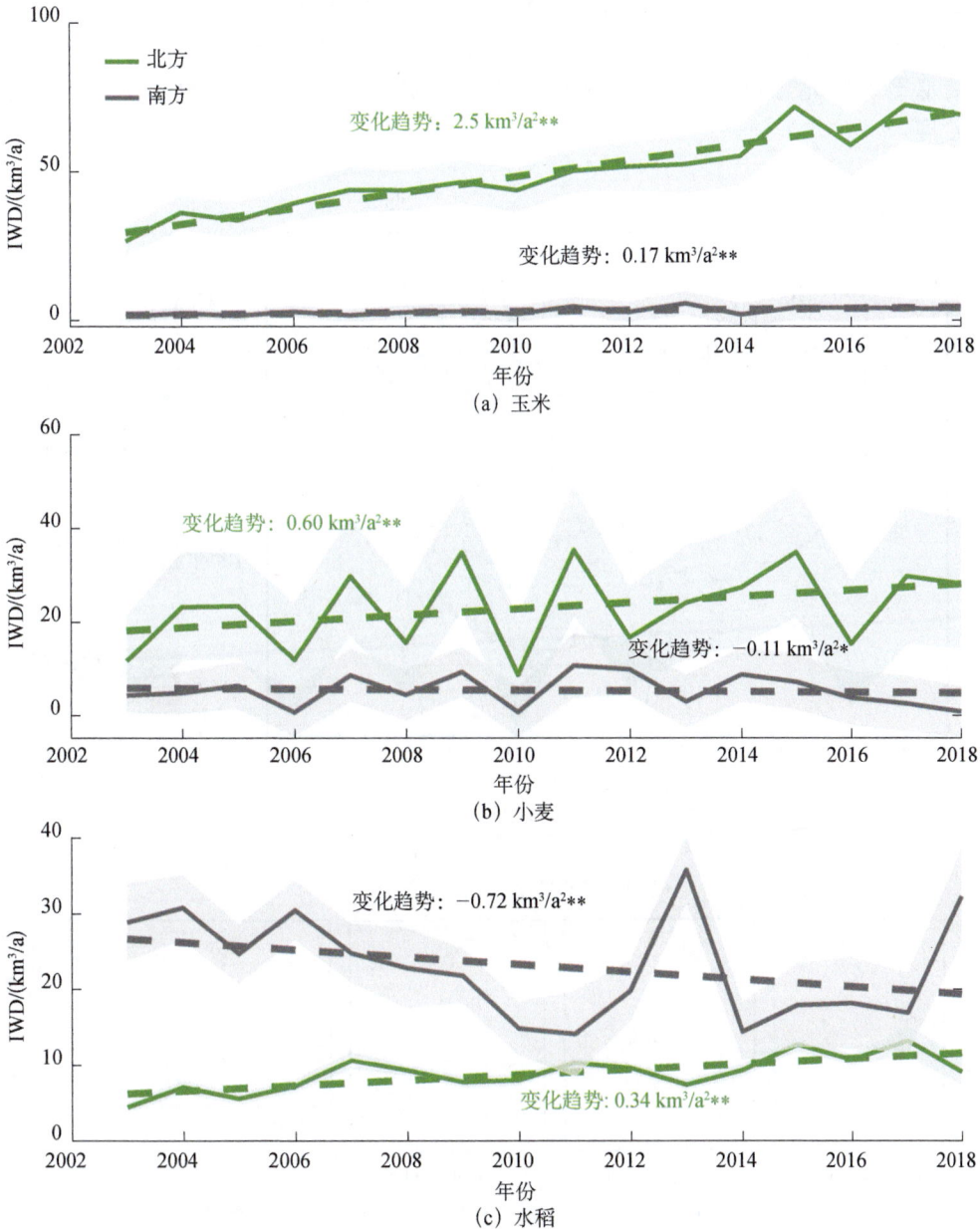

(a) 玉米

(b) 小麦

(c) 水稻

图 10-9　2003～2018 年中国北方和南方玉米、小麦和水稻的 IWD

　　在干旱的北方地区，由于种植面积的大规模扩张引起农业耗水量的增加，北方面临更严重的缺水问题，威胁到其水安全。中国的"北粮南运"政策虽然缓解了南方耕地和城市土地扩张之间的激烈竞争（Hu et al.，2020），但这种做法导致北方农业用水的大量增加。相对于全国总量而言，北方农业耗水从 2003 年的 47%增加到 2018 年的 55%［图 10-4（b）］，而北方的可用水量只占全国总水量的 20%（Du et al.，2014），导致作物灌溉量投入的增加与水资源短缺形成激烈的矛盾（Cao et al.，2017；Liu et al.，2013）。2003～2018

年，北方农业持续扩张使农业 IWD 增加了超过 60.0 km³/a [图 10-7（a）]。这种 IWD 的增长甚至超过 2003 年的 IWD 初始值。灌溉用水需求的增加趋势将不可避免地导致北方干旱地区水危机的恶化，因此从水资源供给的角度来看，"北粮南运"的政策是不可持续的，有必要调整北方和南方之间的种植规模和面积，并采取相应措施，确保水资源的可持续发展。

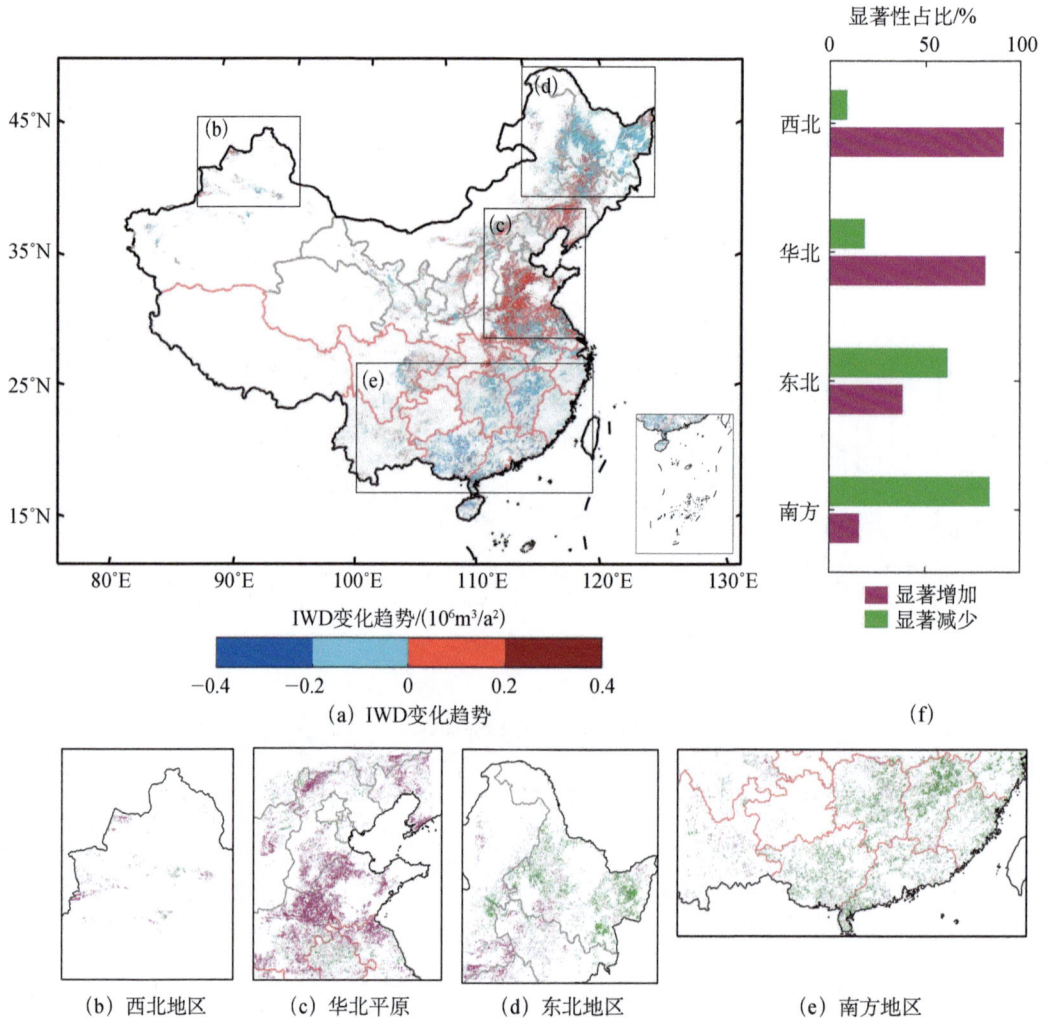

(a) IWD变化趋势

(f)

(b) 西北地区　　(c) 华北平原　　(d) 东北地区　　(e) 南方地区

图 10-10　2003～2018 年 IWD 变化趋势的空间分布

（a）IWD 的变化趋势；（b）、（c）、（d）和（e）分别为中国西北地区（新疆西北部）、华北平原、东北地区和南方地区四个农业热点地区 IWD 趋势显著性的空间分布；（f）为四个地区 IWD 趋势为显著增加和显著降低的占比

10.3　基于遥感蒸散发的中国主要粮食作物用水亏缺量的归因分析

10.2 节主要介绍了中国北方主要粮食作物的农业灌溉需求量的变化规律，其需求量在 2003～2018 年呈现显著的增加趋势，而北方的水资源仅占全国的 19%，水资源失衡现象严

重，给北方农业用水带来了很大的挑战和压力。随着人口和经济的快速增长与发展，以及非农产业对农业用水量的挤占，中国北方缺水成为比缺地更为严重的社会和环境问题。有限的水资源条件加剧了北方农业用水供需矛盾和农业用水的紧缺态势，加深了水资源危机。作物用水亏缺量（AWD）是反映作物用水供需矛盾的指标，主要由灌溉需求与可利用水资源的差值决定。目前关于农业用水供需矛盾的研究大多是从农业需水量增加的角度间接说明缺水问题，忽略了农业可用水量变化的影响，无法直观地解释 AWD 的真实数量变化。因此，深入了解我国北方农业用水的亏缺状态及其影响因素，对于及时采取切实可行的措施、保障区域水安全和农业可持续发展以及修复生态环境至关重要。

10.3.1　中国主要粮食作物用水亏缺量的季节性差异

1. 研究区概况

本节将研究区聚焦于农业用水矛盾突出的中国北方地区（图 10-11），以中国北方四大农业区三大主要粮食作物（玉米、小麦和水稻）2003～2018 年的 AWD 为研究目标，应用遥感蒸散发模型 PML-V2、水文模型和遥感数据对其进行分析。本研究旨在获得 AWD 的空间分布和季节变化特征；分析 AWD 的季节性趋势；确定 2003～2018 年中国北方不同农业区 AWD 变化的主要驱动因素。研究结果对特定区域制定合理的用水规划、及时调整用水管理措施、更好地应对新形势下的挑战具有重要指导意义。

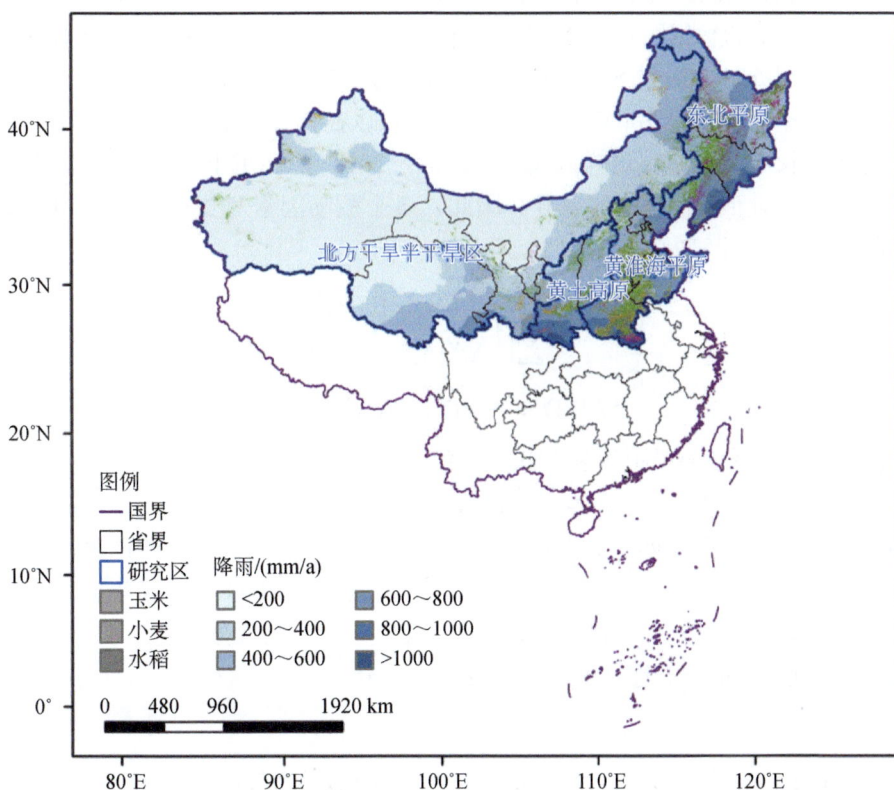

图 10-11　研究区概况和三大粮食作物（玉米、小麦和水稻）空间分布情况

2. 研究数据与方法

AWD 计算方法见 10.1.2 节。

归因分析方法：为了确定 2003～2018 年中国北方地区 AWD 变化的主要驱动因子，我们设置了五种模拟情景（表 10-2），首先量化了各环境因子对 AWD 变化的贡献。环境因子包括除降雨 P 以外的气候变量（以下称为气候）、P、可用水量和种植结构，它们分别通过影响 ET、P 和 Q_{avi} 三个计算 AWD 的组成部分来影响 AWD。需要指出的是，由于 P 被认为是所有气候变量中影响每个生态系统的最重要因素（Yang et al.，2018），因此 P 和其他气候变量被分开分析。

表 10-2　AWD 归因分析模拟情景设置

驱动因子	情景				
	S_0	S_1	S_2	S_3	S_4
气候（除 P）	所有均动态	固定	动态	动态	动态
P		动态	固定	动态	动态
可用水量		动态	动态	固定	动态
种植结构		动态	动态	动态	固定

五种模拟情景的详细设置见表 10-2。其中，基本情景 S_0 的所有气候、P、可用水量和种植结构输入数据在 2003～2018 年都是动态的。S_1、S_2、S_3 和 S_4 是模拟情景，各个情景分别将一个驱动因子的数据固定为 2003 年的值，而其他驱动因子的数值是随时间动态变化的真值。需要说明的是，情景 S_4 中将作物种植结构固定为 2003 年的数据，相应的作物分布和 LAI 数据也全部固定为 2003 年的数值，从而可以在作物种植结构固定情景下保持与其最相符的作物生长情况。通过这样的设定，2003～2018 年驱动因子引起的 AWD 变化即 S_0 与其他四个相应情景下的 AWD 的差异。因此，各个驱动因素对 2003～2018 年 AWD 变化的相对贡献率（RC）计算如式（10-15）所示：

$$RC = \frac{|\Delta AWD_i|}{\sum_{i=1}^{4} |\Delta AWD_i|} \times 100\% \tag{10-14}$$

$$\Delta AWD_i = AWD_{S_0} - AWD_{S_i} \tag{10-15}$$

式中，ΔAWD_i 为 S_0 与其他模拟情景之间引起的 AWD 变化，即为不同环境因子变化引起的 AWD 的变化；i 为模拟情景编号，i=1，2，3，4。

分别在整个北方地区和四大农业区年度和季度尺度上进行上述 RC 计算，得到各个环境因子在各个区域的 RC 值。RC 最大的环境因子被认为是 2003～2018 年整个北方地区和各个农业区 AWD 季节性变化的主要驱动因子。其中，季节设置分别为春季（3～5 月）、夏季（6～8 月）、秋季（9～11 月）和冬季（12 月至次年 2 月）。

3. 主要结果

图 10-12 显示春季东北平原 AWD 最低，平均 AWD 为 17.56 mm/月；黄淮海平原和黄土高原 AWD 最高，平均值为 46.75 mm/月，其中两个农业区南部区域的 AWD 明显高于北

部区域；北方干旱半干旱区 AWD 平均值为 24.93 mm/月，其西部地区 AWD 高于东部地区，并且 AWD 最高值出现在新疆西部。

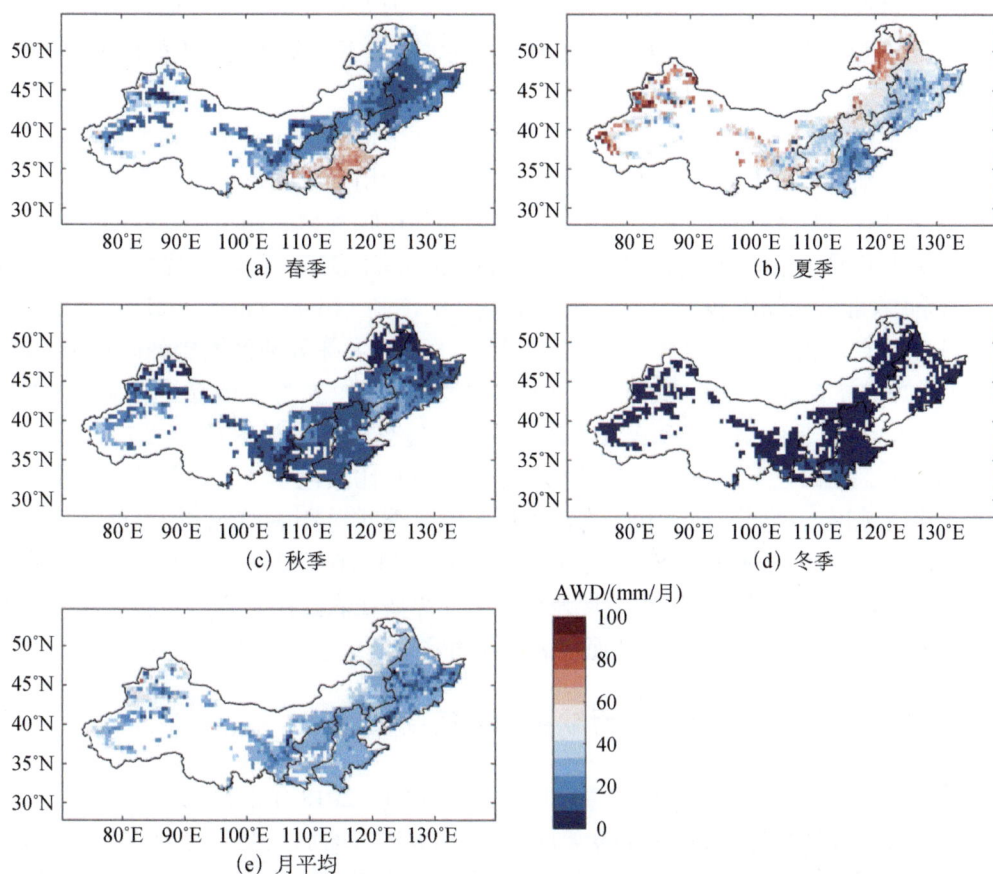

图 10-12　2003～2018 年中国北方春季、夏季、秋季、冬季和整个生长季节的月平均 AWD 的空间分布

　　夏季 AWD 的空间分布与春季相比变化较大，高值地区从南部向北方和西北方向移动，北方干旱半干旱区代替黄淮海平原成为最亏水的农业区，其中部和东部的 AWD 由春季的小于 40 mm/月增加到夏季的大于 60 mm/月，并且新疆西部的农业亏水情况最为严重，AWD 值最高达到 100 mm/月。东北平原的 AWD 也有所增加，从平均 17.56 mm/月增加到 37.63 mm/月。黄淮海平原和黄土高原北部的 AWD 略有增加，而其中部和南部的 AWD 与春季相比有所减少，从 70 mm/月降低到 50 mm/月以下。

　　秋冬季节是中国北方的收获季节，大部分地区 AWD 降低到 20 mm/月以下。尤其是冬季，AWD 最低，小于 10 mm/月，因此冬季农业用水亏缺情况得到一定的缓解。

　　对于整个生长季节的月平均 AWD 来说，大部分地区的 AWD 月均值小于 40 mm/月，但北方干旱半干旱区西部和黄淮海平原中南部的 AWD 月均值高于 50 mm/月，这两个区域成为农业用水亏缺情况最严重的地区。

　　本研究表明农业用水亏缺最为严重的地区为黄淮海平原和黄土高原南部地区，以及北方干旱半干旱区的西部地区 [图 10-12（a）和（b）]。这两个地区也是一直以来农业水问题最多的热点研究区域，如 Lai 等（2022）和 Feng 等（2013）的研究表明农业灌溉消耗了大量地下水，使西北地区和华北平原出现了严重的地下水漏斗现象。Kang 等（2017）和 Tian 等（2020）的研究一直致力于提高地区农业水分生产力，从而减少农业用水消耗，解决水危机。本研究的结果与前人的结果有高度的一致性，即地下水漏斗最严重的地区为 AWD 最多的地区，因为需要大量开采地下水对农业用水进行补给。

但本研究与前人研究不同的地方在于，虽然这两个地区农业亏水最为严重，但其具有明显的季节性差异。黄淮海平原和黄土高原在春季农业用水亏缺最严重，而北方干旱半干旱区在夏季农业用水亏缺最严重，这主要是由降雨和作物种植结构不同导致的。春季黄淮海平原和黄土高原正值冬小麦需水旺盛期（Yang et al.，2022），而降雨稀少（Ling et al.，2021），因此农业亏水情况较为突出；而夏季降水量较多（Ling et al.，2021），因此农业用水亏缺情况与春季相比有所缓解。而北方干旱半干旱区大部分地区的年降雨小于 300 mm（Li et al.，2017；Wang et al.，2021），由于其主要在 4 月、5 月种植春小麦和春玉米（Li et al.，2015），夏季是作物生长和需水旺盛期，因此夏季成为北方干旱半干旱区农业亏水最为严重的季节。相比之下，东北平原虽然夏季农业亏水比其他季节多，但其是四个农业区中亏水最少的地区，主要归功于其作物需水最多的夏季同样具备了充沛的降雨条件（Zhou et al.，2015）。虽然北方地区普遍存在农业亏水情况，但本研究表明不同地区农业亏水最严重的时间不同，具有明显的地区季节性差异，因此需要在农业用水管理中根据实际情况因地制宜地采取农业用水补偿措施，从而提高农业用水效率缓解用水压力。

10.3.2　中国主要粮食作物用水亏缺量的时空变化趋势

图 10-13 显示，对于整个中国北方地区来说，2003～2018 年的月均 AWD 呈显著增加趋势（$p<0.05$），增加速率为 0.20 mm/（月·a），AWD 的增加主要表现为 AWD 需求较大的季节（6～8 月）的增加 [图 10-13（b）]。东北平原是唯一一个 AWD 减少的农业区，但其减少趋势不显著（$p>0.05$）。这也能从其月均值的年际变化图 [图 10-13（d）] 中看出，图 10-13（d）中东北平原 AWD 的月均值并没有表现出一定的规律性，其 2003～2018 年月均 AWD 较为随机。

除了东北平原外，其他三个农业区 2003～2018 年的月均 AWD 都呈显著增加的趋势（$p<0.05$），其中黄淮海平原增加速率最大，为 0.42 mm/（月·a），然后是黄土高原 [0.36 mm/（月·a）] 和北方干旱半干旱区 [0.19 mm/（月·a）]。这种增加趋势也体现在图 10-13（f）～（j）中，主要表现为各个农业区月均 AWD 峰值的逐年增加。其中，黄淮海平原在一年两季种植制度下 AWD 的双季峰值均有所增加 [图 10-13（f）]，黄土高原月均 AWD 增加主要在 5～9 月 [图 10-13（h）]，而北方干旱半干旱区主要为单季种植制度，其 AWD 峰值的增加主要集中在 6～8 月 [图 10-13（j）]。

图 10-14 显示了月平均 AWD 在不同季节下的变化趋势的空间分布。虽然对于四大农业区来说，其 AWD 的整体变化趋势呈现显著增加或不显著减少（图 10-13），但变化趋势具有很大的空间异质性和季节特征（图 10-14）。

虽然东北平原 AWD 整体上呈减小趋势 [图 10-13（c）]，但夏季其西南部 AWD 增加显

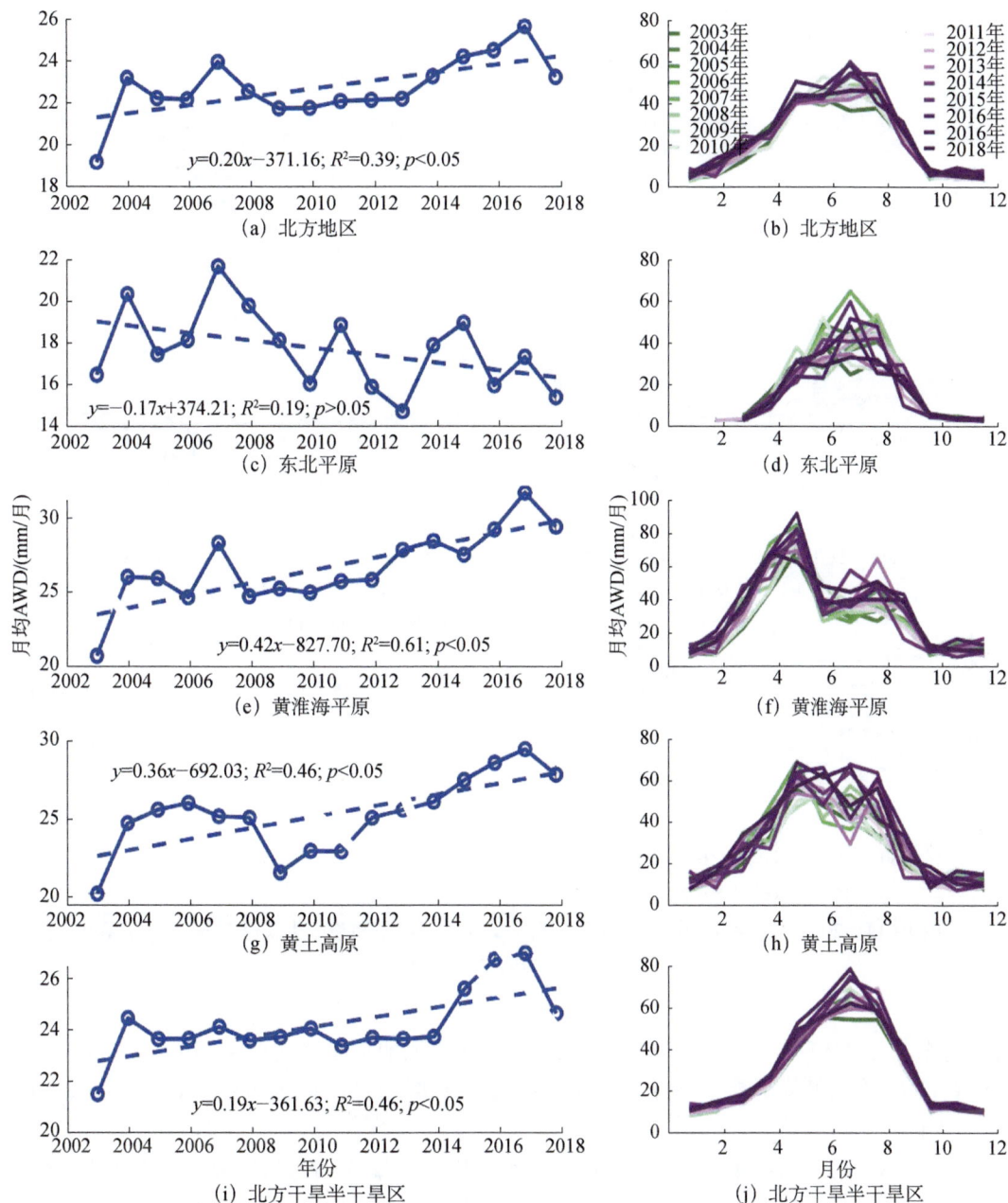

图 10-13　2003～2018 年中国北方地区和四个农业区的月均农业用水亏缺时间序列图

R^2 为决定系数；p 为概率值

著，而东北部显著降低。然而，春季、秋季和冬季东北平原 AWD 呈减小趋势的面积所占比例仍然要大于呈增加趋势的面积所占比例，这也与东北平原 AWD 整体降低的趋势相一致。

黄淮海平原和黄土高原大部分地区（占比为 75.08%～92.11%）在四个季节呈现显著增加趋势，尤其是在夏季，其增加速率最高，AWD 增加速率可达 >3mm/（月·a）[图 10-14（b）]。春季和秋季其 AWD 变化趋势的空间分布表现出相反的情况，春季黄淮海平原和黄土高原北部 AWD 呈现增加趋势，而南部 AWD 呈现减少趋势；相反地，秋季黄淮海平原和

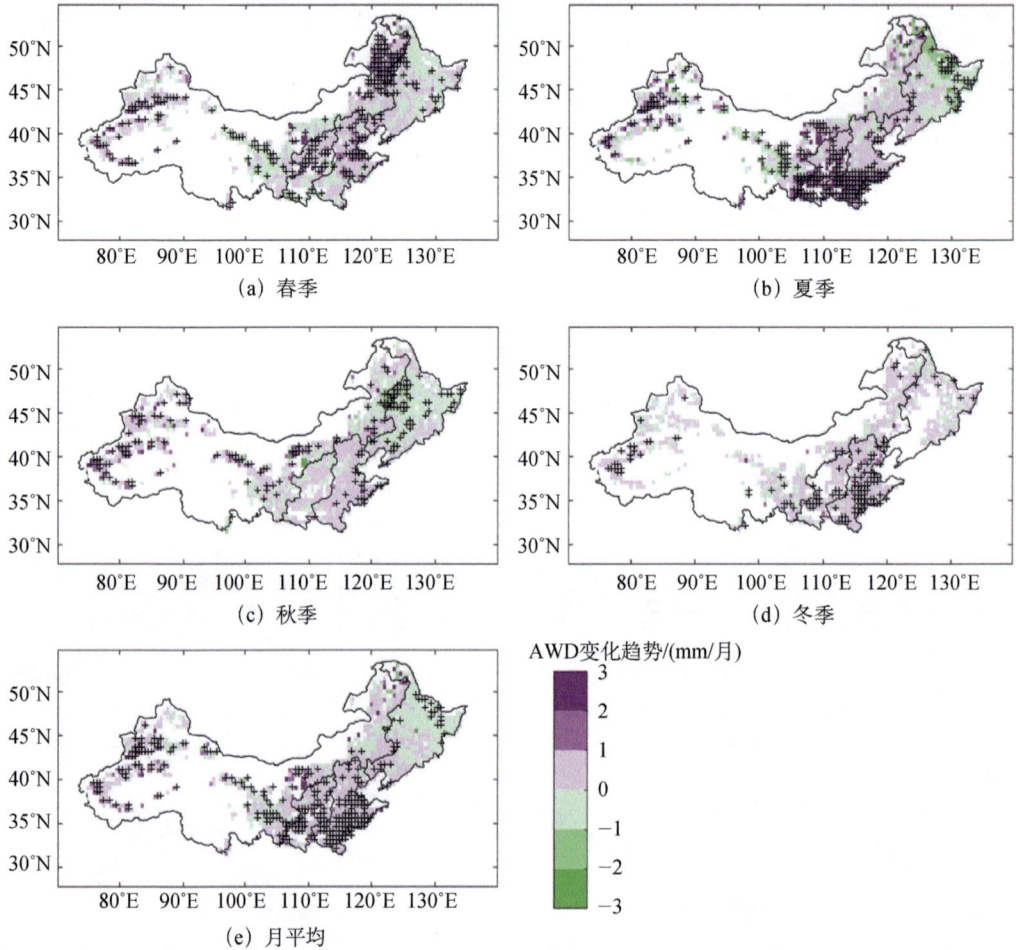

图 10-14　2003～2018 年中国北方春季、夏季、秋季、冬季和整个生长季节的月平均 AWD
变化趋势的空间分布

符号"+"表示该趋势在 $p<0.05$ 水平上是显著的

黄土高原北部 AWD 呈现减少趋势，而南部 AWD 呈现增加趋势 [图 10-14（a）和（c）]。虽然黄淮海平原和黄土高原冬季 AWD 大部分呈增加趋势，但大多<1 mm/（月·a）[图 10-14（d）]。

北方干旱半干旱区西部地区的 AWD 在春、夏、秋季增加趋势明显，而冬季呈减少趋势的占比有所增加。其中部的甘肃地区，春季和夏季的 AWD 大多呈减少趋势，而秋季 AWD 增加较明显。在其东部与东北平原相邻的地区，春季的 AWD 增加较为显著，而夏秋季节 AWD 有所减少。

对于全生长季月平均 AWD 来说，约有 70.14%地区的 AWD 呈增加趋势。与之相比，只有东北平原北部有明显的减少趋势。这些变化趋势无论在时间还是空间上，都与前文月平均 AWD 的年际变化趋势相一致（图 10-13）。

中国北方地区一直以来都是农业用水关注的热点研究区，其农业用水供需矛盾已经被广为人知。也有不少研究希望通过采取节水灌溉或调整种植结构（Sun et al.，2019；Gao et al.，2022）来减少地区农业用水，提高用水效率。但本研究表明其农业用水亏缺情况并没有得到缓解，并以平均 0.20 mm/（月·a）的速度增加，其中以黄淮海平原和黄土高原增加速率最快，分别达到 0.42 mm/（月·a）和 0.36 mm/（月·a）[图 10-13（e）和（g）]。虽然黄淮海平原和黄土高原夏季和秋季 AWD 与春季相比有所减少（图 10-12），但 AWD 增加速率比春季更高 [图 10-14（b）]。这主要是由种植面积的扩张（Potapov et al.，2022）和夏季降水量的减少（Ling et al.，2021）导致的。与之相比，虽然北方干旱半干旱区夏季是 AWD 最大的时期 [图 10-12（b）]，并且其 AWD 在四个季节都呈现出显著的增加趋势，但其平均年增加速率 [0.19 mm/（月·a）] 小于黄淮海平原和黄土高原 [图 10-13（i）]。这可能是因为更恶劣的水资源条件限制了北方干旱半干旱区农业的发展，使其扩张速度相对偏低，因此其农业用水亏缺在已有高水平下（如 2003 年北方干旱半干旱区 AWD 为 21.8 mm/月，而其他三个农业区 AWD 均小于 20 mm/月）的增加趋势小于黄淮海平原和黄土高原。尽管中国北方农业用水亏缺变化趋势有时间和空间上的差异，但是过去长时间以来其不断增加的事实也是不容忽视的严重问题。因此，需要尽快采取相应措施大面积推广目前已有的节水方案（如改变灌溉方式、调整种植结构和使用生物蒸腾抑制剂等），并开发相应的节水技术模式来减少农业用水量，减缓农业用水供需矛盾，维护地区水安全和粮食安全。

10.3.3　中国主要粮食作物用水亏缺量的主要驱动因子

图 10-15 显示了不同影响因子（除 P 外的气候、P、可用水量和种植结构）变化引起的月度 AWD 变化的空间分布。

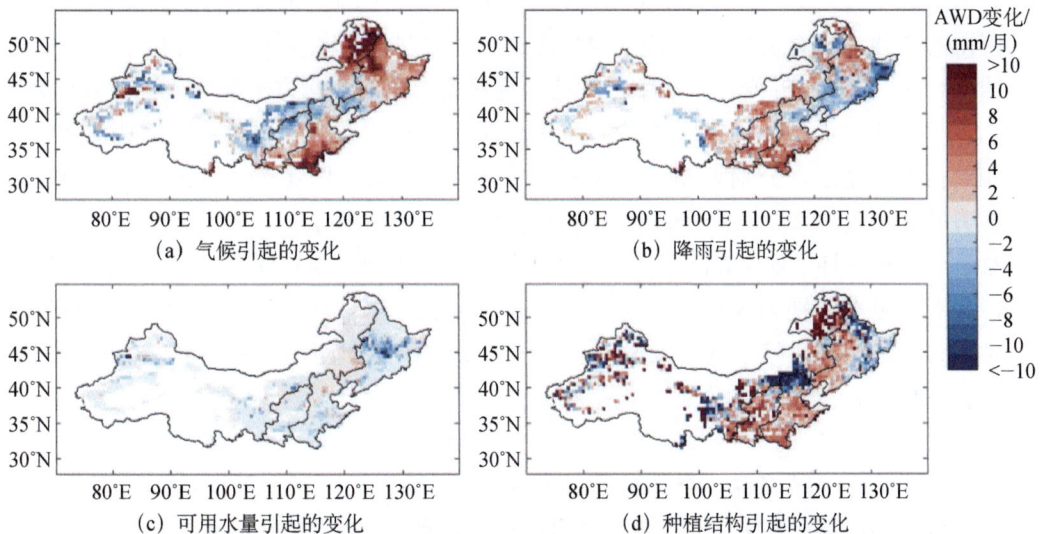

图 10-15　2003～2018 年中国北方地区气候（除降雨 P 外）、P、可用水量和种植结构变化引起的月度 AWD 变化的空间分布

2003～2018 年气候的变化使东北平原东北部、黄淮海平原和黄土高原南部、北方干旱

半干旱区东部和北方干旱半干旱区西部 AWD 增加，其余地区 AWD 减少。除了东北平原中东部和南部以及北方干旱半干旱区西部和中部的新疆与甘肃地区降水量的变化使得 AWD 减少之外，降雨的变化使得中国北方大部分其他地区月均 AWD 增加大于 4 mm/月。

可用水量的变化对月均 AWD 的影响在大部分地区较小，AWD 的变化一般在±3 mm/月以内。但是在东北平原北部地区，可用水量的变化使得月均 AWD 变化最大，在 4～8 mm/月。

相比之下，2003～2018 年种植结构的变化引起的月均 AWD 的变化量（无论是增加或减少）最大，月均 AWD 变化量的绝对值基本都大于 6 mm/月。种植结构的变化使得 AWD 增加的区域主要集中在东北平原的中西部，以及 90%的黄淮海平原和黄土高原地区；而使 AWD 减少的区域主要集中在东北平原的东部、黄土高原北部，以及北方干旱半干旱区的西部和中部。

根据各个影响因子引起的 AWD 变化量，我们计算了各个因子变化对 AWD 变化的相对贡献率，并认为相对贡献率最大的环境因子是引起 AWD 变化的主导因子。不同季节引起 AWD 变化的主导因子的空间分布见图 10-16（a）～（e），各个农业区不同季节不同影响因子对 AWD 变化的相对贡献率见图 10-16（f）。

图 10-16 显示，不同季节影响 AWD 变化的主导因子在不同农业区有很大差异。春季 AWD 变化的主导因子在东北平原为降雨（相对贡献率为 95%），在黄淮海平原为气候因素（相对贡献率为 42%），而在黄土高原和北方干旱半干旱区均为种植结构（相对贡献率分别为 79%和 66%）。夏季东北平原 AWD 变化的主导因子为气候因素（相对贡献率为 34%），黄淮海平原、黄土高原和北方干旱半干旱区主导因子为种植结构，相对贡献率分别为 39%、50%和 39%。秋季东北平原和北方干旱半干旱区 AWD 变化的主导因子均为种植结构，相对贡献率分别为 70%和 44%；而黄淮海平原和黄土高原引起 AWD 变化的主导因子均为降雨的变化，相对贡献率分别为 54%和 61%。很明显，冬季主要是种植结构的变化主导着四大农业区 AWD 的变化。其中，种植结构对黄土高原和北方干旱半干旱区 AWD 变化的影响最大，相对贡献率均大于 70%；而在东北平原和黄淮海平原，种植结构对 AWD 变化的相对贡献率略小，分别为 64%和 58%。总之，四大农业区冬季 AWD 主要受种植结构变化影响最大，而春、夏、秋季的主导因子随区域特点而多变。

对于全生长季月平均 AWD 而言，东北平原和黄淮海平原 AWD 变化的主导因子为气候因素，相对贡献率分别为 53%和 47%；黄土高原和北方干旱半干旱区 AWD 变化的主导因子为种植结构，相对贡献率分别为 53%和 89%。并且由东向西、由东北平原到北方干旱半干旱区新疆地区，种植结构变化的贡献率越来越大，气候因素变化的贡献率越来越小[图 10-16（e）]。

对于整个北方地区来说，全生长季月平均 AWD 的主导因素为种植结构（平均相对贡献率为 59%），其次分别为气候因素（平均相对贡献率为 23%）、可用水量（平均相对贡献率为 10%）和降雨（平均相对贡献率为 8%）[图 10-16（e）]。其中，种植结构的影响在冬季最大，相对贡献率可达到 75%，相比之下，虽然种植结构在春季、夏季和秋季也是北方地区 AWD 变化的主导因素，但其相对贡献率较小，分别为 59%、55%和 36%[图 10-16（f）]。

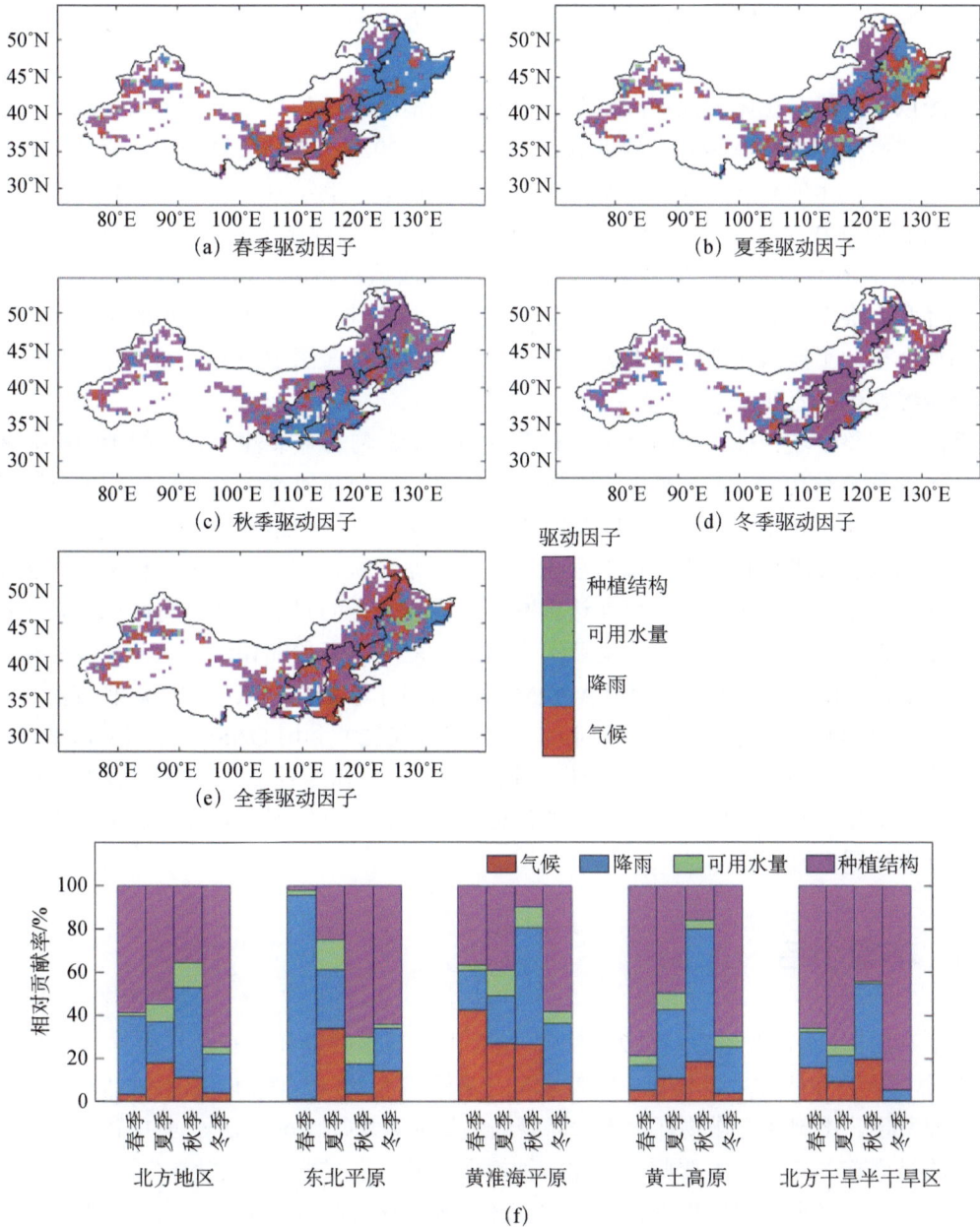

(a) 春季驱动因子

(b) 夏季驱动因子

(c) 秋季驱动因子

(d) 冬季驱动因子

(e) 全季驱动因子

驱动因子
种植结构
可用水量
降雨
气候

(f)

图 10-16　2003~2018 年中国北方地区不同季节 AWD 变化主要驱动因子的空间分布 [（a）~（e）]
及其相对贡献率（f）

　　在四个环境影响因子中，气候因素和种植结构主要影响作物耗水，降雨主要影响作物
灌溉需求，而可用水量直接影响农业可供水量，进而影响农业用水亏缺程度。本研究结果
表明北方种植结构变化对 AWD 影响最大，其次分别是气候因素和可用水量，而降雨的影
响最小，说明各种因素对 AWD 的影响主要是通过影响作物耗水来影响 AWD 的，其中种植
结构对作物耗水的影响又大于气候因素的影响。Zou 等（2017）和 Yang 等（2018）的研究
也表明人类活动（包括农艺措施、灌溉、土地利用变化等）对农业耗水的影响大于气候

变化的影响。Zhang L 等（2020）的研究表明农业灌溉增加最大的影响因素是种植面积的增加。

基于以上分析，在无法控制降雨和可用水量的情况下，如果想要缓解农业用水供需矛盾困境，最有效的途径就是减少农业耗水。Zou 等（2020）通过情景分析表明减少耕地面积是减少农业耗水的有效途径，但减少种植面积可能会影响粮食作物产量和粮食安全。中国已经将耕地红线设置为 18 亿亩（1 亩 $\approx 666.7 \, \mathrm{m}^2$）来确保国家粮食安全（Chen et al.，2019）。因此，在保护耕地的措施下，更有效的方法应该从调整作物种植结构和培育抗旱高产作物品种方面节约农业水资源。尤其是受种植结构变化而使 AWD 增加的黄淮海平原、黄土高原、东北平原西部地区和北方干旱半干旱区中西部（图 10-15），需要寻求新的种植模式来减缓农业水危机。

然而，调整区域种植结构时还应关注其对 AWD 影响的季节性差异（图 10-16），根据不同地区的种植结构对 AWD 变化的主导作用特点，结合其他节水模式进行因地制宜的调整。例如，北方干旱半干旱区 AWD 在四个季节均受种植结构影响最大，可能更需要种植高抗旱作物减少灌溉量和对水资源的需求；东北平原在秋、冬季受种植结构影响更大，可能需要在适当范围内缩短作物生育期达到减少作物耗水量的目的；黄淮海平原和黄土高原在冬季受种植结构影响更大，可能需要考虑增加小麦和玉米的间作制度从而减少冬季作物种植等。对此，Sun 等（2019）利用 APSIM 模型分析了不同作物系统和灌溉制度对作物耗水量和产量的影响来解决水资源短缺问题。Gao 等（2022）利用 DASST 模型来探索可以减少净用水量、降低地下水下降的最佳作物轮作制度。但需要注意的是，减少农业用水消耗，缓解农业用水亏缺问题时，同时也要保证粮食产量安全问题。对此，还需要根据不同区域特点进行更多的探索。

10.4 本章小结

本章利用碳-水耦合遥感蒸散发模型，结合卫星遥感数据和国家统计数据，对 2003～2018 年中国南方和北方主要粮食作物耗水量、灌溉需水量以及作物用水亏缺情况进行了量化。研究发现，中国北方作物耗水量和灌溉需水量显著增加（$p<0.05$），其中作物耗水量增长速率约是南方的 6 倍，主要归因于北方种植面积的快速扩张。与之相比，南方稳定的农业种植规模以及降水量的增加使得其作物灌溉用水需求有减少趋势，对南方农业用水情况有一定的缓解。2003～2018 年，作物用水亏缺状况最严重的地区是黄淮海平原和黄土高原南部，以及北方干旱半干旱地区，亏缺量最高值分别出现在春季和夏季。除东北平原外，中国北方地区的 AWD 呈现明显的增加趋势 [0.20 mm/（月·a）]，其中在黄淮海平原南部和黄土高原的夏季增长最快，而在东北平原东部的夏季减少最快。归因分析结果表明，种植结构是整个中国北方 AWD 变化的主导因素，其对 AWD 变化的相对贡献率为 61%，相对贡献率最高值出现在春季和冬季，分别为 52% 和 81%。

中国一直将水资源管理放在非常重要的地位，因为可持续的土地和水资源管理是有韧性的农业-粮食系统的基础，也是实现缓解和适应气候变化目标的关键。本研究结果强调，为了保障水粮安全，可能需要重新精确地评估粮食-水耦合系统中农业供水的可持续性，并根据地理和季节特征调整种植结构以减少农业用水量，从而缓解中国北方农业用水危机。本研究结果将对帮助政策制定者采取必要的措施和尝试改善农业种植结构以实现水和粮食安全具有理论指导意义。

然而，本研究存在一定的局限性。首先，只考虑了中国三大粮食作物的耗水量和亏水量，而没有考虑其他类型作物，未来需要结合可利用数据情况对更多作物类型进行综合分析。其次，本研究在做归因分析时假设各个影响因子都是独立的，没有考虑它们之间的交互作用，如其他气候与降雨的相互影响、降雨与可用水量的相互影响等。未来的研究中需要逐步考虑以上问题使研究结果更为完善。

参 考 文 献

Allen R G，Pereira L S，Raes D，et al. 1998. Crop evapotranspiration-guidelines for computing crop water requirements. FAO Irrigation and Drainage Paper 56. Rome：Food and Agriculture Organization of the United Nations.

Allen R G，Pereira L S，Smith M，et al. 2005. FAO-56 dual crop coefficient method for estimating evaporation from soil and application extensions. Journal of Irrigation and Drainage Engineering，131（1）：2-13.

Almeida Silva M，Amado C，Loureiro D. 2018. Propagation of uncertainty in the water balance calculation in urban water supply systems：a new approach based on high-density regions. Measurement：Journal of the International Measurement Confederation，126：356-368.

Bastiaanssen W G M，Menenti M，Feddes R A，et al. 1998. A remote sensing surface energy balance algorithm for land（SEBAL）：1. formulation. Journal of Hydrology，212-213：198-212.

Brenner A J，Incoll L D. 1997. The effect of clumping and stomatal response on evaporation from sparsely vegetated shrublands. Agricultural and Forest Meteorology，84（3-4）：187-205.

Cao X，Wu M，Guo X，et al. 2017. Assessing water scarcity in agricultural production system based on the generalized water resources and water footprint framework. Science of the Total Environment，609：587-597.

Cao X，Zeng W，Wu M，et al. 2020. Hybrid analytical framework for regional agricultural water resource utilization and efficiency evaluation. Agricultural Water Management，231：106027.

Carlson T N，Capehart W J，Gillies R R. 1995. A new look at the simplified method for remote sensing of daily evapotranspiration. Remote Sensing of Environment，54（2）：161-167.

Chen A Q，He H X，Wang J，et al. 2019. A study on the arable land demand for food security in China. Sustainability，11（17）：4769.

Ding Y M，Wang W G，Song R M，et al. 2017. Modeling spatial and temporal variability of the impact of climate change on rice irrigation water requirements in the middle and lower reaches of the Yangtze River，China. Agricultural Water Management，193：89-101.

Döll P，Siebert S. 2002. Global modeling of irrigation water requirements. Water Resources Research，38（4）：1037.

Doorenboos J, Pruitt W O. 1977. Guidelines for Predicting Crop Water Requirements, Irrigation and Drainage Paper 24. Rome: FAO.

Du T, Kang S, Zhang X, et al. 2014. China's food security is threatened by the unsustainable use of water resources in North and Northwest China. Food and Energy Security, 3 (1): 7-18.

Farquhar G D, von Caemmerer S, Berry J A. 1980. A biochemical model of photosynthetic CO_2 assimilation in leaves of C_3 species. Planta, 149 (1): 78-90.

Feng W, Zhong M, Lemoine J M, et al. 2013. Evaluation of groundwater depletion in North China using the Gravity Recovery and Climate Experiment (GRACE) data and ground-based measurements. Water Resources Research, 49 (4): 2110-2118.

Gan R, Zhang Y Q, Shi H, et al. 2018. Use of satellite leaf area index estimating evapotranspiration and gross assimilation for Australian ecosystems. Ecohydrology, 11 (5): 1-15.

Gao F, Luan X B, Yin Y L, et al. 2022. Exploring long-term impacts of different crop rotation systems on sustainable use of groundwater resources using DSSAT model. Journal of Cleaner Production, 336: 130377.

Guo A L, Liu S M, Zhu Z L, et al. 2020. Impact of lake/reservoir expansion and shrinkage on energy and water vapor fluxes in the surrounding area. Journal of Geophysical Research: Atmospheres, 125 (20): 1-16.

He J, Yang K, Tang W J, et al. 2020. The first high-resolution meteorological forcing dataset for land process studies over China. Scientific Data, 7 (1): 25.

Hu Y C, Su M R, Wang Y F, et al. 2020. Food production in China requires intensified measures to be consistent with national and provincial environmental boundaries. Nature Food, 1 (9): 572-582.

Jia Z Z, Liu S M, Xu Z W, et al. 2012. Validation of remotely sensed evapotranspiration over the Hai River Basin, China. Journal of Geophysical Research: Atmospheres, 117: 1-21.

Kang S Z, Hao X M, Du T S, et al. 2017. Improving agricultural water productivity to ensure food security in China under changing environment: from research to practice. Agricultural Water Management, 179: 5-17.

Lai J M, Li Y N, Chen J L, et al. 2022. Massive crop expansion threatens agriculture and water sustainability in Northwestern China. Environmental Research Letters, 17: 034003.

Li F Q, Lyons T J. 1999. Estimation of regional evapotranspiration through remote sensing. Journal of Applied Meteorology, 38 (11): 1644-1654.

Li J, Yue Y, Pan H. 2015. Simulation of water stress regularity in main wheat planting regions in China under rainfed conditions. Agricultural Research in the Arid Areas, 33 (1): 105-112.

Li S E, Kang S Z, Li F S, et al. 2008. Evapotranspiration and crop coefficient of spring maize with plastic mulch using eddy covariance in Northwest China. Agricultural Water Management, 95 (11): 1214-1222.

Li X L, Tong L, Niu J, et al. 2017. Spatio-temporal distribution of irrigation water productivity and its driving factors for cereal crops in Hexi Corridor, Northwest China. Agricultural Water Management, 179: 55-63.

Li X, Li X W, Li Z Y, et al. 2009. Watershed allied telemetry experimental research. Journal of Geophysical Research: Atmospheres, 114: D22103.

Ling M H, Han H B, Wei X L, et al. 2021. Temporal and spatial distributions of precipitation on the Huang-Huai-Hai Plain during 1960−2019, China. Journal of Water and Climate Change, 12 (6): 2232-2244.

Liu J, Wu P, Wang Y, et al. 2013. Analysis of virtual water flows related to crop transfer and its effects on local water resources in Hetao irrigation district，China，from 1960 to 2008. Journal of Food，Agriculture and Environment，11（1）：682-686.

Liu S，Li X，Xu Z，et al. 2018. The Heihe integrated observatory network：a basin-scale land surface processes observatory in China. Vadose Zone Journal，17（1）：180072.

Liu S，Xu Z，Wang W，et al. 2011. A comparison of eddy-covariance and large aperture scintillometer measurements with respect to the energy balance closure problem. Hydrology and Earth System Sciences，15（4）：1291-1306.

Luo Y，Zhang Z，Chen Y，et al. 2020a. ChinaCropPhen1km：a high-resolution crop phenological dataset for three staple crops in China during 2000-2015 based on leaf area index（LAI）products. Earth System Science Data，12（1）：197-214.

Luo Y，Zhang Z，Li Z，et al. 2020b. Identifying the spatiotemporal changes of annual harvesting areas for three staple crops in China by integrating multi-data sources. Environmental Research Letters，15（7）：074003.

Monteith J L. 1965. Evaporation and environment. Symposia of the Society for Experimental Biology，19：205-234.

Moran M S，Rahman A F，Washburne J C，et al. 1996. Combining the Penman-Monteith equation with measurements of surface temperature and reflectance to estimate evaporation rates of semiarid grassland. Agricultural and Forest Meteorology，80（2-4）：87-109.

Moriasi D N，Arnold J G，van Liew M W，et al. 2007. Model evaluation guidelines for systematic quantification of accuracy in watershed simulations. Transactions of the ASABE，50（3）：885-900.

Myneni R，Knyazikhin Y，Park T. 2015. MOD15A2H MODIS/Terra Leaf Area Index/ FPAR 8-Day L4 Global 500 m SIN Grid V006. NASA EOSDIS Land Processes DAAC.

Patwardhan A S，Nieber J L，Johns E L. 1990. Effective rainfall estimation methods. Journal of Irrigation and Drainage Engineering，116（2）：182-193.

Penman H L. 1948. Natural evaporation from open water，hare soil and grass. Proceedings of the Royal Society of London Series A：Mathematical and Physical Sciences，193（1032）：120-145.

Penman H L. 1963. Vegetation and hydrology. Soil Science，96（5）：357.

Potapov P，Turubanova S，Hansen M C，et al. 2022. Global maps of cropland extent and change show accelerated cropland expansion in the twenty-first century. Nature Food，3：19-28.

Reichstein M，Falge E，Baldocchi D，et al. 2005. On the separation of net ecosystem exchange into assimilation and ecosystem respiration：review and improved algorithm. Global Change Biology，11（9）：1424-1439.

Saadi S，Todorovic M，Tanasijevic L，et al. 2015. Climate change and Mediterranean agriculture：impacts on winter wheat and tomato crop evapotranspiration，irrigation requirements and yield. Agricultural Water Management，147：103-115.

Schaaf C，Wang Z. 2015. MCD43A1 MODIS/Terra+Aqua BRDF/Albedo Model Parameters Daily L3 Global-500 m V006. NASA EOSDIS Land Processes DAAC.

Shuttleworth W J. 2007. Putting the "vap" into evaporation. Hydrology and Earth System Sciences，11（1）：210-244.

Smith M. 1992. CROPWAT：a computer program for irrigation planning and management. FAO Irrigation and

Drainage Paper. No. 46. Rome：FAO.

Sun H Y，Zhang X Y，Liu X J，et al. 2019. Impact of different cropping systems and irrigation schedules on evapotranspiration，grain yield and groundwater level in the North China Plain. Agricultural Water Management，211：202-209.

Tian F，Zhang Y，Lu S H. 2020. Spatial-temporal dynamics of cropland ecosystem water-use efficiency and the responses to agricultural water management in the Shiyang River Basin，Northwestern China. Agricultural Water Management，237：106176.

Verhoef A，Allen S J. 2000. A SVAT scheme describing energy and CO_2 fluxes for multi-component vegetation：calibration and test for a Sahelian savannah. Ecological Modelling，127（2-3）：245-267.

Villalobos F J，Testi L，Moreno-Perez M F. 2009. Evaporation and canopy conductance of citrus orchards. Agricultural Water Management，96（4）：565-573.

Wallace J S. 1997. Evaporation and radiation interception by neighbouring plants. Quarterly Journal of the Royal Meteorological Society，123（543）：1885-1905.

Wan Z，Hook S，Hulley G. 2015. MYD11A2 MODIS/Aqua Land Surface Temperature/ Emissivity 8-Day L3 Global 1 km SIN Grid V006. NASA EOSDIS Land Processes DAAC.

Wang C，Zhang S，Li K，et al. 2021. Change characteristics of precipitation in Northwest China from 1961 to 2018. Chinese Journal of Atmospheric Sciences，45（4）：713-724.

Wilson K，Goldstein A，Falge E，et al. 2002. Energy balance closure at FLUXNET sites. Agricultural and Forest Meteorology，113（1-4）：223-243.

Wutzler T，Lucas-Moffat A，Migliavacca M，et al. 2018. Basic and extensible post-processing of eddy covariance flux data with REddyProc. Biogeosciences，15（16）：5015-5030.

Xu J Z，Liu X Y，Yang S H，et al. 2017. Modeling rice evapotranspiration under water-saving irrigation by calibrating canopy resistance model parameters in the Penman-Monteith equation. Agricultural Water Management，182：55-66.

Yang P，Xia J，Zhan C S，et al. 2018. Separating the impacts of climate change and human activities on actual evapotranspiration in Aksu River Basin ecosystems，Northwest China. Hydrology Research，49（6）：1740-1752.

Yang T，Wang J，Zhang H，et al. 2022. Evapotranspiration of typical agroecosystems in the North China Plain based on single crop coefficient method. Chinese Journal of Eco-Agriculture，30（3）：356-366.

Yu Q，Zhang Y Q，Liu Y F，et al. 2004. Simulation of the stomatal conductance of winter wheat in response to light，temperature and CO_2 changes. Annals of Botany，93（4）：435-441.

Zhang L，Chen F，Lei Y. 2020. Climate change and shifts in cropping systems together exacerbate China's water scarcity. Environmental Research Letters，15（10）：104060.

Zhang Y Q，Chiew F H S. 2009. Relative merits of different methods for runoff predictions in ungauged catchments. Water Resources Research，45（7）：W07412.

Zhang Y Q，Kang S Z，Ward E J，et al. 2011. Evapotranspiration components determined by sap flow and microlysimetry techniques of a vineyard in Northwest China：dynamics and influential factors. Agricultural Water Management，98（8）：1207-1214.

Zhang Y Q，Kong D D，Gan R，et al. 2019. Coupled estimation of 500 m and 8-day resolution global evapotranspiration and gross primary production in 2002−2017. Remote Sensing of Environment，222：165-182.

Zhang Y Q，Peña-Arancibia J L，McVicar T R，et al. 2016. Multi-decadal trends in global terrestrial evapotranspiration and its components. Scientific Reports，6：19124.

Zhang Y Q，Post D. 2018. How good are hydrological models for gap-filling streamflow data? Hydrology and Earth System Sciences，22（8）：4593-4604.

Zhang Y，Jiang H，Zhang C，et al. 2020. Daily fluxes dataset of the typical irrigated agro-ecosystem in the North China Plain：a case study of Luancheng Station（2007-2013）. https://doi.org/10.11922/sciencedb.939.

Zhao F H，Li F D，Zhan C S，et al. 2021. A carbon and water fluxes dataset of the farmland ecosystem of winter wheat and summer maize in Yucheng（2003−2010）. https://doi.org/10.11922/sciencedb.j00001.20002.

Zhao W Z，Ji X B，Kang E S，et al. 2010. Evaluation of Penman-Monteith model applied to a maize field in the arid area of Northwest China. Hydrology and Earth System Sciences，14（7）：1353-1364.

Zhou J，Zhao J H，He W P，et al. 2015. Spatiotemporal characteristics and water budget of water cycle elements in different seasons in Northeast China. Chinese Physics B，24（4）：049203.

Zou M Z，Kang S Z，Niu J，et al. 2020. Untangling the effects of future climate change and human activity on evapotranspiration in the Heihe agricultural region，Northwest China. Journal of Hydrology，585：124323.

Zou M Z，Niu J，Kang S Z，et al. 2017. The contribution of human agricultural activities to increasing evapotranspiration is significantly greater than climate change effect over Heihe agricultural region. Scientific Reports，7（1）：8805.

第 11 章　遥感蒸散发的应用前瞻

随着遥感技术和数据处理能力的不断提高，基于遥感蒸散发的应用前景越来越广泛。在大尺度水文特征变化与归因方面，基于遥感的蒸散发研究可以帮助更好地理解气候变化下的全球陆地水循环演变特征，并揭示植被变化对水循环过程的影响。在无资料或资料稀缺地区的水文模拟和预测方面，遥感蒸散发技术可以为径流模拟提供数据支持，提高径流模拟的精度和可靠性。在水旱灾害监测与中短期预测方面，遥感蒸散发技术可以为农业、生态和水文预报提供数据支持，提高预报精度和时效性。本章将主要从大尺度水文特征变化与归因、无资料或资料稀缺地区的水文模拟和预测以及水旱灾害监测与中短期预测三个方面展望遥感蒸散发的应用前景。

11.1　大尺度水文特征变化与归因

随着全球气候变化的不断加剧，水资源的供需矛盾越发尖锐。如何准确地监测和预测水资源的变化成为人们关注的焦点。遥感蒸散发技术可以提供大尺度的水文特征变化和归因信息，包括全球水循环变化、流域水文过程变化以及气候变化对水资源变化的影响等。利用遥感蒸散发数据，可以对区域乃至全球尺度的水资源变化趋势、空间分布和变化原因进行深入分析，这些信息对于水资源管理、生态保护、气候变化适应等方面具有重要意义。

在大尺度水文特征变化与归因方面，遥感蒸散发可以提供高时空分辨率的数据，揭示不同尺度下水文循环的特征变化及其归因机理。以下将从气候变化下的陆地水循环演变、极端水文事件的变化和植被变化与水文循环的关系三个方面进行详述。

11.1.1　气候变化下的陆地水循环演变

全球水循环是指地球上水分在不同形态之间不断转移和转换的过程。气候变化是指由人类活动等因素导致的气候系统变化。气候变化对于全球水循环有着深刻的影响。遥感蒸散发可以提供全球陆地的蒸散发及其分量数据，研究气候变化下陆地水循环的演变特征，为全球水资源管理和决策制定提供支持（图 11-1）。

过去十几年基于蒸散发的陆地水循环演变取得了诸多进展。例如，Jung 等（2010）揭示了气候变化背景下全球陆地蒸散发变化的演变特征，他们以全球通量观测网络数据为基础，结合气象和遥感观测数据，利用机器学习算法对 1982～2008 年全球陆地蒸散发变化进行了估算。他们的研究结果表明，1982～1997 年，全球年平均蒸散发每 10 年增加（7.1±1.0）mm。之后，在 1998 年的最后一次大型厄尔尼诺事件期间，2008 年前全球蒸散发的增

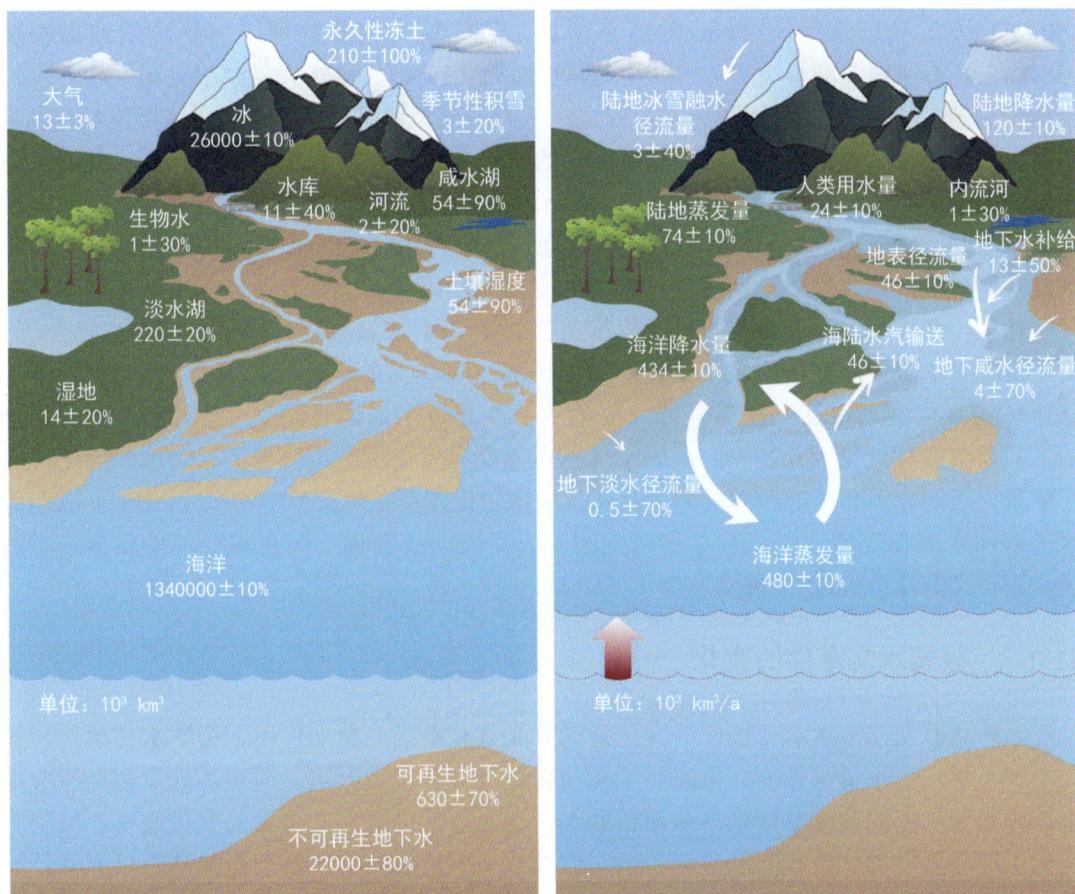

图 11-1　全球水循环示意图（Allan et al.，2020）

加近乎停止。这一变化主要是由南半球，特别是非洲和澳大利亚的水分限制所驱动。在这些地区，微波卫星观测显示，1998～2008 年土壤湿度下降。因此，土壤湿度限制对蒸散发的增加在很大程度上解释了全球陆地蒸散发趋势的下降。近 20 年，气候变暖进一步加剧，许多地方呈现大面积植被变绿，导致全球蒸散发进一步增大，陆地水循环进一步加剧（Cui et al.，2022；张永强等，2021；Zhang et al.，2019）。

一些研究利用卫星遥感数据研究了全球和区域水循环变化趋势，揭示了气候变化对全球水循环的影响，包括陆地水储量、水面和陆地蒸发与地表水体面积等的变化。例如，Asoka 等（2017）通过分析 GRACE 卫星和印度当地井位数据发现，季风降水的长期变化直接通过改变补给或间接通过改变地下水抽取，是印度大部分地区地下水储量变化的主要原因。2002～2013 年，印度北部地下水储量的下降速率为每年 2 cm，而南部地区略有增加。在印度中北部和南部地区，地下水储量的总变异中有很大一部分可以通过降水变化来解释。印度西北部地区的地下水储量变异主要可以通过灌溉用水的变异来解释，而这又受到降水变化的影响。印度北部降水的减少与印度洋的变暖有关，表明海洋温度与地下水储量之间存在遥相关关系。Zhao 等（2022）利用卫星观测和模型模拟，对 1985～2018 年全球 142 万个湖泊的蒸发量进行了量化分析。他们发现，长期平均湖泊蒸发量为（1500±

150）km³/a，且以每年 3.12 km³ 的速率增加。造成这种趋势的原因包括蒸发速率增加（58%）、湖泊冰覆盖减少（23%）以及湖面积增加（19%）。虽然人工湖泊（即水库）仅占全球湖泊储水能力的 5%，但对蒸发量的贡献达到 16%。该研究结果强调了使用绝对蒸发量而非蒸发速率作为评估气候对湖泊系统影响的主要指标的重要性。Ma 和 Zhang（2022）基于 PML-V2 遥感蒸散发模型，解析了青藏高原陆域蒸散发变化的驱动因素。1982~2016年，青藏高原陆域蒸散发呈显著增加趋势，增长速率为（1.87±0.25）mm/a（$p<0.001$），降水是控制青藏高原大部分地区蒸散发趋势的主要驱动因素；但在青藏高原东南部和东部的某些地区，净辐射、温度和叶面积指数起到了主导作用。Cooley 等（2021）利用 NASA 的 ICESat-2 卫星激光测高仪的测量数据，量化了从 2018 年 10 月到 2020 年 7 月 20 多万个内陆水体的水位波动特征，发现全球水库的季节变异性平均为 0.86m，而自然水体（如湖泊）的季节变异性仅为 0.22 m。地表水体的自然变异性在热带流域最大，而水库的变异性在中东、南部非洲和美国西部最大。此外，水体变化还存在明显的空间分异，45°N 以南地区的表面水储存变异性中，有 67%可归因于人类活动的影响，而在某些干旱和半干旱地区，这一比例几乎达到了 100%。

11.1.2　极端水文事件的变化

　　遥感蒸散发在极端水文事件的变化研究方面具有重要的帮助作用。极端水文事件，如洪水和干旱，对水资源管理、生态环境和社会经济具有重要影响。遥感蒸散发数据能够提供高时空分辨率的蒸散发信息，从而帮助人们深入理解极端水文事件的变化过程和机制。首先，遥感蒸散发数据有助于监测和识别极端水文事件的影响，特别是持续干旱事件，如澳大利亚的千禧年干旱（van Dijk et al.，2013）。通过分析蒸散发的空间分布和变化趋势，可以及时发现极端事件影响的时空分布特征。其次，遥感蒸散发提供了研究极端事件机制的重要线索。通过分析蒸散发与降水、土壤水分、植被生长等因素之间的关系，可以深入探讨极端事件的形成机制和驱动因素。这有助于人们理解极端事件的复杂性和非线性特征，并提供对未来极端事件的预测和管理策略。再次，遥感蒸散发数据为水资源管理和适应性决策提供了重要信息。通过分析蒸散发的时空变化，可以评估水资源供需平衡、灌溉管理和水利工程规划的可行性。遥感蒸散发数据还可用于制定适应性决策，如优化水资源分配、改善农业灌溉和生态恢复等。此外，遥感蒸散发对于研究气候变化对极端水文事件的影响也具有重要意义。通过分析长期蒸散发数据的变化趋势和气候因子之间的关系，可以揭示气候变化对极端水文事件频率、强度和持续时间的影响机制。这有助于我们更好地理解气候变化背景下的水文过程，并制定相应的适应性和减缓策略。

　　蒸散发有助于理解极端水文事件过程和机理，特别是干旱事件。例如，Wang 等（2016）针对全球范围内频繁发生的极端高温、低土壤湿度和高蒸散发以及伴随的骤旱事件，系统研究了中国骤旱的长期演变趋势。骤旱最有可能发生在湿润和半湿润地区，如中国南部和东北部地区。1979~2010 年，中国的骤旱平均增加了 109%，主要原因是气温的升高（50%），其次是土壤湿度减少和蒸散发增加。1997 年后，温度略有下降，但骤旱的增长趋势却增长了两倍，温度的下降被土壤湿度的加速干旱趋势和蒸散发的增加所弥补，从而导致变暖停滞期间骤旱的加剧。Yuan 等（2023）进一步分析了全球干旱特征的变化规律，发现在亚季节尺度上干旱加剧的速率变快，即过去 60 多年骤旱发生比例增加，已占到 74%以上。这一转变与人为气候变化引起的蒸散发异常和降水亏缺异常增强有关。

我们认为，随着遥感蒸散发估算精度不断提高，可进一步提升对极端水文事件过程和机理的认识，特别是对特大干旱导致的遥感蒸散发–生态系统–水文干旱–农业干旱的传递规律及其韧性特征的理解。

11.1.3 植被变化与水文循环的关系

植被变化是指一定地区或特定时间范围内植物群落的结构、组成、密度和分布发生的变化。植被变化会对水文循环产生影响，如植被盖度减少（植被变黄）会导致土壤水分的流失和水文循环的变化；反之，植被盖度增加（即植被变绿）会增加蒸散发量进而影响水循环过程（详见第 8 章）。遥感蒸散发可以提供高时空分辨率的植被覆盖数据，揭示植被变化与水文循环之间的关系。一些研究利用遥感蒸散发数据研究了植被变化对水文循环的影响，发现植被变化对于地表蒸散发、地表径流和陆地水储量有着显著的影响。例如，Ukkola 等（2016）结合遥感获取的 NDVI 数据和澳大利亚 190 个天然流域 1982～2010 年的长期水平衡蒸散发数据，研究了植被变化和大气 CO_2 浓度增加对径流变化的影响，发现过去 30 年间降水对植被覆盖的限制阈值显著下降，半湿润和半干旱流域植被变绿，蒸散发增加，导致流量显著减少（24%～28%）。相比之下，湿润和干旱流域的 NDVI 变化不显著，蒸散发减少。这些观测结果与预期的 CO_2 浓度升高对植被的影响一致，意味着未来预计的降雨减少将进一步加剧植被的水分利用，进而在水资源紧缺地区进一步降低流量。Li 等（2020）解析了植被变绿对黄河流域水储量的影响显著，基于 PML-V2 模型估算的蒸散发和水量平衡分析显示，2003～2016 年黄河流域水储量年均下降 5.1 mm，植被变绿造成的蒸散发增加对水储量下降的贡献率约占 29%，导致主要影响区为黄河流域中下游。结果表明，中国北方区域在生态环境转好的同时，区域产水能力减弱，可能给特定区域的水资源可持续利用带来挑战。Zhou 等（2023）研究了 2002～2016 年华北地区陆地水储量的年际变化和趋势，发现陆地水储量显著减少（$p < 0.01$），年际变化和空间模式与生态修复引起的植被变绿一致，华北地区西部是水储量减少最快的地区 [（−12.7±0.45）mm/a]。通过降水、蒸散发和径流的归因分析，发现造林引起的蒸散发增加是生态修复区陆地水储量减少的主要驱动因素。

综上所述，遥感蒸散发在大尺度水文特征变化与归因方面具有广泛的应用前景。通过提供高时空分辨率的数据，揭示不同尺度下水文循环的特征变化及其归因机理，为全球水资源管理和决策制定提供支持。未来，随着遥感技术的不断发展和数据处理方法的不断改进，遥感蒸散发将有望在水循环领域中发挥更加重要的作用。

11.2 无资料或资料稀缺地区的水文模拟和预测

无资料或资料稀缺地区是指气象和水文观测数据不全或数据缺失的区域，如较为偏远的山区、沙漠地区等。在这些地区，准确地模拟和预测径流量对于水资源管理和灾害预警至关重要。然而，传统的径流模拟和预测方法通常需要大量的实测数据来进行校准和验证，限制了在无资料或资料稀缺地区的应用。基于遥感蒸散发的方法提供了一种可行的解决方案，遥感蒸散发数据可以率定水文模型，为无资料或资料稀缺地区的水文模拟和预测提供重要支持（Guo et al.，2021）。

11.2.1　径流模拟和预测

目前无资料或资料稀缺地区已有不少基于遥感蒸散发的径流模拟与预测的方法和模型（Zhang et al.，2009，2018；Zhang and Chiew，2009），但主要集中于如何通过物理模型与遥感蒸散发的数据同化来进行资料稀缺地区的水文模拟，在全球不同区域都获得了良好的效果，代表性区域为澳大利亚、中国和美国。

物理模型基于流域水文过程的物理原理和方程，结合遥感蒸散发数据，通过模拟水文过程来模拟和预测径流。这些模型包括分布式水文模型、半分布式水文模型和集中式水文模型等。通过改进模型结构提高蒸散发和径流模拟能力，或采用遥感蒸散发数据优化物理模型的参数，提高其精度和可靠性。例如，Zhang 等（2009）探讨了如何利用 MODIS 叶面积指数，并结合 Penman-Monteith 方程估算实际蒸散发，改进一个集中式的水文模型 SIMHYD，进而估算测站稀缺流域的径流。该研究使用了 2001～2005 年澳大利亚东南部 120 个流域的数据。结果表明，基于 MODIS 叶面积指数的改进型 SIMHYD 模型径流模拟结果明显好于原始 SIMHYD 模型，纳什效率系数提高了 0.05～0.1。夏军教授团队将 PML 模型与时变增益水文模型（DTVGM）耦合，改进了该模型的蒸散发模块，在中国区域大范围模拟显示，修改后的 DTVGM（DTVGM-PML）能够合理估算中国范围内的径流和蒸散发，但验证期间在湿润地区的性能优于干旱地区（Song et al.，2022）。此外，采用机器学习方法 GBM 对 DTVGM-PML 进行参数区域化，发现其在栅格尺度的径流模拟能力要优于逐步回归方法。姜璐璐等（2020）对基于遥感蒸散发的水文模型参数化和无资料地区径流预测做了比较详尽的综述。

可以预见，将遥感蒸散发和其他卫星遥感数据（如 GRACE 卫星水储量、表层土壤水、积雪、降水等）融合并与物理模型耦合，可以进一步提升无资料或资料稀缺地区的径流预测能力。这种综合方法结合了遥感数据的空间特征和物理模型的过程描述，能够更准确地估算径流量。根据已有的观测数据对物理模型进行多目标的校准和优化，提升模型对水文过程整体的模拟能力。可以使用数据驱动的方法，如机器学习和优化算法，对模型的参数进行调整，以使模拟结果与多源遥感数据更加吻合。经过优化和验证的融合模型可以应用于无资料或资料稀缺地区的径流预测。利用率定好的模型模拟无资料或资料稀缺地区的水循环关键变量，并预测流域出口径流量。当然，多源遥感数据与物理模型耦合的模拟效果在不同区域取得的效果会不尽相同，这与研究区的区域气候特征、下垫面条件、驱动数据（如降水）的质量等有很大的关系（张永强等，2023）。

除此之外，基于统计学和机器学习方法，采用遥感蒸散发来提升无资料或资料稀缺地区的模拟和预测能力应该有很强的应用潜力，但目前相关研究开展得比较少，或处于起步研究阶段。基于统计学的方法可利用历史观测数据和遥感蒸散发数据之间的关系来建立统计模型，常见的方法包括回归分析、时间序列分析和相关函数分析等。基于机器学习算法是根据输入的遥感蒸散发数据和已有的径流观测数据来建立模型，并进行径流模拟和预测。常用的机器学习算法包括支持向量机、人工神经网络和随机森林等。

11.2.2　地下水及水储量变化的模拟和预测

基于遥感蒸散发的地下水位模拟和预测是新的研究领域，目前还鲜有系统性的研究成果。但随着遥感技术的进步，获取蒸散发数据的来源也更加多样化。卫星遥感、无人机遥感和地面观测站等多种数据源的蒸散发数据有望被应用于地下水位的模拟和预测。结合遥感蒸散发和地下水位观测数据同时约束地下水过程模型，提高了对地下水位变化的预测能力（Naz et al.，2023）。由于遥感蒸散发数据和气象因素、土壤水分、植被指数都是过程变量，都具备季节性和趋势特征，通过对这些驱动变量的特征进行提取和选择，对地下水位进行预测（Fu et al.，2019）。在地下水位预测中，机器学习和统计模型被广泛采用，包括支持向量回归、随机森林、人工神经网络和深度学习模型（如 LSTM）等方法，但这些模型很少直接考虑遥感蒸散发与地下水位之间的复杂非线性关系，基本上以潜在蒸散发代替实际蒸散发进行模拟和预测（Tao et al.，2022；Di Nunno and Granata，2020）。如何将遥感蒸散发数据与其他数据，如地表降水观测、土壤水分监测等进行融合，以提升机器学习模型的准确性和可靠性，这是急需开展的研究方向。近年来，对地下水位预测中的不确定性进行分析和评估的研究逐渐增多。通过对模型的参数不确定性、数据误差和模型结构的影响等方面进行分析，我们可以得到更全面的预测结果，从而为相关决策的制定提供有力的支持。

基于遥感蒸散发可提升陆地水储量变化的估算能力。通过水量平衡公式，可以在流域尺度上，通过观测的降水、径流和遥感蒸散发反推流域水储量的变化。例如，Li 等（2020）通过 PML-V2 遥感蒸散发、降水和径流数据估算了 2003~2016 年黄河流域水储量的变化趋势，揭示了该流域中下游的水储量下降幅度大于上游，其中降水量减少、叶面积指数和蒸散发增加是黄河流域水储量下降的主要因素。此外，通过蒸散发可以对 GRACE 遥感卫星的水储量缺失数据进行插补。Shi 等（2022）基于多层感知机的神经网络模型，通过将 GLDAS、CPC 土壤湿度、土壤温度、蒸散量以及降水量等数据作为输入参数，GRACE 等效水高作为输出参数来训练神经网络，对黄河流域 GRACE 水储量缺失数据进行了插补，取得了很好的效果。Zhang 等（2022）尝试采用降水、蒸散发、径流等数据对格陵兰岛的 GRACE 水储量缺失数据进行了插补。

11.3　水旱灾害监测与中短期预测

水旱灾害是全球性的自然灾害之一，严重威胁到人类的生命和财产安全。利用遥感蒸散发可以帮助水旱灾害的监测和预测，为灾害防范和减轻灾害损失提供支持。遥感蒸散发数据可以用来揭示生态干旱和农业干旱等要素的变化，通过分析这些变化，与模型耦合能预测可能出现的干旱、涝灾情况，并及时采取应对措施，减轻灾害损失。同时，利用遥感蒸散发数据还可以对中短期的水文变化进行预测和预报，为水资源管理和水旱灾害预警提供技术支持。

11.3.1 通过遥感蒸散发提升干旱灾害的监测能力

通过遥感蒸散发的监测，可以提升干旱灾害的监测能力。以下总结了利用遥感蒸散发来提高干旱灾害的监测能力的可能方面，有的方面目前处于起步阶段。

在高分辨率遥感蒸散发数据获取方面，随着遥感技术的不断进步，可以获取高分辨率的遥感蒸散发数据，这些数据可以提供地表蒸发和植被蒸腾的信息，从而帮助了解地表水分的消耗和水循环过程，提供更准确和精细的干旱监测信息。这些数据可以通过卫星、无人机或地面观测系统获取，并涵盖广泛的地域范围。

在干旱指标构建方面，将遥感蒸散发数据与干旱指标（如植被健康指数、基流-总径流量比等）进行关联分析或构建干旱指数（如蒸发干旱指数），可以建立蒸散发与干旱灾害之间的线性或非线性模型（Yao et al.，2011）。这些模型可用于监测和评估干旱的严重程度、时空分布以及干旱发展的趋势。此外，将遥感蒸散发数据与其他相关数据如降水、土壤湿度、地形数据等进行融合和综合分析，构建更为综合的干旱指标（Faiz et al.，2022；Wu et al.，2021），可以提供更全面的干旱监测信息。多源数据的融合可以增强监测能力，准确评估地表水分状况和干旱程度。

在干旱过程的监测方面，通过对遥感蒸散发数据进行时序分析，可以揭示蒸散发的变化趋势和周期性，识别农业或生态干旱的起始和结束，并揭示干旱传递过程。此外，利用机器学习和人工智能技术处理与分析大规模的遥感蒸散发数据，可以发现其中的模式和规律，提高干旱灾害监测的准确性和效率。通过训练模型，可以自动化地监测和预警干旱灾害，并及时采取应对措施（Prodhan et al.，2021；Feng et al.，2019；Rhee and Im，2017）。最后，通过数据共享和合作，建立全球或区域性的干旱监测网络，整合各国的遥感蒸散发数据和相关信息。这样的网络可以提供更全球化的干旱监测和预警服务，促进国际合作应对干旱灾害。

综上所述，通过综合利用高分辨率遥感蒸散发数据、多源数据和先进的分析技术，可以提升干旱灾害的监测能力，实现更精确、及时的干旱监测和预警，有助于采取针对性的干旱管理和应对措施，保护水资源和农业生产。

11.3.2 遥感蒸散发与干旱预报

前期遥感蒸散发的监测和分析可以提升农业、生态和水文干旱灾害的中短期预测能力。首先，充分利用高时空分辨率的遥感蒸散发数据。随着遥感技术的不断发展，高分辨率的遥感蒸散发数据可以提供更详细和精确的地表蒸散发信息，从而更准确地预测农业、生态和水文干旱灾害的发生和发展。其次，构建蒸散发与干旱灾害指标的关联关系。通过对遥感蒸散发数据与干旱指标（如日光诱导叶绿素荧光等）进行关联分析，可以建立蒸散发与干旱灾害之间的定量关系模型。再次，基于构建的模型和未来预报的蒸散发变化，预测干旱灾害的严重程度、持续时间和空间分布。最后，可以综合利用多源数据，重复以上步骤进行预测。除了遥感蒸散发数据外，多源数据还包括降水数据、土壤水分数据、气象观测数据等，这些数据被用于进行综合分析和建模。多源数据的融合可以提供更全面、多维度的信息，增强对干旱灾害的预测能力。

此外，可以引入机器学习和人工智能技术提升对干旱灾害的预报能力（Rhee and Im，2017）。利用机器学习和人工智能技术对大规模的遥感蒸散发数据进行处理和分析，可以发现数据中的模式和规律，进一步提高干旱灾害预测的准确性。通过训练模型，可以建立蒸散发与农业和生态干旱的非线性关联关系，结合其他驱动数据对中短期农业和生态干旱进行预测。整体上，相关方面的研究处于起步阶段，相关成果还鲜有报道。

综上所述，通过综合利用高分辨率遥感蒸散发数据、多源数据和先进的分析技术，可以提升农业、生态和水文干旱灾害的中短期预测能力，为干旱监测、预警和应对提供科学依据。

11.3.3　遥感蒸散发与洪水预测和预报

通过遥感蒸散发的监测和分析，有可能提升洪涝灾害的中短期预测能力。首先，通过分析遥感蒸散发数据，获取以下信息：①地表水分蒸发能力。蒸散发数据可以反映地表的蒸发能力，即地表在一定时间内释放水分到大气中的能力。②根系层土壤水分变化。根据蒸散发数据的变化，可以间接地判断植被根系层土壤水分状况，为判断降水引发洪涝灾害的可能性提供本底数据。

蒸散发数据可以作为水文模型中的输入参数，用于模拟和预测流域的水文过程。通过将蒸散发数据与其他水文要素（如降水、土壤水分）结合起来，可以建立流域水文模型（详见第 7 章），预测洪涝灾害的发生和演化过程。

将遥感蒸散发数据和其他遥感数据（如 GRACE 卫星水储量、遥感表层土壤水、遥感积雪、遥感降水等）与物理模型耦合（Abbaszadeh et al.，2020；Kunnath-Poovakka et al.，2016；Rajib et al.，2016），可以进一步提高未来中短期洪水预报的能力。这种综合方法结合了遥感数据的时空特征和物理模型的过程描述，能够更准确地估计未来时段的洪水情况。利用适当的方法将遥感数据融合到物理模型中，以更新模型的初始条件和参数。常见的融合方法包括数据同化技术，如卡尔曼滤波、粒子滤波和变分同化等（Dechant and Moradkhani，2011；Xie and Zhang，2010；Seo et al.，2009）。这些方法可以将遥感数据与物理模型的状态变量进行整合，提高预测的准确性和时效性。

此外，利用人工智能和机器学习技术（如 LSTM）对海量的遥感蒸散发、径流数据进行处理和分析，可以发现数据中的模式和规律，进一步提高洪涝灾害预测精度。

11.4　其他方面

除了大尺度水文特征变化与归因、无资料或资料稀缺地区的水文模拟和预测、水旱灾害监测与中短期预测外，基于遥感蒸散发的应用还包括以下几个方面（但不限于这几个方面）。

　　农业水资源管理：利用遥感技术来改进农业水资源管理和实现水资源可持续利用。通过监测和分析农业地区的蒸散发情况，可以实现以下 4 个方面的前瞻性研究：①水分利用效率评估。利用遥感蒸散发数据，可以评估农作物对水分的利用效率，有助于农业管理者制定合理的灌溉策略，提高水资源利用效率，并减少水资源浪费（Allen et al.，2007）。②灌溉需求预测。通过监测农田的蒸散发量和土壤湿度，结合气象数据和水文模型，可以提前预测农田的灌溉需求，有助于农业决策者做出合理的灌溉决策，避免过度灌溉和节约水资源。③干旱监测和适应。通过遥感蒸散发数据，可以实时监测农田的水分状况，及时发现干旱迹象。这为农业决策者提供了重要信息，使他们能够采取适当的措施来适应干旱条件，如调整作物种植结构或改变灌溉管理策略。④农业水资源规划。利用遥感蒸散发数据和地理信息系统技术，可以进行农业水资源的空间分析和规划，有助于确定最佳的农田布局、灌溉设施的优化和水资源配置，从而实现农业可持续发展。

　　生态系统监测：利用遥感技术实现对生态系统的全面监测和评估。通过监测和分析生态系统中的蒸散发过程，可以进行以下 4 个方面的代表性研究：①生态系统健康评估。通过遥感蒸散发数据，可以对生态系统的健康状况进行评估。蒸散发是生态系统中的关键水分传输过程，可以反映植被生长状况、土壤水分状况和生态系统的水平衡。监测蒸散发变化可以评估生态系统的适应能力、生态水文功能和生态系统服务（Smettem et al.，2013）。②水资源管理和保护。利用遥感蒸散发数据，可以对水资源进行监测和管理。通过分析生态系统的蒸散发和水分平衡，可以评估水资源的可持续利用、水源保护和水资源配置的合理性，有助于制定生态恢复计划、生态保护政策和水资源管理策略。③气候变化和生态系统适应。利用遥感蒸散发数据，可以研究气候变化对生态系统的影响和生态系统对气候变化的响应，有助于预测生态系统的适应能力、生态系统的脆弱性、生态系统的韧性，以及制定生态系统的适应策略。④助力于碳中和研究和政策制定。遥感蒸散发与植被碳同化过程耦合，能够揭示植被、土壤和水体之间的碳循环过程。通过深入研究这些过程，可以更好地理解碳循环机制，从而预测气候变化趋势并制定适应和缓解气候变化的策略。遥感蒸散发数据为政府决策部门提供了制定碳中和战略的基础，可以指导种植、生态恢复、能源转型等举措。此外，遥感技术可以监测和验证碳中和计划的实施效果。

　　城市环境气候效应：通过遥感技术获取城市地区的蒸散发数据，并与自然环境进行比较和分析，从而揭示城市化对气候过程的影响。通过研究城市中人工用地（如建筑物、道路等）对地表能量与水分平衡的影响，阐明蒸散发对城市化的影响模式，揭示城市地区的蒸散发与自然环境的差异。通过城市热岛效应研究导致气温升高，分析城市热岛效应对城市蒸散发的影响。与此同时，利用遥感技术研究城市绿地和水体对城市蒸散发和气候的调节作用，发现绿地和水体能够减缓城市热岛效应，提供蒸散发的降温效应，并增加水汽的释放（Rocha et al.，2022）。通过评估城市蒸散发变化对适应气候变化的影响，了解城市化对蒸散发和气候的影响，有助于制定气候变化适应策略，以应对未来气候变化给城市水资源和生态系统带来的挑战。此外，在城市增加绿地和植被不仅可促进蒸散发变化，改变局部气候，同时可以提高土壤保水能力和降低径流速率，减少洪涝风险，提高城市韧性，为海绵城市建设提供数据支撑。

　　综上所述，遥感蒸散发技术在水文水资源、气候变化、农业和生态等领域中具有广阔的应用前景。它可以帮助水资源管理者和决策者更好地了解水文特征和变化，优化水资源分配和利用。在大尺度水文特征变化与归因方面，遥感蒸散发技术可以提供重要的参数和数据，为分析水文循环和影响因素提供支持；在无资料或资料稀缺地区的水文模拟和预测方面，遥感蒸散发是关键水循环变量，通过提升其模拟精度而提高模型对径流的模拟能力；在水旱灾害监测与中短期预测方面，遥感蒸散发技术可以提供近实时的水分信息，以及预测未来降水和蒸散发，帮助决策者做出及时有效的决策。随着遥感技术的不断发展和数据的不断丰富，遥感蒸散发技术将在水文学中发挥更加重要的作用，为人们提供更加准确、全面的水文信息，助力可持续发展和生态文明建设。

11.5　本章小结

本章对遥感蒸散发的应用前景进行了展望，整体而言，遥感蒸散发在水文水资源、气候变化、农业和生态等领域中具有广阔的应用前景。在大尺度水文特征变化与归因方面，遥感蒸散发可以提供高时空分辨率的数据，揭示不同尺度下水文循环的变化特征与机理，并揭示植被变化对水循环过程的影响。在无资料或资料稀缺地区的水文模拟和预测方面，采用遥感蒸散发模型提升无资料或资料稀缺地区的模拟和预测能力已展示出一定的应用潜力，但未来还需要进一步拓展遥感蒸散发数据的应用深度，特别是与深度机器学习算法的结合。遥感蒸散发对提升地下水及水储量变化的模拟和预测精度具有一定的应用前景。此外，遥感蒸散发亦可在水旱灾害监测与中短期预测方面发挥重要作用，为绿色农业发展、生态文明建设等国家战略需求提供科学数据支持。

参 考 文 献

姜璐璐，吴欢，Alfieri L，等. 2020. 基于遥感与区域化方法的无资料流域水文模型参数优化方法. 北京大学学报（自然科学版），56（6）：1152-1164.

张永强，黄琦，刘昌明，等. 2023. 遥感数据产品率定水文模型的潜力研究. 地理学报，78（7）：1677-1690.

张永强，孔冬冬，张选泽，等. 2021. 2003—2017 年植被变化对全球陆面蒸散发的影响. 地理学报，76（3）：584-594.

Abbaszadeh P，Gavahi K，Moradkhani H. 2020. Multivariate remotely sensed and in-situ data assimilation for enhancing community WRF-Hydro model forecasting. Advances in Water Resources，145：103721.

Allan R P，Barlow M，Byrne M P，et al. 2020. Advances in understanding large-scale responses of the water cycle to climate change. Annals of the New York Academy of Sciences，1472（1）：49-75.

Allen R G，Tasumi M，Morse A，et al. 2007. Satellite-based energy balance for mapping evapotranspiration with internalized calibration（METRIC）—applications. Journal of Irrigation and Drainage Engineering，133（4）：395-406.

Asoka A，Gleeson T，Wada Y，et al. 2017. Relative contribution of monsoon precipitation and pumping to changes in groundwater storage in India. Nature Geoscience，10（2）：109-117.

Cooley S W，Ryan J C，Smith L C. 2021. Human alteration of global surface water storage variability. Nature，591（7848）：78-81.

Cui J P，Lian X，Huntingford C，et al. 2022. Global water availability boosted by vegetation-driven changes in atmospheric moisture transport. Nature Geoscience，15：982-988.

Dechant C，Moradkhani H. 2011. Radiance data assimilation for operational snow and streamflow forecasting. Advances in Water Resources，34（3）：351-364.

Di Nunno F，Granata F. 2020. Groundwater level prediction in Apulia region（Southern Italy）using NARX neural network. Environmental Research，190：110062.

Faiz M A，Zhang Y Q，Zhang X Z，et al. 2022. A composite drought index developed for detecting large-scale drought characteristics. Journal of Hydrology，605：127308.

Feng P Y，Wang B，Liu D L，et al. 2019. Machine learning-based integration of remotely-sensed drought factors can improve the estimation of agricultural drought in South-Eastern Australia. Agricultural Systems，173：303-316.

Fu G B，Crosbie R S，Barron O，et al. 2019. Attributing variations of temporal and spatial groundwater recharge：a statistical analysis of climatic and non-climatic factors. Journal of Hydrology，568：816-834.

Guo Y H，Zhang Y Q，Zhang L，et al. 2021. Regionalization of hydrological modeling for predicting streamflow in ungauged catchments：a comprehensive review. WIREs Water，8（1）：e1487.

Jung M，Reichstein M，Ciais P，et al. 2010. Recent decline in the global land evapotranspiration trend due to limited moisture supply. Nature，467（7318）：951-954.

Kunnath-Poovakka A，Ryu D，Renzullo L J，et al. 2016. The efficacy of calibrating hydrologic model using remotely sensed evapotranspiration and soil moisture for streamflow prediction. Journal of Hydrology，535：509-524.

Li C C，Zhang Y Q，Shen Y J，et al. 2020. Decadal water storage decrease driven by vegetation changes in the Yellow River Basin. Science Bulletin，65（22）：1859-1861.

Ma N，Zhang Y Q. 2022. Increasing Tibetan Plateau terrestrial evapotranspiration primarily driven by precipitation. Agricultural and Forest Meteorology，317：108887.

Naz B S，Sharples W，Ma Y L，et al. 2023. Continental-scale evaluation of a fully distributed coupled land surface and groundwater model，ParFlow-CLM（v3.6.0），over Europe. Geoscientific Model Development，16（6）：1617-1639.

Prodhan F A，Zhang J H，Yao F M，et al. 2021. Deep learning for monitoring agricultural drought in South Asia using remote sensing data. Remote Sensing，13（9）：1715.

Rajib M A，Merwade V，Yu Z Q. 2016. Multi-objective calibration of a hydrologic model using spatially distributed remotely sensed/in-situ soil moisture. Journal of Hydrology，536：192-207.

Rhee J，Im J. 2017. Meteorological drought forecasting for ungauged areas based on machine learning：using long-range climate forecast and remote sensing data. Agricultural and Forest Meteorology，237：105-122.

Rocha A D，Vulova S，Meier F，et al. 2022. Mapping evapotranspirative and radiative cooling services in an urban environment. Sustainable Cities and Society，85：104051.

Seo D J，Cajina L，Corby R，et al. 2009. Automatic state updating for operational streamflow forecasting via variational data assimilation. Journal of Hydrology，367：255-275.

Shi T，Liu X，Mu D，et al. 2022. Reconstructing gap data between GRACE and GRACE-FO based on multi-layer perceptron and analyzing terrestrial water storage changes in the Yellow River basin. Chinese Journal of Geophysics-Chinese Edition，65（7）：2448-2463.

Smettem K R J，Waring R H，Callow J N，et al. 2013. Satellite-derived estimates of forest leaf area index in Southwest Western Australia are not tightly coupled to interannual variations in rainfall：implications for groundwater decline in a drying climate. Global Change Biology，19（8）：2401-2412.

Song Z H，Xia J，Wang G S，et al. 2022. Regionalization of hydrological model parameters using gradient boosting machine. Hydrology and Earth System Sciences，26（2）：505-524.

Tao H，Hameed M M，Marhoon H A，et al. 2022. Groundwater level prediction using machine learning models：a comprehensive review. Neurocomputing，489：271-308.

Ukkola A M，Prentice I，Keenan T F，et al. 2016. Reduced streamflow in water-stressed climates consistent with CO_2 effects on vegetation. Nature Climate Change，6（1）：75-78.

van Dijk A I J M，Beck H E，Crosbie R S，et al. 2013. The millennium drought in Southeast Australia （2001−2009）：natural and human causes and implications for water resources，ecosystems，economy，and society. Water Resources Research，49（2）：1040-1057.

Wang L Y，Yuan X，Xie Z H，et al. 2016. Increasing flash droughts over China during the recent global warming hiatus. Scientific Reports，6（1）：30571.

Wu D，Li Z H，Zhu Y C，et al. 2021. A new agricultural drought index for monitoring the water stress of winter wheat. Agricultural Water Management，244：106599.

Xie X H，Zhang D X. 2010. Data assimilation for distributed hydrological catchment modeling via ensemble Kalman filter. Advances in Water Resources，33（6）：678-690.

Yao Y J，Liang S L，Qin Q M，et al. 2011. Monitoring global land surface drought based on a hybrid evapotranspiration model. International Journal of Applied Earth Observation and Geoinformation，13（3）：447-457.

Yuan X，Wang Y M，Ji P，et al. 2023. A global transition to flash droughts under climate change. Science，380 （6641）：187-191.

Zhang B，Yao Y B，He Y L. 2022. Bridging the data gap between GRACE and GRACE-FO using artificial neural network in Greenland. Journal of Hydrology，608：127614.

Zhang Y Q，Chiew F H S，Li M，et al. 2018. Predicting runoff signatures using regression and hydrological modeling approaches. Water Resources Research，54（10）：7859-7878.

Zhang Y Q，Chiew F H S，Zhang L，et al. 2009. Use of remotely sensed actual evapotranspiration to improve rainfall-runoff modeling in Southeast Australia. Journal of Hydrometeorology，10（4）：969-980.

Zhang Y Q，Chiew F H S. 2009. Relative merits of different methods for runoff predictions in ungauged catchments. Water Resources Research，45：W07412.

Zhang Y Q，Kong D D，Gan R，et al. 2019. Coupled estimation of 500 m and 8-day resolution global evapotranspiration and gross primary production in 2002−2017. Remote Sensing of Environment，222：165-

182.

Zhang Y Q，Li C C，Chiew F H S，et al. 2023. Southern Hemisphere dominates recent decline in global water availability. Science，382：579-584.

Zhao G，Li Y，Zhou L M，et al. 2022. Evaporative water loss of 1.42 million global lakes. Nature Communications，13（1）：3686.

Zhou Y，Dong J W，Cui Y P，et al. 2023. Ecological restoration exacerbates the agriculture-induced water crisis in North China Region. Agricultural and Forest Meteorology，331：109341.

附录：全书主要变量列表

P，降水（mm/d 或 mm/a）

Q，径流量（mm/d 或 mm/a）

ΔS，水储量（mm）

LE，潜热通量（W/m²）

LE_c，植被冠层潜热通量（W/m²）

LE_s，土壤表面潜热通量（W/m²）

ET，地表蒸散发（mm/d 或 mm/a）

ET_0，参考蒸散发（mm/d 或 mm/a）

ET_P，潜在蒸散发（mm/d 或 mm/a）

E_c，植被蒸腾（mm/d 或 mm/a）

E_s，土壤蒸发（mm/d 或 mm/a）

E_i，冠层截留蒸发（mm/d 或 mm/a）

R_n，地表净辐射（W/m²）

R_{nc}，植被冠层净辐射（W/m²）

R_{ns}，土壤表面净辐射（W/m²）

G，土壤热通量（W/m²）

H，显热通量也称感热通量（W/m²）

H_c，植被冠层感热通量（W/m²）

H_s，土壤表面感热通量（W/m²）

γ，干湿球常数（kPa/℃）

$\Delta = \mathrm{d}e^* / \mathrm{d}T$，饱和水汽压-温度的斜率（kPa/℃）

α，P-T 系数

$A=R_n-G$，地表可供能量（W/m²）

A_c，植被冠层可供能量（W/m²）

A_s，土壤可供能量（W/m²）

ρ，空气密度（kg/m³）

C_p，空气定压比热 [J/（kg·℃）]

e_a^*，空气温度下的饱和水汽压（kPa）

e_a，实际水汽压（kPa）

$D_a = e_a^* - e_a$，饱和水汽压差（kPa）

G_a，空气动力学导度（m/s）

$r_a = 1/G_a$，空气动力学阻抗（s/m）

d，零平面位移（m）

z_{om}，动量传输粗糙度长度（m）

z_{oh}，能量传输粗糙度长度（m）

ψ_m，动量传输的大气稳定度函数

ψ_h，能量传输的大气稳定度函数

u^*，摩擦风速（m/s）

T_{aero}，空气动力学温度（K 或℃）

T_a，空气温度（K 或℃）

T_s，地表温度（K 或℃）

T_c，植被冠层温度（K 或℃）

T_{soil}，土壤表面温度（K 或℃）

r_{ex}，考虑空气动力学温度与地表温度差异的剩余阻抗（s/m）

G_s，同时考虑土壤蒸发和植被蒸腾的地表导度（m/s）

G_c，冠层导度（m/s）

G_i，气候导度（m/s）

LAI，叶面积指数（m^2/m）

g_s，叶片气孔导度（m/s）

$g_s^{CO_2}$，叶片对 CO_2 的导度（m/s）

RH，相对湿度（%）

C_s，叶片表面 CO_2 浓度（μmol/mol）

$g_{s,min}^{CO_2}$，叶片对 CO_2 的最小导度（m/s）

g_{sx}，叶片最大气孔导度（m/s）

W_c，羧化作用控制的叶片光合速率 [μmol/（m^2·s）]

W_j，辐射控制的叶片光合速率 [μmol/（m^2·s）]

A_g，叶片光合速率 [μmol/（m^2·s）]

$A_{c,g}$，冠层尺度光合速率 [μmol/（m^2·s）]

C_i，细胞间的 CO_2 浓度（μmol/mol）

Γ，叶片没有暗呼吸时的 CO_2 补偿点（μmol/mol）

V_m，羧化能力 [μmol/（m^2·s）]

J，电子传输速率 [μmol/（m^2·s）]

R_d，叶片暗呼吸 [μmol/（m^2·s）]

C_a，大气中的 CO_2 浓度（μmol/mol）

k_A，可供能量的消光系数

k_Q，短波辐射的消光系数

Q_h，冠层顶部的可见辐射的通量密度 [μmol/（m^2·s）]

Q_{50}，当气孔导度为其最大值一半时的可见辐射通量 [μmol/（m^2·s）]

D_{50}，气孔导度为其最大值一半时的水汽压差（kPa）

β，初始量子效率（μmol CO_2/μmol 光量子）

η，CO_2 响应光合作用的初始速率 [μmol/（$m^2 \cdot s$）]

I，光合有效辐射的通量密度 [μmol/（$m^2 \cdot s$）]

I_0，冠层上方光合有效辐射 [μmol/（$m^2 \cdot s$）]

A_m，当 I 和 C_a 都饱和时获得的最大光合速率 [μmol/（$m^2 \cdot s$）]

V_m，Rubisco 最大催化速率 [μmol/（$m^2 \cdot s$）]

LAI，叶面积指数

GPP，植被总初级生产力 [g C/（$m^2 \cdot d$）或 g C/（$m^2 \cdot a$）]

K_c，作物系数

K_{cb}，基础作物系数

K_e，土壤水分蒸发系数

u_2，2 米高度的风速（m/s）

$P_{\text{effective}}$，生长季有效降雨量（mm/a）